高等学校水利学科教学指导委员会组织编审

高等学校水利学科专业规范核心课程教材·水文与水资源工程
普通高等教育"十三五"规划教材

水文地质勘察（第二版）

蓝俊康　郭纯青　主编

中国水利水电出版社
www.waterpub.com.cn
·北京·

内 容 提 要

本书内容分为2篇。第1篇主要介绍水文地质勘察的基本方法和基本技能，内容包括水文地质测绘、水文地质物探、水文地质钻探、水文地质试验、地下水动态与均衡、地下水的监测、水文地质调查成果的整理等方面内容。第2篇则针对当今社会各个行业的水文地质勘察进行专门介绍。限于篇幅，本书仅阐述供水水文地质勘察、水利水电水文地质勘察、矿床水文地质勘察等3方面内容。各类院校可根据自己的专业服务方向来挑选授课。

本书附录部分罗列几个常用的水质标准，以及一些水文地质勘察资料整理常用的计算方法。为使学生能够深入领会书中内容，本书还提供了相应的例题和练习题，目的是为了一些院校开设的"水文地质勘察课程设计"提供素材。未开设《水文地质勘察课程设计》的院校，在教学中也可作参考。

本书可作为各类本科高等院校中的水文与水资源工程、勘查技术与工程（水工方向）、地下水科学与工程专业、地质工程专业（水工方向）及高职高专院校中的相关专业和在职人员的培训教材。

图书在版编目（CIP）数据

水文地质勘察 / 蓝俊康，郭纯青主编. -- 2版. --
北京 ：中国水利水电出版社，2017.9
高等学校水利学科专业规范核心课程教材. 水文与水
资源工程　普通高等教育"十三五"规划教材
ISBN 978-7-5170-5636-2

Ⅰ．①水… Ⅱ．①蓝… ②郭… Ⅲ．①水文地质勘探
－高等学校－教材 Ⅳ．①P641.72

中国版本图书馆CIP数据核字（2017）第223341号

书　　名	高等学校水利学科专业规范核心课程教材·水文与水资源工程 普通高等教育"十三五"规划教材 **水文地质勘察（第二版）** SHUIWEN DIZHI KANCHA
作　　者	蓝俊康　郭纯青　主编
出版发行	中国水利水电出版社 （北京市海淀区玉渊潭南路1号D座　100038） 网址：www.waterpub.com.cn E-mail：sales@waterpub.com.cn 电话：（010）68367658（营销中心）
经　　售	北京科水图书销售中心（零售） 电话：（010）88383994、63202643、68545874 全国各地新华书店和相关出版物销售网点
排　　版	中国水利水电出版社微机排版中心
印　　刷	北京瑞斯通印务发展有限公司
规　　格	184mm×260mm　16开本　24.25印张　563千字　1插页
版　　次	2008年11月第1版　2008年11月第1次印刷 2017年9月第2版　2017年9月第1次印刷
印　　数	0001—4000册
定　　价	**56.00元**

高等学校水利学科专业规范核心课程教材
编 审 委 员 会

水文与水资源工程专业教材编审分委员会

总 前 言

随着我国水利事业与高等教育事业的快速发展以及教育教学改革的不断深入，水利高等教育也得到很大的发展与提高。与 1999 年相比，水利学科专业的办学点增加了将近一倍，每年的招生人数增加了将近两倍。通过专业目录调整与面向新世纪的教育教学改革，在水利学科专业的适应面有很大拓宽的同时，水利学科专业的建设也面临着新形势与新任务。

在教育部高教司的领导与组织下，从 2003 年到 2005 年，各学科教学指导委员会开展了本学科专业发展战略研究与制定专业规范的工作。在水利部人教司的支持下，水利学科教学指导委员会也组织课题组于 2005 年底完成了相关的研究工作，制定了水文与水资源工程，水利水电工程，港口、航道与海岸工程以及农业水利工程四个专业规范。这些专业规范较好地总结与体现了近些年来水利学科专业教育教学改革的成果，并能较好地适用不同地区、不同类型高校举办水利学科专业的共性需求与个性特色。为了便于各水利学科专业点参照专业规范组织教学，经高等学校水利学科教学指导委员会与中国水利水电出版社共同策划，决定组织编写出版"高等学校水利学科专业规范核心课程教材"。

核心课程是指该课程所包括的专业教育知识单元和知识点，是本专业的每个学生都必须学习、掌握的，或在一组课程中必须选择几门课程学习、掌握的，因而，核心课程教材质量对于保证水利学科各专业的教学质量具有重要的意义。为此，我们不仅提出了坚持"质量第一"的原则，还通过专业教学组讨论、提出，专家咨询组审议、遴选，相关院、系认定等步骤，对核心课程教材选题及其主编、主审和教材编写大纲进行了严格把关。为了把本套教材组织好、编著好、出版好、使用好，我们还成立了高等学校水利学科专业规范核心课程教材编审委员会以及各专业教材编审分委员会，对教材编纂与使用的全过程进行组织、把关和监督。充分依靠各学科专家发挥咨询、评审、决策等作用。

本系列教材第一批共规划 52 种，其中水文与水资源工程专业 17 种，水利水电工程专业 17 种，农业水利工程专业 18 种，计划在 2009 年年底之前全部出齐。尽管已有许多人为本套教材作出了许多努力，付出了许多心血，但是，由于专业规范还在修订完善之中，参照专业规范组织教学还需要通过实践不断总结提高，加之，在新形势下如何组织好教材建设还缺乏经验，因此，这套系列教材一定会有各种不足与缺点，恳请使用这套教材的师生提出宝贵意见。本系列教材还将出版配套的立体化教材，以利于教、便于学，更希望师生们对此提出建议。

高等学校水利学科教学指导委员会

中国水利水电出版社

2008 年 4 月

第二版前言

根据水利学科教学指导委员会水文与水资源工程教学组的安排，桂林理工大学在 2006—2008 年承担了《水文地质勘察》教材的编撰工作，并于 2008 年 11 月出版发行该书。水文地质勘察作为水文与水资源工程、地下水科学与工程等专业本科生的主要专业课，我们在编撰时以实用为宗旨，力求其可操作性强，摒弃过于理论化的内容。在章节安排上除了保留着水文地质勘察方法、供水水文地质、矿床水文地质等三部分外，为使学生获得更为厚实的专业基础知识，使之能在较宽的专业领域中获得较大的发展空间，还增加了水利水电水文地质勘察方面的内容。

本书第一版出版至今已有 9 年时间，在过去几年的教学和实践过程中，我们发现了它有很多不足之处，最大问题是过去为了追求语言简练，书中举的实例过少，图表不多，内容显得单调无趣，教学效果不佳。这虽有利于初学者消化吸收，但对于有一定专业基础的人员（如研究生、刚毕业的大学生）而言，第一版教材的内容还难以作为他们在生产实践中的重要参考书。

与第一版的内容相比，第二版在以下方面做了改进：

（1）扩充水文地质物探和水文地质试验方面的知识。因为我们发现在现行的教学体系下，大多数高校学生基本没有接触过水文地质物探方面的知识，因此很有必要增加一些地球物理勘探方面基本知识以及相关的事例和图片。

（2）按最新的规范作了更新，如注水试验中按 SL 345—2007《水利水电工程注水试验规程》作了更新和补充。

（3）引进近年来国内外其他学者发表的研究成果，特别是引用了《工程地质手册（第四版）》的部分内容，这些成果极大地丰富了本书内容。

自 2011 年以来，随着 HJ 610—2011《环境影响评价技术导则—地下水环境》的发布，全国各地所兴起一股水文地质勘察工作的热潮，水文地质勘察项目也成倍地增加。为了预测建设项目是否会引发地下水污染，经常需要在现场进行弥散试验。为适应这一新形势，第二版中增加了野外弥散试验及反求参方法，以供基层技术人员参考。

本书第 11 章（矿床水文地质勘察）由桂林理工大学郭纯青编写，其余内容由桂林理工大学蓝俊康编撰，最后的统稿工作也由蓝俊康完成。在第一版的编写、审核过程中兰州大学的 张惠昌 教授对书稿提出了一些非常宝贵的修改意见，在此对他的辛勤劳动再次表示深切的谢意。2014 年在第一版再印的勘误过程中，桂林理工大学闫志为老师提出了一些宝贵的修改意见，在此深表谢意。另外，在第一版和第二版编写过程中，刘宝剑、张东强、施杰、温智熊先后参与了书中插图的清绘工作；另外，在第二版校对时，桂林理工大学博文管理学院的刘珺老师花费了大量的时间来参与本书稿的校对工作，在此也表示感谢。

编　者

2017 年 3 月 5 日

第一版前言

20世纪出版的《专门水文地质学》、《水文地质勘察》等系列教材主要是针对当时地质院校水文地质工程地质专业的。自20世纪末我国高等院校进行专业归并和调整后，原来的水文地质工程地质专业已被归并到水文与水资源工程专业。虽然现在的水文与水资源工程专业本科生的培养方案与原来的水文地质工程地质专业已有很大不同，但目前我国许多高等院校仍使用这些旧教材，授课内容也仍未按新专业的培养方案和新的发展形势做明显的改变。为此，高等学校水利学科教学指导委员会组织出版一系列规范化教材，以适应21世纪普通高等院校的教学及新时期我国经济建设发展的需要。

根据水利学科教学指导委员会水文与水资源工程教学组的安排，桂林工学院承担《水文地质勘察》教材的编撰工作。自接到任务后，我们就着手搜集了我国近20年来发表的大量文献和以往出版的书籍，归纳和总结了这些年来我国在地下水资源领域新的研究成果及新的勘察技术，根据这些资料编撰了本书。

《水文地质勘察》是水文与水资源工程本科生的主要专业基础课，我们在编撰时本着以"实用"为宗旨，力求其可操作性强，摒弃过于理论化的内容。在章节安排上仍保留着水文地质勘察方法、供水水文地质、矿床水文地质等三部分，同时本书为适应水文与水资源工程专业的各个学科方向，我们增加了水利水电水文地质勘察（第10章）、农田灌溉水文地质勘察、地热资源水文地质勘察、地下水库水文地质勘察等内容。在水文地质勘察的基本方法（第1篇）中掺插介绍了相关领域在近20年来的新进展。

此外，我们认为，随着全球气候变暖，我国缺水地区水资源的供求矛盾日益突出，我国也正在加大在这些地区的找水力度。为缺水地区寻找优质的地下水资源也是新时期我国高等院校水文与水资源工程专业人才培养的重要任务之一，为此，本书在这方面安排了一些篇幅进行介绍。

与以前出版的《专门水文地质学》、《水文地质勘察》等教材相比，本书最大的特点是增加了水利水电水文地质勘察方面的内容。限于篇幅，书中仅介绍几种常见的水利水电勘察。在本书定稿之际，适逢 SL 373—2007《水利水电工程水文地质勘察规范》发布实施，我们随即按照该规范对书中的相关内容作了些改动，但由于交稿的时间紧迫，疏漏和不当之处在所难免，我们希望通过此次尝试，抛砖引玉，获取各方面的修改意见，以使未来的第 2 版能够更加完善。

本书第 11 章（矿床水文地质勘察）、第 12 章中的第 3 节和第 4 节（地热水资源、地下水库）和第 3 章的第 1 节（遥感技术）由桂林理工大学郭纯青编写，其余内容由桂林理工大学蓝俊康编写，最后的统稿工作也由蓝俊康完成。桂林理工大学已故的 缪钟灵 教授生前对本书的编著给予了极大的关注，曾抱病参与本书的策划工作，在此也深表谢意。

还需要说明的是，书中的内容主要是参考《专门水文地质学》、《水文地质勘察》等各时期的教材，以及国内外水文地质工作者近年来所发表的论著、新近颁布的有关规范等编撰而成的，可谓是汇集了无数人的科研成果和实践经验，在此我们对相关作者表示由衷的敬意和深深的谢意。

本书由兰州大学 张惠昌 教授、钱鞠副教授主审，他们对本书稿逐章逐节进行了审阅，提出了一些非常宝贵的审阅意见。然而，令人扼腕叹息的是，在张教授完成本书审稿工作的几天后，突然与世长辞了。为此，在本书出版之际，我们对张惠昌教授表示深切的怀念，对他为本书付出的辛勤劳动表示由衷的谢意。

由于本书的涉及面十分广，而本课程的课时又十分有限，我们要在浩如烟海的资料中挑选出适合于本教材用的内容，难度无疑是非常大的。加上我们的知识面有限，书中内容难免有错漏和不妥之处，望读者不吝赐教。

编　者

2008 年 6 月 15 日

目　录

第 1 篇　水文地质勘察的技术方法

第2篇　各类专门性的水文地质勘察

绪　　论

人类的生存与水是密不可分的，正可谓"水是生命之源"。地下水作为水资源的一个重要组成部分，在人类生产、生活以及国民经济发展中的地位和作用是非常重要的。地球上水的总储量高达 $1.36 \times 10^{18} m^3$，但其中大部分水存在于海洋中（约占总水量的97.5%），可供人们直接利用的淡水资源是十分有限的（仅占总水量的2.5%）。全世界地下水资源量约为 $2.312 \times 10^{16} m^3$，占水总量的1.7%，约占整个淡水资源的30%[1]。

2004年初公布的新一轮全国地下水资源评价结果显示，目前，中国地下淡水天然资源多年平均为8837亿 m^3，约占全国水资源总量的1/3；地下淡水可开采资源多年平均为3527亿 m^3。另外，全国地下微咸水（矿化度 $1\sim3g/L$）天然资源约为277亿 m^3，半咸水（矿化度 $3\sim5g/L$）天然资源约121亿 m^3。但中国地下水资源的分布和组成南北差异很大，南方地区降水充沛，补给条件好，补给形成的地下淡水资源为全国的69%；地下淡水可开采资源为1990多亿 m^3，但南方大部分地区地下水储存条件差，尤其是岩溶石山和红层地区更为突出。北方地区降水少，补给量小，补给形成的地下淡水天然资源仅占全国地下淡水天然资源量的31%，地下淡水可开采资源为1500多亿 m^3。中国西北地区地下淡水天然资源只有1150亿 m^3，仅占全国地下淡水天然资源的13%（西北地区面积占全国总面积的35%）。

长期以来，这些宝贵的地下水资源为很多地区特别是地表水资源匮乏的干旱和半干旱地区人们的生产和生活提供了基本的物质保障。因此，人们往往将其看作是一种物质，属于单纯的自然范畴。进入20世纪以来，随着工农业的发展和社会经济及物质文化的繁荣，人们对地下水资源的重要性，对地下水资源与社会经济发展、与生态环境之间的关系以及地下水资源开发所引发的环境地质问题的认识又发生了深刻的变化。

0.1　地下水资源开发及其出现的主要问题

0.1.1　地下水资源开发利用状况

1. 世界地下水资源的开发利用概况

地下水一般水质优良、水温变化小，开发利用简单方便，一般不需要大量的投资来开发，也不必建设大的供水工程。与地表水相比，地下水具有补给与其水位响应、井的出水量之间滞后的时间长、供水稳定、均衡等特点，使得地下水资源在世界各国都被广泛应用于生活、工业、农业等各种用途，特别是作为居民生活用水的重要水源，得到了大规模的开发利用[2]。

20 世纪 80 年代中期，全球地下水开采量约 5500 亿 m³/a。其中美国、中国、日本、澳大利亚分别为 1135 亿 m³/a、760 亿 m³/a、138 亿 m³/a 和 27 亿 m³/a。到 20 世纪末，全球地下水开采量已经超过 7500 亿 m³/a。近 20 多年中，全球地下水开采量以印度和中国增长速度最快。各国开采地下水的主要用途不尽相同，如美国、中国、印度、巴基斯坦用于灌溉的地下水量约占地下水总开采量的 50% 以上，而日本、欧盟各国的地下水主要用于居民生活供水。全球绝大部分城市供水依靠地下水，美国 50% 的生活用水取自地下水。全世界地下水资源总量是比较丰富的。如果不包括冰川和长年积雪，储存和流动的地下水资源量约占全世界淡水资源量的 2/3，每年有 2.5 万亿 m³ 可更新地下水资源量，这比目前全世界地下水使用量的 3 倍还要多。根据世界粮农组织（FAO）资料，俄罗斯联邦使用的地下水资源量还不到每年 9000 亿 m³ 的补给量的 50%；西非不到 1%；中国可更新的地下水供水量超过 8000 亿 m³，但仅使用了 1013.49 亿 m³（1997 年）。即使印度已存在严重的过量开采问题，但其使用量仍不足其评价的每年 4500 亿 m³ 补给量的 1/3。从世界范围来看，地下水资源开发利用仍具有较大的潜力[2]。

2. 中国地下水资源开发利用的历史与现状

根据考古资料记载，中国远古时期就有开发利用地下水的历史。在浙江河姆渡遗址的第 2 层（经放射性碳素断代及校正，年代约为公元前 4000—前 3300 年）发现一眼木构浅水井遗迹。这是中国目前所知的最早水井遗迹，也是迄今发现的采用竖井支护结构的最古老的遗迹。

中国自贡市的井盐已有 2000 年的历史，盐井发端于东汉，闻名于唐宋，鼎盛于清末民初。据历史记载，东汉章帝时期（公元 57—88 年），在今富顺、邓关地区，古人就成功开凿了第一批盐井。在此后的 2000 多年中，先后累计开凿了 1.3 万多口盐井，有的深达 1000m，产盐量近 7000 万 t，并创造了一整套井盐钻凿的生产技术工艺。尤其值得一提的是在北宋庆历、皇祐年间打的"卓筒井"，它采用了冲击式顿钻法探井钻凿工艺，这是世界钻井技术的重大突破，被世人誉为"世界现代石油之父"。位于大安区长堰矿的燊海井，是一眼以产天然气为主，兼产黑卤的生产井，它凿成于 1835 年，深达 1001.42m，是世界第一口超千米深井，它也是采用中国传统的冲击式（顿钻）凿井法凿成，现还保留着井架和绞车。

不过，由于封建社会经济发展落后，中国在地下水开发方面一直停滞不前。直到 20 世纪 70 年代以后，中国对地下水资源的开采量才大增，每年达到 570 亿 m³。到 20 世纪 80 年代，中国对地下水资源的开采量增至 750 亿 m³/a。

目前中国约有 400 个城市开采利用地下水，地下水的开采量（含少量微咸水）超过 1000 亿 m³/a，约占全国总供水量的 1/5。北方地区地下水现状开采量占全国开采总量的 76%。中国地下水开发利用主要是以孔隙水、岩溶水、裂隙水三类为主，其中以孔隙水的分布最广，资源量最大，开发利用的最多，岩溶水在分布、被开采量方面均居其次，而裂隙水则最少。在以往调查的 1243 个水源地中，孔隙水类型的有 846 个，占 68％，岩溶水类型的有 315 处，占 25％，而裂隙水类型的只有 82 处，仅占 7％。

根据国土资源部 2006 年网上发布的统计资料，中国目前有 310 多个城市以开采地下水作为城市供水水源，约占全国城市的 71％；全国有 70％ 的人口饮用地下水，北方城市的生活和工业用水中地下水占 90％ 左右，南方地区地下水资源利用量也在不断增加。可见，地下水资源已成为支持中国国民经济可持续发展的重要支柱。

0.1.2 地下水资源开发中出现的主要问题

1. 持续过量的开采使水资源的供需矛盾变得日益突出

由于工农业及生活用水需求量逐年增加，中国（特别是北方地区的）大中城市本已十分严峻的水资源的供需形势将面临更大的压力，如甘肃省天水市目前地下水的可采量仅为 8957 万 m^3/a，而其城市的发展规划预测该城市的总需水量将达 33154 万 m^3/a，存在巨大的供需缺口，水资源已成为影响当地经济发展的一个主要制约因素。

由于持续高强度的过量开采，地下水资源不能得到及时的补充，引起降落漏斗不断扩大，甚至造成含水层的疏干。据最新统计，全国地下水降落漏斗有 180 多个，总面积约 19 万 km^2。在 121 个具有完整统计数据的漏斗中，面积扩大的有 54 个，面积缩小的有 43 个，漏斗面积基本稳定的有 24 个。

石家庄市由于长年过量开采，地下水的降落漏斗逐年扩大，其漏斗中心的水位埋深 1989 年时为 36.06m，1999 年已发展到 39.98m，并形成区域性水位下降。西峰市十里湾水源地的超采极为严重，其允许开采量为 24.7 万 m^3/a，而实际开采量竟达到 206 万 m^3/a，是可采资源量的 7 倍，其开采是不断消耗储存量的疏干式开采，如不控制，含水层面将面临被疏干的危险。

2. 开采布局不合理的现象突出

中国城市由于缺乏科学合理的开采布局和调蓄，各地区的开采程度还很不平衡，某些地区的地下水被严重超采，而有些地区则尚未得到有效的开发利用。

3. 地下水资源浪费严重

城郊农业生产过程中水资源的浪费问题最为突出。北方地区每年灌溉用水量约 1400 亿 m^3，占总用水量的 80％ 左右。多数地区仍保持传统的灌溉方式，灌溉定额居高不下。华北还有许多地区的毛灌溉定额维持在 400～600m^3/（亩·a），西北内陆盆地有的高达 700～1000m^3/（亩·a）。大水漫灌，有效利用率平均只有 30％～40％。中国工业用水量的浪费也很大，大部分城市工业用水重复利用率平均只有 30％～40％，远低于发达国家 70％ 以上的水平。

4. 地下水的质量恶化，地下水污染严重

受自然地质条件的影响，全国仍有 7000 万人饮用不符合标准的地下水，正遭受着慢性砷中毒、氟中毒、甲状腺肿大、克山病、大骨节病等地方病的侵扰。据统计，2003 年年底，全国有氟斑牙患者 3877 万人，氟骨症患者 284 万人，地方性砷中毒患者 9686 人，大骨节病患者 81 万人（其中 12 岁以下患者 5.59 万人），潜在型克山病患者 2.99 万人，慢型克山病患者 1.09 万人。自 2004 年以后，随着《我国重点地方病防治规划（2004—2010 年）》（国办发〔2004〕75 号）出台，在各级政府共同努力

下，通过改水等举措，中国地方病的防治取得重大进展，至 2010 年年底，我国基本上消除了碘缺乏病、地方性氟中毒、地方性砷中毒、大骨节病等地方病[3]。

由于经济的发展，农药、化肥、生活污水及工业"三废"的排放量日益增大，这些污水的大部分都未经处理就直接排放，构成了地下水的主要污染源。过量开采造成的地下水位的持续下降，客观上为废污水的加速入渗创造了有利条件。

目前中国城市地下水资源遭受污染的情况较为严重，据不完全统计，全国已有 136 个大中城市的地下水受到不同程度的污染，其中比较严重的有包头、长春、郑州、鞍山、太原、沈阳、哈尔滨、北京、西安、兰州、乌鲁木齐、上海、无锡、常州、杭州、合肥、武汉等城市[3]。主要污染源均为工业"三废"和生活污水，局部农业区地下水也受到污染，主要分布在城市近郊区的污灌区。

中国现利用污水灌溉的农田有 2000 多万亩，直接污染了地下水，有的还受到农药和化肥的污染。在 185 个城市的 253 个主要地下水开采地段中，污染趋势加重的有 63 个，占 25%；污染趋势减轻的有 45 个，占 18%；保持基本稳定的为 145 个，占 57%。污染组分主要有硝酸盐、亚硝酸盐、氨氮、氯化物、重金属等。淮河流域浅层地下水面状污染加重；"三致"（致癌、致畸、致突变）有机污染物在京津地区、长江三角洲等地区的地下水中有一定程度的被检出。

5. 地面沉降和地裂缝灾害

地面沉降是由于超量集中地开采地下水，使地下水水位大幅下降，含水介质被压密所致。近半个世纪以来，世界上许多国家都发生了地面沉降的现象，特别是沿海城市的地面沉降尤为严重。如墨西哥首都墨西哥城，由于长期过量地开采地下水，其地下水位已下降至 $-30m$ 以下，年沉降率约为几十厘米，至 1950 年该城已下沉了 6m 之多。日本东京近几十年来也下沉了 4m，大阪下沉了 3m。

中国地面沉降比较严重的有北方的天津、沧州、西安、太原，南方的有上海、阜阳以及苏、锡、常地区。至 2003 年，全国有 50 多个城市发生了地面沉降和地裂缝灾害，沉降面积扩展到 9.4 万 km^2，其中长江三角洲、华北平原和汾渭盆地等地区最为严重。

长江三角洲地区累积沉降量超过 200mm 的面积近 $10000km^2$，占区域总面积的 1/3，并出现了地裂缝灾害。华北平原最大沉降量已经超过 3.1m，沿海一带已出现负标高地区 $20km^2$，为此遭受风暴潮灾害非常严重。受基底断块升降差异的影响，出现了 20 多条地裂缝，最长达 4km。

因地下水开采引发的地面塌陷主要发生在岩溶水分布地区，特别是城市地下水集中开采的局部地段较为多见。地面塌陷问题在中国分布较广，受岩溶水分布范围的控制，南方的发生率高于北方。目前，全国 23 个省（自治区、直辖市）发生岩溶塌陷 1400 多例，塌坑总数超过 40000 个。发生地面塌陷的省份主要有辽宁、河北、山西、山东、湖南、湖北、贵州、广西、广东、江苏、浙江、安徽、江西、福建、云南等省（自治区、直辖市）。在南方，地面塌陷问题比较严重的地区有水城、遵义、咸宁、黄石、湘潭等地，尤以广西最为突出。

6. 海水入侵

海水入侵主要发生在中国的沿海城市地区，主要是由于大量开采地下水后，引起海水回灌。发生海水入侵的地区从北向南有：辽宁、河北、山东、广西、海南等地区，问题比较严重的地区主要有辽宁省大连市、河北省秦皇岛市、山东省青岛市、福建省厦门市以及广西壮族自治区北海市等[3]。近年来，环渤海地区的海水入侵发展迅速，2003 年海水入侵面积达 2457km²，比 20 世纪 80 年代末增加了 937km²，平均每年增加 62km²。

7. 西南岩溶石山区石漠化

到 20 世纪末，在西南岩溶石山区 74 万 km² 调查区内，石漠化的面积达 10.5 万 km²，占调查区面积的 14.2%，其中，轻度石漠化面积为 4.0 万 km²，中度石漠化面积为 3.9 万 km²，重度石漠化面积为 2.6 万 km²。石漠化主要发生在云南、贵州和广西三省（自治区），总面积为 8.8 万 km²，其中，贵州省的石漠化面积为 3.3 万 km²，云南省的石漠化面积为 2.8 万 km²，广西壮族自治区的石漠化面积为 2.7 万 km²。目前西南岩溶地区石漠化面积年均增长 1650km²，年增长率为 2%。

8. 北方土地荒漠化

调查表明，中国北方地区共有荒漠化土地达 175.81 万 km²，其中，沙漠化土地面积 58.76 万 km²，水蚀荒漠化土地面积达 98.59 万 km²，土地盐渍化面积 18.46 万 km²。加上北方地区的戈壁和以流沙为主的沙漠面积 112.66 万 km²，北方地区荒漠和荒漠化土地面积总和达到 288.47 万 km²，占国土总面积的 30%。

此外，由于不合理开发利用地下水造成的环境地质问题还有生态环境退化、矿区地质灾害等。

0.2　中国在地下水资源调查和研究方面的进展

陈梦熊院士曾把中国水文地质学的发展大致划分为 4 个阶段：①萌芽阶段（20 世纪之前）；②初始阶段（1900—1950 年），此阶段开始应用地质学的基本理论来研究地下水；③奠基阶段（1950—1970 年），在前苏联学术思想的影响下，中国奠定了水文地质的理论基础，此时期是中国区域水文地质学与农业水文地质学的开创时期；④成长期（1970—2000 年），是中国水资源水文地质学与环境水文地质学的发展时期，该时期主要受西方科学技术如系统论、系统工程、计算机技术等新理论、新技术的影响，中国传统的水文地质学发展到一个以研究水资源与环境问题为重点的现代水文地质学。

1. 20 世纪 50 年代中国在地下水资源调查和研究方面的进展

自 20 世纪 50 年代地质部成立以后，各省（自治区、直辖市）先后建立了水文地质专业队伍及有关的科研机构、地质院校。当时驻长春地质学院的苏联专家克里门托夫教授，结合讲学编著了《水文地质学》《水文地质学概论》《普查与勘探水文地质学》《地下水动力学》《矿床水文地质学》等教材，成为中国最早的一批水文地质专业教科书。苏联许多新的理论还通过许多著名学者的著述，不断输入中国，如朗格关于区域水文地质的分区理论，卡明斯基关于地下水的渗流理论，普洛特尼柯夫关于地下水的储量分类与评价，列别捷夫关于灌区地下水动态的预测，以及奥弗琴尼柯夫关于矿水方面的专著等，对中国水文地质科学的发展，都产生了深远的影响[4-6]。

20世纪50年代是中国区域水文地质学的开创时期。各国水文地质学的发展都是从区域水文地质的调查研究开始，中国也不例外。从20世纪50年代中期起，中国就有计划地在全国开展区域水文地质普查，推动了区域水文地质学的发展。1958年中国编制和出版了第一幅比例尺为1∶300万的中国水文地质图、第一本专著《中国区域水文地质概论》；1959年为纪念新中国成立十周年，又出版了第一本利用本国资料编著的《实用水文地质学》。1957年正式出版发行了中国第一种《水文地质工程地质》刊物。这一时期发表了许多有关中国的水文地质分区、中国潜水分带规律、中国的自流盆地，以及有关华北平原、松辽平原、关中平原、内蒙古高原、河西走廊，柴达木盆地、准噶尔盆地、塔里木盆地等区域水文地质方面的论文或专著[4-6]。

2. 20世纪60年代中国在地下水资源调查和研究方面的进展

从20世纪60年代起，中国中小比例尺水文地质图的编图工作迅速发展，并创立了一套具有本国特色的水文地质图编图方法，编制出版了许多按省、市或按地区编制的图幅、图系或图集。1978年出版的《中华人民共和国水文地质图集》，基本上系统地反映了中国从20世纪50年代以来，区域水文地质工作调查的主要成果。在此以后，北京、河北、辽宁等省（直辖市），也都编制出版了本地区的水文地质图集。

在20世纪60年代，由于在华北开展大规模的抗旱打井运动，因此这时期成为农业水文地质学的开创时期。针对农田供水与盐土改良两项任务，开展大量的调查和研究，编制了大量图件，为北方地区发展井灌，实行农田水利化，作出了重要贡献[4-6]。

在环境水文地球化学研究方面，从区域水文地球化学的研究，逐渐转入环境地球化学与人体健康和疾病关系的研究，已经形成医学环境地球化学新的学科体系。中国从20世纪60年代以来，就对克山病、高氟病等地方病的形成机理与防治措施进行了深入研究，取得了重要进展。

3. 20世纪70—80年代中国在地下水资源调查和研究方面的进展

20世纪70年代到80年代除少数困难地区外，中国区域水文地质普查基本完成，并开始转入对重点经济发展区，如黄淮海平原、济徐淮地区、长江三角洲、东北经济区等地区，开展区域地下水资源与环境水文地质评价的调查和研究，完成了许多重要的研究成果[4-6]。

20世纪70—80年代进一步开展许多主要为发展农业服务的专题研究，如黄淮海平原旱、涝、盐等自然综合治理的调查和研究，河南商丘地区潜水资源与人工调蓄的调查和研究，河套平原和银川平原关于水盐均衡和盐土治理的研究，以及河西走廊地下水合理开发利用的研究等，为农业水文地质学的发展奠定了基础[4-6]。

20世纪70—80年代，中国建立了许多水均衡试验场，以及负压计、中子仪等新的测试技术的引进，促进了包气带土壤水运移规律的研究。如河南省水文地质总站与有关部门合作，通过"四水"转化关系的机理研究，对土壤水运移机理进行系统地分析，并通过田间作物的观测试验，应用土壤水分运动通量法和定位通量法，计算了有植被条件下的降水入渗量、蒸发量以及其他有关数据，建立了"四水"均衡模型，证明在"四水"相互转化关系中，土壤水起着重要的调蓄作用与相互制约作用。这对如何充分发挥土壤水的功能，提高作物的用水效率和建立节水型农业，具有重要的实际意义[4-6]。

20世纪70年代到80年代，中国各省主要开展为城市和工业建设服务的水文地质工作。也可以说，这是中国城市水文地质学的开创时期。虽然早在20世纪50年代，北京、西安、包头、太原等城市就已进行过水源地的勘察研究，但当时主要局限于水资源评价，直到七八十年代城市水文地质调查的目标不仅要查明城市区域水文地质条件，对地下水资源作出评价，而且还要分析研究水质污染与地下水大量开采所引起的各种环境负效应，如海水入侵、地面沉降、岩溶塌陷等地质灾害。

从20世纪70年代开始，大多数大中城市，开展了城市地下水污染现状的调查，包括污染源、污染途径、污染成分、污染程度、分布范围、发展趋势等。20世纪80年代在污染现状调查的基础上，进一步开展了地下水污染机理的研究，包括污染物质的迁移、累积、转化与自净过程，特别是污染物质的机械渗滤作用、物理化学吸附作用、离子交换作用、浓缩或稀释净化作用以及放射性元素的衰变作用等的研究[4-6]。

此时期的研究工作普遍采用了室内模拟试验等新方法。例如呼和浩特市进行了地下水中硝酸盐氮污染机理与防治对策的研究，运用多种模拟试验，研究"三氮"在包气带介质环境中的行为过程，深入分析硝化与反硝化作用的主要影响因素。通过微生物检验和生物化学的研究，认为硝酸盐氮的污染机理主要是以硝化作用为主的生物化学反应过程，证明硝化菌是硝化反应中的主要影响因素，明确了硝化菌在"三氮"转化中的重要地位。生物化学作用在地下水污染机理研究中，以前一直是中国的一个薄弱环节，这项成果是对中国生物化学作用研究的一个重大突破。此外，如上海进行关于地下水 As 的污染研究，北京市进行的关于地下水硬度变化机理的研究等，都进行了大量室内模拟试验，大大提高了研究水平。陕西西安进行的污灌现场入渗试验，以及山东济宁水质模拟研究所进行的弥散试验，均取得良好效果，查明了污染物的运移、富集规律，为选择污染治理对策提供了科学依据[4-6]。

为了预测地下水污染的发展趋势，并进行合理控制，20世纪80年代中国的水质模型的研究取得很大进展。1984年完成的《山东济宁地下水水质模拟及其污染趋势预测的试验研究》，是中国最早的一项水质模型研究，起到了带头示范作用。以后石家庄、新乡、平顶山等城市，对地下水管理模型的研究，都在建立水量模型的同时，建立了研究溶质运移的模拟模型。在计算方法上，普遍采用了有限元或有限差分等数值法，从而提高了参数的精度和计算结果的可信度与可靠性。

许多城市开展了地下水的环境质量评价，并已逐渐由单项有害离子评价，进入到综合评价；由单项环境因素评价，进入到综合因素评价；从现状评价，发展到趋势评价；由数理统计分析，发展到污染预测和建立水质数学模型。各种评价方法，如综合指数法、概率统计法以及聚类分析法（包括模糊聚类法与系统聚类法）均得到普遍应用。

由于地下超量开采所造成的各种负环境效应，如水量枯竭、水质恶化、海水入侵、地面沉降、岩溶塌陷以及生态环境恶化等，也都成为环境水文地质工作中的重要研究内容。有些城市通过管理模型的研究，对地下水过量的开采问题提出了调整开采布局或采取人工补给等新措施。在海水入侵研究方面，山东莱州、龙口地区建立了三维咸淡水界面运移数学模型。北海市在模型研究中，对多层承压含水层的海底边界问题提出"等效边界"的新概念，解决了模型计算问题。上海地面沉降通过长期研究，基本得到控制；20 世纪 80 年代又通过与比利时专家的合作建立了水动力模型与土力学模型相结合的三维沉降模型，取得新的进展。此外，对岩溶塌陷以及西北地区生态环境恶化等方面，都完成了许多重要研究成果。

20 世纪 80 年代，中国开展了许多专题研究，如四川、湖南等省对红层裂隙水的研究，中国玄武岩裂隙孔洞水的研究，黄土地下水的研究以及北方岩溶水的研究等，均取得重要成果。在普查工作中普遍应用了遥感技术，编制出版了《北方遥感水文地质应用文集》、《北方典型遥感水文地质图像集》与《中国岩溶地区典型遥感水文地质图像集》，极大地促进了中国遥感水文地质的发展[4-6]。

20 世纪 80 年代中国参加国际水文计划（IHP）关于水资源开发的环境效应与管理的研究课题，负责其中的地下水部分。该课题系统总结了地下水开采过程中有关过量开采、水质恶化、海水入侵以及地面变形等各类负效应的基本原理、形成机制、治理措施与模型研究，并列举中国许多地区的典型研究实例，获得国际上较高评价。

20 世纪 80 年代以来，由于地下水系统理论、非稳定流理论的输入，以数值解或解析法为代表的现代应用数学以及计算机系统的广泛应用，使地下水资源的研究发生了根本性的变化，把传统的研究方法转入到模型研究方面，不仅在计算方法上发生了巨大变革，而且其研究范畴，也由单纯研究地下水系统与自然环境系统之间的相互关系，扩大到研究与社会经济系统的相互关系。地矿部地质环境管理司出版的《中国典型水源地勘察实例汇编》和《中国 2000 年城市地下水资源及环境地质问题预测研究》，全面总结了各类地下水水源地关于勘察方法与资源评价的重要经验和城市环境水文地质研究的重要成果，是中国关于水源地勘探工作与城市水资源与环境水文地质研究的初步总结。

20 世纪 80 年代出版的《中国干旱半干旱地区地下水资源评价》，汇集了 20 世纪 70 年代至 80 年代北方各地区区域地下水资源评价的研究成果，基本反映了中国 20 世纪 80 年代在这一领域的理论水平。报告内根据不同地区与不同条件，采用了各类不同的数学模型。如商丘在人工调蓄条件下，建立多年均衡法与有限元法结合的数学模型；石羊河流域根据地下水动态演变规律，应用不规则有限差分法建立的数学模型，以及黄土层饱和与非饱和地下水的联合数学模型等。不少有关地下水资源评价与计算方法的论著，先后在国内出版，如南京大学朱学愚编写的《地下水资源评价》、西安地院李俊亭编写的《水文地质统计的随机模拟》《地下水流数值模拟》，陈雨孙所著的《地下水运动与资源评价》，刘春平所著的《地下水系统规划与管理优化模型》，以及李佩成所著的《地下水非稳定流渗流解析法》等，为中国地下水资源评价研究奠定了理论基础。

20 世纪 80 年代后期地下水资源研究的一个重要标志，是把主要目标逐渐转向管理模型的研究，即研究如何合理开发、利用、调控和保护地下水资源，使之处于对人类生活与生产最有利的状态。因此，它不仅涉及水文地质学的各个领域，而且还涉及与地下水开发活动有关的自然环境、社会环境和技术经济环境等各方面的问题。

地下水动力学主要是研究地下水的渗流理论。20 世纪 80 年代，地下水动力学结合水资源计算，并吸取了现代应用数学的基本内容而发展成为数学水文地质学。数学水文地质学主要包括地下水流数值模拟、水文地质统计和随机模拟、非稳定流解析法等方面。地下水系统理论的引入，对水资源的研究产生了重大影响。应用系统工程的观点，从概念模型、数学模型、优化模型到管理模型，实际上包括从水资源评价到水资源管理的全过程[4-6]。

在水资源的行政管理方面，中国于 1988 年 1 月在第六届全国人大常委会第 24 次会议通过了第一部《中华人民共和国水法》（以下简称《水法》）（1988 年 7 月 1 日起实施）。自从有了《水法》，中国的水资源管理工作开启了一个新局面，如开始实行取水许可制度、实施限批用水量、规定取水必须根据许可证规定的方式和范围，规定在城市中开采地下水应收取水资源费，严格控制工业、生活废水、污水等流入供水水域，等等[7]。

4. 20 世纪 90 年代以来中国对地下水资源的调查和研究进展

20 世纪 90 年代以来中国在环境水文地球化学方面的研究扩大到心血管、脑血管病以及癌症等疾病与水文地球化学关系的研究，特别在癌症研究方面有所突破。通过多年来所累积的大量资料，科学出版社出版了《中华人民共和国地方病与环境图集》，吉林、内蒙古、云南、甘肃等省（自治区）也出版了相应的图集，较好地反映了各类地方病的环境水文地球化学背景。

20 世纪 90 年代以来中国先后出版了三本作为高校教材的《环境水文地质学》，虽然内容还不够完善，但反映了环境水文地质学的发展已开始成为该时期中国水文地质学科中一门独立的分支学科。

多年来，遥感技术依靠传感器、图像处理及计算机技术的提高，在水文地质勘察中的应用取得了长足进步。传统的遥感水文地质着重于水文地质测绘工作中对定性特征的解释和特殊标志的识别，20 世纪 90 年代以来则扩展到应用热红外和多光谱影像进行地下水流系统内的地下水分析和管理。目前它的研究焦点转移到了地下水的空间补给模式，污染评价中植被、区域测图单元参数的确定和空间地下水模型中地表水文地质特征的监测。

自 20 世纪 90 年代起，中国逐步引进和推广多工艺空气钻进技术、无固相冲洗液钻进等先进的钻凿技术，还陆续引进了一些先进的物探技术，如瞬变电磁法（TEM）、EH-4 电磁成像系统等，这些新技术在中国缺水地区的供水水文地质勘察中发挥了关键性作用[8]。

采用 GIS 技术对水文地质勘察资料和监测数据进行整理更是近年来水文地质勘察中的一大亮点。在水文地质工作中，经常要面对诸如地形图、地质图、水系图、地下水分区图、地下水流场图等图形数据，以及地层、岩性、地下水点、水位动态、流量、水化学等属性数据，如用人工的方法对这些繁杂的数据作统计分析，其工作量相当大且有一定的难度；成图时也难于把这些属性数据都表示在相应的地图上，而 GIS技术能应用数字化技术和图层管理，通过图层的叠加很方便地合成各类专题图件。现在利用 GIS 的图形与属性数据一体化的管理功能，可以直观地对图、文信息进行多形式的查询；还可利用 GIS 的空间分析功能方便地对复杂数据进行检索、综合分析和可视化表达[9]。

在世纪之交，中国加大对缺水地区的找水力度。2003 年中国地质调查局出版的

《严重缺水地区地下水勘查论文集》，该文集对 20 世纪 90 年代以来中国在西南岩溶石山缺水区、黄土高原缺水区、红层盆地缺水区、山地高原缺水区、内陆盆地山前平原缺水区的地下水资源勘察的技术手段、找水方向和地下水的开发模式进行了规律性总结，为今后中国在这些地区的供水水文地质勘察提供了极为有益的参考[8]。

《中华人民共和国水法》于 2002 年 8 月 29 日在第九届全国人大常务委员会第二十九次会议修订通过，2002 年 10 月 1 日起实施。为纠正修订前的《水法》带来的"多龙管水"，修订后的《水法》吸收了国内外水资源管理和立法的新理念和成功经验，根据中国水资源管理的实践及可持续发展的要求，规定了国家对水资源实行流域管理与行政区域管理相结合的新的管理体制[7]。在地下水资源的技术管理方面，中国现已开发出智能管理系统[10]、引进了国外先进的地下水资源优化管理模型软件（REMAX 软件）[11]，并于 2004 年完成了第二轮地下水资源评价[12]。

中国许多城市如北京、西安、沈阳、新乡、平顶山等，都开展了管理模型的研究，根据不同的管理目标与不同的要求，建立了以城市供水为目标的水资源管理模型、为水质控制改良和环境生态改善的管理模型、水质水量联合管理模型、水量调配和供排结合的管理模型、地表水—地下水联合调度模型，以及全流域为工农业生活用水优化分配的规划管理模型等。1991 年在"唐山平原地下水盆地管理模型研究"和"邯郸西部平原地下水盆地管理模型研究"中，首次采用"两个耦合"，即分布参数地下水模拟模型与优化模型的耦合、水资源经济管理模型与优化模型的耦合，实现了水资源系统与经济系统的有机结合[4-6]。

地下水监测是地下水资源评价与管理的重要手段。据统计，截至 2002 年年底，全国共有为控制区域地下水动态的基本监测站（井）12679 处（眼），为补充基本监测站（井）不足而设置的统测井 9806 眼和为分析确定水文地质参数而设置的试验井 11 眼，监测站（井）的数量共有 22496 处（眼），监测项目包括地下水水位、水量、水质、水温等要素[13,14]。

为保证提供建立模型所需的大量水文地质信息，就必须建立相应的信息检索系统和数据库。近年来通过对数据管理系统的研究，河南环境水文地质总站已先后开发了"河南省地下水资源数据管理系统"和"地下水均衡试验观测数据处理系统"，并都已正常运行。山西环境水文地质总站也建立了山西地下水动态数据库（GWD）管理系统，不仅可对动态资料进行输入、修改、查询、统计、打印报表、绘制图形，而且具有多种数量处理功能。许多城市如秦皇岛、石家庄、新乡等，也都分别建立了数据库与数据管理系统[4-6]。

5. 对未来中国水文地质学的发展展望

展望未来，今后水文地质学的发展主要朝以下方面进行：

（1）与现代科学的新理论、新学科的结合更紧密。如系统论、信息论、控制论与相应产生的系统科学、环境科学、信息科学等，对水文地质学的发展将发生更大的影响。此外，一些新理论如巨系统理论、非线性动力系统理论以及耗散结构理论等，也可能会对今后水文地质学的发展产生影响[4-6]。

（2）继续与应用数学结合，数值模拟的方法仍将是地下水资源研究的重要手段。

（3）地下水的研究领域将扩大。从地下水系统与自然环境系统相互关系的研究，扩大到与社会经济系统相互关系的研究。对地下水资源的研究，也从数学模型发展到管理模型与经济模型的研究。随着研究领域的扩大，已产生许多新的分支学科，如区域水文地质学、矿床水文地质学、岩溶水文地质学、遥感水文地质学、环境水文地质学、医学环境地球化学、污染水文地质学以及数学水文地质学、水资源水文地质学、地下水工程学等。

（4）新技术、新方法仍将不断得到应用。除计算机技术外，如遥感技术、同位素技术、自动监测技术、室内模拟技术以及有关水质分析新技术等，都已得到普遍应用。展望未来，新技术的不断引进还将继续推动水文地质调查和研究的发展[4-6]。

（5）地下水工程学将得到快速发展。地下水工程是在地下水系统概念的基础上，应用与地下水有关的工程科学知识进行的地下水勘察评价、设计与施工，是一门特殊的系统工程学。地下水工程除了供水工程外，现已包括地下水监测工程、排水工程、人工地下水回灌工程、污染地下水的原位处理工程、防海水入侵工程等。随着世界经济的发展，在地质体内施工的各类工程项目越来越多，如随着高层建筑的日益兴起，基坑排/止水技术的应用和研究得到了极快的发展；在全球气候日益变暖的大气环境下，水资源短缺的矛盾日益突出，今后一段时期内中国在缺水地区的供水工程日益被人们所重视，缺水地区的水文地质勘察的理论和技术也将更加成熟。在中国北方的一些大城市，由于水资源的日益短缺和污水量的增加，地下水回灌工程的理论和实践在近年来得到了较快发展，利用经过净化后的污水回灌到地下含水层，使回用水的水质获得进一步净化并增加地下水的资源量，这方面的研究还将是今后的发展方向之一。随着南水北调工程的展开，近年来中国对深埋隧道的水文地质勘察技术得到了很大进展，预计也将随着该工程的继续进行得到更进一步的完善。与此同时，地下水监测工程、农田排水、隧道防水、滑坡排水、路基排水工程、地下水污染渗透反应墙技术、地下水污染植物修复技术等新的研究领域也开始得到广泛的应用和受到广泛的重视，其理论和技术也将更趋完善[15]。

参 考 文 献

［1］　林学钰，廖资生. 地下水资源的本质属性、功能及开展水文地质学研究的意义［J］. 天津大学学报（社会科学版），2004，6（3）：193-195.

［2］　郭孟卓，赵辉. 世界地下水资源利用与管理现状［J］. 中国水利，2005（3）.

［3］　卫生部办公厅.《全国重点地方病防治规划（2004—2010 年）》终期执行情况的通报：卫办疾控发［2011］156 号［A］. 2011.

［4］　陈梦熊. 现代水文地质学的演变与发展［J］. 水文地质工程地质，1993，20（5）.

［5］　陈梦熊. 水文地质学及其分支学科的发展［A］//中国地质学科学展的回顾［C］. 武汉：中国地质大学出版社，1995.

［6］　陈梦熊. 新中国水文地质学发展的四个时期［A］//中外地质科学交流史［C］. 北京：石油工业出版社，1992.

［7］　高而坤. 贯彻《水法》推进水资源管理体制改革［J］. 中国水利，2003（B 刊）：11-13.

［8］　中国地质调查局. 严重缺水地区地下水勘察论文集［C］. 北京：地质出版社，2003.

［9］　陈伟海. GIS 技术在岩溶水文地质工作中的若干应用——以广西来宾小平阳为例［J］. 中国

岩溶，2001，20（2）：161 - 166.

[10]　贾效亮，贾惠颖. 智能管理系统在地下水资源管理中的应用 [J]. 地下水，2001，24（2）：86 - 87.

[11]　章光新，邓伟，李取生. REMAX 在吉林省西部地下水资源管理中的应用 [J]. 长春科技大学学报，2001，31（3）：279 - 283.

[12]　唐克旺，侯杰，唐蕴. 中国地下水质量评价（Ⅰ）——平原区地下水水化学特征 [J]. 水资源保护，2006（2）：105.

[13]　戴长雷，迟宝明. 地下水监测研究进展 [J]. 水土保持研究，2005，12（2）：86 - 88.

[14]　林祚顶. 对中国地下水监测工作的分析 [J]. 地下水，2003，25（4）：259 - 262.

[15]　蓝俊康. 地下水工程学的内涵及其发展前景 [J]. 地下水，2008，30（4）：5 - 8.

第1篇

水文地质勘察的技术方法

　　为了地下水的合理开发利用,或为了防止地下水对某个工程(如大坝、基坑、建筑物基础、隧道、矿山开采等)造成的危害,都需要对调查区进行水文地质勘察。目的是查明调查区内的水文地质条件,了解其地下水的形成、赋存条件、运动特征以及水质情况,为地下水的开发利用或防治提供依据。

第 1 章

水文地质勘察工作概述

按技术工种分，水文地质调查所采用的主要技术手段有五种，即水文地质测绘、水文地质勘探、水文地质试验、地下水动态长期观测、室内实验分析等。任何一项水文地质调查，基本上都基于这些技术手段进行的[1]。

1.1　水文地质勘察的目的、任务

水文地质勘察是研究水文地质的主要手段，其目的主要有：①为地下水资源的合理开发利用与管理、国土开发与整治规划、环境保护和生态建设、经济建设和社会发展规划提供区域水文地质资料和决策依据；②为城市建设和矿山、水利、港口、铁路、输油输气管线等大型工程项目的规划提供区域水文地质资料；③为更大比例尺的水文地质勘察，城镇、工矿供水勘察，农业与生态用水勘察、环境地质勘察等各种专门水文地质工作提供设计依据；④为水文地质、工程地质、环境地质等学科的研究提供区域水文地质基础资料[2]。

水文地质勘察的任务就是运用各种不同的勘察手段（测绘、勘探、试验、观测等），经过一定的勘察程序去查明研究区基本的水文地质条件，解决其专门性的水文地质问题。例如，水文地质普查阶段的基本任务是：①基本查明区域水文地质条件，包括含水层系统或蓄水构造的空间结构及边界条件，地下水补给、径流和排泄条件及其变化，地下水水位、水质、水量等；②基本查明区域水文地球化学特征及形成条件，地下水的年龄及更新能力；③基本查明区域的地下水动态特征及其影响因素；④基本查明地下水开采历史与开采现状，计算地下水天然补给资源，评价地下水开采资源和地下水资源开采潜力；⑤基本查明存在或潜在的与地下水开发利用有关的环境地质问题的种类、分布、规模大小和危害程度以及形成条件、产生原因，预测其发展趋势，初步评价地下水的环境功能和生态功能，提出防治对策建议；⑥采集和汇集与水文地质有关的各类数据，建立区域水文地质空间数据库；⑦建立或完善地下水动态区域监测网点，提出建立地下水动态监测网的优化方案[2]。

1.2　水文地质勘察阶段的划分

　　水文地质勘察通常是按普查、详查两个阶段进行，但由于中国很多地区的供水水源地在开采之前从未进行过专门的水文地质普查与详查工作，在开采中出现许多需要研究和解决的具体问题，形成了开采阶段的水文地质勘察。故而，中国的水文地质勘察就分为普查、详查和开采三个阶段[3]。

1.2.1　普查阶段

　　普查阶段是一项区域性的、小比例尺的勘察工作。在普查阶段一般不需要解决专门性的水文地质问题，其目的只是查明区域性的水文地质条件及其变化规律，为各项国民经济建设提供规划资料。在普查阶段，要求查明区域内各类含水层的赋存条件、分布规律，地下水的补给、径流和排泄，地下水的水质、水量等[3]。

　　在普查阶段，通常进行水文地质测绘工作，其比例尺的选择应根据国民经济建设的要求和水文地质条件的复杂程度来确定，通常选用1:20万（或1:25万），在严重缺水或工农业集中发展地区也可采用1:10万[3]。水文地质勘察各阶段的工作方法见表1-1。

表 1-1　　　　　　　　水文地质勘察各阶段的工作方法（据 史长春，1983）

工作内容　＼　勘察阶段	普 查 阶 段	详 查 阶 段	开 采 阶 段
水文地质测绘	比例尺 1:10万~1:20万	比例尺 1:2.5万~1:5万	比例尺 >1:2.5万
水文地质物探	以航空物探成果为主，地面物探在局部重点地区进行；点、线结合	以进行详细的地面物探为主，线网结合；并配合钻探和试验进行专门性的物探工作	以井下物探为主，并结合勘探工作进行专门性物探模拟试验
水文地质钻探	钻探工作为单孔和控制性基准钻，了解不同深度的含水层	以勘探线网为主，勘探深度以地下水开采层位为主	充分利用开采井孔资料进行综合研究
水文地质试验	单孔抽水为主，必要时进行多孔抽水试验	抽水孔数在基岩地区占钻孔总数的80%以上，在岩性变化不大的松散地层抽水孔占30%~50%，在变化较大的松散地层占50%~80%；要进行必要的群孔、分层和干扰抽水试验	除进行群孔、干扰抽水试验外，选择典型地段进行人工回灌试验
水文地质参数测定及地下水资源评价	根据经验数据、所搜集的资料和部分实测资料，估算地下水的资源量	大部分为实测的参数，根据实测的参数初步评价地下水资源	数据全部为实测，并根据开采井的水量和水位观测资料，进行水文地质参数的计算与地下水资源评价

工作内容＼勘察阶段	普 查 阶 段	详 查 阶 段	开 采 阶 段
地下水动态长期观测	以访问为主，实测枯水期的地下水动态	布置长期观测网，观测时间要求不少于一个水文年，并进行简易入渗观测	布置长期观测网，观测时间要求不少于三个水文年，进行地下水动态预报
实验室工作	以水质的简单分析为主，进行部分岩样、土样的鉴定和孢粉分析	水质的简单分析和部分的全分析，进行少量的岩石水理性质测定	除水质分析外，进行岩样、土样水理性质的测定

我国 960 万 km^2 国土范围内的区域水文地质普查工作至 1996 年 1 月底基本完成。普查工作中所用的比例尺以 1：20 万为主，其次为 1：50 万和 1：100 万。我国的区域水文地质普查工作大致分 3 个阶段[4]：

（1）1974 年以前是第一阶段，主要在工农业比较发达的平原区开展；

（2）1974 年至 1983 年为第二阶段。主要完成我国东、中部丘陵山区和边远地区的区域水文地质普查工作；

（3）1984 年至 1995 年为第三阶段。主要完成东北、西北、西南等边远地区的雪山、沙漠戈壁、原始森林等最艰苦的 290 万 km^2 国土面积的区域水文地质普查工作。

1.2.2　详查阶段

详查阶段一般都应在水文地质普查的基础上进行。在这个阶段的工作中，需要为国民经济建设部门提供所需的水文地质依据。例如为城镇或工矿企业供水、为农田灌溉供水、为矿山开采等进行水文地质调查。详查的面积除了农田灌溉供水外，一般都比较小。采用的比例尺通常是 1：5 万～1：2.5 万[3]。

详查的任务除了查明基本的水文地质条件外，还要求对含水层的水文地质参数、地下水动态的变化规律、各种供水的水质标准以及开采后井的数量和布局提出切实可靠的数据，并预测出将来开采后可能出现的水文地质问题（如海水入侵、水质恶化）和工程地质问题（如地面沉降、岩溶地区地面塌陷等）。

1.2.3　开采阶段

开采阶段的水文地质勘察工作，是根据开采过程中出现的水文地质和工程地质问题来确定具体任务的。这些问题，有的是因为在开采前从未进行过水文地质勘察工作而必然要发生的；有的则是因为以前的勘察工作精度不够高，数据不可靠，不能准确作出预测。比如，在详查阶段，由于比例尺太小，还不能满足基坑排水设计的需要，还需要更准确地了解本场地的水文地质条件，需要补充勘察和实验。又比如，在供水水文地质工作中，由于井距不合理导致水井间严重干扰，地下水降落漏斗不断扩大及由此引发的地面沉降、水量枯竭、水质恶化等，都属于开采阶段应该解决的水文地质问题[3]。

开采阶段的比例尺应大于 1：2.5 万。由于它带有研究的性质和地下水系统的区域性，所以不一定开展更小比例尺精度的全面勘察工作，而是针对开采后出现的问题作具体分析，然后选择不同的勘察方法加以解决[3]。1：25 万水文地质调查主要技术定额见表1-2,水文地质详查阶段的技术指标见表1-3。

表 1-2 **1:25 万水文地质调查主要技术定额**

(据 DD 2004—01《1:250000 区域水文地质调查技术要求》)

地区类别			观测路线 /(km/100km²)	观测点 /(个/100km²)	水点占观测点比例 /%	勘探钻孔数 /(个/100km²)	水质分析 /(组/100km²)
平原地区	简单地区		10~40	5~20	40~60	0.1~0.5	2~10
	中等地区		20~50	10~30		0.1~0.7	5~15
	复杂地区		30~60	20~50		0.2~1.0	10~20
干旱地区	山区	简单	5~30	5~20	20~40	0~0.2	1~10
		复杂	20~50	10~30		0.1~0.4	5~15
	戈壁平原	简单	5~20	2~10	20~50	0.1~0.3	1~5
		复杂	10~30	5~20		0.2~0.4	5~10
	细土平原	简单	20~50	10~30	30~50	0.2~0.4	5~15
		复杂	25~60	15~30		0.3~0.6	10~25
黄土地区	黄土丘陵		20~50	15~40	20~40	0.2~0.8	5~15
	黄土塬区		10~40	10~30	30~50	0.1~0.6	10~15
	河谷平原		15~45	15~35	40~60	0.4~1.0	15~30
滨海地区	滨海平原		20~60	20~50	40~60	0.2~2	5~20
	丘陵台地		15~50	15~40	20~40	0.1~1.0	5~15
	岛　屿		30~80	20~60	20~40	不定	5~15
基岩地区	河谷平原		20~60	20~35	40~60	0.2~1.0	5~20
	复杂山区		15~50	15~40	20~40	0.1~0.5	2~10
	简单山区		15~30	5~20	20~40	0~0.3	1~5
岩溶地区	裸露区		40~80	30~50	40~60	0~1	5~20
	覆盖区		10~60	5~30	30~70	0.5~3	1~15
	埋藏区		10~50	5~20	20~70	0~0.5	1~5

注 已进行过1:20万或更大比例尺的区域水文地质调查地区,观测路线和观测点工作量可减少20%~50%。应用遥感解译,观测点数量可根据解译效果减少10%~20%。

表 1-3 **水文地质详查阶段的技术指标(据 史长春,1983)** 单位:个/100km²

比例尺	水文地质点	机井和民井抽水试验	水样	勘探孔
1:5万	30~60	6~10	15~30	3~6
1:2.5万	100~200	10~20	30~50	8~15

上述各阶段的具体勘察方法及工作内容,见表1-1。普查阶段和详查阶段的技术指标可分别参照表1-2和表1-3。运用这些具体指标时,还应注意结合当地的水文地质条件,适当地增减工作量[3]。

1.3　水文地质勘察设计书的编写

目前我国中比例尺的地形图和数字地理底图数据库数据，已由过去的 1∶20 万改为按国际 1∶25 万分幅进行，国土资源部已将中国新一轮中比例尺的区域地质调查的基础图件定位为 1∶25 万比例尺的地质图（见中国地质调查局颁布的 DD 2001—02《1∶25 万区域地质调查技术要求》前言说明），因此水文地质普查原来常用的 1∶20 万比例尺今后也将调整为 1∶25 万。故现以 1∶25 万区域水文地质调查为例对水文地质勘察设计书编制进行说明，其他比例尺的区域水文地质调查也可参照。

1.3.1　设计书的编写

按 DD 2004—01《1∶250000 区域水文地质调查技术要求》，进行区域水文地质调查前需要编制调查设计书，经批准后方可实施水文地质调查。其编制要求和内容如下[2]。

1. 设计书编制的原则要求

（1）设计书的编制要求。应根据任务书要求，充分收集和研究调查区的有关资料，进行必要的现场踏勘，了解调查区地质、水文地质概况、以往研究程度，分析存在的主要问题，明确调查的任务和需要、重点解决的问题，确定技术路线，通过设计方案论证，合理使用工作量，力求以较少的工作量取得较好的成果，达到工作布置合理、技术方法先进、经费预算正确、组织管理和质量保证措施有效可行。

（2）设计书的内容要求。应系统、完整，重点突出，文字精练，经费预算合理，附图、附表齐全。

（3）跨年度项目应编制总体设计书和年度工作方案。设计书一经批准应严格执行。在执行过程中，实施单位可根据实际情况对设计书及时进行补充修改和调整，但必须报原审批单位批准。专题研究和专项工作，必须单独编制单项工作设计书，作为总体设计书或年度工作方案的附件。

（4）设计书编写的主要依据。①项目任务书；②地质、水文地质条件、存在的主要问题与以往研究程度；③有关技术标准和经费预算标准。

（5）设计书编制应遵循接受任务、收集有关资料、现场踏勘和组织编写的程序进行。

（6）各类地区的主要技术定额可参照表 1-2 中的规定确定[2]。

（7）设计书中有关区域水文地质数据库的建立，宜参照《空间数据库工作指南》和《数字化地质图层及属性文件格式》等标准进行。

2. 设计书的内容

设计书的编写可参考如下大纲[2]。

前言：包括任务来源，任务书编号及项目编码；项目的目的、任务和意义；工作起止时间；地质、水文地质条件的复杂程度及其调查研究程度；生态环境现状及存在的主要地质、水文地质、环境地质问题；本次工作拟解决的主要的问题。

第一章　自然地理及社会经济

（一）自然地理：包括地理位置、坐标范围、工作区面积（附工作区交通位置图），涉及的行政区划、流域、图幅及编号，地形地貌、气象、水文。

（二）社会经济发展与水资源需求：包括水资源开发利用现状，工作区交通条件、产业结构，主要工业、农业和第三产业发展前景及其对水资源的需求。

第二章　地质、水文地质概况

（一）地质概况：包括地层岩性、地质构造等。

（二）水文地质概况：包括地下水类型、埋藏条件与历史变化规律，地下水化学特征、动态规律，地下水的补给、径流、排泄条件，存在的环境地质问题等。应初步勾画出地下水系统的结构模型和水动力模型。

第三章　调查的工作部署

工作部署原则、工作重点、技术路线、调查内容与要求、工作计划、时间安排，针对需要解决的问题布置的实物工作量。

第四章　工作方法与主要技术要求

简要叙述采用的工作方法、精度要求以及侧重解决的水文地质问题。对资料的进一步收集与二次开发、水文地质测绘、遥感解译、环境同位素、水文地质钻探、物探、野外试验、动态监测、水资源计算与环境效应评价，数据库建设以及综合研究等各项工作提出具体的技术要求。

第五章　经费预算

按《中国地质调查局地质调查项目设计预算编制暂行办法》及有关要求编写。

第六章　组织管理和保证措施

包括项目组的人员组成、分工及管理协调体系（或组织机构），技术装备，工期保证措施，项目质量保证措施，安全及劳动保护措施。

第七章　预期成果

包括文字报告、图件、区域水文地质调查空间数据库，阶段性总结和图件，预期地下水可开采资源量，区域地下水动态监测网优化方案。

1.3.2　附图与附件

（1）地质、水文地质研究程度图。

（2）区域水文地质略图（附剖面图）。

（3）工作布置图。

（4）典型水文地质勘探孔设计图。

（5）其他附件（包括单项工作设计书）。

1.3.3　设计书的审批

设计书审查工作由中国地质调查局组织审查，也可委托有关部门或单位组织审查。通过审查后才能组织实施[2]。

参　考　文　献

[1]　房佩贤，卫中鼎，廖资生. 专门水文地质学［M］. 北京：地质出版社，1987.

［2］ 中国地质调查局. DD 2004—01 1∶250000 区域水文地质调查技术要求［S］. 北京：地质出版社，2004.

［3］ 史长春. 水文地质勘察（上册）［M］. 北京：水利电力出版社，1983.

［4］ 陶庆法. 全国区域水文地质普查工作完成［J］. 水文地质工程地质，1996，（2）：13.

第 **2** 章

水 文 地 质 测 绘

　　水文地质测绘是为了解水文地质条件的一种以地面观察测绘为主的野外工作。其工作内容是按一定的路线和观察点对地貌、地质和水文地质现象进行详细的观察记录，在综合分析所有观察、测绘、勘察和试验等资料的基础上，编制出测绘报告和水文地质图。

2.1　水文地质测绘的主要工作内容和成果

2.1.1　水文地质测绘主要调查内容[1-3]

　　（1）地貌形态、成因类型及各地貌单元的界线和相互关系，查明地层、构造、含水层的分布、地下水富集等及其与地貌形态的关系。

　　（2）地层岩性、成因类型、时代、层序及接触关系，查明地层岩性与地下水富集的关系。

　　（3）褶皱、断裂、裂隙等地质构造的形态、成因类型、产状及规模，查明褶皱构造的富水部位及向斜盆地、单斜构造可能形成自流水的地质条件，判定断层带和裂隙密集带的含水性、导水性、富水地段的位置及其与地下水活动的关系，确定新构造的发育特点与老构造的成因关系及其富水性。

　　（4）含水层性质、地下水的基本类型、各含水层（组）或含水带的埋藏和分布的一般规律。

　　（5）区域地下水补给、径流、排泄等水文地质条件。

　　（6）泉的出露条件、成因类型和补给来源，测定泉水流量、物理性质和化学成分，搜集或访问泉水的动态资料，确定主要泉的泉域范围。

　　（7）钻孔和水井的类型、深度、结构和地层剖面，测定井孔的水位、水量、水的物理性质及化学成分，选择有代表性的水井进行简易抽水试验。

　　（8）初步查明区内地下水化学特征及其形成条件。

　　（9）初步查明地下水的污染范围、程度与污染途径。

　　（10）测定地表水体的规模、水位、流量、流速、水质和水温，查明地表水和地下水的补排关系。

（11）调查地下水、地表水开采利用状况；搜集水文气象资料，综合分析区域水文地质条件，对地下水资源及其开采条件（包括将开采所引起的环境地质问题）进行评价。

2.1.2 水文地质测绘的主要成果

主要成果有[1-3]：水文地质图（含代表性地段的水文地质剖面图）；地下水出露点和地表水体的调查资料；水文地质测绘工作报告。

水文地质图是水文地质测绘的重要成果之一，包括：实际材料图、地质图、综合水文地质图、地下水化学图、地貌图、第四纪地质图、地下水等水位线及埋藏深度图、地下水开发利用规划图等。其中前四个图是基本的必需的图件，其他图件的编制可根据工作目的和工作实际需要进行取舍[1-3]。

2.2 测 绘 精 度 的 要 求

测绘精度的要求，主要是以图幅上单位面积内的观测点数量以及在图上描绘的精确度来反映。不同比例尺填图的精确度，取决于地层划分的详细程度和地质界限描绘的精度，以及对工作区的地质、水文地质现象的研究和了解的准确度、需阐明的详细程度。

（1）测绘填图时所划分单元的最小尺寸，一般规定为 2mm，即大于 2mm 的相应比例尺的闭合地质体或宽度大于 1mm、长度大于 4mm 的构造线或长度大于 5mm 的构造线均应标示在图上[1-3]。

（2）地层单位。为了保证精度，岩层单位不宜太大。以 1∶5 万比例尺为例，褶皱岩层厚度不得超过 500m，缓倾斜岩层厚度不超过 100m。岩性单一时可适当放宽[3]。

（3）根据不同比例尺的要求，规定在单位面积内必须有一定数量的观测点及观测路线（表 1-2）。以 1∶5 万的地形图为例，一般每隔 1~2cm 需要布置一条观测线，每隔 0.5~1cm 应布置一个观测点。条件简单者可以放宽一倍。观测点的布置应尽量利用天然露头。当天然露头不足时，可布置少量的勘探点，并采取少量的试样进行实验。

观测线的布置应：①从主要含水层的补给区向排泄区，即水文地质条件变化最大的方向布置；②沿能见到更多的井、泉、钻孔等天然和人工地下水露头点及地表水体的方向布置；③所布置的观测线上应有较多的地质露头[1-3]。

水文地质点应布置在泉、井、钻孔和地表水体处、主要的含水层或含水断裂带的露头处，地表水渗漏地段等重要的水文地质界线上，以及布置在能反映地下水存在与活动的各种自然地理的、地质的和物理地质现象等标志处。对已有取水和排水工程也要布点研究。

（4）为了达到所规定的精度要求，一般在野外测绘填图时，采用比例尺较提交的成果图大一级的地形图为填图的底图，如要进行 1∶5 万比例尺的水文地质测绘时，可采用 1∶2.5 万比例尺的地形图作为外作业的底图。外作业填图完成后，再缩制成

1：5 万比例尺图件作为正式提交的资料[1-3]。

如果只有适合比例尺的地形图而无地质图时，应进行综合性地质——水文地质测绘。

2.3　地　质　调　查

地下水的形成、类型、埋藏条件、含富水性等都严格地受到当地地质条件的制约，因此地质调查是水文地质测绘中最基本的内容，地质图是编制水文地质图的基础。但水文地质测绘中对地质的研究与地质测绘中对地质的研究是不同的：水文地质测绘中对地质的研究目的在于阐明控制地下水的形成和分布的地质条件，也就是要从水文地质观点出发来研究地质现象。因此，在水文地质测绘中进行地质填图时，不仅要遵照一般的地层划分的原则，还必须考虑决定含水条件的岩性特征，允许不同时代的地层合并，或将同一时代的地层分开。

2.3.1　岩性调查

岩性特征往往决定了地下水的含水类型、影响地下水的水质和水量。如第四纪松散地层往往分布着丰富的孔隙水；火成岩、碎屑岩地区往往分布着裂隙水，而碳酸盐岩地区则主要分布着岩溶水。对于岩石而言，影响地下水水量的关键在于岩石的空隙性，而岩石的化学成分和矿物成分则在一定程度上影响着地下水的水质。因此，在水文地质测绘中要求对岩石岩性观察的内容如下[1-3]：

（1）观测研究岩石对地下水的形成、赋存条件、水量、水质等诸多影响因素。

（2）对松散地层，要着重观察地（土）层的粒径大小、排列方式、颗粒级配、组成矿物及其化学成分、包含物等。

（3）对于非可溶性坚硬岩石，对地下水赋存条件影响最大的是岩石的裂隙发育情况，因此要着重调查和研究裂隙的成因、分布、张开程度和充填情况等。

（4）对于可溶性坚硬岩石，对地下水赋存条件影响最大的是其岩溶的发育程度，因此要着重调查和研究岩石的化学、矿物成分、溶隙的发育程度及影响岩溶发育的因素等。

2.3.2　地层调查

地层是构成地质图和水文地质图的最基本要素，也是识别地质构造的基础。在水文地质测绘中，研究地层的方法是[1-3]：

（1）如测区已有地质图，在进行水文地质测绘时，首先要到现场校核和充实标准剖面，再根据其岩性和含水性，补充分层（即把地层归纳为含水岩组和隔水岩组）。

（2）如测区还没有地质图，就需要进行综合性地质——水文地质测绘。在进行测绘时，首先要测制出调查区的标准剖面。

（3）在测制或校核好标准地层剖面的基础上，确定出水文地质测绘时所采用的地层填图单位，即要确定出必须填绘出的地层界限。

（4）野外测绘时，应实地填绘出所确定地层的界限，并对其作描述。

（5）根据测区内地层的分布及其岩性，判断区内地下水的形成、赋存等水文地质条件。

2.3.3 地质构造调查

地质构造不仅对地层的分布产生影响,它对地下水的赋存、运移等也起很大作用。在基岩地区,构造裂隙和断层带是最主要的贮水空间,一些断层还能起到阻隔或富集地下水的作用。在水文地质测绘中,对地质构造的调查和研究的重点如下[3]。

(1) 对于断裂构造。要仔细地观察断层本身(断层面、构造岩)及其影响带的特征和两盘错动的方向,并据此判断断层的性质(正断层、逆断层、平移断层),分析断裂的力学性质。调查各种断层在平面上的展布及其彼此之间的接触关系,以确定构造体系及其彼此之间的交截关系。对其中规模较大的断裂,要详细地调查其成因、规模、产状、断裂的张开程度、构造岩的岩性结构、厚度、断裂的填充情况及断裂后期的活动特征;查明各个部位的含水性以及断层带两侧地下水的水力联系程度;研究各种构造及其组合形式对地下水的赋存、补给、运移和富集的影响。如研究区内存在地下热水,还要研究断裂构造与地下热水的成因关系。

(2) 对于褶皱构造。应查明其形态、规模及其在平面和剖面上的展布特征与地形之间的关系,尤其注意两翼的对称性和倾角大小及其变化特点,主要含水层在褶皱构造中的部位和在轴部中的埋藏深度;研究张应力集中部位裂隙的发育程度;研究褶皱构造和断裂、岩脉、岩体之间的关系及其对地下水运动和富集的影响。

2.4 地 貌 调 查

地貌与地下水的形成和分布有着密切的联系,通常是地形的起伏控制着地下水的流向。在野外进行地貌调查时,要着重研究地貌的成因类型、形成的地质年代、地貌景观与新地质构造运动的关系、地貌分区等。同时,还要对各种地貌的各个形态进行详细、定性的描述和定量的测量,并把野外所调查到的资料编制成地貌图[3]。

2.4.1 基本调查方法

(1) 调查地貌的成因类型和形态特征,划分地貌单元,分析各地貌单元的发生、发展及其相互关系,并划分各地貌单元的分界线。

(2) 调查微地貌特征及其与地层岩性、地质构造和不良地质现象作用的联系。

利用相关沉积物的特征,可以确定地貌发育的古地理环境和地质作用,从沉积物中保存下来的化石、同位素以及古地磁资料,还可以确定地貌发育的年龄。

比如,冲积物一般颗粒的磨圆度和分选性比较好,具有清楚的层理构造,它预示着该处的地貌为河流堆积地貌;而坡积物往往呈有棱角状或次棱角状,分选性较差,含有这种大量坡积物的地貌应是山麓斜坡地貌;红黏土一般为残积成因,一般由碳酸盐岩风化而成,其出现预示着该处的地貌类型为岩溶地貌。

(3) 调查地形的形态及其变化情况。

(4) 调查植被的性质及其与各种地层要素之间的关系。

(5) 调查阶地的分布和河漫滩的位置及其特征,古河道、牛轭湖等的分布和位置。

2.4.2　地貌的成因类型

所谓的地貌成因，就是形成地形的地质因素，包括内动力地质作用和外动力地质作用。内动力地质作用主要是指地质构造运动的作用；外动力地质作用主要是指重力作用、流水作用、湖泊作用、冰川作用、风成作用、岩溶作用等。根据地貌的不同成因，可对地貌单元类型进行划分，见表 2-1[5]。其中山地地貌单元的亚类划分标准见表 2-2。

表 2-1　　　　　　　地貌单元分类［据《工程地质手册（第四版）》］

成因类型	地貌单元		主导的地质作用
构造、剥蚀地貌	山地	高山	构造作用为主，强烈的冰川刨蚀作用
		中山	构造作用为主，强烈的剥蚀切割作用和部分冰川刨蚀作用
		低山	构造作用为主，长期强烈的剥蚀切割作用
	丘陵		中等强度的构造作用，长期剥蚀切割作用
	剥蚀残山		构造作用微弱，长期剥蚀切割作用
	剥蚀准平原		构造作用微弱，长期剥蚀和堆积作用
山麓斜坡地貌	洪积扇		山谷洪流的堆积作用
	坡积裙		山坡面流的坡积作用
	山前平原		山谷洪流的洪积作用为主，夹有山坡面流的坡积作用
	山间凹地		周围山谷洪流洪积作用和山坡面流的坡积作用
河流侵蚀堆积地貌	河谷	河床	河流的侵蚀切割作用或冲积作用
		河漫滩	河流的冲积作用
		牛轭湖	河流的冲积作用或转变为沼泽堆积作用
		阶地	河流的侵蚀切割作用或冲积作用
	河间地块		河流的侵蚀作用
河流堆积地貌	冲积平原		河流的冲积作用
	河口三角洲		河流的冲积作用，间有滨海堆积或湖泊堆积
大陆停滞水堆积	湖泊平原		湖泊的堆积作用
	沼泽地		沼泽的堆积作用
大陆构造-侵蚀地貌	构造平原		中等强度的构造作用、长期侵蚀和堆积作用
	黄土塬、梁、峁		中等强度的构造作用、长期的黄土堆积和侵蚀作用
海成地貌	海岸		海水冲蚀或堆积作用
	海岸阶地		海水冲蚀或堆积作用
	海岸平原		海水堆积作用
岩溶地貌	岩溶盆地		地表水、地下水强烈的溶蚀作用
	峰林地形		地表水强烈的溶蚀作用
	石牙残丘		地表水的溶蚀作用
	溶蚀准平原		地表水的长期溶蚀作用和河流的堆积作用

续表

成因类型	地貌单元		主导的地质作用
冰川地貌	冰斗		冰川刨蚀作用
	幽谷		冰川刨蚀作用
	冰蚀凹地		冰川刨蚀作用
	冰碛丘陵、冰碛平原		冰川堆积作用
	终碛堤		冰川堆积作用
	冰前扇地		冰川堆积作用
	冰水阶地		冰川侵蚀作用
	冰碛阜		冰川接触堆积作用
风成地貌	沙漠	沙漠	风的吹蚀作用
		石漠	风的吹蚀作用和堆积作用
		泥漠	风的堆积作用和水的再次堆积作用
	风蚀盆地		风的吹蚀作用
	沙丘		风的堆积作用

表 2-2　　构造、剥蚀地貌单元分类[据《工程地质手册（第四版）》]

山地名称		绝对高度/m	相对高度/m	备 注
最高山		>5000	>5000	其界线大致与现代冰川位置和雪线相符
高山	高山	3500~5000	>1000	以构造作用为主，具有强烈的冰川刨蚀切割作用
	中高山		500~1000	
	低高山		200~500	
中山	高中山	1500~3500	>1000	以构造作用为主，具有强烈的剥蚀切割作用和部分冰川刨蚀作用
	中山		500~1000	
	低中山		200~500	
低山	中低山	500~1000	500~1000	以构造作用为主，受长期强烈剥蚀切割作用
	低山		200~500	

2.4.3 野外调查中应注意的问题

（1）地貌观测路线大多是地质观测线，观测点的布置应在地貌变化显著的地点，如阶地最发育的地段，冲沟、洪积扇、山前三角面以及岩溶发育点等。

（2）划分地貌成因类型时，必须考虑新构造运动这个重要因素。新构造运动是控制地形形态的重要因素，中国是一个多山的新构造运动强烈的国家，从第三纪末期至今的新构造运动对于中国各地地貌的形成起着十分重要的作用。对新构造运动强度的判别，在很大程度上还依赖于对地形（河流曲切割深度、古代剥蚀面隆起所达到的高度、水文网分布情况、阶地的变形、沉积厚度等）的分析。如果新构造运动强烈上升，会形成切割强烈的高山；而新构造运动下降，常形成宽谷、沉积平原等。洪积扇发生前移或后退现象也是新构造运动作用的标志[3]。地质构造的影响有时也可以反映在地形的特征上，例如单斜构造在地形上常表现为单面山，断层构造常表现为断层陡坎。

（3）注意岩性对地形形成的影响。岩石性质对地形形成的影响也十分明显，因为不同的岩性常能形成不同成因及形态的地形，很多峡谷与开阔盆地的形成，是与岩性的软硬有关的。

（4）应编制地貌剖面图。编制地貌剖面图是地貌观测工作中的一种极其重要的调查方法，它能很明显地、准确地和真实地反映出当地的地貌结构、地层间的接触关系、厚度及成因类型。地貌剖面法是沿着一定方向（尽可能直线）来详细地研究当地地形的成因与变化的一种方法。剖面线应布置在这样的一些地方，在该地可以很好地断定最重要的地形要素的性质和相互关系，并获得关于整个地形成因和发展史的资料。

2.5　水　文　地　质　调　查

水文地质调查的任务是在研究区域自然地理、地质特点的基础上，查明区域水文地质条件，确定含水层和隔水层；调查含水层的岩性、构造、埋藏条件、分布规律及其富水性；地下水补给、径流、排泄条件，大气降水、地表水与地下水三者之间的相互关系；评价地下水资源及其开发远景。因此，在水文地质调查过程中，必须详细地观测和记录测区的地下水点，包括天然露头、人工露头与地表水体，并绘制地形和地质剖面图或示意图；对地下水的天然露头（如泉、沼泽和湿地），地下水的人工露头（如井、钻孔、矿井、坎儿井，以及揭露地下水的试坑和坑道，截潜流等），均应进行统一编号，并以相应的符号准确地标在图上。

2.5.1　地表水调查

对于没有水文站的较小河流、湖泊等，应在野外测定地表水的水位、流量、水质、水温和含沙量，并通过走访水利工作者和当地群众了解地表水的动态变化。对于设有水文站的地表水体则应搜集有关资料进行分析整理[1-3]。

此外还应重点调查和研究地表水的并发利用现状及其与地下水的水力联系。

2.5.2　地下水调查
2.5.2.1　地下水的天然露头的调查

对地下水露头点进行全面的调查研究是水文地质测绘的核心工作。在测绘中，要正确地把各种地下水露头点绘制在地形地质图上，并将各主要水点联系起来分析调查区内的水文地质条件。还应选择典型部位，通过地下水露头点绘制出水文地质剖面图。

泉是地下水直接流出地表的天然露头，是基本的水文地质点，通过对大量的泉水（包括地下水暗河）的调查研究，我们就可以认识工作区地下水的形成、分布与运动规律，也为开发利用地下水的前景提供了直接可靠的依据。一些大泉，由于其水量丰富、水质良好和动态稳定，供水意义大，应成为重点研究对象。对泉水的调查内容主要有[1-3]：

（1）泉水出露处的位置和地形。

（2）泉水出露的高程。

（3）泉水出露的地质条件。描述泉水出露的地质年代、地层及其岩性特征，底部有无隔水层存在，以及构造部位是否处于单斜岩层、皱曲构造，还是处于断层破碎带等。如果是岩溶发育区，则应仔细观察并记录泉水附近地质露头的裂隙发育和岩溶发育程度；还应记录泉水是呈点滴渗出还是呈股流涌出，有多少泉眼等。

（4）判断泉域的边界条件。包括隔水边界、透水边界、排水边界、各类岩层分布面积等。

（5）泉水的补给排泄条件。包括大气降水渗入、地表水体漏失、岩溶水运动特征、泉水的排泄特点等。

（6）泉水的出露条件。目的是区分出断层泉、侵蚀泉及接触泉等类型。根据补给泉水的含水层位、地下水类型、补给含水层所处的构造类型、部位以及泉水出口处的构造特征等来分析泉的出露条件。也可用泉水的出露特征来判定某些构造的存在，特别是被松散层覆盖的基岩中的断裂情况。

（7）调查泉水的动态特征。测量泉的涌水量和水温，并根据泉流量的不稳定系数分类来判断泉的补给情况；对于温泉，还应侧重分析其出露条件、特殊的化学成分及其与其他类型地下水之间的关系，调查它们的热能利用问题。

（8）采取水样，进行水质分析研究。

（9）对于流量出现衰减或干枯的泉，应分析原因，提出恢复措施。

（10）调查泉的用途及引水工程。通过走访当地群众作调查并作详细的记录。对于矿泉，要着重观察其出露的构造条件，观察附近是否有深大断裂或者岩浆侵入体的存在；还应采取水样作全分析和专项分析，分析其特殊的化学成分和地层岩性、与其他类型地下水之间的关系；调查它们的治疗效果。

2.5.2.2　地下水的人工露头的调查

在缺乏泉的工作区，要把重点放在现有井（孔）（包括供水水源与排水工程）的观测上，当两者都缺乏时，则应布置重点揭露工程。如当含水层的埋藏较浅时，可采用麻花钻、洛阳铲等工具揭露；当含水层埋藏较深时，可用钻机揭露[3]。

地下水的人工露头，主要是指民用的机井、浅井以及个别地区少数的钻孔、试坑、矿坑、老窑等。在老井灌区内，机井、浅井一般都呈大量分布，为我们查明工作区在现有的开采深度内含水层的分布、埋藏规律和地下水的开采动态提供了十分可贵的资料。

地下水人工露头调查内容包括[1-3]：

（1）调查水井或钻孔所处的地理位置、地貌单元、井的深度、结构、形状、孔径、井孔口的高程、井使用的年限和卫生防护情况。

（2）调查水井或钻孔所揭露的地层剖面，确定含水层的位置和厚度。

（3）测量井水位、水温，并选择有代表性的水井进行取水样分析。通过调查访问，搜集水井的水位和涌水量的变化情况。

（4）调查井水的用途和提水设备的情况。对于地下水已被开发利用的地区，要采取访问与调查相结合进行机井和民井的调查，并根据精度要求，选择有代表性的机井、民井标在图上。搜集机井、民井的卡片资料，其中包括井内所揭露的地层和井的结构，机、泵、管、电等的配套资料，进行必要的整理和编录。测量时要预先选好井位，在同一时间内观测（一般在 2～3 天）。井口标高可在地形图上用内插法取得或用水准仪测定。在机井资料较多的平原地区，应对机井资料进行充分的对比分析，对枯水期和丰水期，分别进行地下水水位统一测量，并运用数理统计或图表方法进行整理，尽量发挥资料的潜力，从中找出规律性。

（5）对自流井应调查出水自流的深度及位置，隔水顶板的分布和含水层的岩性、厚度，以及水头高度与流量变化情况；对坎儿井应分别查明各井筒的剖面和各段暗渠的流量以及补给地下水的含水层。

（6）进行简易的抽水试验。利用井口安装的提水工具（如提桶、辘轳、水车、水泵等）进行。抽水试验的数量及其在测绘区的布置，应取决于测绘比例尺的大小和测绘精度的要求，以及区域水文地质条件的复杂程度。一般在复杂地区应多布置试验井，在简单地区少布置。试验井的选择要有代表性。

2.5.3　地下水与地表水的联系性调查

地下水与地表水之间的水力联系，主要取决于两者之间的水头差以及两者之间介质的渗透性。例如，河水与地下水之间存在可渗透的介质时，当河水位高于地下水位，河水就补给地下水；相反，如果地下水位高于河水位，地下水就补给河水。野外调查时，一般选择河流平直而无支流的地段进行流量测量，测量其上下游两个断面之间的流量差，如果上游断面流量大于下游断面流量，说明河流补给地下水，反之，则地下水补给地表水。

有下降泉出露的地段，说明是地下水补给地表水。泉水出露点高出地表水面的高度，即为该处地下水位与地表水位的水位差。

应注意的是，有时虽然存在着水位差，但是由于不透水层的阻隔，使地表水与地下水不发生水力联系。

野外调查时，还需查明地下水与地表水的化学成分的差异性。可通过采取地下水与地表水的水样分析，来对比它们的物理性质、化学成分和气体成分来判断它们之间有无水力联系。

2.5.4　地植物的调查

植物生长离不开水，某些植物的分布、种类可以指示该地区有无地下水及其水文地质特征，因而在某些地区，特别是在干旱、半干旱和盐渍化区进行水文地质测绘时，应注意对地植物的调查。例如：在干旱、半干旱区，某些喜水植物的生长，常指示出该处地下有水，生长茂盛说明该地段地下水埋藏较浅；在盐碱化地区，可依据植物的分带现象来判断土壤的盐碱化程度；在松散层覆盖区，如植物呈线状分布则指示下面可能有含水断裂带存在等。

在野外对地植物描述一般包括下列内容[3]：

（1）地植物分布区周围的环境。包括地理位置、地形、土壤、地貌特点、地表水情况等。

（2）地植物的群落及生态特征。包括地植物群落种类名称（学名、俗名）、地植物的高度、分层、覆盖密度和匀度及其与地下水的关系（耐旱性、喜水性、喜盐性等）。

（3）地植物的种属分布与地下水的关系。包括各种地植物所处的地层岩性，地下水水位、水质以及不同季节植物的生长变化情况。

（4）采集地植物标本。选择典型地段作地植物生态系列分布剖面图，即水文地质指示植物图。该图首先表示大的植被单位，然后再划出对水文地质工作有特殊指示意义的较小的植被单位；一些特别有意义的种属，可以用特殊符号表示。

2.6　遥感技术在水文地质普查中的应用

2.6.1　遥感技术在水文地质普查中的作用

在地形陡峻，植被茂密的地区，野外的勘测工作难度大，劳动强度高。可利用遥感图像对调查区的地层岩性、地质构造、地形地貌、植被分布情况进行调查，通过影像特征，将上述各要素解译出来，从而大大减少野外工作量。具体包括[6]：

（1）指导普查工作总体设计的编写，有助于提高总体设计的编写水平。遥感工作先于野外地面工作完成，可作为编写总体设计的重要参考资料，减少了设计工作的盲目性以及因资料因素可能给设计带来的先天性缺陷。

（2）指导常规地面调查，可减少野外工作量。水文地质综合调查的许多内容都可在室内由遥感图像获取。这样，就将以前需由大量野外调查方式才能完成的工作转变为首先在室内进行遥感图像解译，而后进行重点野外抽查验证的方式完成，从而大大减少了野外工作量。据野外队实际工作量统计，此举可减少工作量达 1/3 以上。

（3）弥补常规调查法在解决某些水文地质问题（现象）方面的不足。某些水文地质问题（现象）依靠地面调查费时费力且效果不佳。如冲洪积扇边界、期次叠置关系的界定即使野外调查也难以弄清，而应用遥感技术则很容易得以解决。

（4）改变了传统的调查方式。常规地面调查是由点连线，由线推测到面的单向工作方式。而遥感技术可实现直接由面到点、由点到面可反复的双向工作方式。这样不仅避免了常规方法易遗漏重要调查内容的缺陷，也使工作人员一开始就对区域概况有一个形象直观的整体认识。

2.6.2　遥感技术在水文地质普查中的应用效果[6]

（1）方便有效地提取地质构造信息、活动构造或隐伏构造的信息。因为断裂构造不论其动力性质如何，都会沿其走向在一定宽度范围内或使其两侧的地层发生变化，这种断裂本身或其两侧的变化，就产生了光谱差异。反映到遥感图像上，就形成一条或明或暗或连续或间断的影像带。如果再根据植被发育情况、色调深浅、其两侧的岩性分布还可判断该断裂的水文地质意义。河北省的实践证明，通过遥感解译新发现的断裂构造，比原 1：20 万地质图上已知的断裂数量高出 1.5～2.5 倍[6]。此外，遥感图像还解译出了许多环形构造。这对分析区域水文地质条件、研究地下水运动规律发挥了积极作用。

（2）准确地划分地貌单元。地表的起伏状态、切割程度、微地貌形态及其组合特征、外力作用方式都一览无遗地反映在不同比例尺的遥感图像上。利用卫片，在直观地研究了区域地貌特征、基本格局后可很容易地进行地貌单元的分区划分。在此基础上，再利用航片对分区内的微地貌形态，成因类型进行准确详细解译。遥感地貌编图与常规相比有以下优点：①避免了艰苦的野外调查。同时，由于遥感的俯视效应，又避免了野外调查视野限制，避免了不识庐山真面目的弊端；②地貌单元的划分不再拘泥于等高线的制约，而是综合考虑地貌整体形态的完整性。避免了完整连续的山体上下分为两个地貌单元的不合理性；③地貌形态类型划分详细，山体坡度、沟谷形态尽可详尽表示。

（3）准确地划分出冲、洪积扇的边界。不同扇体之间的接触关系，以及同一河流不同期次扇体的叠置关系也是常规地面调查感到困难的问题。由于不同的扇体在规模大小、物质成分、颗粒级配、后期改造等方面存在差异（这些差异往往是过渡性的），这些差异造就了不同扇体的光谱特征。反映在遥感图像上这些特征就呈现为不同的色调、影纹结构、几何形态等。根据这些特征，可将不同的扇体及它们的期次、叠置关系判别清楚。在单个扇体上，依据上述这些特征还可进行水文地质分带划分（即划分为扇顶地下水补给深埋带、中部补给径流浅埋带、前缘径流溢出带）。据此，太行山山前、燕山山前及冀西北山间盆地内的冲洪积扇都做了系统准确地划分，这为当地的地下水资料评价提供了准确地下水域的分布状态。

（4）对泉点、井点有良好的解译效果。在航片上，泉点可采用追索法找到其位置。即根据溪流向上寻找源头，再辅以地形地貌、地层岩性条件加以判断。大口井在航片上显示为一圆形深色斑点（无水时为圆形浅色斑点），深井可根据独立井房、输电设施及灌溉系统加以识别。

（5）对水系进行详细的分级。对于难以解决的泉点和井点位置，利用航空图像可迎刃而解。利用航空像片对山区水系按五级水道划分法可解译出二级冲沟（相当于黄土沟谷的切沟）。这种准确、详细的水系分级划分，满足了准确计算区域地下水资源的需要。

（6）帮助人们发现了大量崩、滑、流灾害点。经统计，河北省共解译出泥石流沟系、崩塌、滑坡计约700多处。山区大量地质灾害的发现，为河北省地质灾害防治与管理提供了重要依据[6]。

2.6.3　应用实例

1996年中国煤田地质总局水文地质局在西北陇县的淳化岩溶区找水项目中接收卫星图像进行水文地质测绘。影像数据图像由北京中科院地面卫星接收站提供，它是由美国 Landsat TM2、TM3 及 TM4 波段合成的彩色图像。其影像清晰，立体感强，地貌清楚，水体明显，地层及构造区分突出，分辨率较高，从遥感数据图像中可解译出各类信息。使用时，选用了 TM2、TM3 及 TM4 波段合成的图像，各波段的主要作用是：TM2 波长为 $0.57\sim0.61m$ 可见光波谱段，其透入力较强，能透入水体 $10\sim20m$，有利于解译滨海和清浅水下地形、水系、植被和污染情况，对地层岩性和第四系沉积物反映较明显；TM3 波长为 $0.63\sim0.69m$，为红外波谱段，为叶绿素主要吸收波段，信息量最大，广泛用于地貌、岩性、土壤、植被及泥石流等方面的研究；TM4 波长为 0.76～0.90m，为近红外波谱段，对绿色植被的差异敏感，为植被通用波段，用于水系、植被发育等判别[4]。

在初步解译阶段：利用 1∶20 万区域地质资料，采用以室内目视解译为主，部分进行野外验证。本阶段的主要目的是解译出影像特征极为明显的地质、水系、地层的系群岩组及线性构造体，选择野外最佳穿越路线，对照影像资料，检查初步解译是否与实地相吻合。在此基础上编出卫片初步解译地质图，之后，再开始详细的解译。

详细解译阶段：按一定距离结合地质测绘线路进行穿越，采用影像与地形图双重定点测绘填图法，以提高观察点的定位精度。进行现场影像解译，将点、线离散信息扩展成影像连接信息，提高地质、水文地质界线的标绘精度。对每一地貌、水系、构造及地质填图单元，都收集和建立区域地质、水文地质详细的解译标志，以便能在初步解译的基础上进行详细的解译。

最后，中国煤田水文地质局对遥感图像的解译分解为四个专题：即水系判释、地貌判释、地层判释和构造判释，解译工作中共编制出 4 个系列判释图（水系、地貌、地层、构造）。经野外调查证实，判释成果较全面地反映了工作区的水系发育特征、程度和规律，以及地貌与第四系地层的成因类型；基本查明了区内地层及分布特征、地质构造的展布及性质。遥感判对率达到 95％以上，还发现了 4 条新断层构造。同时，结合野外调查，圈定了具有供水意义的富水地段及主要含水岩组。在随后的找水勘探中，在两个富水区先后开发了 1000t/d 和 800t/d 的优质岩溶地下水，为西北找水取得了突破[4]。

2.7　水文地质测绘资料的整理

测绘资料整理是把通过测绘工作中所得到的实际资料综合起来，加以系统化，以便及时地发现问题并及时解决，对指导测绘工作的顺利进行有很大的帮助。测绘资料整理一般分为经常性整理、阶段性整理和野外测绘工作结束后的整理[3]。

2.7.1　经常性的资料整理

野外工作期间，应进行观察结果的整理工作，做到当天资料当天整理，避免积压及以后发生遗忘，造成差错。经常性的资料整理其内容如下：

（1）检查、补充和修正野外记录簿和草图，并进行着墨。检查地质点在图幅内的坐标位置，修正地质草图，编制各种综合图及辅助的地质剖面。对野外所拍摄的照片或录像资料进行编号和附文字说明。

（2）整理试验结果，并进行有关的计算，按规定绘制相关的图表。

（3）整理和登记所采集的各种样品及标本。对各种标本、样品应按统一的编号进行登记和填写标签，并分别进行包装。

（4）与邻区进行接图，进行路线小结，以及时发现问题并找出补救办法。

（5）进行航空照片判读，研究和确定次日的具体工作路线和工作方法。

2.7.2　阶段性的资料整理

在野外工作期间，应每隔 10～15 天进行一次阶段性的资料整理，其主要内容包括以下几点：

(1) 综合整理各种野外原始资料。

(2) 编制各种草图（包括实际材料图）。

(3) 检查野外记录本及各种取样登记本。

(4) 清理并选送各种鉴定分析的标本和样品。

(5) 讨论研究存在的各种问题，确定下一阶段的工作计划和工作重点。

(6) 编写野外阶段性小结。

2.7.3 野外测绘工作结束后的资料整理

野外工作结束后，应立即组织力量，编写地面测绘工作报告和编制有关图表。

不过在大多数情况下，水文地质测绘所得的图件和报告仅为中间成果。对于专项水文地质勘察而言，往往还需要进行后续的水文地质物探、水文地质钻探、水文地质试验、水文地质监测等多项工作，最后再把这些勘察资料汇总整理成最终的成果提交。最终成果的具体内容和要求详见第8章。

参 考 文 献

[1] 房佩贤，卫中鼎，廖资生. 专门水文地质学 [M]. 北京：地质出版社，1987.

[2] 杨成田. 专门水文地质学 [M]. 北京：地质出版社，1981.

[3] 史长春. 水文地质勘察（上册）[M]. 北京：水利电力出版社，1983.

[4] 朱谷昌，杨自安，张普安，等. 遥感和物探新方法在宁夏南部地下水勘察中的应用 [A] // 中国地质调查局. 严重缺水地区地下水勘察论文集 [C]. 北京：地质出版社，2003：115 - 122.

[5] 工程地质手册编写委员会. 工程地质手册 [M]. 4 版. 北京：中国建筑工业出版社，1992.

[6] 乔彦肖. 遥感技术在河北省新一轮 1：20 万区域水文地质普查中的应用效果分析 [J]. 遥感信息，1999 (2)：32 - 34.

第3章

水 文 地 质 物 探

物探已成为水文地质勘察的重要手段之一，它与水文地质测绘和钻探相配合，可以有效地查明许多地质和水文地质问题，能节省很多工作量，特别是测绘工作量和钻探工作量。物探方法一般用来揭示地下含水层的岩性、厚度及其分布，了解基岩的埋藏深度和岩性，确定隐伏构造的位置、岩溶发育地段，寻找地下淡水、热水；测定地下水的流速、流向；分析地下水的补给、径流和排泄条件等[1]。

物探方法是基于物理学的基本理论，利用岩石的地球物理特性，如岩石的电性、磁性、弹性、放射性以及岩石的密度和古地磁、地应力等进行地质研究。物探方法按其所利用的物理场的不同可以分为重力、磁法、电法、地震、声波、地热及放射性勘探等方法；按工作对象或专业性质分为石油物探、煤田物探、金属与非金属物探、水文地质工程地质物探等；按工作条件或空间则可分为遥感、地面物探、井下（地下）物探、海洋物探等[1]。

3.1 遥 感 技 术

自1839年摄影相机问世以来人类开始有了遥感技术（RS）。从1937年到1960年，由于军事的需要，航空摄影机、电视摄像机、图像扫描仪及航空大孔径成像雷达技术有了显著的进步，记录图像的波长范围也从近紫外到远红外，并扩大到微波，成为遥感技术的迅猛发展阶段，特别是自1972年美国发射第一颗地球资源技术卫星以来，遥感技术实现了从航空遥感到航天遥感的飞跃。

3.1.1 遥感技术的分类

（1）按电磁辐射的来源可分为：

1）被动遥感：即通过遥感器（如人的眼睛、照相机、辐射仪等）接受地质体的发射信号，而不需同被研究对象或现象进行直接接触，就可以测量、记录远距离目标物的性质和特征。

2）主动遥感：即利用仪器发射信号（如雷达、激光雷达波和声呐等），并通过接受其反射回来的信号而了解被研究对象或现象的性质和特征。

（2）按遥感平台的高度分类大体上可分为：

1）航天遥感：指利用各种太空飞行器为平台的遥感技术系统。

2）航空遥感：指从飞机、飞艇、气球等空中平台对地观测的遥感技术系统。

3）地面遥感：指以高塔、车、船为平台的遥感技术系统。

（3）按工作波段，可分为：

1）紫外遥感：对波长 $0.3\sim0.4\mu m$ 的紫外光的遥感。

2）可见光遥感。对波长为 $0.4\sim0.7\mu m$ 的可见光的遥感。一般采用感光胶片（图像遥感）或光电探测器作为感测元件。可见光摄影遥感具有较高的地面分辨率，但只能在晴朗的白昼使用。

3）红外遥感：可细分为近红外或摄影红外遥感（波长为 $0.7\sim1.5\mu m$，用感光胶片直接感测）、中红外遥感（波长为 $1.5\sim5.5\mu m$）、远红外遥感（波长为 $5.5\sim1000\mu m$）。中、远红外遥感通常用于遥感物体的辐射，具有昼夜工作的能力。常用的红外遥感器是光学机械扫描仪。

4）微波遥感：对波长 $1\sim1000mm$ 的电磁波（即微波）的遥感。微波遥感具有昼夜工作能力，但空间分辨率低。雷达是典型的主动微波系统，常采用合成孔径雷达作为微波遥感器。

5）多波段遥感。是指探测波段在可见光波段和红外波段范围内，再分成若干窄波段来探测目标。

（4）按研究对象还可分为：资源遥感和环境遥感两大类。

（5）按应用空间尺度分类可分为：全球遥感、区域遥感和城市遥感。

3.1.2　遥感的工作流程

在水文地质勘察中，遥感的工作流程为：选取适宜的数据源及光谱波段→获取遥感图像→图像处理→遥感解译→绘制解译图，提取水文地质信息[2,3]。

（1）根据水文地质信息的特点，数据源选取顺序一般为：ETM→TM→SPOT（陆地卫星定点仪）→SAR。在有条件的地区，结合航空相片效果会更好。

数据源及光谱波段选取：对于盆地周边冲洪积扇区松散岩类孔隙水的勘察，应以秋、冬季节可见光、红外波段影像为主要数据源；沙漠-绿洲交错地带寻找泉水出露点或地下水溢出带以春初或秋末热红外图像反映效果好；对活动断裂、隐伏构造及埋藏古河道地下水的勘查应以秋末、春初红外、热红外波段及微波图像为主要数据源[2,3]。

（2）遥感图像处理方法：利用相应解译比例尺地形图，将所选用的图像数据进行地理位置配准，统一图像的空间分辨率。如要对图像进行增强处理，则可利用三个波段的多光谱数据（TM/ETM）进行假彩色合成，以增强图像的光谱分辨率，用以区分山前平原区不同植被及土壤湿度，对植被覆盖区以 TM5、TM3、TM2（ETM5、ETM3、ETM2）波段组合效果较好。利用 ETM6 热场数据、微波雷达数据和 ETM8 全色高分辨率数据的融合，还可提高图像的空间分辨率，增强冲洪积扇区水系纹理的影像特征，增强影像中山前断裂带、隐伏构造地下水信息以及平原区、沙漠区埋藏古河道的含水信息。

（3）遥感的解译：遥感解译工作的技术路线，大体分为 3 个阶段：

1) 室内初步解译阶段。在这个阶段，要利用影像图的不同波长所反映出的不同色彩，以肉眼可分辨为原则，进行目视判释。以判释标志为基础，依据"先宏观后微观，先整体后局部，先已知后未知，先易后难"的指导思想，同时紧密结合以往的地质、水文地质资料，使图像特征与各类地质特征反复对比，建立不同地质现象的影像特征。

2) 野外验证、实地建立解译标志阶段。由于遥感图像的解译受其成像条件、分辨率及人为诸多因素的限制，对某些地质体的判释存在着局限性，如局部地层界线、局部的构造特征等难以判出；对岩性特征、流量、水位埋深以及断层断距等定量指标也无法判定，因此解译的可靠程度、准确性等还需要野外调查加以实地验证。

3) 室内详细解译、综合分析阶段。通过前两个阶段的工作，已基本上掌握了工作地区各种解译要素的解译标志。在此基础上，对各种遥感资料进行详细系统的解译。之后，通过综合分析完成图件的编制工作。解译后可编制出水系、地貌、地层、地质构造等系列的判释图。具体流程图如图 3-1 所示[3]。

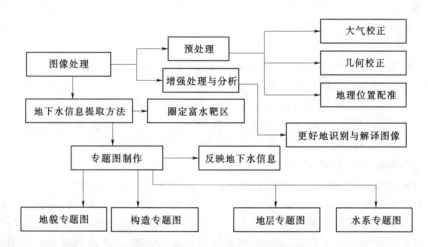

图 3-1　地下水遥感信息提取流程图（据水文地质工程地质技术方法研究所，2006）

3.1.3　遥感技术在水文地质勘察中的应用

（1）探测地下水在河流或湖泊中的排泄口。美国地质调查所与蒙大拿州地质矿产局等单位合作，分别于 1972 年 5 月、1973 年 3 月和 1975 年 11 月用机载热红外扫描器探测了蒙大拿州的三条河流和一个湖泊的地下水入流。调查人员把红外扫描器安装在一架时速为 345km/h 的双引擎飞机上。该扫描器具有 120℃ 的总视场，两个黑体校准源，探测的温度精度达 0.2℃。飞行时间选择在黎明前，飞行高度为水面以上 455～760m，探测使用的波长为 85～11μm[11]。

第一次探测数据记录在胶片上，在图像上显示了自冲积扇流入湖水中的较暖的地下水晕。图像上黑白之间的温差为 7℃（5～12℃）。这种温变范围在胶片上产生了最大的对比度。

第二、三次扫描数据记录在磁带上，并转换为数字形式。每一数字代表面积为 1.5m×0.38m 的地面分辨单元的热发射。数字经计算机处理后，输出一份间距为

0.5℃ 的等水温线图。该图明显地示出了地下水入流的范围。地下水入流与河水混合后的最高温度为 8.5℃，而河水一般温度为 6℃，河岸温度为 5.5 ℃。

该事例表明，机载热红外扫描器能探测出河流与湖泊中的地下水入流，但在确定大河中的小股地下水入流较为困难。在提高和处理扫描数据方面，计算机处理是最有效和精确的方法。计算机技术能提高图像的效应，特别是对于确定狭小河流的地下水入流更显示出它的优越性。

利用远红外图像来研究地下水在河道中的排泄口在我国也曾有过良好的效果。在广西桂林的水文地质调查中，利用遥感探测到桂林至阳朔间漓江两岸的地下水有 21 处以地下河、溶隙水、潜流等形式注入漓江，其中的两处地下水从江底注入江中，而该地区原有水文地质图上的地下水出露点只标出两个。

（2）确定海底中的淡水泉。1974 年 9 月，意大利开始利用热红外遥感来调查意大利南部彭格莱沿岸的淡水泉。该区的淡水供应一直有困难，但调查却发现有大量的淡水通过岩溶通道排泄入到亚得里亚海，成为海底泉。调查人员派飞机沿海岸飞行超过 950km，进行热红外和多光谱扫描，探测海水表面温度差别和因淡水的涌出而存在的海水光穿透度的差别。探测的波段为 $45\sim55\mu m$ 和 $9\sim11\mu m$，结果探测出大量的海底泉[11]。

（3）探测浅层含水层。热红外图像反映的是地表辐射温度，而该辐射温度是地表温度的函数。地表日温度变化受热惯性、光谱反射气候变化、蒸发量和地下温度的影响。地下水埋藏深度的变化会引起地下土壤层温度的变化，传导至地表后，有可能使地表日温度波动。利用土壤湿度变化来寻找地下水，在沙漠地区和干旱地区都有很大实际意义。含水层能引起地表出现异常的最大埋藏深度可达 10 余米。

（4）探测落水洞和确定隐伏岩溶。1970 年，调查人员用多光谱扫描器对美国弗吉尼亚州某地的落水洞进行了探测。测试地段为岩溶发育的峡谷和山脊区。结果发现了 2 个落水洞，均未积水。调查人员又派飞机在 609.6m 和 1524m 的高空成像，结果发现白天图像比夜间的效果更好。用人工解释法和计算机辅助研究了热红外图像上的落水洞位置。最后总结了在碳酸盐岩地区如何确定落水洞位置的方法为：采用立体解释并确定地形的洼地；圈定热红外照片上的环状异常带；在具有上述条件地区进行野外核对。

格林、罗伯等分别于 1970 年、1972 年相继研究了利用红外遥感探测隐伏岩溶的问题。研究结果认为，落水洞周围土壤的过量排水及地表向下漏水会引起地表的温压作用。地表温压不同引起的温度不同，可以通过红外图像判定地下的塌陷和溶洞的分布。他们认为用该方法可以判别 30m 以内的落水洞[11]。

（5）探测地热资源。联合国自然资源委员会组织了对埃塞俄比亚和肯尼亚进行的小比例尺地热普查。扫描器在 3000m 上空，最小分辨力为 6m，扫描结果发现 105 个至少为 10℃ 的热异常。野外调查者乘直升机进行实地验证时发现了很多温泉喷气口及热断裂线。在肯尼亚，飞行高度为 915m，扫描器分辨力为 2m，也探测到类似的地热特征。

日本于 1972 年开始执行地热资源调查计划。在调查项目中，对五个地热区采用了机载热红外技术探测。飞机在地表 600～1000m 高空成像。研究发现：不明显的地热异常带在野外调查时不易察觉，但在 600m 高空拍摄的大比例尺红外图像中很容易识别出。此外热红外图像还能显示出地热异常带与断裂轨迹之间的关系。

在远红外图像上，地下水的露头（如泉）能够清楚地显示。泉眼在白天呈深色调小点（温泉例外），而在夜间则呈浅色亮点，而且还可以看到一些以泉眼为顶点的扇形或蝌蚪形色调异常。在美国亚利桑那州斯塔福得附近用红外成像时，发现山脚处地表温度比其他地方高。后经钻探证明，在地表以下 127m 深处有 118℃ 的热水。苏联用红外技术在西伯利亚地区也找到了大量地下热水，供居民饮用。

（6）圈出断层破碎带，确定生产井的井位。在基岩山区，航片的水文地质解释可帮助人们划分地层的岩性，圈定可作为地下水通道的软弱夹层或断裂破碎带，进而确定出水井井位。例如：美国在佛罗里达中西部地区利用航片圈出断裂破碎带，并确定了生产性水井井位。

（7）探测古河道。应用远红外图像对湿度的敏感性，还可发现古河道的位置，有助于河流变迁的研究。现今的古河道虽已被耕地所覆盖，但其底部地下水较丰富，上部的土壤湿度也大，因而可被远红外图像所探查。太原、长春等地的远红外图像显示，在大片耕地之下，古河道呈弯月形、飘带形、长带状深色调异常区出现在现代河床两侧。

（8）在隧道水文地质勘察中的应用。利用遥感技术进行隧道水文地质勘测可节省野外工作量，改善劳动条件，提高勘测速度。在长隧道分布地区，一般地形较为陡峻，外业劳动强度大。而利用遥感方法后，主要的勘测工作转变为在室内完成。可利用遥感图像对隧道区的地层岩性、地质构造、地形地貌、植被分布情况进行调查，通过各种地物固有的影像特征，将上述各要素解译出来，结合搜集来的气候条件资料，即可对隧道区富水程度作出分区。利用遥感技术虽然得不出隧道的涌水量，但可得出不同地段的相对富水程度。

如我国大瑶山隧道的水文地质工程地质勘察。该隧道位于广东省北部南岭山脉的瑶山地区，这一区域地形起伏大，沟谷深切、丛林密布、人烟稀少，搜集到的相关的地质地貌资料不多，仅搜集到 1∶20 万及 1∶50 万的地质图及隧道施工设计阶段的有关工程地质资料。这给 20 世纪 80 年代初进行的京广铁路线的外业勘测带来了许多困难[12]。

为了解决这个难题，勘测人员在大瑶山地区进行遥感资料的搜集与补测，最后获得以下 8 种遥感图像资料：卫星象片、小比例尺黑白航片、大比例尺黑白航片、彩色红外航片，天然彩色航片、黑白红外摄影航片、黑白红外扫描片、多波段扫描片。

在遥感初步解译阶段，采用目视法并辅以图像处理手段。在图像处理方面除采用局部放大、边缘增强、密度分割、彩色合成等光学手段外，并在 IPOS/101 图像处理系统上进行了卫片的彩色增强、比值增强、反差增强、滤波增强等手段，以及应用机载多波段扫描电子计算机用磁带，在 101 图像处理系统上作了多种影像增强方法。最终，在武水峡谷 420km² 范围内，共判释出大大小小线性构造 30 余条，沿隧道轴线两侧 5 公里带状范围内判释出断层 40 余条，其中穿越隧道的有 28 条[12]。

（9）在水文地质普查中的应用。在水文地质普查阶段使用遥感技术，可大大减少野外的工作量，可以弥补了常规调查法在解决某些水文地质问题上的不足，缩短了普查工作周期，对提高水文地质普查成果的质量发挥了重要作用。具体可见 2.6 节。

3.1.4　遥感工作的基本要求

3.1.4.1　准备工作

准备工作包括：资料搜集、遥感图像的质量检查、编录、整理等方面[7]。

（1）资料搜集包括：

1）各种陆地卫星图像或图像数字磁带。

2）各种航空遥感图像（包括黑白航空像片和其他航空遥感图像）、热红外扫描图像（注意成像时间、气象条件、扫描角度、温度灵敏度、地面测温等资料）。

3）合适比例尺的地形图（最好跟遥感图像比例尺相同）。

4）典型的地物波谱特征资料。

（2）遥感图像的质量检查。检查内容主要包括：范围、重叠度、成像时间、比例、影像清晰度、反差、物理损伤、色调和云量等。

3.1.4.2　初步解译

初步解译前应根据工程需要、地质条件、遥感图像的种类及其可解译的程度等，先确定出解译的范围和解译的工作量，制定解译的原则和技术要求，建立区域解译标志。

（1）可解译的程度划分。对基岩和地质构造的可解译程度可按表 3-1 划分。

表 3-1　　　　　　　　　　　基岩和地质构造的可解译程度

可解译程度	测 区 条 件
良好	植被和乔木很少，基岩出露良好，解译标志明显而稳定，能分辨出岩类和勾绘出构造轮廓，能辨别绝大部分的地貌、地质、水文地质细节
较好	虽有良好的基岩露头，但解译标志不稳定，或地质构造较复杂，乔木植被和第四系覆盖率小于 50%，基岩和地质构造线一般能勾绘出来
较差	森林（植被）和第四系地层的覆盖率大于 50%，只有少量的基岩露头，岩性和构造较为复杂，解译标志不稳定，只能判别大致轮廓和个别细节
困难	大部分面积被森林（植被）和第四系地层的覆盖，或大片分布湖泊、沼泽、冰雪、耕地、城市等，只能解译一些地貌要素和地质构造的大体轮廓，一般分辨不出细节

（2）遥感图像调绘面积的确定。遥感图像的解译成果需用航测仪器成图时，应按规定划定调绘面积。调绘面积应在像片调绘面积内或在压平线范围内进行。当像片上无压平线时，距像片边缘不应小于 1.5cm。

（3）初步解译的要求。

1）对立体像对的图像，应利用立体解译仪器进行观察。

2）遥感图像在解译过程中，应按"先主后次，先大后小，从易到难"的顺序，反复解译、辨认；重点工程应仔细解译和研究。

3）应按规定的图例、符号和颜色，在航片上进行地质界线的勾绘和符号标记。

初步解译后，应编制遥感地质初步解译图，其内容应包括各种地质解译成果、调查路线和拟验证的地质观测点等。

3.1.4.3　外业验证调查与复核解译

验证调查点的平均密度，应符合下列规定：

（1）在遥感图像上，每条地质界线上应布设 1 个验证点。

（2）航空遥感技术外业验证点的平均密度可按表 3-2 确定。

（3）外业验证调查中，应搜集和验证遥感图像的地质样片。

表 3-2　　　　　　　　　航空遥感技术外业验证点的平均密度

测图比例	验证点数/(个/km²)		测图比例	验证点数/(个/km²)	
	第四系覆盖区	基岩裸露区		第四系覆盖区	基岩裸露区
1:50000	0.1～0.3	0.5～1.0	1:10000	0.5～2.0	1.5～4.5
1:25000	0.2～1.0	1.0～2.5	1:2000～1:5000	2.0～5.0	6.0～15.0

3.1.4.4　最终解译与资料的编制

在外业调查结束后，应进行遥感图像的最终解译并作全面检查，做到各种地层、岩性（岩组）、地质构造、不良地质作用等的定名和接边准确。成图比例应符合有关规定。

3.1.5　遥感图像的解译

遥感图像客观地反映了地质体的光学和几何特征，而且可提供在一定深度下的某些透视信息。因此，遥感图像是地壳表层景观的综合缩影。对遥感图像进行地貌分析和地质分析的过程称为遥感解译。在遥感图像上能反映和判别目标物属性的图像特征称为解译标志（又称判译标志）。它包括目标物的形态、大小、阴影、色调、纹理、图案、位置、布局等。

3.1.5.1　地形、地物的解译

（1）交通线。

公路：白色色调，宽度一致，多弯曲，但转弯和缓。

铁路：灰色色调，线路平直，弯曲少，曲率半径大。

小道：白色或浅灰色色调，宽度窄，常有交叉和急转弯。

（2）农村居民点和工厂。

农村居民点：有一定的几何形状，有庭院、围墙或菜园。

工厂：有规则的几何形状，房顶受太阳光照射的部分呈白色或浅灰色。

（3）耕地和菜地：干燥未耕的耕地呈浅色；潮湿的耕地呈深色；有农作物的耕地呈灰色；斜坡上的耕地呈阶梯状。

（4）草原：呈灰色色调。有草皮的河谷和山坡的色调也类似。

（5）林区：林木呈暗色粒状斑点；砍伐区、植林区为浅色带，有线边界。

（6）河、溪、渠：水面的色调大都为暗色，色调与水色、流速、深浅等有关。静止的水呈暗色色调，流动的水呈浅色色调。

（7）湖泊：呈深色色调，具有一定的水域面积。

（8）丘陵：地形有起伏，相对高差小，阴影不太发育，与山区相比色调较为均匀。

（9）山区：山坡有一定的坡度，相对高差大，有阴影，色调较深，山脊线和河谷线较明显。

（10）平原：地面平坦、色调均匀，一般呈浅色色调。河网稀疏，河流迂回曲折。

3.1.5.2 地貌的解译

（1）山地地貌。

构造坡：由构造作用形成，坡向与岩层倾向一致，阴影明显。

侵蚀坡：由遭受强烈切割作用形成，坡上冲沟发育，沟底呈"V"形，阴影明显。

剥蚀坡：坡面长期遭受面流冲刷作用而成，冲沟不十分发育，阴影不太明显。

（2）河流阶地。有明显的陡坎，阶地面向河谷中心，缓倾斜，阶地色调与土的含水量和植物生长特点有关。河漫滩一般呈浅色色调，河床有水部分呈暗色条带。

（3）洪积扇：呈扇形，浅色色调，分布在山麓坡脚和河流出口处。

（4）岩溶：负地形发育，没有明显的倾斜方向，有时出现孤峰和石林，洼地上常分布有残积红黏土，在像片上呈现出浅色斑点。在岩溶强烈地段，地表植被稀少，呈平行排列的溶沟发育。溶沟、石芽地貌在影像上形成白色粗而短的树枝状纹影。在封闭洼地、溶蚀漏斗内有水积聚时呈黑色斑点图案。岩溶地区常有河流突然消失或潜水突然涌出地表的景观。

3.1.5.3 岩土种类的解译

（1）花岗岩、闪长岩等中酸性侵入岩。判译标志如下：

1）边界线通常呈参差不齐的圆穹状或透镜状、串珠状。地形上多呈穹隆状的正地形，在山区往往构成陡峭的分水岭，有时可形成低丘或中低山地貌。

2）呈单一的均匀的浅色色调（但黑云母花岗岩呈深灰色色调）。

3）具有独特的网格状、放射状、环状、菱形状裂隙；

4）水系以树枝状为主，冲沟多呈钳形、钓沟形。

（2）砂岩。判译标志如下：

1）层理较明显且稳定，当覆盖层和植被较少时，在航片上其层理影像清楚。

2）影像色调呈深灰至灰色。

3）在分水岭上常呈陡坡的块状山地。倾斜产状的砂岩多构成单面山形态，产状较平缓的厚层坚硬砂岩，在山坡上常形成石檐和陡坎。

4）节理较发育，节理对末级水系和冲沟的发育有明显的控制作用。

5）受构造影响小时，水系多呈稀疏的树枝状，受构造影响大时，水系则以角形树枝状为主。

（3）碳酸盐类岩石。判译标志如下：

1）湿热地区的石灰岩常构成独特的岩溶地貌形态；植被稀疏，泉水出露处则植被茂密。

2）干旱地区岩溶不发育，灰岩裸露光秃，坡积、残积物较少，山坡较陡，分水岭多尖峭。

3）水系较少，色调较浅，风化后色调较深。

4）湿热地区的岩溶洼地、漏斗等被残积土所充填，构成斑点状图案。

5）白云岩在航片影像上的色调比石灰岩的深，且具粗糙感。其他特征同石灰岩。

6）泥灰岩地区地形较平缓，在航片上色调较浅，岩溶现象不明显。在干旱地区影像多呈灰白色色调。

（4）黄土。判译标志如下：

1）地貌多呈沟谷纵横，支离破碎，并有黄土陷穴、黄土柱等溶蚀地貌。垂直节理和冲沟发育，谷壁陡峭。

2）黄土冲沟网一般呈掌状、树枝状、羽状、平行状和格状。

3）沟谷上游冲沟横断面呈"V"字形，沟头多呈楔形；中下游冲沟横断面多呈"U"字形，沟头多呈半圆形，沟谷平坦。

4）图像上色调呈均匀的浅色调。

（5）冲积物。判译标志如下：

1）有河谷或湖盆地的地貌特征，如河流、河漫滩、冲积阶地。

2）地面平坦、地表多为格状田地。

3）冲积物色调不均匀，在温度高、植被茂密地区呈深色，沙滩、沙洲为浅色。

3.1.5.4　地质构造的解译

（1）褶皱。判译标志如下：

1）平面呈现出椭圆状、环状、藕节状、弧状、"之"字形等不同色调带（纹）的影像。

2）对称分布的地貌、岩层、裂隙色调，植被、水文网等花纹图案。

3）同一层位地下水出露点的连线呈封闭状，或相同的岩溶现象呈闭合圈出现。

（2）断裂构造。判译标志如下：

1）破碎带的直接出露往往构成负地形，具粗糙感。

2）地质体（包括地层、侵入体、矿脉等）被切割或错开。

3）沉积岩地层出现重复或缺失。

3.1.5.5　不良地质作用的解译

（1）滑坡。判译标志如下：

1）呈簸箕形、舌形、梨形等平面形态和不平顺、不规则等的坡面形态，可见到滑坡壁、滑坡台阶、滑坡舌等各种滑坡形态要素。

2）有时还见到滑坡体表面的湿地、泉水、马刀树等。

3）滑坡多在峡谷中的缓坡、分水岭的阴坡、侵蚀基准面急剧变化的主沟及支沟交汇处及其沟头等处发育。

（2）崩塌。判译标志如下：

1）位于陡峻的山坡地段，纵断面上呈上陡下缓。

2）崩塌轮廓明显，崩塌壁呈灰色色调，不生长植被。

3）崩塌体堆积在谷底或斜坡平缓地段，因其表面坎坷不平，影像具粗糙感。

4）崩塌体上部外围有时可见张节理形成的裂缝。

5）有时巨大的崩塌体堵塞河谷，在崩塌体上游形成堰塞湖，崩塌体处形成有瀑布的峡谷。

（3）泥石流。判译标志如下：

1）标准的泥石流沟可清楚地看到形成区、流通区和堆积区等三个区。

2）形成区成瓢状，山坡陡峻，岩石风化严重，松散固体物质丰富，常有滑坡、崩塌发育。

3）流通区沟床较短直，纵坡较形成区地段缓，但较堆积区地段陡。

4）堆积区位于沟谷出口处，纵坡平缓，成扇状，呈浅色色调；扇面上可见固定沟槽或漫流状沟槽，还可见到导流堤等人工构筑物。

3.2　地　面　物　探　技　术

地面物探包括电法勘探、地震勘探、重力勘探、磁法勘探和放射性勘探等多种方法。

3.2.1　电法勘探

电法勘探是物探的主要方法之一，它是通过对天然电场和人工电场的研究，来获得岩石不同电学特性的资料，以判断有关水文地质问题。电法的用途广泛，它可用于探测盖层的厚度、断层裂隙、岩石单元、海水入侵等。

根据电场建立的方法、场源的性质、方法所依据的电学性质及测量方式特点的不同，电法勘探可分为直流与交流电法勘探两大类，而每一类方法又分为很多种，它们在水文地质工作中的应用亦各有侧重，见表 3-3。

表 3-3　　电法勘探的种类及其在水文地质勘察中的应用情况（据房佩贤，1987）

类别	场的性质	方法名称			应用情况
直流电法	天然场	自然电场法		电位法 梯度法	测地下水流向；河床、水库渗漏点；地下水与地表水之间的补排关系
	人工场	电阻率法	剖面法	联合剖面法 对称四极剖面法 复合四极剖面法 中间梯度法 偶极剖面法	填图；追索断层破碎带；探测基底的起伏情况；查明岩溶发育带
			测深法	对称四极测深法 三极电测深法 环形电测深法 偶极电测深法	划分近水平层位；确定含水层的厚度、埋深；划分咸、淡水分界面；查清地质构造；探测基底的埋深、风化壳的厚度等
		激发极化法			划分含泥质地层；查明溶洞、断层带
		充电法		电位法 梯度法	追索地下暗河、充水断层带；测地下水流速、流向；查坝基渗漏点；研究滑坡及测定下滑速度
交流电法	天然场	大地电场法			查区域构造
	人工场	其低频电磁场法			定性确定低阻体（断层带或岩溶发育带）位置
		电磁法（交变电磁场法）			探查构造；填图；找水
		频率测深法			探测地下构造；划分地层
		地质雷达			探测浅部地下空洞、管线位置，覆盖层厚度等
		无线电波透视法			探查溶洞、暗河、断层

3.2.1.1　电阻率法

自然界中各种岩石的导电性能不同。一般情况下，岩浆岩、变质岩和沉积岩中的致密灰岩的电阻率都很高（大于 $10\sim100\Omega\cdot m$），只有当它们受到风化，构造破碎时，由于含泥量增多，水分增加，其电阻率值才降到 $10\sim100\Omega\cdot m$ 级或更小。对于松散沉积物而言，随着颗粒直径的增大，电阻率也随之增高，一般从 $30\Omega\cdot m$ 到 $70\Omega\cdot m$，砾卵石层可达 $200\Omega\cdot m$。作为隔水层的黏性土、粉土等则具有很低的电阻率，一般在 $8\sim30\Omega\cdot m$ 左右。电阻率法就是利用这种地质体导电性的差异，通过建立人工电场并进行观测，求得某个测点下面不同深度或剖面上不同测点的视电阻率后，再进行推断和地质解释。

为了解决不同的地质问题，常采用不同的电极排列形式和移动方式（简称为装置），因而将电阻率法又可细分电剖面法、电测深法和高密度电阻率法。

（1）电剖面法。根据装置的不同，分为对称四极剖面、复合对称四极剖面、三极剖面、复合对称三极剖面、联合剖面、偶极剖面、中间梯度测量法等。

以联合剖面为例。联合剖面法是电剖面法中最重要的方法，它实际上是由两个三极装置组合而成，即将 $AMNB$ 布置在一条直线上，增加一个供电电极 C。C 极垂直于 $AMNB$ 方向布置于无穷远处（图 $3-2$）。一般 $CO=（5\sim10）AO$。装置沿测线逐点移动，每个点观测 2 次，轮流给 A 极和 B 极供电。一次是用 AMN 装置测，所得的视电阻率用 ρ_s^A 表示；

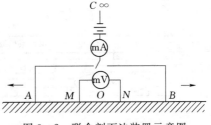

图 $3-2$　联合剖面法装置示意图

另一次是用 MNB 装置测，所得的视电阻率用 ρ_s^B 表示。作图时，习惯把 ρ_s^A 线绘制成实线，把 ρ_s^B 线绘制成虚线。

联合剖面的交点[7]：

正交点：ρ_s^A 与 ρ_s^B 相交，在交点左边 $\rho_s^A>\rho_s^B$，在交点右边 $\rho_s^A<\rho_s^B$。

反交点：ρ_s^A 与 ρ_s^B 相交，在交点左边 $\rho_s^A<\rho_s^B$，在交点右边 $\rho_s^A>\rho_s^B$。

高阻交点：交点处视电阻率大于围岩视电阻率。

低阻交点：交点处视电阻率小于围岩视电阻率。

低阻正交点：往往指示低电阻体和含水的断裂带的存在。

高阻反交点：常出现在高阻体上方，指示高电阻岩脉。

低阻反交点：往往由山脊地形引起。

高阻正交点：往往由山谷地形引起。

在岩溶地区：①当岩溶发育埋深不大时，在 ρ_s^A 与 ρ_s^B 曲线上出现一个或几个点的电阻率同步下降（溶洞含水或含泥时）或上升（干燥空洞时），曲线呈尖底状异常（图 $3-3$）；②当岩溶发育带较宽，溶槽较深，这时的岩溶发育带异常类似于陡立的低阻带，联合剖面曲线呈现出明显的低阻正交点（图 $3-4$）；③当岩溶发育带很宽，但向下延伸不大时，联合剖面曲线呈现出宽阔的正反交替的低阻异常带（图 $3-5$）。

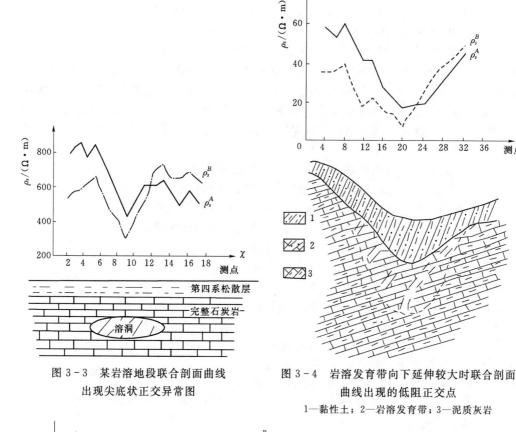

图 3-3　某岩溶地段联合剖面曲线
出现尖底状正交异常图

图 3-4　岩溶发育带向下延伸较大时联合剖面
曲线出现的低阻正交点

1—黏性土；2—岩溶发育带；3—泥质灰岩

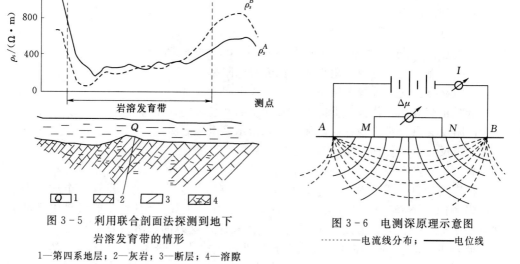

图 3-5　利用联合剖面法探测到地下
岩溶发育带的情形

1—第四系地层；2—灰岩；3—断层；4—溶隙

图 3-6　电测深原理示意图

------ 电流线分布；—— 电位线

　　（2）电测深法。电测深法（electrical sounding）包括电阻率测深和激发极化测深。它是在地面的一个测深点上（图 3-6 中 MN 的中点），通过逐次加大供电电极

及 AB 极距的大小，测量同一点的、不同 AB 极距的视电阻率 ρ_s 值，研究这个测深点下不同深度的地质断面情况。

电测深法多采用对称四极排列，称为对称四极测深法。在 AB 极距离短时，电流分布浅，ρ_s 曲线主要反映浅层情况；当 AB 极距大时，电流分布深，ρ_s 曲线主要反映深部地层的影响（图 3-7）。ρ_s 曲线是绘在以 $AB/2$ 和 ρ_s 为坐标的双对数坐标纸上。

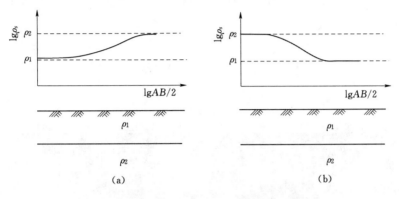

图 3-7　地下有 2 个电阻不同的地层时，电测深曲线变化过程
(a) 当 $\rho_2 > \rho_1$ 时；(b) 当 $\rho_2 < \rho_1$ 时

图 3-8 (a) 是根据电测深曲线推测地层的变化，图 3-8 (b) 是根据电测深曲线推测火成岩风化壳的分带及地下水埋深；图 3-8 (c) 为图 (a) 和图 (b) 享有相同的电测深图。

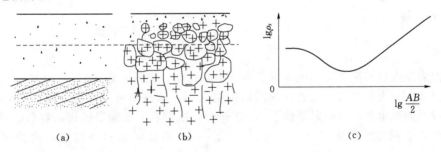

图 3-8　利用电测深判断地下水位埋深
(a) 第四系孔隙潜水含水层；(b) 火成岩风化带中的网状孔隙裂隙潜水含水层；(c) 电测深图

(3) 高密度电阻率法。

原理：高密度电法的工作原理与常规电阻率法大体相同，其测量选用的是温纳装置（图 3-9）。测量时，$AM = MN = NB = AB/3$ 为一个电极间距，探测深度为 $AB/3$，A、B、M、N 逐点同时向右移动，得到第一层剖面线；接着 AM、MN、NB 增大一个电极间距，A、B、M、N 逐点同时向右移动，得到另一层剖面数据；这样不断扫描测量下去，就会得到一个倒梯形断面图（图 3-10）。

为了提高工作效率，目前野外数据的采集是通过阵列电极装置形式来实现的。野外工作时将数十根电极一次性布设完毕，每根电极既是供电电极，又是测量电极。通

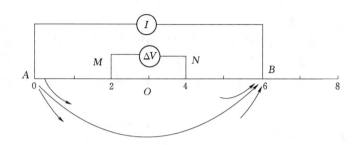

图 3-9　高密度电阻率法工作原理示意图

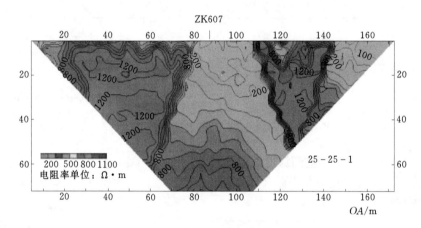

图 3-10　某岩溶 25-25-1 剖面的高密度电法视
电阻率等值线断面图

过程控多路电极转换开关和电测仪实施数据的自动、快速采集。

图 3-10 为某岩溶地段测到的高密度电法图。从该图可以看出：钻孔 ZK607 处地表以下为低电阻带（电阻率低于 $200\Omega\cdot m$），推测有含水断层经过，岩石破碎。而 ZK607 左右两侧的高阻带（电阻率 $1200\Omega\cdot m$）则显示岩石很完整，岩溶基本不发育。

3.2.1.2　自然电场法

当地下水在孔隙地层中流动时，毛细孔壁产生选择性吸附负离子的作用，使正离子相对向水流下游移动，形成过滤电位。因此作区域性的自然电位测量，可判断潜水的流向。在水库的漏水地段可常出现自然电位的负异常，而在隐伏上升泉处则可获得自然电位的正异常。

3.2.1.3　激发极化法

实验室研究表明，含水砂层在充电以后，断电的瞬间可以观测到由于充电所激发的二次电位，该二次电位衰减的速度随含水量的增加而变缓。在实践中利用这种方法圈定地下水富集带和确定井位已有不少成功的实例，但它在理论和观测技术方面还有待改进。

3.2.1.4 地质雷达

是交流电法勘探中的一种，它是利用对空雷达的原理，由发射机发射脉冲电磁波，其中一部分沿着空气与介质（岩土体）的分界面传播的直达波，经过时间 t_0 后到达接收天线，被接收机所接收。另一部分则传入介质内，若在其中遇到电性不同的另一介质体（如地下水、洞穴、其他岩性的地层），就会被反射和折射，经过时间 t_s 后回到接收天线，称为回波。根据所接收的两种波的传播时间差，就可判断另一介质的存在并测算其埋藏位置（图 3 - 11）。地质雷达具有分辨能力强、判译精度高，一般不受高

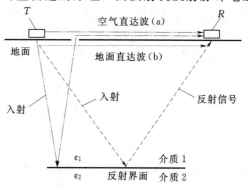

图 3 - 11　地质雷达工作原理图

阻屏蔽及水平层、各向异性的影响等优点。它对探查浅部介质体，如地下空洞、管线位置，覆盖层厚度等的效果尤佳。

地质雷达是目前分辨率最高的工程地球物理方法，近年来在我国被广泛应用于隧道超前预报工作。水是自然界中常见的物质中介电常数最大、电磁波速最低的介质。与岩土介质和空气的差异很大。含水界面会产生强烈的电磁反射，岩体中的含水溶洞、饱水破碎带很容易被地质雷达检测所发现，因而常将地质雷达作为掌子面前方含水的断裂带、破碎带、溶洞的预报工具。在深埋隧道的富水地层以及溶洞发育地区，地质雷达是一种很好的预报手段。不过，地质雷达目前探测距离较短，在 $20\sim25m$以内，因此对于长隧道只能根据施工进度分段进行。

图 3 - 12 为某岩溶地段的地质雷达图像，从该图可以看出，在没有岩溶发育的测点上无明显的反射特征，而在溶洞发育的测点上则反应强烈[13]。图 3 - 12 （a）中23～28 号测点间的地下连续出现 3 个局部强反射区，且波形同向轴连续性好，顶部波轴呈拱形，为溶洞引起的异常反映，与附近钻探揭示的本地段岩溶呈串珠状垂向连续分布的特点一致[13]。

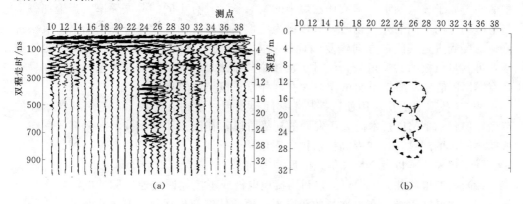

图 3 - 12　某岩溶地段地质雷达图像及解译图（据王传雷，1994）

(a) 雷达图像；(b) 解译图

3.2.1.5　其他技术

近年来电法探测的仪器和技术都取得了较快的发展。电法仪器比较成功地移植了地震仪成熟的经验技术，现其主要的技术指标（如动态范围、采样间隔、模数转换等）几乎与地震没有什么差别。其中最令人瞩目的是以下3种。

（1）地面核磁共振（NMR）。地面核磁共振找水技术是目前唯一可用于直接探测地下水的物探技术。利用该项技术可以获得除什么地方有水、有多少水的资料之外，还可以获得含水层的有关信息。自1978年起，苏联科学院西伯利亚分院化学动力和燃烧研究所（ICKC）开始了利用核磁共振技术找水的全面研究。他们用三年时间研制出原始仪器，并在其后的10年间对仪器进行改进，开发出世界上第一台在地磁场中测定NMR信号的仪器，称为核磁共振层析找水仪（Hydro scope）。该仪器作为新的探测地下水的重要手段，于1988年在苏联和英国申请了专利。1992年俄罗斯的核磁共振层析找水仪在法国进行了成功演示。两年后法国地调局（BRGM）的IRIS公司购买了该仪器的专利，并与原研制单位ICKC合作，着手研制新型的核磁共振找水仪—核磁感应系统（NUMIS）。法国在1996年春推出商品型NMR找水仪，并生产出6套NUMIS系统。法国IRIS公司研制的NUMIS系统是在俄罗斯Hydroscope的基础上改进的。到目前为止，拥有NUMIS系统的国家除俄罗斯和法国外，还有中国和德国。

1997年年底中国地质大学（武汉）引进了法国IRIS公司研制的NUMIS系统，这是中国引进的第一套NUMIS系统。1999年中国地质科学院水环所、新疆水利厅石油供水办公室各引进一套NUMIS。2001年春天水利部牧区水利科学研究所引进一套NUMIS系统的升级找水设备NUMIS＋。上述单位利用NMR找水方法先后在湖北、湖南、河北、福建、内蒙古、新疆等11个省市和地区进行了找水实践，并找到了地下水。研究成果填补了中国用NMR技术直接找水的空白，使中国跃居使用该技术找水的世界先进国家行列[2,5]。

NMR找水原理：NMR找水方法就是以核磁共振现象为基础的，它通过建立非均匀磁场和地球物理NMR层析，研究地下水的空间分布。除油层、气层外，水（H_2O）中的氢核是地层中氢核的主体。H^+具有非零磁矩，并且处于不同化学环境中的同类原子核（如水、苯或环乙烷中的氢原子）具有不同的共振频率，当施加一个与地磁场方向不同的外磁场时，氢核磁矩将偏离磁场方向，一旦外磁场消失，氢核将绕地磁场旋进，其磁矩方向恢复到地磁场方向。通过施加具有拉摩尔圆频率的外磁场，再测量氢核的共振讯号，便可实践核磁共振测量。在给定的频率范围内，如果存在有NMR信号，那就说明试样中含有该种原子核类型的物质。

NMR找水的成功应用使物探技术从间接找水过渡到直接找水，是一项技术性的革命。但目前NMR技术尚处于发展的初级阶段，在仪器和应用技术方面都还存在一些需要改进的问题，比如提高仪器抗电磁信号干扰能力、加大勘查深度、减轻仪器重量、降低仪器成本以及NMR信息的反演等问题。

（2）瞬变电磁法（TEM）。它利用接地电极或不接地回线通以脉冲电流，在地下建立起一次脉冲磁场。在一次场的激励下，地质体将产生涡流，其大小与地质体的电特性有关。在一次磁场间歇期间，该涡流将逐渐消失并在衰减过程中，产生一个衰减的二次感应电磁场。通过设备将二次场的变化接收下来，经过处理、解释可以得到与断裂带及其他与水有关的地质资料。

由于瞬变电磁法仅观测二次场，与其他电性勘探方法相比，具有体积效应小、纵横向分辨率高、对低阻体反应灵敏、工作效率高、成本低廉等优点，是解决水文地质问题较理想的探测手段。此外，常规物探方法受环境限制大，难以开展水上作业，而瞬变电磁法则受环境影响较小，可以用于水上作业[2,5]。

近年来，数字技术的发展促进了一批 TEM 仪器的出现（如 Geonics PROTEM 47，Sirotem MK3，Zonge Nano TEM，Bison TD 2000 等），它们对 $10\sim200$m 浅层具有较高的探测能力。另外，还开发出 TEM 资料处理的新技术，有可能在事前没有较多可用地下资料的情况下，制作出逼真的解释模型[2,5]。

（3）EH-4 电磁成像系统。EH-4 电磁成像系统是由美国 Geometrics 公司和 EMI 公司于 20 世纪 90 年代联合生产的一种混合源频率域电磁测深系统，是可控源与天然源相结合的一种大地电磁测深系统，其有效勘探深度为几十米至三千米左右。它结合了 CSAMT 和 MT 的部分优点，利用人工发射信号补偿天然信号某些频段的不足，以获得高分辨率的电阻率成像。其核心仍是被动源电磁法，即采用一个便携式低功率发射器主动发射 $1\sim100$kHz 人工电磁讯号，以补偿天然讯号的不足，从而获得高分辨率的成像。深部构造则通过天然背景场源成像（MT），其信息源为 10Hz~100kHz。

EH-4 大地电磁系统观测的基本参数为正交的电场分量和磁场分量，通过密点连续测量，采用专业反演解释处理软件可以组成地下二维电阻率剖面，甚至三维立体电阻率成像。大地电磁测深仪器通过同时对一系列当地电场和磁场波动的测量来获得地表的电阻抗，一个大地电磁测量给出了测量点以下垂直电阻率的估计值。

主要用途：岩土电导率分层、地下水探测、基岩埋深调查、煤田勘探、金属矿详查和普查、环境调查、大坝、桥梁、铁路或公路路基、隧道勘查；咸、淡水分界面划分、断层构造探查、水库漏水点探查、地下三维成像等。

该仪器自 1996 年进入我国以来，短短几个月里就在西北干旱地区找水初见成效，在陕西富平隐伏岩溶区找到 700m 深部裂隙水，紧跟着又在中蒙边境发现 100m 深地下水源。新疆第二水文队与保定水文所合作，借助 EH-4 在罗布泊这个世界上最缺水的地方找到深部多层地下水；石油部物探局五处曾利用 EH-4 在四川峨眉山中找出 1200 米深的地下热泉，突破寻找深部水资源障碍。

图 3-13 是某岩溶地区 EH-4 测线等视电阻率断面图，该图采用 20m 测点距测定。从该图可以判定出第四系覆盖层的厚度为 $15\sim20$m（相应于标高 $80\sim100$m），浅部的耕植土与红黏土的电阻率为 $120\sim300\Omega\cdot$m，下覆岩层的电阻率 $650\sim3700\Omega\cdot$m 为石灰岩。图中低电阻的凹槽带推测为断层带。

3.2.2 地震勘探

地震勘探：是通过研究人工激发的弹性波在地壳内的传播规律来勘探地质构造的方法。由锤击或爆炸引起的弹性波，从激发点向外传播，遇到不同弹性介质的分界面，将产生反射和折射，利用检波器将反射波和折射波到达地面所引起的微弱振动变成电信号，送入地震仪经滤波、放大后，记录在像纸或磁带中。经整理、分析、解释就能推算出不同地层分界面的埋藏深度、产状、构造等。

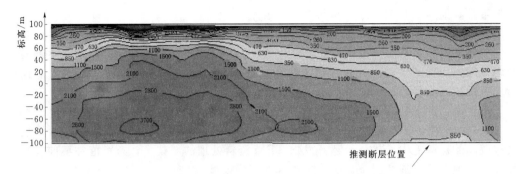

图 3-13　某岩溶地区 EH-4 测线等视电阻率断面图

地震勘探可分为折射波法和反射波法两种，如根据地震探测的深度不同，它又可分为深层地震勘探和浅层地震勘探。图 3-14 是某岩溶地段的地震反射波法时间剖面图，图中黑圈标出的部位呈现出明显的同相轴错动，续至波有振荡拖尾现象，表明了该处有断层通过，岩石破碎。

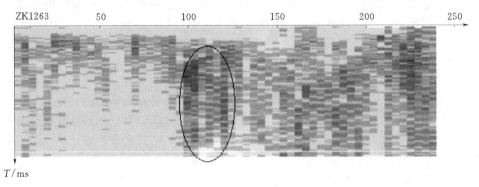

图 3-14　ZK1263 孔所在断面的等偏移地震反射法时间剖面图

在水文地质工作中，通常使用浅层地震勘探方法，探测深度由几米到 200 米。浅层地震勘探在水文地质勘察中可解决如下问题。

（1）确定基岩的埋藏深度，圈定储水地段。

（2）确定潜水埋藏深度。当没有严重的毛细现象时，潜水面为良好的地震界面，利用折射法能求得潜水位埋深。

（3）探测断层带。一般是采用折射波资料来判定。

（4）探测基岩风化层厚度。风化层可能是良好的含水层。当基岩风化层不十分发育，与上覆地层有波速差异时，可用折射波法求得风化壳厚度；当风化层厚度相对地震波长或风化层与上覆地层的波速无明显差异时，则效果不佳。

（5）划分第四纪含水层的主要沉积层次。如细砂、中砂与砂砾石等。要解决这样的任务，其他物探方法有时得不到令人满意的效果，折射波也只能在一定的条件下解决部分问题。目前发展起来的浅层反射波法对于上述各种地质界面均有明显地反映，能解决划分第四纪含水层的有关问题。

3.2.3 重磁法勘探

重力勘探是根据岩体的密度差异所形成的局部重力异常来判断地质构造的方法，常用以探测盆地基底的起伏和断层构造等。采用高精度重力探测仪有可能探测到一些埋深不大并且具有一定体积的溶洞。

磁法勘探是根据岩石的磁性差异所形成的局部磁性异常来判断地质构造的，在水文地质勘察中，大面积的航空磁测资料可为寻找有利的储水构造提供依据[2,8]。

这两种物探方法目前都主要用于探测区域构造，它们在水文地质勘察中还应用不多，只是在寻找与构造成因关系密切的地下水（如热水）方面有成功的例子。

3.2.4 放射性勘探

由于不同的岩石所含放射性元素的含量不同，因此可通过探测放射性元素在蜕变过程中产生的 γ 射线强度来区分岩性。近年来人们通过测量 γ 强度、能谱、α 径迹法等找水获得过不少成功的经验。

天然伽玛（γ）法测量，包括地面、车载和航空放射性测量，可用于填图、寻找基岩裂隙水。据报道，日本利用放射性勘探在山区寻找基岩裂隙水方面取得了多个成功的实例。

放射性物探方法在地下水勘察方面，可解决如下问题[1]：

（1）测定地下水位和含水层埋深、厚度及其分布。

（2）圈定地下水的富集部位。

（3）测定地下水的矿化度（或咸淡水界面）或污染范围。

（4）研究地下水的动力学特征。放射性同位素常用作研究地下水及其溶质运动的示踪剂。

3.2.5 综合物探技术

由于各种物探方法都有一定的局限性，而大多数勘察场地又都存在着显示相同物理场的多种地质体，如果只用单一的物探方法解释异常比较困难。因此，可在同一剖面、同一测网中用两种以上的物探方法共同工作，将数据资料相互印证、综合分析，就有利于排除干扰因素，提高解译的置信度。

图 3-15 是运用综合物探寻找含水溶洞的实例。该区用电测剖面法探查时，发现充水溶洞与被土充填的溶洞电性差异很小，收效差。然而从地质调查中了解到，充填于溶洞中的土是因上部土洞与灰岩中的溶洞贯通而淤积的，由于淋滤作用，土中含铁磁性矿物局部富集，其重度也较大。

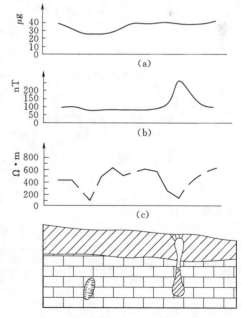

图 3-15 岩溶地区综合物探的应用（桂林瓦窑）
(a) 重力测量曲线；(b) 磁法测量曲线；
(c) 电剖面法曲线

为此，沿原电剖面测点布置了磁法勘探和重力勘探。结果被土充填的溶洞出现了明显的磁力高异常，而充水溶洞测得较低的重力值。通过三种物探方法比较，较有效地区分出充水溶洞与被土充填的溶洞，排除了电法成果的多解性，取得了正确的地质结论。此工区经综合物探方法所确定的 9 个含水溶洞，经钻探揭露证实，置信度达 100％[9]。

3.3　井下物探技术

井下物探是在钻孔内进行物探测井工作。目前工程物探中采用的测井方法主要有电测井、声测井、放射性测井、温度测井、超声成像测井、电磁波测井（表 3-4）。此外还有利用工业电视设备对孔壁直接观察的钻孔电视以及对钻孔直径和井斜的测量等。井下物探是以地下岩石的各种物理性质的差异为基础，去研究水文地质问题。目前井下物探技术在水文地质工作中的应用日益广泛，已成为水文地质勘察的重要手段之一。

综合测井法可以详细地划分钻孔的地质剖面，探测软弱夹层，确定断层及裂隙、破碎带的位置与产状，测定地层的电阻率、弹性波速度、孔隙度、密度、含泥量、含水量，确定含水层的位置，测定地下水的矿化度和流速、流向等[1,4]。

表 3-4　测井法的种类及其在水文地质勘察中的应用情况（据 房佩贤，1987）

类　别	方　法　名　称			应　用　情　况
电法测井	视电阻率法测井	普通电阻率法测井		划分钻井剖面，确定岩石的电阻率参数
		微电极系测井		详细划分钻井剖面，确定渗透性地层
		井液电阻率测井		确定含水层位置（或井内出水位置）；估计水文地质参数
	自然电位测井			确定渗透层；划分咸淡水界面；估计地层中水的电阻率
	井中电磁波法			探查溶洞、破碎带
放射性测井（核测井）	自然伽玛法测井			划分岩性剖面；确定含泥质地层，求地层含泥量
	伽玛-伽玛法（γ-γ）测井			按密度差异划分剖面；确定岩层的密度、孔隙度
	中子法测井	中子-伽玛法		按含氢量的不同划分剖面，确定含水层的位置；确定地层的孔隙度
		中子-中子法		
	放射性同位素测井			确定井内进（出）水点的位置；估计水文地质参数
声波测井	声速测井			划分岩性；确定地层的孔隙度
	声幅测井			划分裂隙含水带，检查固井的质量
	声波测井			区分岩性，查明裂隙、溶洞及套管壁的状况；确定岩层的产状、裂隙的发育规律
热测井	温度测井			探查热水层；研究地温梯度；确定井内出水（漏水）点的位置
钻孔技术情况测井	井斜测井			为其他测井资料解释提供钻孔的倾角和方位角参数
	井径测井			为其他测井资料提供井径参数；确定岩性的变化
流速测井	流速测井			划分含水层和隔水层及其埋深、厚度；测定各含水层的出水量；检查止水的效果和井管断裂的位置及渗漏量；确定合理的井深

3.3.1　测井工作的目的和任务

3.3.1.1　第四系孔隙水地区

在第四系孔隙水中主要用于查明含水层的分布及其埋藏条件，为合理开发第四系地下水资源提供依据。具体内容如下[1]：

（1）确定含水层、隔水层的埋深与厚度。

（2）划分地层组，编录钻孔柱状剖面，并根据全部测井资料，进行区域性地层对比，以了解地层纵横向的变化规律。

（3）确定各含水层之间的水力联系。

（4）划分咸淡水分界面，测定含水层中地下水矿化度，确定层位与厚度。

（5）测定含水层水文地质参数，如孔隙度、渗透系数、地下水渗透速度、天然流向、涌水量等。

（6）估算水文地质参数，如地下水矿化度、孔隙率、渗透系数、流速及涌水量等。

（7）测量地层的物性参数，如电阻率、弹性波速度、密度、磁性等。

（8）钻孔技术状况测定，包括井斜、井径、封井质量检查，指示井下故障点（如套管漏水、断管位置等）。

3.3.1.2　在岩溶和裂隙发育地区

在岩溶和裂隙发育地区主要用于查明含水层的埋藏条件和补给关系。具体如下[1]：

（1）确定裂隙、含水裂隙和溶洞的部位、产状与厚度；编录钻孔柱状图；确定钻孔中含水层之间的补给关系和水力联系等。

（2）配合抽水试验确定漏水位置，提供具体的补漏部位；提供套管止水位置和堵孔位置；检查套管止水质量和堵孔疏导。

（3）估算水文地质参数和进行地层物性参数测定。

（4）钻孔技术状况测定。

3.3.2　测井的基本原理和方法

由于测井方法很多，难以一一阐述，现仅介绍常用的三种。

3.3.2.1　视电阻率测井法

1. 基本原理

采用由四个电极构成的排列形式，其中的两个电极为供电电极，另外的两个为测量电极，如图 3-16 所示。图中字母 A、B 表示正的和负的供电电板，M、N 表示正的和负的测量电极。测井时一般将其中的一个电极置于地面，其余三个电极排在一条直线上，形成三电极测井电极系投入孔内[1]。由于电极系（A、M、N）至地面的距离远远超过电极系的探测半径，因此当介质为均匀介质时，可以认为电极系是置于电阻率为 ρ 的均匀无限大的介质中。根据均匀无限大介质中的点源电场理论，岩石的电阻率为[10]：

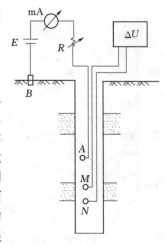

图 3-16　视电阻率测井法
线路示意图

$$\rho = 4\pi \frac{\overline{AM}\ \overline{AN}}{\overline{MN}} \frac{\Delta U}{I} = K \frac{\Delta U}{I} \qquad\qquad (3-1)$$

式中：ρ 为均质岩石的电阻率，$\Omega \cdot m$；$\overline{MN}$ 为电极 M、N 两点间的距离，m；$\overline{AN}$ 为电极 A、N 两点间的距离，m；$\overline{AM}$ 为电极 A、M 两点间的距离，m；ΔU 为电源 A 在 M、N 电极之间的电位差，mV；I 为所施加的电流强度，mA；K 为电极系的系数，其大小与电极系中三个电极之间的距离有关。

　　然而，实际上地下的介质并不是均匀的，因此当把测井中实测的电位差 ΔU 和供电电流 I 的数值代入式（3-1）时，所求得的 "电阻率" 并非是电极周围岩石的真正电阻率。为了与岩石真正的电阻率相区别，把非均质介质中仍按式（3-1）计算出的 "电阻率" 称为视电阻率。以 ρ_s 表示。即[10]：

$$\rho_s = K \frac{\Delta U}{I} \qquad\qquad (3-2)$$

式中各符号意义同前。

　　视电阻率值的大小与电极系周围介质的电阻率（如岩层电阻率、围岩电阻率及井液电阻率等）以及这些介质的分布（如岩层的厚度、岩层的倾角及井径）有关。同时，视电阻率还与所用的电极系有关。可以认为，视电阻率是电极系探测范围内各种介质电阻率的某种加权平均值。一般来说，岩石离电极系越近，它对所测得的视电阻的影响越大[10]。

　　2. 视电阻率的应用

　　在金属与非金属矿床、煤田及水文、工程地质测井中，视电阻率曲线如与其他测井曲线配合，可用于：①划分钻孔的地质剖面；②确定矿层的深度和厚度；③进行地层对比；④研究勘探区的地质构造，等等[10]。

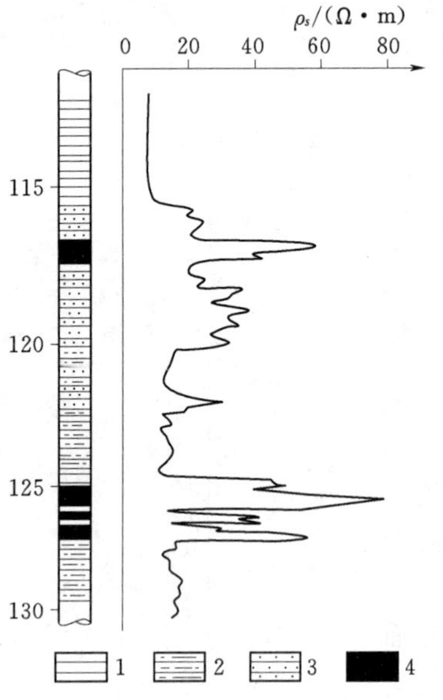

　　图 3-17 是我国某煤田的某个钻孔的一段实测视电阻率测井曲线。在该剖面上，视电阻率曲线以明显的高峰反映出煤层位置。测井曲线对各种岩性地层的反映也较清晰，可见，利用视电阻率曲线划分钻孔地质剖面也是可行的[10]。

3.3.2.2　自然电位测井法

　　基本原理：自然电位测井法是在不进行人工供电的条件下测量井内及井周围由于电化学活动性而产生的自然电位的变化，用以确定岩层性质和层位的一种测井方法。该方法不需要向孔内供电，只需要把一个电极置于孔口，另一个电极放入井下，用导线将它们与电位计连接起来，便会发现两个电极之间存在一个电位差使检流计指针发生偏转[1]。

　　测量方法及内容如下[1]：

　　（1）测定井孔内的泥浆密度与温度。由于泥

图 3-17　煤田中利用视电阻率测井曲线
（摘自　王惠濂，1987）
1—页岩；2—砂质页岩；3—砂岩；4—煤

浆的比重、温度都随深度的增加而增大，所以在泥浆钻进结束后，可在不同的深度上进行测量。如果孔深不大（在50m以内），可测孔中部的泥浆比重与温度值。

（2）各测点位置的选择。对于薄层含水层（厚度在3m以内），一般选一个测点，对于厚度超过3m的中、厚含水层，可根据具体情况选2～4个测点。各测点的位置应尽量放到各含水层的中部，以免受岩层分界面不均的自然电位影响。此外还应选择孔中较厚的黏性土层中部一点，作为自然电位的零点。

（3）测定其泥浆电阻率值。下放井液电阻计至各含水层的预计测点，测量各测点的泥浆电阻率值。

（4）在井旁潮湿处放一个竹制不极化电极为N极，另一个竹制不极化电极为M极放入井孔中，测量开始时先把M极放在所选择的较厚黏土层中部测点（即所谓的计划电位零点），此时用电位计上的极化补偿器进行极化补偿，使检流计指针补偿到零点，然后再把M电极按计划依次放到各含水层测点，进行自然电位测量。这种常用的测量方法，即为电位法。

（5）所有测量资料必须正确清晰地填入记录表内，记录表的内容应包括井孔的位置、电测井的时间、系数（η）、泥浆比重、泥浆电阻率、泥浆温度、温度系数、厚度系数、测量深度、自然电位数值和计算结果等。

3.3.2.3 放射性测井法

放射性测井法是以地层间的放射性差异为基础的，包括观测地层中天然放射性强度的自然γ测井、观测地层中由于人工激发所产生的次生放射性强度的γ测井和中子γ测井等方法[1]。

（1）自然γ测井法是根据各种地层中放射性强度的差异来研究及划分井的地质断面。其装置由两部分组成，一部分是井下测量仪器；另一部分是地面测量控制仪器。上下两个部分通过电缆连接起来，如图3-18所示[1]。

图3-18中，测量γ射线强度是用计数管。在计数管电极上外加一个电压，使其单位时间放电的次数显示计数管中所形成离子对的数目，而这个数目，又正比于γ射线的强度，因此，在单位时间内放电次数取决于γ射线强度。测井以单位时间内电流脉冲数目为测量单位，常用脉冲/分表示。通过地面的测置仪器，将脉冲数目的多少，转变为电流强度的大小，由记录仪绘出随深度变化而改变的天然γ射线强度，即为自然γ测井曲线[1]。

（2）$\gamma-\gamma$测井法（密度测井）：与自然γ测井法完全相同，只是井下仪器多一个γ放射源，因此，它是一种人工放射性的测井方法。γ放射源照射地层使地层产生散射的γ射线，利用测量这种散射的γ射线的强度来区分地层。由于地层的密度与对γ射线吸收数量的多少成正比，因此，散射γ射线的强度就反映出地层密度的大小[1]。

（3）中子γ测井法与$\gamma-\gamma$测井方法相同，仅把γ源改为中子源，是利用中子与地层作用所产生的γ射线，因而

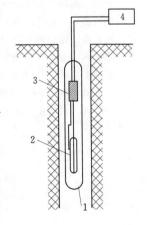

图3-18 γ测井法装置图
（据 史长春，1983）
1—仪器外壳；2—计数器；
3—放大器；4—记录器

也属于人工放射性测井的方法。中子源所射出的快中子，能够自由穿过地层原子的电子壳层，与原子核发生碰击，使能量减弱，速度降低。若继续碰击，能量速度会变得更低而称慢中子或热中子。热中子被原子核吸收，原子核就放出 γ 量子来，这些量子被计数管记录下来。因为氢原子核的质量与中子的质量相近，含氢的地层对快中子减速快，故可以根据二次 γ 量子的强弱来区分出地层的含氢量（即含水量）。如果含水层中含水量的大小与孔隙比有关，还可通过对比得到含水层孔隙度的大小。

目前，水文地质测井主要以电测井和 γ 射线测井应用最广。近年来，一些单位还应用流速测井（包括井径测井）和电视测井（也叫井下电视），可以直接观察确定含水层或断裂破碎带的位置。测井还可用来配合无岩芯钻进，以提高钻进的效率和降低成本[1]。

由于各种测井方法都有一定的应用条件，在解释方面都存在着多解性，因此，在实际工作中还应重视采用综合测井方法，即一般每个钻孔至少有三种以上的参数曲线为宜，以便相互印证、综合分析，提高解译的可靠性。

参 考 文 献

［1］　史长春. 水文地质勘察（上册）［M］. 北京：水利电力出版社，1983.

［2］　张永波. 水工环研究的现状与趋势［M］. 北京：地质出版社，2001.

［3］　中国地质调查局. 严重缺水地区地下水勘察论文集［C］. 北京：地质出版社，2003.

［4］　房佩贤，卫中鼎，廖资生. 专门水文地质学［M］. 北京：地质出版社，1987.

［5］　杨桂新，朱庆俊. 地面核磁共振技术在西北地区浅层地下水勘察中的应用［A］//中国地质调查局. 严重缺水地区地下水勘察论文集. 北京：地质出版社，2003：134－138.

［6］　曹剑峰，迟宝明，王文科，等. 专门水文地质学［M］. 北京：科学出版社，2006.

［7］　工程地质手册编写委员会. 工程地质手册［M］. 4 版. 北京：中国建筑工业出版社，2007.

［8］　王芳. 重磁勘探方法新技术［J］. 地质与资源，2004，13（3）：184－186.

［9］　李智毅，唐辉明. 岩土工程勘察［M］. 武汉：中国地质出版社，2000.

［10］　王惠濂. 综合地球物理测井［M］. 北京：地质出版社，1987.

［11］　陈礼宾. 七十年代美、加等国的热红外遥感技术在水文地质调查中的应用实例［J］. 国外地质勘探技术，1981（07）：8－11.

［12］　王宇明. 遥感技术在大瑶山隧道工程地质水文地质中的应用［J］. 铁道勘察，1985（1）：8－16.

［13］　王传雷，祈明松. 地下岩溶的地质雷达探测［J］. 地质与勘探，1994，30（2）：58－60.

第 **4** 章

水 文 地 质 钻 探

水文地质钻探是水文地质调查工作中取得地下水文地质资料的主要技术方法，也是开发利用深层地下水进行钻井工程的唯一技术手段。它的基本任务是在水文地质测绘、水文地质物探的基础上，进一步查明含水层的岩性、层次、构造、厚度、埋深分布及水量、水质、水温等水文地质条件，解决和验证水文地质测绘和物探遥感工作中难以解决的水文地质问题，以及利用钻孔进行各种水文地质试验，获取水文地质参数，为评价和合理开发利用地下水资源提供可靠的水文地质资料和依据。此外，在"以探为主、探采结合"成井或专门打井开采地下水，为工农业生产、国防建设和城镇居民及干旱地区人民提供生产生活用水或矿泉水饮料，直接为国民经济建设和人民的生活服务[1-2]。

4.1 水文地质钻孔的布置原则和方法

4.1.1 水文地质勘探孔布置的原则

勘探工作应以最少的工作量、最低的成本和最短的时间来获取完整的水文地质资料。为此，勘探线、网的布置，应以能控制含水层的分布，查明水文地质条件，取得水文地质参数，满足地下水资源评价的要求，查清开采条件为基本目的。

在普查阶段应以线为主，详查阶段和开采阶段以线、网相结合。布孔时，必须考虑工农业供水的要求及当地水文地质条件的研究程度。例如，在群众打井资料较多、水文地质情况较清楚的地区，可以不布或少布置钻孔；在含水层比较稳定、地下水资源较丰富的淡水区，钻孔密度可适当放稀；在水文地质条件不清时或在水资源评价断面上的勘探钻孔应加密，抽水孔的数量也要适当增加。总之，布置水文地质勘探孔需要遵循以下原则[2]：

（1）以线为主，点线结合。钻孔的布置应能全面控制地区的地质—水文地质条件。既要控制地区含水层的分布、埋藏、厚度、岩性、岩相变化以及地下水补给、径流、排泄条件等，又要控制和解决某些专门的水文地质问题（如构造破碎带的导水性、岩脉的阻水性、含水层之间的水力联系等）。一般而言，应沿地质—水文地质条件变化最大的方向布置一定数量的钻孔，以便配合其他物探、浅井、试坑等手段，以取得某一方向上的水文地质资料。由于钻探的成本较高，不可能在调查区内将勘探线布置得过密。在勘探线上控制不到的地方，可布置个别钻孔。

（2）以疏为主，疏密结合。禁止将勘探孔平均布置。对水文地质条件复杂的或具有重要水文地质意义的地段，如不同地貌单元及不同含水层的接触带，或同一含水层不同岩性、岩相变化带，构造破碎带，与地下水有密切联系的较大地表水体（流）附近，岩溶发育强烈处以及供水首先开发的地段，或矿区首先疏干和建井的地段等，均应加密孔距和线距。对一般地段可以酌量减少孔数或加宽线距。

（3）以浅为主，深浅结合。钻孔深度的确定主要取决于所需要了解含水层的埋藏深度。勘探线上钻孔应采取深浅相兼的方法进行布孔。

（4）以探以主，探采结合。在解决各种目的的水文地质勘探时，必须以探为主。在全面取得成果的同时，尽量做到一孔多用，如用做供水、排水以及长期观测等。对这些一孔多用的钻孔，在钻孔设计时，必须预先考虑其钻孔结构方面的要求。

（5）一般任务与专门任务结合。布孔时，必须考虑最终任务的要求，例如为供水勘探布孔时，除满足揭示工作区一般的水文地质规律外，还必须满足相应勘探阶段对地下水资源计算的要求以及长期观测的要求。因此，当确定地下水过水断面的流量时，某些地区（如山前扇形地）过水断面的方向与水文地质条件变化最大的方向往往不一致，此时就要两者兼顾。或在某些地区（如河谷地区）两种任务勘探线相符，也要在孔距、孔深、孔径等几个方面满足地下水资源计算的需要。

（6）设计与施工相结合。在不影响取得全部成果质量的前提下，布孔时尽量考虑钻探施工的便利条件（如交通运输、供水、供电等）。

布孔方案在实施过程中还可以根据实际情况进行修改。例如经过一段钻探工作后，发现某一地段地质、水文地质条件变化不大，而现有的资料已足以阐明其变化规律时，则可适当地削减原设计方案中的勘探工作量。相反，如果发现某一地段的地质、水文地质条件变化很大，而按设计中的钻孔数量又不足以揭示其变化规律时，应适当增加钻孔数量。

4.1.2 水文地质勘探孔的布置方法[1]

（1）垂直布置法。无论山区或平原，勘探线都必须垂直于地下水的流向，而在地下水流向不明的地区，则应垂直河流、冲洪积扇轴部、山前断裂带、盆地长轴、向斜轴、背斜轴、岩溶发育带、古河道延展方向、海岸线等布置勘探线。

（2）平行布置法。为了评价地下水资源，在某些地区布置勘探线要与上述水文地质要素平行。在石灰岩裸露地区要沿岩溶发育带布置或沿现代水系布置。

在同一地区，勘探线、网应采取平行与垂直地下水流向相结合的办法布置。这种布孔方法同时也适用于水文地质试验、地下水长期观测及水文地质物探勘察线的布置。

4.2 水文地质钻探的类型、特点及钻孔结构设计

4.2.1 水文地质钻孔的类型

水文地质钻孔的类型有地质孔、水文地质孔、探采结合孔和观测孔等四类[3]。

（1）地质孔。通常只在小、中比例尺的区域水文地质普查中布置，一般要通过钻探取心进行地层描述和进行简易水文地质观测，但不进行抽水试验。

（2）水文地质孔。在各种比例尺的水文地质普查与勘探中布置，一般要进行单孔稳定流抽水试验，必要时还进行多（群）孔非稳定流抽水试验，以获取不同要求的水文地质参数，评价与计算地下水资源。

（3）探采结合孔。在各种比例尺的水文地质普查与勘探中均会遇到。

（4）观测孔。有抽水试验观测孔和长期观测孔（简称长观孔）两种，通常只在大、中比例尺的水文地质勘探中布置。

4.2.2　水文地质钻探的特点

水文地质钻探不单纯是为了采取岩芯，研究地质剖面，而且还必须取得各含水层和地下水特征的基本水文地质资料，以及进行地下水动态的观测和开采地下水等。为达到此目的，水文地质钻探就必须与一般的地质钻探有所不同。其特点主要表现在[2]：

（1）水文地质钻孔的孔径较大。这是因为需在钻孔中安装抽水设备并进行抽水试验，在孔壁不稳定的钻孔中还要下过滤器。此外，加大孔径也是为了在抽水时能获得较大的涌水量。

（2）水文地质钻孔的结构较复杂。这是为了分别取得各含水层的水位、水温、水质和水量等基本的水文地质资料，需要在钻孔内下套管、变换孔径、止水隔离等。

（3）水文地质钻探对所采用的冲洗液要求很严格。为使所用的冲洗液不堵塞井孔内的岩石空隙，以便能准确测定水文地质各要素（如水位、水质、涌水量）以及为今后能顺利抽水，要求采用清水钻进，或水压钻进，少用或不用泥浆钻进。当必须采用泥浆时，泥浆的稠度最好少于18s，地质勘探孔使用的泥浆稠度可放宽至20～25s。

（4）水文地质钻探的工序较复杂，施工期也较长。钻探工作中需要分层观测地下水的稳定水位，还要进行下套管止水、安装过滤器、安装抽水设备、洗井、做抽水试验等一系列的辅助工作。

（5）水文地质钻进过程中观测的项目多。为了判断钻进过程中水文地质条件的变化，在钻进中除了观测描述岩性变化外，还要观测孔内的水位、水温、冲洗液的消耗情况以及涌水量等多个项目。

鉴于上述特点，为了确保水文地质成果质量，水文地质钻探有其本身的一套技术规程，应严格桉其技术要求进行设计、施工和观测编录工作。

4.2.3　水文地质钻孔的结构与设计

4.2.3.1　钻孔的结构和典型钻孔结构型式

1. 钻孔（井）的结构

包括孔径、孔段和孔深等三个方面[3]。包括孔的结构（孔径、孔段和孔深）和井身结构两方面。除地质孔外，井身结构又包括：①井管，包括井壁管、过滤管、沉淀管的直径、孔段和深度；②填砾、止水与固井位置及深度。

2. 典型钻孔（井）结构型式[3]

（1）一径成孔（井）。除孔口管外，一径到底的钻孔，即一种口径、一套管柱的钻孔。这类钻孔通常是在地层较稳定的第四纪松散地层或基岩为主的水文地质钻孔、探采结合孔或观测孔。有下井管、过滤管并填砾或不填砾的孔及没有井管、过滤管的基岩裸孔等几种。下井管、过滤管并填砾孔的孔径一般应比管子直径大 150～200mm。

（2）多径成孔（井）。具有两个或两个以上变径孔段的钻孔，即多次变径，并用一套或多套管柱的钻孔。通常是上部为第四纪松散层、下部为基岩或具有两个以上主要含水层的水文地质钻、探采结合孔及地质孔。通常是：①在第四纪地层中下井管、过滤管，并填砾或不填砾；②在基岩破碎带、强烈风化带下套管；③在完整基岩段一般为裸孔。

4.2.3.2　钻孔结构设计

水文地质钻孔的结构设计，是根据钻探的目的、任务、钻进地点的地质、水文地质剖面以及现有的钻探设备等条件，对钻孔的深度、孔径的变换以及止水要求等提出的具体设计方案。钻孔的结构设计是关系到水文地质钻探的质量、出水量、能耗、安全等方面的重要环节[2]。

1. 钻孔深度的确定

钻孔深度主要取决于所要求的含水层底板的深度。但对于厚度很大的含水层中的勘探开采孔，应视其需水量的要求和"有效带"的影响深度来确定，其孔深可以小于含水层底板深度。对厚度小、水位深的含水层，设计孔深时还要考虑试验设备的要求（如需满足空气压缩机抽水沉没比的要求）。另外，对勘探开采孔尚需增加沉淀管的长度等。

2. 孔斜的要求

在现有钻探技术的条件下，钻孔在一定深度内产生一定的孔斜是难免的。但如孔斜过大，不但加大设备的磨损，增加孔内事故，而且还影响孔内管材和抽水设备的安装及正常运转。特别是当孔斜过大，而又采用深井泵抽水时，还可能造成立轴和进水管折断等。因此，对孔斜必须有一定的要求[2]。按 SL 256—2000《机井技术规范》3.3.2 条的规定：井孔必须保证井管的安装，井管必须保证抽水设备的正常工作。泵段以上顶角倾斜的要求是安装长轴深井泵时不得超过 1°，安装潜水电泵时不得超过 2°；泵段以下每百米顶角倾斜不得超过 2°，方位角不能突变[4]。

3. 孔径的确定

孔径的确定是整个钻孔设计的中心环节。钻孔直径的大小，与选用的钻探设备、钻探方法、井管的类型以及抽水方法等关系密切。对于水文地质勘探试验孔而言，设计钻孔直径时，以将来能在孔内顺利地安装过滤器和抽水设备，并能使抽水试验正常进行为原则，因此要按抽水试验的要求，并根据预计的出水量和是否需要下过滤器及拟用的类型，以及拟用的抽水设备等，来确定其终孔直径。在松散的含水层中，还须考虑填滤料的厚度。所以勘探试验孔必须具备足够大小的钻孔直径。对于水文地质勘探试验孔的终孔直径的确定问题，到目前为止，尚无较合理的统一规定。一般规定，在基岩中终孔直径不应小于 130mm；在松散堆积层中不小于 200mm[2]，可参考表 4-1和表 4-2[2]。

表 4-1　　钻孔出水量与井管（过滤管）直径的关系（据 杨成田，1981）

出水量/（m³/h）	<50	<70	≤100	<150	<200
井管内径/mm	100	125	150	200	254

表 4 − 2 钻孔类型（用途）与终孔直径的关系（据 杨成田，1981）

钻 孔 类 型		终 孔 直 径
地质钻探孔（以取岩芯为主）		91mm
一般水文地质钻孔	抽水孔	较过滤器直径大 1～2 级，填料时大 150～200mm
	观测孔	较过滤器直径大 1 级
探采结合孔		较过滤器直径大 2 级，填料时大 150～200mm

　　再根据已确定的终孔直径，按预计需要隔离的含水层（段）的个数及其止水要求、方法和止水部位，并考虑钻孔的深度、钻进方法、岩石的可钻程度和孔壁的稳定程度等多种因素，来确定钻孔是否需要变径、变径的位置和变径尺寸、下套管的深度和直径。如要对各个含水层分别进行水资源评价而要求隔离各个含水层时，或需隔离水质有害的含水层时，就要求换径止水。当钻孔深度大，为防止因孔深增加使负荷增大而产生孔内事故时，往往也需要变换孔径。而当地层松软易钻，孔深较浅、孔径较大的勘探开采孔，可以采用同径止水而不变换孔径，如图 4 − 1 所示[2]。

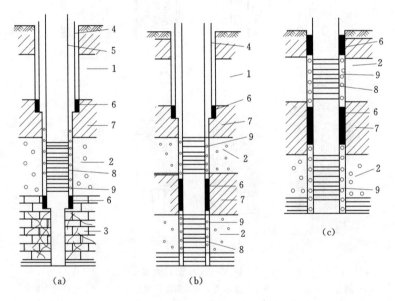

图 4 − 1 钻孔结构图（据杨成田，1981）
（a）孔深、地质条件复杂时的钻孔结构图；（b）中深孔、地质条件较复杂时的钻孔结构图；
（c）浅孔、地质条件简单时勘探开采孔结构图
1—非开采含水层；2—开采含水层；3—基岩含水层；4—第一层套管；5—第二层套管；
6—止水填料；7—隔水层；8—滤水管；9—滤料

　　在某些地质结构复杂的地区，可能在不太大的深度内出现数个含水层。这时如果均下套管止水，换径次数过多，就造成钻孔结构复杂，施工困难。此时就必须仔细研究该地区的地质条件和抽水实验（或开采条件）的要求，合理地采用有关技术措施，

在确保优质、高产、低耗、安全的前提下，应尽量简化钻孔结构。

　　4.滤水管的设计

　　滤水管是安装在钻孔中含水（层）段的一种带孔井管，其作用是保证含水层中的地下水能够顺利地流入井管，同时又防止井壁坍塌，阻止地层中细粒物质进入井内造成水井堵塞，保证井的涌水量和井的使用寿命。在松散沉积物及不稳定的岩层中钻进时，必须安装滤水管。

　　（1）滤水管的类型。如按材料分，有钢滤水管、铸铁滤水管、钢筋骨架滤水管、石棉水泥滤水管、木制与竹制滤水管、矿渣混凝土滤水管、水泥砾石滤水管、陶瓷滤水管及塑料滤水管等。如按滤水管孔隙的形式分，有圆孔、条孔、半圆孔等三种；如按结构形式分，有骨架、缠丝、包网、填砾、贴砾、笼状、筐状等类型，如图 4-2 所示[1]。

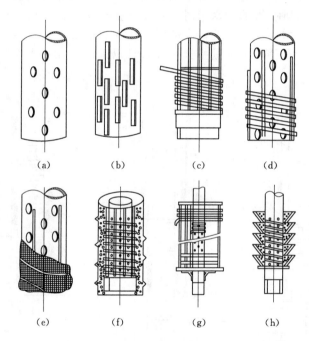

图 4-2　滤水管的类型

（a）圆孔滤水管；（b）条缝式滤水管；（c）钢筋骨架滤水管；（d）缠丝滤水管；
（e）包网滤水管；（f）填砾滤水管；（g）笼状滤水管；（h）筐状砾石滤水管

　　针对不同地区和不同的水文地质条件，应选用不同材料和不同结构形式的滤水管。合理地选择滤水管，才能保证对钻孔的质量要求和降低成本。不同含水层适用的滤水管类型见表 4-3。

　　（2）滤水管的长度确定。按 GB 50027—2001《供水水文地质规范》第 5.3.3 条的规定，抽水孔过滤器的长度在含水层厚度小于 30m 时，可与含水层厚度一致；当含水层厚度大于 30m 时，可采用 20～30m；当含水层的渗透性差时，其长度可适当增加。对于抽水试验观测孔，其过滤器长度可采用 2～3m。

表 4 - 3　　过滤管类型选择（据 DZ/T 0148—1994《水文地质钻探规程》）

过滤管类型	过 滤 管 特 性	适 用 条 件
缠丝过滤管	易于制造，适应性广，可根据水质选择缠丝的材料和断面形状，具有一定的防腐蚀能力和较好的挡砂透水性能	与管外填砾配合，适用于第四纪和基岩含水层，若能按水质选择骨架管和缠丝材料，可用于各种水质水井中
桥式过滤管	滤缝为桥式结构，不易堵塞，透水性好，应根据水质选择骨架材料，有较好的防腐蚀性能	与管外填砾配合，适用于第四纪含水层和基岩含水层，若能按水质选择骨架管，可用于各种水质水井中
聚氯乙烯（PVC）过滤管	滤缝直接开在骨架管上，呈外窄内宽结构，不易堵塞，透水性好，有良好的防腐蚀性能，成本较低	与管外填砾配合，适用于第四纪和基岩含水层，尤其适用于腐蚀性较大的水井中
玻璃钢过滤管	用玻璃纤维交织缠绕成表面呈网状结构的过滤管，有良好的防腐蚀性能，质量轻，强度较大	
贴砾过滤管	砾石和过滤管合为一体具有良好的挡砂、透水性能，应根据含水层颗粒的大小，选择相应的贴砾规格的过滤管	应根据水质选择骨架管可适用于各种水质的水井中，尤其适用于填砾困难的细粉砂含水层水井中
笼状过滤管	填砾和过滤管合为一体，具有良好的挡砂和透水性能	适用于粉细砂含水层和填砾困难的井中
包网过滤管	滤网孔眼容易堵塞，透水性能差	用于不能填砾的中细粉砂含水层中
裸眼过滤管	透水性能好，挡砂作用差	只适用于粗颗粒含水层和不含细粒的孔隙含水层水井中

（3）滤水管直径的选择。滤水管的直径按下式确定[2]：

$$D = \frac{Q}{\pi l m v} \tag{4-1}$$

$$v = 65 \sqrt[3]{K} \tag{4-2}$$

式中：D 为滤水管的外径，m；Q 为井的设计涌水量，m^3/d；l 为滤水管进水部分的长度，m；m 为滤水管的孔隙率；v 为最大允许进水速度，m/d；K 为含水层的预计渗透系数，m/d。

（4）滤水管孔隙率和填砾材料的选定。滤水管的挡砂作用主要是由滤水孔或连续孔的间隙的大小来完成的。抽水孔过滤器骨架管的孔隙率不宜小于 15%。此外，过滤器类型的不同，其孔隙尺寸和孔隙率的规定也不相同。

1）非填砾过滤器。其包网网眼缠丝的缝隙尺寸可按表 4 - 4 确定。

表 4 - 4　　非填砾过滤器进水缝隙尺寸（据 GB 50027—2001《供水水文地质勘察规范》）

过滤器类型	网眼缝隙尺寸 /mm	
	含水层不均匀系数 $\eta_1 \leqslant 2$	含水层不均匀系数 $\eta_1 > 2$
缠丝过滤器	$(1.25 \sim 1.5) \, d_{50}$	$(1.5 \sim 2.0) \, d_{50}$
包网过滤器	$(1.5 \sim 2.0) \, d_{50}$	$(2.0 \sim 2.5) \, d_{50}$

注　1. 细砂取较小值，粗砂取较大值。

　　　2. d_{50} 为含水层筛分颗粒组成中过筛质量累计为 50% 时的最大颗粒直径。

2）填砾过滤器。其滤料规格和缠丝间隙应按下列规定确定：

当砂土类含水层的不均匀系数 η_1（$\eta_1 = d_{60}/d_{10}$）小于 10 时，填砾过滤器的滤料规格宜采用式（4-3）计算：

$$D_{50} = (6 \sim 8) d_{50} \tag{4-3}$$

当碎石土类含水层的 d_{20} 小于 2mm 时，填砾过滤器的滤料规格宜采用式（4-4）计算：

$$D_{50} = (6 \sim 8) d_{20} \tag{4-4}$$

当碎石土类含水层的 d_{20} 大于或等于 2mm 时，应充填粒径 10～20mm 的滤料。

填砾过滤器滤料的不均匀系数 η_2 值（$\eta_2 = D_{60}/D_{10}$）应小于或等于 2；填砾过滤器的缠丝间隙和非缠丝过滤器的孔隙尺寸可采用 D_{10}；填砾过滤器的滤料厚度：粗砂以上含水层应为 75mm，中砂、细砂和粉砂含水层应为 100mm。

4.2.4 止水技术

在水文地质钻探工作中，为了获取各含水层的水文地质资料和进行分层抽水试验，或为防止水质不良的含水层的地下水流入孔内，以及钻进时产生严重渗漏而影响正常工作，都必须进行止水工作。水文地质钻孔和供水钻孔的止水，一般均采用套管隔离，在止水的位置用止水材料封闭套管与孔壁之间的间隙。止水的部位应尽量选在隔水性能好以及孔壁较完整的孔段。

4.2.4.1 止水方法的选择

止水方法按不同的条件可分为：临时性止水和永久性止水，同径止水和异径止水，管外和管内止水等方法[1]。

止水方法的选择，主要取决于钻孔的类型（目的）、结构、地层岩性和钻探施工方法等多种因素。临时性止水应用于一个钻孔要对两个或两个以上含水层进行测试，或该目的层取完资料后并无保存钻孔的必要时所采用的止水方法。永久性止水则用于供水井中，主要作用是封闭含有害水质的含水层。一般管外异径止水的效果较好，且便于检查，但钻孔结构复杂，各种规格管材用量大，施工程序复杂，多实用于含水层研究程度较差的勘探试验孔。管外同径止水或管外管内同径联合止水方法，钻孔结构简单，钻探效率较高，管材用量较少，但止水效果检查不便，多用于大口径的勘探开采孔或开采孔止水[1]。

4.2.4.2 止水材料的选择

止水材料必须具备隔水性好、无毒、无嗅、无污染水质等条件，还应根据止水的要求（暂时或永久）、方法及孔壁条件来确定，以经济、耐用又性能可靠为原则。临时止水的材料常用海带、桐油石灰、橡胶制品等；永久止水材料常用黏土、水泥、沥青等永久性材料[1,2]。

1. 海带

海带具有柔软、压缩后对水汽不渗透，遇水膨胀等性能（它遇水两小时内体积剧增，四小时后趋于稳定，膨胀后体积增大 3～4 倍）。多用于松散地层与完整基岩钻孔作临时性止水材料。选作止水的海带以厚、叶宽、体长者为佳。

使用海带止水时，要求钻孔的直径比止水套管大 2～3 级。先将海带编成密实的海带辫子，缠绕在止水套管的外壁上，长度为 0.5～0.6m，最大直径应稍小于钻孔直径。

海带束外部再包一层塑料网或纱布、棕皮等，两端用铁丝扎紧。下管时为防止海带束向上滑动，在海带束上端的套管上焊四条钢筋阻挡。操作时应迅速，防止海带中途膨胀。

海带止水的最大优点是当拔起止水套管时，海带容易破坏，因而减少了起拔套管的阻力。海带在异径止水的效果比较好。

2. 黏土

黏土因具有一定的黏结力和抗剪强度，经过压实后它具有不透水性，故在一些水头压力不高、流量不大的松散地层或基岩中作为止水材料。目前在松散地层的供水井永久性止水中普遍采用，其主要优点是操作方便，成本低，止水的效果可靠；其最大缺点是：止水时如被钻具碰动，就会失去止水效果。在碎屑岩破碎带以及水压大、流量大处不宜采用。

黏土止水一般是将黏土做成黏土球（直径 30～40mm），经阴干（内湿外干）后，投入孔内止水。黏土球投入的厚度一般为 3～5m。

3. 水泥

水泥是硬性的胶凝材料，它在水中硬化，能将井管与井壁的岩石结合在一起，具有较高强度和良好的隔水性能，广泛用于钻探施工中的护壁、止水、堵漏、封孔等工序。

水泥止水的效果好，但成本高、固结慢，不能作暂时性止水。其操作也较复杂，在配制水泥浆时，需要考虑所使用的水泥类型、标号、强度，还需要确定适合的水灰比，控制凝结时间；在操作时还需要进行洗井、送浆方法等多个工序。

水泥的种类很多，可以根据具体情况进行选择或加入各种添加剂。在水泥浆被送入孔中前，应进行洗孔换浆，以排除钻孔内的岩屑，清洗孔壁上的泥皮和清除孔内的泥浆。最后利用泥浆泵把水泥浆泵入井管与孔壁之间。泵入的方法一般采用从钻孔井管内径特殊的接头流到井管外的环状空间中去，也可直接用钻杆向套管外灌注。

4.2.4.3　止水效果的检验

止水后，应采用水位压差法、泵压检查法、食盐扩散检查法或水质对比法等进行止水效果的检验。其中水位压差法是用注水、抽水或水泵压水造成止水管内外差，使水位差增加到所需值，稳定半小时后，如水位波动幅度不超过 0.1m 时，则认为止水有效。否则需找出原因，重新进行止水工作。

4.3　钻进方法及钻进过程中的观测编录工作

4.3.1　钻进的方法
4.3.1.1　钻进方法的选择

钻进的方法，应根据地层的岩性、钻孔结构、水文地质要求及施工地区的特殊条件而定。一般可参考表 4-5[3]。

根据岩石可钻性，常规口径(91～172mm) 1～6 级、大口径（219～426mm）1～4 级的岩石可用合金钻进；常规口径 7～9 级、大口径 5～9 级的岩石可用钢粒或牙轮钻头钻进。

卵砾石为主的地层，可采用回转钻进、大口径钢粒钻进或硬质合金钻头与钢粒混合钻进，一次成孔。在松软地层中进行大口径钻进时，可用冲击定深取样，刮刀钻头、鱼尾钻头无岩芯钻进并配合电测井[1,2]。

表 4-5　　　钻进方法选择（据 DZ/T 0148—1994《水文地质钻探规程》）

选用方法名称	适　用　范　围		优　点
	可钻性/级	岩性及其他条件	
牙轮钻进	1～10	第四纪松软地层及完整、破碎、臻密、研磨性岩石及卵砾石层均适用，常用于不取芯钻	适用范围广、效率高，尤其在卵砾石及破碎地层钻进较其他回转钻进效果更好
硬质合金钻进	常规口径 1～6	适用于第四纪松软地层及较致密、完整基岩钻进，不适用卵砾石层及破碎地层钻进	钻头加工容易，成本较低
	大口径 1～4		
钻粒钻进	常规口径 7～10	适用于基岩、漂砾、卵砾石层，尤其适用于大口径取芯钻进。大裂隙、大漏失地层不宜使用	钻头加工容易，成本低，在漂砾卵石层用大岩芯管取芯钻进有良好效果
	大口径 5～9		
合金钻粒混合钻进	4～8	适用漂、卵砾石层及软硬交错地层钻进	钻进中具有合金和钻粒两种方法的特点
射流反循环钻进		适用于第四纪松软地层钻进，孔深超过 50m 时效率明显下降，可与气举反循环进行配套使用于浅孔段中钻进	设备简单，洗孔彻底，钻进安全效率高
泵吸反循环钻进		适用于第四纪地层浅孔、大口径孔钻进，孔深在 100m 内效果较好，须保证充足的施工用水。地下水位浅于 3m 时，不易护孔；砾径超过钻杆内径的卵石层不宜使用此方法钻进	冲洗液上返速度快、洗孔彻底钻效高，钻进安全，成本低，成井后易于洗井，出水量大
气举反循环钻进		适用于第四纪砂土、砂粒层以及硬度不大的基岩大口径孔钻进，孔深大于 10m 开始使用，超过 50m 后方能发挥其高效特性；须保证充足施工用水。地下水位浅于 3m 时不易护壁，黏土层不宜使用	冲洗液上返速度快、洗孔彻底孔内干净，钻进效率高，安全，成井后洗井容易，出水量大
气动潜孔锤正循环钻进	5～12	适用于硬基岩及第四纪胶结、半胶结地层和卵、砾石层钻进；孔径不大于 310mm。常用于不取芯钻进，尤其适用于缺水或供水困难地区钻进用	具有冲击和回转双重破岩作用，孔底岩芯受压小、钻效高，成本低，且不污染含水层，成井后洗井容易，出水量大
气动潜孔锤反循环钻进		适用于坚硬基岩及第四纪胶结、半胶结地层和卵、砾石层钻进。钻孔直径不大于 250mm；常用于不取芯钻进，尤其适用于水或供水困难地区钻进用	具有正循环潜孔锤钻进的全部优点；在不稳定地层中钻进护孔效果优于正循环钻进
液动冲击回转钻进	5～11	适用于坚硬基岩钻进，目前只在常规口径钻孔中使用，正在大口径试验中应用	具有冲击和回转重破岩作用；可以使用泥浆作冲洗液护孔，不受水位限制，能在深孔钻进
钢绳冲击钻进	1～5	适用于第四纪砂土、漂砾、卵砾石层及风化破碎基岩、大口径、浅孔、中深孔钻进，钻孔深度一般不超过 200m	设备、钻具简单，成本低，在砂土、卵砾石层浅孔钻进有良好效果

续表

选用方法名称	适用范围		优点
	可钻性/级	岩性及其他条件	
满眼钻进		适用于大口径深孔钻进；粗钻钻具处须安装扶正器，钻压应选用大于两次弯曲临界值或小于一次弯曲临界值	钻进中能使钻具保持稳定，能有效防止孔斜，钻进效率高
辐射井钻进		适用于第四纪浅部含水层，大口径竖井中钻进	能沿含水层走向，按集水竖井四周不同方位、水平方向安设多组过滤管，扩大单井取水范围，提高单井供水能力
同步跟管钻进		适用于漂砾、流砂层、卵砾石层、冲积层等非稳定性覆盖层钻进，并须配备专用设备和工具	在极不稳定的地层中钻进，能有效地防止塌孔，保证安全钻进

注　1. 浅孔指钻孔深度小于或等于 100m 的钻孔。

　　2. 中深孔指钻孔深度在 100～300m 的钻孔。

　　3. 深孔指钻孔深度大于 300m 的钻孔。

由于钻探技术种类很多，以下仅就目前三种新引进的钻进技术进行详细介绍。

4.3.1.2　空气钻进技术

多工艺空气钻进技术（含空气泡沫钻进、空气潜孔锤、气举反循环等）被视为当代衡量钻探技术水平的重要标志之一。空气钻进技术的实质主要是用压缩空气代替常规钻进时用水或泥浆循环，起冷却钻头、排除岩屑和保护井壁的作用。

该项技术已先后应用于非洲、亚洲的 20 多个国家。中国是贫水国家，尤其是西北地区更加干旱缺水。这一现状迫切要求在这一地区发展空气钻进技术。通过一系列研究与推广应用，中国现已能较全面地掌握和推广应用此项钻井技术。迄今中国已能自行设计、生产了一系列用于空气钻进的钻机及配套机具和若干井内用泡沫剂，如能钻 300m 和 600m 的钻机、空气潜孔锤、气举反循环、跟套管钻进、中心取样钻进用的设备、管材、钻头等绝大部分实现了国产化，并有部分出口[5]。

空气钻进技术的优点：①空气取之不尽，气液混合介质亦易制备，利于在干旱缺水、高寒冰冻、供水困难地区钻探施工，减少用水费用和成本；②空气或气液混合介质（汽水混合、泡沫、充气泥浆等）密度低，明显降低对井底的压力，利于提高钻速；③空气或气液混合介质对不稳地层和复杂岩矿层、漏失层的钻进都有明显的效果，并对低压含水层有保护作用；④压缩空气除在井内循环作用外，还可作为动力源实现冲击回转（如空气潜孔锤）钻进，大幅度提高基岩井的钻井速度，并能克服水井常遇的卵砾层钻进困难；⑤空气在井内循环流速快，能迅速将井底岩屑（样）输至地表，利于及时判明井底情况；⑥空气在井内的循环方式可以根据需要采用正循环或反循环，当用气举反循环钻进时，可以施工较大口径和 2～3km 的深井[5]。

1. 气举反循环钻进技术

气举反循环钻进（air - lift reverse circulation drilling）是中国 20 世纪 90 年代引进并推广的新型钻进技术，它以压缩空气注入钻杆内孔至一定深度与冲洗液混合形成低密度（小于 1）的气-液混合液，使钻杆内外液体密度产生差异，依靠其压力差造成冲洗液反向循环的钻进。

气举反循环钻进与常规的正循环（或泵吸反循环）钻进方法相比有如下优点：①气举反循环钻进空压机的工作介质是空气，钻进可靠性高，与泵吸反循环钻进中所用的泥浆泵、砂石泵相比，事故明显减少；②气举反循环钻进时，钻具内各处均不存在负压（压力都不小于 0.1MPa），不会因钻具密封不良而不能工作，也不存在气蚀损坏水力机械现象，而泵吸反循环钻进时，钻具内处于负压状态，如果钻具密封不严出现漏气现象，则会导致冲洗液停止循环而不能继续钻进，严重时甚至可能造成事故；③气举反循环钻进不仅可以在孔内未完全充满液体（只要孔内有稳定水位）的条件下工作，而且可以钻进中深孔和深孔，而在这种情况下泵吸反循环则很难实现；④气举反循环钻进属于低能系统的钻进方法（空压机的额定风压一般在 1MPa 左右，风量也不大），与其他钻进方法相比，还有功率消耗低的优点等[5,6]。

中国曾在黄河郑州段地下水凿井工程（中深井）采用气举反循环钻进技术施工，施工发现，沿黄河地下水含水层颗粒细、流速大，要求钻进技术高、成井工艺复杂，因而黄河郑州段"九五〇"地下水凿井工程（中深井）中在浅孔段（小于 15m）采用正循环钻进，而在 15m 以下的深孔段采用气举反循环钻进，先用 $\phi250$ 合金钻头钻进引孔，后分级快速扩孔成孔。为详细介绍气举反循环这种新型的钻进技术，下面就以该工程为例对此工艺的钻进参数和施工技术进行详细介绍[6]。

（1）钻进参数。以中钻压（即 20～25kN）、中低转速（70～120r/min）、中风压（0.45～0.90MPa）、中高沉没比（0.60～0.95）和中风量（5～10m³/min）为主。钻进钻具组合为（由下至上）：$\phi250$ 六翼合金钻头＋$\phi121$ 钻铤＋$\phi89$ 钻杆＋混合器＋SHB－127/87mm 双臂钻杆＋双臂主动钻杆＋气水龙头；扩孔工具组合为（由下至上）：$\phi350$、$\phi500$、$\phi650$、$\phi750$ 六翼合金钻头＋$\phi121$ 钻铤＋$\phi89$ 钻杆＋混合器＋SHB－127/87mm 双臂钻杆＋双臂主动钻杆＋气水龙头[6]。

（2）冲洗液。采用低固相泥浆作冲洗液，其具有黏度低、密度小、固相颗粒少、固孔壁作用快、渗透性好、可实现钻孔的快速堵漏、携屑排屑能力强、易洗井等特点，同时还可缩短倒风管时间，提高钻进效率。泥浆配制为：水（89.0％～93.8％）＋黏土粉（5％～8％）＋纯碱（0.5％～1.0％）＋烧碱（0.5％～1.5％）＋水解聚丙烯酰胺（0.2％～0.5％）。性能控制如下：泥浆比重 1.02～1.10kg/m³；黏度 1～22s；pH 值 9～10；失水量 20～30mL/h（0.7MPa）。冲洗液循环系统由一个沉淀池、一个泥浆供给池及循环槽构成，池规格为 6m×5m×2m（2 个），槽规格为 10m×0.8m×1m。钻进过程中泥浆靠自身流动性流入孔内[6]。

（3）冲孔技术。气举反循环泥浆钻进至设计孔深后应及时冲孔。由于孔内泥浆黏度大，含砂量较高，因此应及时向孔内注入钻进配制的泥浆，替换出孔内的原有泥浆，以保证下管过程中孔内泥浆不产生岩屑沉淀，使井管顺利下到预定位置，同时防止堵塞滤水管的孔隙。换浆一般以孔口返出泥浆和送入孔内泥浆的性能接近时为宜，时间为 4～6 小时。换浆冲孔过程中，保持泥浆性能逐渐由稠变稀，防止泥浆性能突变，导致粗颗粒沉淀或孔壁坍塌。同时要经常转动钻具，以防泥浆在孔内上返时产生"串流"现象，影响换浆效果[6]。

（4）下管工艺[6]。选择的井滤管质量达到抗拉强度不小于 15N/mm²，弯曲公差不大于 2.5mm/m，内外径公差不大于±1mm，内壁不得有沟和铸瘤，外壁水纹深度不得超过 2mm，铸瘤高度不超过 3mm，在每端丝扣长度内砂眼数量不得超过 3 个，并不得连通。缠丝间距 0.75～1.00mm，孔隙率不小于 20％。为此选定邯郸铸铁井滤管（国标管）。下管方法：因供水井成井较浅（不大于 150m），管柱总重量小于升降机、钻塔等设备起重能力和井管自身抗拉强度，故采用一次提吊法下管。下管操作同常规下管方法，但需要稳拉、慢放，严防紧急刹车；下管遇到阻力时不得猛墩，下到滤水管时应保持井滤管内外泥浆压力平衡，以防止挤破缠丝滤网造成大量进砂。扶正器为木质（规格为 350mm×50mm×150mm），在距两端 80mm 处钻孔穿铁丝固定于井管接头处，每组 4 块，并依实测地层资料安装在比较稳定的黏土层和亚砂土层。

（5）填砾[6]。砾料选用直径 1～3mm 浑圆度较好的石英砂，严禁使用尖角碎石，不合格砾料含量不能超过 10％～15％。填砾方法：泵吸反循环施工的浅孔因使用清水钻进，故采用静水填砾；气举反循环泥浆钻进，孔较深，孔壁泥皮较厚，采用泵压法填砾。填砾速度一般控制在 10～15m³/h，砾料一次填完，中途不能停歇，以免造成砾料分选和孔壁坍塌，填砾厚度达 187.5mm。

（6）止水工艺[6]。该工程 46 眼供水管井，均需要永久隔离地表水渗透，故选用经济、耐久、性能可靠的优质黏土。止水方法：采用黏土球和黏土碎块围填止水，止水位置在 0～14m 左右。黏土球的加工采用黏土加黏土粉混配，揉实风干，直径 15～40mm 不等，投入速度不宜太快，以防架桥堵塞，以大小不同规格混杂投入，以缩小黏土球间的空隙，投完黏土球后（投入黏土球高度 4m 左右），上部投入黏土碎块，以使其遇水溶化后充填黏土球间空隙，增强止水效果。

（7）洗井工艺[6]。先采用空压机洗井，排出管内泥浆直至变清。80m 以上井段采用具有强力破壁兼排浆作用的活门抽筒活塞升降机单绳提拉；80m 以下井段用双盘胶皮活塞钻杆提拉，空压机、大泵量深井潜水泵交替进行。洗井顺序自上而下，直至水清砂净。洗井后，经试抽单位涌水量均无反常现象，含砂量均小于 1：10⁶。

2. 空气潜孔锤钻进技术

空气潜孔锤钻进是利用压缩空气作为循环介质，并作为驱动孔底冲击器的能源而进行的冲击回转钻进，它是空气钻进技术在破岩方法上的一个突破。它具有以下优点：①钻进效率高，在坚硬岩层采用潜孔锤钻进比普通金刚石回转钻进的效率要提高 10 多倍，其机械钻速可达 8～40m/h，台月效率达千米以上；②钻头的寿命长，一个直径 220mm 的球齿钻头在花岗岩地层可钻进 500m，在石灰岩地层可钻进 1000m；③水文水井钻进中，成井质量高，出水量大，其出水量比其他工艺方法（如清水或泥浆循环）提高 30％左右；④需要钻压和转数较低，能改善钻杆扭矩和钻具工作条件，如直径 220 mm 的潜孔锤只需要钻压 13～17kN 即可达到很好的钻进效果；⑤防孔斜效果好，由于钻压和转数低，一般情况下，每百米孔斜均小于 1[5]。

空气潜孔锤钻进最先用于矿山开采，20 世纪 40 年代末用于露天和井下开采，经过 30 年的研究和改进后，于 70 年代起逐渐被应用到水文水井钻探上。在 80 年代，美国水文水井钻进中采用潜孔锤钻进的已占到其总工作量的 75％。80 年代后，潜孔锤钻进技术在中国得到迅速发展。这项技术作为"多工艺空气钻进技术"项目的课题之一，被列入地矿部"七五"重点科技公关项目，1992 年被国家科委列入《国家科技成果推广项目计划》。目前中国有 100 多家单位推广这项新技术，已用之钻井近万眼[5]。

潜孔锤钻进工具包括：贯通式潜孔锤、800～1200mm 的大直径潜孔锤、潜孔锤跟管钻进、扩孔钻具、取芯钻具等。

潜孔锤是在井底做功的冲击器，由配气装置、活塞、汽缸、外套及一些附属件所组成；潜孔锤所使用的钻头种类很多，其中刀片钻头用于软地层，球齿钻头用于硬地层[5]。

在贵州省某公司的成井施工中，曾使用空气潜孔锤钻进工艺施工成井 1 口，完成井深 99.88m，出水量 540t/d。现以之为例说明该钻进的技术工艺和施工工序。

该场地地层情况是：上部为第四系（Q）黏土，厚约 3m；下部为关岭组（T_2g）中厚层白云岩，夹薄层白云岩，岩体内溶孔、溶蚀裂隙、小溶洞较为发育，大部分溶隙充填黄色黏土。钻孔静止水位埋深 2m[5]。

采用的施工设备和机具为：SP530H 型移动式螺杆空压机，风量 22.33m³，最大风压 1.2MPa，SPJ300 型水文水井钻机；4135 型柴油机；ϕ89 钻杆；JG150、JW150、JW200B 型潜孔锤各 1 套；JG50·165、JW150·165、JW200·205 钻头各 1 个，JW250 扩孔钻头 1 个。

采用的钻进工艺：钻压控制在 8～15kN；钻具转速一般控制在 14～24r/min；风量一般在 20～24m³/min。为使潜孔锤能正常工作，工作压力必须满足：

$$P_1-(P_2+P_3)\geqslant P_4 \tag{4-5}$$

式中：P_1 为空压机输出压力；P_2 为沿途管道压力损失；P_3 为井内水柱对冲击器造成的负压；P_4 为潜孔锤正常工作压力[5]。

施工开始时首先用常规硬质合金钻头钻进，将上部土层及基岩强风化层钻穿，下入 ϕ325 钢管作定向管，然后用 JW200B 型潜孔锤带 ϕ205 钻头施工至井深 51m，再用 JW200B 型潜孔锤带 ϕ250 扩孔钻头扩完井段，下入 ϕ219 无缝钢管 51m 做成井管，最后用 JW150 型潜孔锤带入 ϕ165 钻头钻进至终孔[5]。

施工中发现，因 SP530H 型空压机输出最大风压为 1.2MPa，施工成井深度只能达 100m 左右，如需钻更深的孔，则需添置增压机或使用高压力空压机才能实现。

4.3.1.3　无固相冲洗液钻进技术

水文地质孔在含水层中钻进时，若该含水层段地层稳定性差，通常要采用优质泥浆护壁钻进。然而由于泥浆中的黏土颗粒会造成含水层堵塞，抽水前不得不采用各种方法洗井，不仅耗时耗物，而且有时会因洗井效果不理想而影响水文地质资料的准确性。如果用清水钻进，则容易产生孔壁垮塌、埋钻等孔内事故。针对这一问题，江苏省煤田地质勘探第三队近年来在某矿若干个水文地质孔施工中，使用聚丙烯酰胺—水玻璃—腐殖酸钾无固相冲洗液钻进，取得了较好效果，既安全穿过局部不稳定地层，终孔后又不用洗井而直接就可进行抽水试验[7]。

钻探区的地层为：表层 110m 左右的冲积层，岩性多为灰白、灰绿色黏土，局部为没有胶结的细砂，孔壁很不稳定；冲积层以下是 205m 左右的泥岩、粉细砂岩互层，再往下则是煤层、泥岩、泥质砂岩所组成的煤系地层。其目的层为两个含水层，岩性均以泥质砂岩为主。按照水文地质设计要求，在含水层段钻进时不得使用泥浆，也不能使用清水钻进，否则会发生塌孔现象，甚至产生埋钻事故。煤系地层以下至终孔是 45m 左右的灰岩[7]。

1. 无固相冲洗液使用机理

无固相冲洗液的良好性能是通过添加化学处理剂来实现的。高分子聚合物聚丙烯酰胺（PHP）不仅能絮凝钻屑，而且其分子链上的羧基（—COOH）可以加强水解聚丙烯酰胺和孔壁之间的吸附作用，所以有较好的稳定孔壁作用，而水玻璃（$Na_2O \cdot nSiO_2$）则是一种以 Si—O—Si 键连成的低聚合度聚合物，为黏稠状半透明体，pH 值为 11.5～12，水解后生成胶态沉淀，能促进沉渣；另外水玻璃遇钙、镁、铁等离子会反应产生沉淀反应[7]：

$$Na_2SiO_3 + Ca^{2+} \longrightarrow CaSiO_3 \downarrow + 2Na^+$$

这不仅有助于沉砂，也能促进孔壁形成钙化层，使孔壁得到稳定。腐殖酸钾（KHm）含有钾离子，在足够的浓度下，K^+ 对黏土矿物具有封闭作用，能使易水化膨胀的泥质岩层呈现较好的惰性。

2. 基本配方与室内试验

无固相冲洗液的基本配方：PHP 300～600ppm❶、$Na_2O \cdot nSiO_2$ 6%～8%、KHm 1%。

浆液性能：漏斗黏度 17s，密度 $1.02g/cm^3$，pH 值 11，失水量为全失水。

室内试验：浸泡试验。目的是观察试样在浸泡时发生的变化（膨胀、变形及发生的时间）。浸泡岩样取自施工现场，与目的层易坍塌的泥质砂岩及泥岩岩性相同，将其粉碎后过 100 目筛，用水拌和后做成直径 20mm，高 25mm 的圆柱，自然晾干而成[7]。

3. 施工工艺

根据室内试验情况，用泥浆钻穿冲积层，下入 φ146 护壁套管，继续用泥浆钻进至含水层顶板，换用聚丙烯酰胺—水玻璃—腐殖酸钾无固相冲洗液，代替泥浆钻进，直至灰岩顶板，其间穿过两层煤和两个含水层，孔内一切正常，未发生掉块、坍塌等现象，孔内干净，钻具一下到底。进入灰岩后，由于灰岩裂隙发育，冲洗液全漏失，基于降低成本考虑，改用清水钻进至终孔（终孔深度 540m 左右），孔内未发生任何异常情况[7]。

4.3.2　钻进过程中的观测工作

为获取各种水文地质资料，在钻进过程中必须进行水文地质观测工作。需观测的项目有[1]：

（1）冲洗液的消耗量及其颜色、稠度等特性的变化，记录其增减变化量及位置。

（2）钻孔中的水位变化。当发现含水层时，要测定其初见水位和天然稳定水位。

（3）及时描述岩芯，统计岩芯的采取率；测量其裂隙率或岩溶率。

（4）测量钻孔的水温变化值及其位置。

---

❶　$1ppm = 10^{-6}$。

（5）观测和记录钻进过程中发生的涌水、涌砂、涌气现象及其起止深度及数量。

（6）观测和记录钻进的速度、孔底压力及钻具突然下落（掉钻）、孔壁坍塌、缩径等现象及其深度。

（7）按钻孔设计书的要求及时采集水、气、岩、土样品。

（8）在钻进工作结束后，按要求进行综合性的水文地质物探测井工作。

对以上在钻进过程中观测到的数据和重要现象，均要求反映在终孔后编制的水文地质钻探综合成果图表中。该图表主要包括钻孔的位置、钻孔结构及地层柱状图、地质—水文地质描述及在该孔中完成的各类试验，如测井曲线、水文地质试验图表、水质分析表等[4]。

4.3.3　钻进过程中的编录工作

水文地质钻探所取得的资料都要及时、准确、完整、如实进行编录。编录就是将钻探过程中所取得的一系列原始数据和观察的现象编辑并记录下来，作为技术资料保存和使用。编录以钻孔为单位进行，每一个钻孔都要有完整的编录资料，内容如下[1]：

（1）钻孔类型与钻孔位置。钻孔的类型是反映钻孔的用途（地质孔、抽水试验孔、勘探开采孔、长期观测孔等）。钻孔位置是说明钻孔的地理位置、地质与地貌位置、坐标位置及孔口地面高程。

（2）钻进情况。使用钻机种类、钻探工作类型、钻头种类、施工起止时间、施工单位、取样方法、取样深度与编号、岩芯采取率等。

（3）地层情况。地层名称、地质年代、变层深度、地层厚度及地层的岩性描述。

（4）观测与试验。冲洗液的消耗量、漏水位置、孔壁坍塌、掉块、掉钻、涌砂与气体逸出等的情况、取水样的位置、各含水层地下水的水位与水温、自流水水头与自流量；各含水层简易抽水试验的延续时间、水位下降、出水量、恢复水位高度与水位恢复时间；含水层颗粒的筛分结果；水质分析成果；隔离封闭含水层的止水效果；洗井方法及洗井台班数等。

（5）钻孔结构。钻孔的深度、钻孔直径（开孔直径、终孔直径及各部位直径）、钻孔斜度、下套管位置、套管种类与规格、井管材料种类与规格、滤水管位置、填砾规格、管外封闭位置、封闭材料及钻孔回填情况等。

最后将钻进过程中所有的成果资料汇总成钻探成果图表上报。

参 考 文 献

[1] 史长春. 水文地质勘察（上册）[M]. 北京：水利电力出版社，1983.

[2] 杨成田. 专门水文地质学 [M]. 北京：地质出版社，1981.

[3] 中华人民共和国地质矿产行业标准. DZ/T 0148—1994水文地质钻探规程 [S]. 北京：地质出版社，1994.

[4] 中华人民共和国行业标准. SL 256—2000 机井技术规范 [S]. 2000.

[5] 耿瑞伦. 应用空气钻进技术钻采地下水 [A] // 中国地质调查局. 严重缺水地区地下水勘察论文集 [C]. 北京：地质出版社，2003：112 - 114.

［6］　顾孝同. 沿黄地下水凿井工程气举反循环钻进技术应用［J］. 人民黄河，2006，28（8）：70－71.

［7］　蔡卫明. 无固相冲洗液在水文地质钻探中的应用［J］. 江苏煤炭，1999（3）：11－12.

第 **5** 章

水 文 地 质 试 验

水文地质试验分野外试验和室内试验两种。限于篇幅，本章只介绍几种常见的野外水文地质试验，即抽水试验、压水试验、渗水试验、注水试验、连通试验等。

5.1 抽 水 试 验

5.1.1 抽水试验的目的与任务

（1）直接测定含水层的富水程度并评价井（孔）的出水能力。

（2）确定含水层的水文地质参数（K，T，μ，μ^* 等）。

（3）为取水工程设计提供所需水文地质数据，如影响半径（R）、单井出水量、单位出水量、井间干扰系数等；还可根据水位降深和涌水量为抽水井选择水泵型号。

（4）评价水源地的可（允许）开采量。

（5）查明其他手段难以查明的水文地质条件，如地表水、地下水之间以及各含水层之间的水力联系或地下水补给通道和强径流带的位置等。

5.1.2 抽水试验的类型

按井流公式，抽水试验可分为稳定流抽水试验和非稳定流抽水试验两种[1,2]；若按抽水试验时所用的井孔的数量，抽水试验可分为单孔、多孔及干扰井群抽水试验；若按试验的含水层数目，抽水试验可分为分层抽水试验和混合抽水试验。

5.1.3 抽水试验的有关规定

GB 50027—2001《供水水文地质勘察规范》对抽水试验作了以下规定[3]。

5.1.3.1 一般规定

（1）抽水孔的布置。应根据勘察阶段，地质、水文地质条件和地下水资源评价方法等多因素确定。在详查阶段，在可能富水的地段均宜布置抽水孔；在勘探阶段，在含水层（带）富水性较好和拟建取水构筑物的地段均宜布置抽水孔。

（2）抽水孔占勘探孔（不包括观测孔）总数的百分比（％），宜不少于表 5 - 1 的规定。

（3）在松散含水层中，可用放射性同位素稀释法或示踪法测定地下水的流向、实际流速和渗透速度等，了解地下水的运动状态。

（4）抽水试验观测孔的布置，应根据试验的目的和计算公式的要求来确定，并宜符合以下条件：

1）以抽水孔为原点，宜布置 1～2 条观测线。

2）仅有 1 条观测线时，宜垂直地下水流向布置；有 2 条观测线时，其中一条宜平行于地下水流向布置。

3）每条观测线上的观测孔宜为 3 个。

4）距抽水孔近的第一个观测孔，应避开三维流的影响，其距离不宜小于含水层的厚度；最远的观测孔距第一个观测孔的距离不宜太远，应保证各观测孔内有一定水位的下降值。

5）各观测孔的过滤器长度宜相等，并安置在同一含水层和同一深度。

（5）对富水性强的大厚度含水层，需要划分几个试验段进行抽水时，试验段的长度可采用 20～30m。

（6）对多层含水层，需分层研究时，应进行分层（段）抽水试验。

（7）采用数值法评价地下水资源时，宜进行一次大流量、大降深的群孔抽水试验，并应以非稳定流抽水试验为主。

（8）抽水试验前和抽水试验时，必须同步测量抽水孔和观测孔、观测点（包括附近的水井、泉和其他水点）的自然水位和动水位。如果自然水位的日动态变化很大时，应掌握其变化规律。抽水试验停止后，必须按规范的有关要求测量抽水孔和观测孔的恢复水位。抽水试验结束后，应检查孔内沉淀情况。必要时，应进行处理。

（9）抽水试验时，应防止抽出的水在抽水影响范围内回渗到含水层中。

（10）水质分析和细菌检验的水样，宜在抽水试验结束前采取。其件数和数量应根据用水目的和分析要求确定。

（11）水位的观测。在同一试验中应采用同一方法和工具。抽水孔的水位测量应读数到厘米，观测孔的水位测量应读数到毫米。

（12）出水量的测量，采用堰箱或孔板流量计时，水位测量应读数到毫米；采用容积法时，量桶充满水所需的时间不宜少于 15s，应读数到 0.1s；采用水表时，应读数到 0.1m³。

表 5-1 抽水孔占勘探孔总数的百分比

地 区		详查阶段 /%	勘探阶段 /%
基岩地区		80	90
松散层地区	岩性变化较大时	70	80
	岩性变化不大时	60	70

注 抽水试验的工作量中，宜包括带观测孔的抽水试验。

5.1.3.2 稳定流抽水试验的规定

（1）抽水试验时，水位下降的次数应根据试验的目的来确定，宜进行 3 次。其中最大下降值可接近孔内的设计动水位，其余两次下降值宜分别为最大下降值的 1/3 和 2/3。各次下降的水泵吸水管口的安装深度应相同（注：当抽水孔的出水量很小，试验时的出水量已达到抽水孔极限出水能力时，水位下降的次数可适当减少）。

（2）抽水试验的稳定标准，应符合在抽水稳定延续时间内，抽水孔出水量和动水位与时间关系曲线只在一定的范围内波动，且没有持续上升或下降的趋势（注：当有观测孔时，应以最远的观测孔的动水位判定；在判定动水位有无上升或下降趋势时，应考虑天然水位的影响）。

（3）抽水试验的稳定延续时间，宜符合：卵石、圆砾和粗砂含水层为 8h；中砂、细砂和粉砂含水层为 16h；基岩含水层（带）为 24h（注：根据含水层的类型、补给条件、水质变化和试验的目的等因素，可适当调整稳定延续时间）。

（4）抽水试验时，动水位和出水量观测的时间，宜在抽水开始后的第 5min、10min、15min、20min、25min、30min 各测一次，以后每隔 30min 或 60min 测一次。而水温、气温观测的时间，宜每隔 2~4min 同步测量一次。

5.1.3.3 非稳定流抽水试验的规定

（1）抽水孔的出水量，应保持常量。

（2）抽水试验的延续时间，应按水位下降与时间 $[s（或 \Delta h^2）-\lg t]$ 关系曲线确定，并应符合[3]：

1）$s（或 \Delta h^2）-\lg t$ 的关系曲线有拐点时，则延续时间宜至拐点后的线段趋于水平。

2）$s（或 \Delta h^2）-\lg t$ 的关系曲线没有拐点时，则延续时间宜根据试验目的确定[注：在承压含水层中抽水时，采用 $s-\lg t$ 关系曲线；在潜水含水层中抽水时，采用 $\Delta h^2-\lg t$ 关系曲线。拐点是指曲线上斜率的导数等于零的点；当有观测孔时，应采用最远观测孔的 $s（或 \Delta h^2）-\lg t$ 关系曲线]。

（3）抽水试验时，动水位和出水量观测的时间，宜在抽水开始后第 1min、2min、3min、4min、6min、8min、10min、15min、20min、25min、30min、40min、50min、60min、80min、100min、120min 各观测一次，以后可每隔 30min 观测一次[3]。

（4）群孔抽水试验，宜符合下列要求[3]：

1）当一个抽水孔抽水时，对另一个最近的抽水孔产生的水位下降值，不宜小于 20cm。

2）抽水孔的水位下降次数应根据试验目的而定。

3）当抽水孔附近有地表水或地下水露头时，应同步观测其水位、水质和水温。

（5）开采性抽水试验，宜符合：

1）宜在枯水期进行。

2）总出水量宜等于或接近需水量（宜大于需水量的 80%）。

3）下降漏斗的水位能稳定时，则稳定延续期不宜少于 1 个月。

4）下降漏斗的水位不能稳定时，则抽水时间宜延续至下一个补给期。

5.1.4 抽水试验设备及其相关的技术要求

5.1.4.1 抽水设备的类型及其适用条件

抽水试验的设备包括抽水设备、测量（水位、流量、水温等）器具、排水设备等。各抽水设备的优缺点见表 5-2[4]。

表 5 - 2　　水文地质勘探中常用的几种抽水设备优缺点对比表（据 杨成田，1981）

抽水设备类型	应 用 条 件	优 点	缺 点
提桶	水量小，资料精度要求不高的钻孔抽水	简易	波动大，准确性低
人力吸水式水泵	依靠大气压力吸水，要求动水位深度不超过 6～7m；其出水量为 0.5～2.0L/s，适用于水位浅、流量小的钻孔抽水	构造简单，安装方便，便于人力操作	水量不易保持均衡，资料精度不高；用吸水管作井管时无法测水位
拉杆式水泵	依靠活塞上下活动将水压出，适用于水位埋深 50～100m、出水量较小的钻孔抽水	吸程大、制造简单	较笨重；拉杆和活塞易损坏，不宜长时间抽水；活塞易被沙子卡住；出水量较小
往复式水泵	吸程小（7～8m），适用于出水量小的钻孔抽水	调整落程方便，适用于小口径钻孔	水量不易保持均衡，较笨重，需要较大的安装面积
离心泵	适用于流量大、水位埋藏浅、口径较大的钻孔或泉水口抽水	扬程大、流量大；出水较均匀	吸程小（仅 6～7m）
射流式水泵	适用于水量不大、水位在 60m 内的小口径钻孔抽水	结构简单，可自制	调整落程不方便，影响水位测定
深井泵	适用于水位埋深、水量和孔径都较大的钻孔	出水均匀；扬程大；工作时间长；资料精度高	安装复杂，测水位不方便，需要电源，不能抽浑水，要求井径大、井直
潜水泵	适用于水位埋深、水量和孔径都较大的钻孔	出水均匀；扬程大；工作时间长；资料精度高	安装复杂，测水位不方便，需要电源，不能抽浑水，要求井径大、井直
空压机	适用于水位埋深、水量大的钻孔	能起洗井和抽水双重作用	效率低，耗能大；水位波动大；出水量不均匀

目前在水文地质实验中，应用最多的是空气压缩机、卧式离心泵和立式深井泵。现将空气压缩机的安装和使用进行简要说明。

5.1.4.2　空压机抽水时的技术要求

空气压缩机抽水的工作原理是：将压缩空气压入钻孔，通过混合器与水混合成一种乳状水汽混合物，因其密度比水轻，故水汽混合物会沿着水管上升溢出地面，而达到抽水的目的，如图 5 - 1 所示。

由于空压机的出水量很不均匀，对井水的扰动很大，故常利用它作为洗井工具，在洗井的同时，也一并进行抽水试验。利用空压机进行抽水时，水文地质工作者必须根据地区的水文地质条件，对空气管（也称风管）的沉没比、沉没深度、空气的消耗量及空气压力等进行计算。

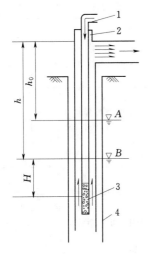

图 5-1　空压机抽水安装示意图
（据　房佩贤，1987）
1—空气管（风管）；2—出水管；
3—混合器；4—井壁管
A—静水位；B—动水位

1. 空气管沉没比及沉没深度

空气管沉没于动水位以下的深度称为沉没深度，它与混合器至出水口长度之比称为沉没比。可用下式计算[1,4]：

$$\alpha = \frac{H}{H+h} \times 100\% \qquad (5-1)$$

式中：α 为沉没比，%；H 为沉没深度，m；h 为混合液体上升的高度，m。

沉没比愈大，水汽混合、抽水效果就愈好，就能获得较大而稳定的出水量和相应的水位下降值。所以一般要求沉没比不得小于 $50\% \sim 60\%$，否则出水量将减少，水位也不稳定。

2. 压缩空气消耗量的计算

每提升 $1m^3$ 水所需的空气量按下式确定[1,4]：

$$V = K \frac{h}{2.3 \lg \dfrac{H+10}{H}} \qquad (5-2)$$

$$K = 2.17 + 0.016h$$

式中：V 为每提升 $1m^3$ 水所需的空气量，m^3；H 为沉没深度，m；K 为系数；h 为从动水位至孔口的高度，m。

从式（5-2）可知：提升同体积水的高度（h）愈大，需用的空气量愈多。当 h 相同的条件下，沉没比愈大，消耗的空气量愈小。因此，利用空气压缩机抽水时，应尽量增大沉没比和选用合适的空压机[4]。

当每小时出水量为 Q 时，所需的空气量 V_n 为[4]：

$$V_n = \frac{QV}{60} \qquad (5-3)$$

式中：V_n 为出水量为 Q 时所需的空气量，m^3/min；Q 为井孔每小时的出水量，m^3/h。

3. 压力的计算

抽水时所需的压力为[4]：

$$P = 0.1H + \Delta P \qquad (5-4)$$

式中：P 为压缩空气的压力，kg/cm^2 或 $10^2 kPa$；H 为空气管沉没于水中的长度，m；ΔP 为压力沿途损失，一般小于 $0.5kg/cm^2$（即 $50kPa$）。

从上式中可以看出：压缩空气的压力值与空气管的沉没深度有关。在开始抽水时，沉没比最大，所需要的压力也最大，此时称之为起动压力。随着抽水的继续进行，动水位逐渐稳定，沉没比亦趋向恒定值，压力值也趋向稳定，此时的压力称工作压力。故在选用空气压缩机抽水时，首先要考虑空气压缩机允许的工作压力是否达到起动压力要求，否则就不能应用。

当使用空气压缩机抽水时，还应根据钻孔直径（或滤水管口径）、钻孔涌水量的大小和水位埋深等来合理地确定空气管和出水管的直径以及它们之间的安装方式，否则将影响试验的质量。

根据风管和水管的相互位置，风管在井内的安装方式有同心式及并列式两种［图 5-2 (a)、图 5-2 (b)］。其中同心式适用于较小的孔径，其涌水量较同孔径并列式的较大，这是因为它的出水面积较大。但并列式安装方式的抽水效率较高，所需空气量较小。

当含水层埋藏较深，以及对一些承压含水层或不完整井抽水时，可利用井壁管或过滤器以上的管子作出水管［图 5-2 (c)］，也可利用水管和井壁管间隙送风以增大出水断面［图 5-2 (d)］。尽管这些装置各异，但究其实质仍属同心式或并列式[1]。

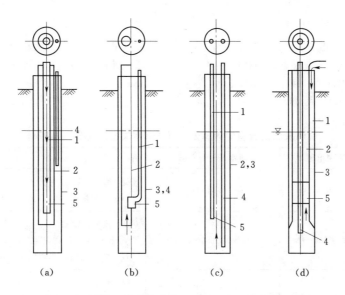

(a)　　　　　　(b)　　　　　　(c)　　　　　　(d)

图 5-2　空压机抽水风水管安装示意图（摘自　杨成田，1981）
(a) 同心式；(b) 并列式；(c) 用孔壁作水管；(d) 用水管或孔壁管的间隙作风管
1—风管；2—水管；3—井壁管或过滤管；4—测水管；5—混合管

5.1.4.3　测水用具

抽水试验时所用的测水用具包括水位计、流量计、水温计[1,4,5]。

水位计的种类很多，常用的是电测水位计，其基本工作原理如图 5-3 所示。根据该原理，可用万能表自制。使用时，把探头下到井内使之接触水面，在水的导电下，电路连通，水位计发出信号，据以确定水位。其信号可以是光的、声的或插针摆动。由于探头直径小，只需井内存在 2～3cm 的间隙即可测量。其测量深度可达 100m，误差小于 1cm[1]。

流量计有三角堰、梯形堰、矩形堰、量桶、流量箱、缩径管流量计、孔板流量计等类型[5]。目前生产中所用的主要是量水容器、堰箱和孔板流量计。堰箱是前方为三角形或梯形切口的水箱，箱中有 2～3 个促使水流稳定的带孔隔板（图 5-4）。水自箱后部进入，从前方切口流出。堰箱适用于 100L/s 以内、流量连续而又很不稳定的空压机抽水试验时的流量测定，其计算公式见表 5-3。

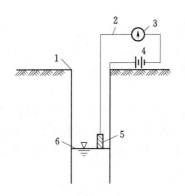

图 5-3　电测水位计工作示意图

（摘自　房佩贤，1987）

1—套管；2—导线；3—电流计；

4—电池；5—探头；6—水位

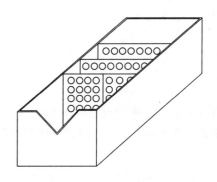

图 5-4　三角堰箱图

（摘自　房佩贤，1987）

表 5-3　　　　　堰测法测定流量的计算公式（据《水文地质手册》，1978）

测定方法	应用范围	涌水量计算公式	备　　注
三角堰	$Q<360m^3/h$	$Q=0.014H^{5/2}$	Q—流量，L/s； H—三角堰堰口尖端至水面的垂直距离，cm
梯形堰	$Q<1000m^3/h$	$Q=0.0186bH^{3/2}$	Q—流量，L/s； b—梯形堰堰口底边宽度，cm； H—堰口底边至水面的距离，cm
矩形堰	$Q>1000m^3/h$	$Q=0.01838(b-0.2h)h^{3/2}$	Q—流量，L/s； b—矩形堰堰口宽度，cm； h—堰口底边至水面的距离，cm

　　水温计主要有温度表、带温度表的测钟、热敏电阻测温仪、SW－1 型水温仪、DWS 型水温仪[5]。

5.1.5　抽水试验的现场工作

5.1.5.1　准备工作

　　主要包括抽水设备、机具、测量工具的检修和安装，排水系统的设置及准备各种观测记录表格。空压机安装时应在各管路的丝扣部分涂抹油料，以免抽水时发生漏水、跑气。

5.1.5.2　现场的观测、记录和取样

　　抽水试验过程中，需观测记录以下内容[1]：

　　（1）测量抽水试验前后的孔深。进行此工作的目的是核查抽水段深度、层位、孔是否坍塌、沉淀和淤塞。淤塞严重会影响资料的精度，引起井类型的变化（如由完整井转变为非完整井）。

　　（2）观测天然水位、动水位及恢复水位。主孔和观测孔的水位应同时观测。当天

然水位波动较大（精度要求又高）时，应在影响范围外或较远处设孔，观测整个试验期间水位的天然波动值。必要时可以根据这些观测值对试验降深进行校核。试验结束后，应按要求观测恢复水位。对于整个观测期间所出现的可能引起水位波动的因素都需记录，如设备的、动力的、机车行驶的震动，爆破，地震或降水等情况。

（3）观测流量。水位、流量应同时观测。

（4）观测记录气温、水温。通常每隔 2～4h 观测一次。

（5）在抽水试验结束前，取水样作水质分析。如抽水过程中出现水的物理性质发生变化，也应观测，必要时应系统取样化验。当试验是为确定水力联系或研究咸淡水关系的变化时，应系统取样化验。

5.1.6 抽水试验的资料整理

5.1.6.1 现场资料整理

在试验过程中，要绘制流量、降深与时间的关系曲线图，即稳定抽水试验需要绘制 $s-t$、$Q-t$、$Q-s$ 等图，而非稳定抽水实验需要绘制 $s-\lg t$ 图、$s-\lg r$ 图等。以检查试验是否正常运行，如图 5-5～图 5-7 所示。

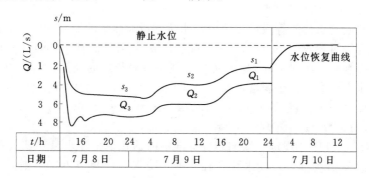

图 5-5 $Q-t$ 及 $s-t$ 曲线

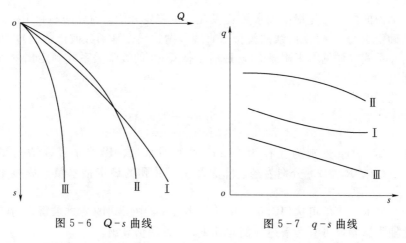

图 5-6 $Q-s$ 曲线   图 5-7 $q-s$ 曲线

在图 5-6 和图 5-7 中，曲线 Ⅰ 代表含水层的透水性、补给条件好，出水量大的抽水试验曲线；曲线 Ⅱ 代表含水层的透水性、补给条件较好，出水量较大的抽水试验曲线；曲线Ⅲ代表含水层抽水范围较小，含水层的透水性及补给条件差的抽水试验曲线[5]。

5.1.6.2　室内资料整理

（1）绘制钻孔抽水试验综合成果图表。该图表内容包括：①钻孔位置、孔口坐标、试验日期、抽水设备及测量工具等；②水位、流量的观测记录表；③$Q-t$、$s-t$、$Q-s$关系曲线图；④水位恢复曲线图；⑤钻孔柱状图及钻孔的结构图（包括主孔、观测孔）；⑥水文地质参数的计算公式及计算结果表。如后期有取水样进行水质分析，也可以把结果列于表中。详见插页图 5-8（附文后）。在综合水文地质平面图上，也应标出该试验孔的位置。

（2）计算水文地质参数，并对含水层的富水性进行判定。水文地质参数的确定方法具体可参见本书附录 1（非稳定井流）、附录 2（稳定流）的内容。

（3）编写抽水试验报告。其内容可分为：绪言，抽水试验的方法及试验步骤，抽水试验的成果，试验结果分析，结论等几部分。

5.1.6.3　含水层富水性等级的判别

1. 含水层的富水性等级划分

矿区含水层富水性的等级可按单位涌水量 q 或天然泉的流量判定，非矿区含水层的富水性的等级可参表 8-1 或表 8-2 判定。根据 GB 12719—1991《矿区水文地质工程地质勘探规范》附录 C、《煤矿防治水规定》附录二的规定，按单位涌水量 q 划分含水层富水性标准为：①弱富水性：$q \leqslant 0.1 L/(s \cdot m)$；②中等富水性：$0.1 L/(s \cdot m) < q \leqslant 1.0 L/(s \cdot m)$；③强富水性：$1.0 L/(s \cdot m) < q \leqslant 5.0 L/(s \cdot m)$；④极强富水性：$q > 5.0 L/(s \cdot m)$；

GB 12719—1991 还规定，以上划分标准中的钻孔单位涌水量 q 是以孔径 91mm、抽水水位降深 10m 为准，若抽水孔孔径、抽水降深与此规定不符，则需按下述的方法先进行降深修正，再进行孔径修正后再判断含水层的富水性。

2. q 的修正方法

（1）降深的修正。先根据抽水量 Q 及相应的稳定降深 s 的数据，利用图解法或最小二乘法确定出 $Q = f(s)$ 曲线的类型（直线、抛物线、幂函数或指数型），并写出它们之间的关系式（详见本书附录 3），最后根据 $Q-s$ 的数学关系式确定出降深为 10m 时的涌水量。

（2）孔径的修正。修正式为：

$$Q_{91} = Q_{孔} \left(\frac{\lg R_{孔} - \lg r_{孔}}{\lg R_{91} - \lg r_{91}} \right) \tag{5-5}$$

式中：Q_{91}、R_{91}、r_{91} 分别为孔径为 91mm 时的涌水量、影响半径、钻孔半径（即 45.5mm）；$Q_{孔}$、$R_{孔}$、$r_{孔}$ 分别为经过降深修正后井孔的稳定抽水量、影响半径和钻孔半径；

影响半径 $R_{孔}$、R_{91} 可选用附录 2 中的附表 2-4 中所列的公式求得。对于无观测孔的单孔抽水试验，可参考下述［例题 5.1］的方法估算出。

须注意：经过降深修正和孔径修正后求得的 Q_{91}，再除以 10m 才是单位涌水量 q。

由上可见，对钻孔单位涌水量 q 的修正是一件比较麻烦的事情，因此，对于孔径较小（≤130mm）、无观测孔的单孔抽水试验而言，由于实际孔径与 91mm 相差不大，而估算的影响半径 $R_{孔}$、R_{91} 误差大，因此不建议对 q 作修正，而建议直接用最接近于 10m 稳定降深时所测得的稳定抽水量 Q 与该降深值相除，得数即为单位涌水量 q，并依据该值来判定含水层的富水性等级。而对于大孔径的单孔完整井稳定流抽水试验、带有观测孔的多孔完整井稳定流抽水试验，则建议对 q 作降深和孔径修正。

5.1.6.4　单孔抽水试验中水文地质参数的估算

在以环评为目的的水文地质勘察工作中，为了减少勘察成本，通常都只做单孔抽水试验。此时，由于缺乏观测孔，水文地质参数只能用经验公式进行估算。对于承压水完整井，可依据附表 2-4 中的下两式求得：

$$R = 10s\sqrt{K} \tag{5-6}$$

及裘布依公式：
$$K = \frac{0.366Q}{Ms}\lg\frac{R}{r} \tag{5-7}$$

式中：R 为井孔的影响半径，m；s 为水井的稳定降深，m；K 为地层的渗透系数，m/d；Q 为稳定时井的抽水量，m^3/d；M 为承压含水层的厚度，m；r 为井的半径，m。

利用迭代法求算，具体方法如下：先根据含水介质的岩性，假定 K 的初值 K_0（粉土 0.1m/d，粉砂 0.5m/d，细砂 1.0m/d，中砂 10m/d，砾石 100m/d），代入式（5-6），求得 R_1 值；再把 R_1 值代入式（5-7），求得 K_1 值；然后又把 K_1 代入式（5-6），求得 R_2 值；……如此循环往复连续迭代几次后，K、R 值将不再发生变化。收敛稳定后的 K、R 值即为所求。对于潜水完整井，可根据附表 2-4 中下面两式利用迭代法求得：

$$R = 2s\sqrt{KH} \tag{5-8}$$

及裘布依公式：
$$K = \frac{0.366Q}{Hs}\lg\frac{R}{r} \tag{5-9}$$

式中：H 为含水层的平均水位，m，$H = (H_w + H_0)/2$；H_w 为水井的稳定水位，m，其值等于降深稳定后井水面标高与含水层底板标高之差；H_0 为含水层的初始水位，m，其值等于抽水前潜水面的标高与含水层底板标高之差。R、s、K、r 含义同式（5-6）、式（5-7）。

5.1.7　抽水试验的适用条件

利用抽水试验所求的渗透系数，代表的是抽水降落漏斗范围内的岩土层的平均渗透性。对于渗透性大、富水性中-强的含水层而言，其降落漏斗通常很大，所求得的渗透系数能比较客观地反映了大尺度下岩土层的平均渗透性。另外，若有观测孔的多孔抽水试验，所求得的水文地质参数也比较准确。因此，凡是地下水位以下的含水层（无论是孔隙含水层还是裂隙含水层），首先都应当优先考虑能否用抽水试验来求得水文地质参数。只有在无法利用抽水试验的场合，才选用其他办法。

不能（或难以）用抽水试验的情形主要如下：

（1）在岩溶发育的岩层内，由于溶隙较大，地下岩溶管道多，地下水流不再是达西流，特别是当井孔与岩溶管道相联通的情况下，就不能用抽水试验来求参。

（2）包气带内。由于包气带内没有地下水可抽，无法采用抽水试验求参。若为了获取包气带岩土层的渗透系数，就需选择压水试验（岩层时）或钻孔注水试验（松散土层时）。

（3）虽然在地下水位以下，但岩土层的渗透性较差。如裂隙不发育的微风化板岩、泥岩、页岩，以及透水性差的粉土层、含黏土的卵石层等孔隙含水层。由于这些地层的富水性较弱，即使采用很小流量的潜水泵来抽水，也会出现地下水位快速下降，无法达到稳定降深。此时就需要选用压水试验（岩层时）或钻孔注水试验（松散土层时）来求参。

（4）地下水埋深特别大，抽水试验有困难时，需考虑改用注水试验或压水试验。

【例题 5.1】　某承压含水层内，抽水井的井径为 300mm，进行单孔稳定流抽水试验，当抽水量为 1000m³/d 时井内的稳定水位降深为 15m。已知该含水层的厚度 30m，试估算该含水层的渗透系数和影响半径 R 及 R_{91}。

解：（1）先求井径为 300mm 时的 K 及 R。可用式（5-6）和式（5-7）迭代求解。具体作法如下：

初步假定 $K_0 = 1m/d$，代入式（5-6）求得 $R_1 = 150m$；

把 R_1 代入式（5-7）求得 $K_1 = 2.44m/d$；

再把 K_1 式代入式（5-6）求得 $R_2 = 234.31m$；

又把 R_2 代入式（5-7）求得 $K_2 = 2.598m/d$。

如此循环，依次求得 $R_3 = 241.77m$，$K_3 = 2.61m/d$；$R_4 = 242.27m$，$K_4 = 2.61m/d$；$R_5 = 242.30m$，……经过几次循环后，K、R 值基本不再发生变化，则该含水层的渗透系数就取最终的稳定值，即 $K = 2.61m/d$，影响半径为 $R_{孔} = 242.30m$。

（2）求井径为 91mm 时的影响半径 R_{91}。若井径缩小至 91mm 时，因含水层的渗透系数不会改变，但由于孔径变小，出水能力变弱，在相同抽水量下，水井的稳定降深必然会增加。降深加大又导致降落漏斗的扩大，引起影响半径增大（即 $R_{91} > R_{孔}$）。可利用式（5-10）和式（5-11）循环求解得 R_{91}：

$$R_{91} = 10s\sqrt{K} = 10s\sqrt{2.61} = 16.155s \tag{5-10}$$

$$s = \frac{Q}{2\pi KM}\ln\frac{R_{91}}{r_w} = \frac{1000}{2 \times 3.14 \times 2.61 \times 30}\ln\frac{R_{91}}{0.0455} = 2.034\ln\frac{R_{91}}{0.0455} \tag{5-11}$$

初步假设 $s_0 = 15m$，代入式（5-10）得 $R_{91} = 242.325m$，把此值代入式（5-11）式得 $s = 17.452m$；又代入式（5-10）得 $R'_{91} = 281.94m$，…如此循环几次后，最后得稳定值 $R_{91} = 287.56m$ 及 $s = 17.80m$。

【例题 5.2】　某潜水完整井进行单孔抽水试验，井径 200mm，初始水位埋深 2.0m，隔水底板埋深 10m。停抽时水位埋深 8m，在水位恢复阶段水位埋深与停抽时间见下表。试估算含水层的渗透系数。

停抽时间/min	1	5	10	30	60
水位埋深/m	7.03	5.12	4.32	2.90	2.18

解：对于潜水完整井的单孔水位恢复试验，可根据附录 2 中的附表 2-3 中的

公式：

$$K = \frac{3.5r_w^2}{(H+2r)t}\ln\frac{s_1}{s_2} \tag{5-12}$$

在停泵 1min 时，有：

$$K = \frac{3.5\times10^2}{(800+2\times10)\times60}\ln\frac{6}{5.03} = 12.5\times10^{-4}(\text{cm/s})$$

同理，求得：当 $t=5$min 时，$K=9.3\times10^{-4}$cm/s；

当 $t=10$min 时，$K=6.76\times10^{-4}$cm/s；

当 $t=30$min 时，$K=4.5\times10^{-4}$cm/s；

当 $t=60$min 时，$K=4.16\times10^{-4}$cm/s。

作 $K\text{-}t$ 曲线图（参见附录 2 中的附表 2-3 示意图），可估求得：$K_{稳定}=4.0\times10^{-4}$cm/s。

5.2　压　水　试　验

压水试验是最常用的在钻孔内进行的岩体原位渗透试验。具体做法是在钻进过程中或钻孔结束后，用栓塞将某一长度的孔段与其余孔段隔离开，用不同的压力向试段内送水，测定其相应的流量值，并据此计算岩体的透水率。压水试验成果主要用于评价岩体的渗透特性（透水率大小及其在不同压力下的变化趋势），并作为渗控设计的基本依据[6]。

5.2.1　压水试验的方法和类型

（1）按试验段，可分为分段压水试验、综合压水试验和全孔压水试验[5]。

（2）按试验压力，划分为低压压水试验和高压压水试验[5]。

（3）按加压的动力源，可划分为水柱压水法、自流式压水法和机械法压水试验。如图 5-9～图 5-11 所示[5]。

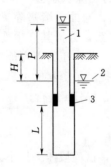

图 5-9　水柱压水法示意图
1—水柱；2—静水位；3—栓塞；
P—压力；H—水深；
L—试验段长

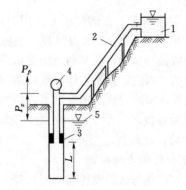

图 5-10　自流式压水布置示意图
1—量水箱；2—管路；3—栓塞；4—压
力表；5—地下水位；P_z—水柱
压力；P_p—压力表指示压力；
L—试验段长度

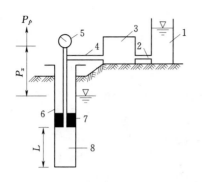

图 5-11　机械压水法布置示意图

1—水箱；2，4—管路；3—压水机械；5—压力表；
6—钻孔；7—栓塞；8—试验段；P_z—水柱压
力；P_p—压力表指示压力；L—试验段长度

长度[6]。

5.2.2　压水试验的基本规定

5.2.2.1　试验方法和试验段长度

（1）试验方法。钻孔压水试验应随钻孔的加深自上而下地用单栓塞分段隔离进行。岩石完整、孔壁稳定的孔段，或有必要单独进行试验的孔段，可使用双栓塞分段进行。

（2）试验段的长度。一般为 5m，试验段是编制渗透剖面图的基本单位。压水试验所求得的透水率是试段的平均值。如果试段过长，势必影响成果的精度，如试段过短，又会增加压水试验的次数和费用。对于含水层破碎带、裂隙密集带、岩溶洞穴等的孔段，应根据具体情况确定试段

5.2.2.2　压力阶段与压力值

1. 压力阶段与各阶段压力的取值

一般按三级压力、五个阶段进行。即 $P_1 \rightarrow P_2 \rightarrow P_3 \rightarrow P_4$（$=P_2$）$\rightarrow P_5$（$=P_1$），其中 $P_4 = P_2$，$P_5 = P_1$；$P_1 < P_2 < P_3$；P_1、P_2、P_3 压力值宜分别为 0.3MPa、0.6MPa 和 1.0MPa。

多个阶段试验的目的，是为了了解试段岩体流量随压力的变化关系。大量的试验资料表明，压水试验时压力—流量关系有时是非线性的，非线性的压力—流量关系出现的原因有两类[6]：

（1）流态。当水在岩体裂隙中的渗流速度超过某一值时，就出现非达西流（如紊流）。一个试段的岩体中含有多条开度各不相同的裂隙，非线性流实际上是这些裂隙不同流态的综合反映。

（2）裂隙状态。在试验压力作用下，作为渗流通道的裂隙状态会产生改变，包括裂隙开度增大（扩张）、水力劈裂、裂隙中的充填物移动、冲蚀、堵塞等。

多阶段循环试验，就是通过测定试段的压力—流量关系，分析其产生变化的原因，测定岩体的透水性，判断岩体在灌浆期间及运行期间在水（浆）压力下可能出现的状态改变。此外，多阶段试验还提供了资料相互校核的机会，提高了资料的可靠性。

当试验段浅埋（小于 15m）时，如最大压力阶段采用 1MPa 进行试验，可能会导致岩体抬动，此时宜适当降低试验段压力[6]。

2. 试验段压力的确定

当用安设在与试验段连通的测压管上的压力计测压时，试验段压力按下式计算[6]：

$$P = P_p + P_z \qquad\qquad (5-13)$$

式中：P 为试验段压力，MPa；P_p 为压力计指示压力，MPa；P_z 为压力计中心至压力计算零线的水柱压力，MPa。

当用安装在进水管的压力计测压时，试验段压力按下式计算[6]：

$$P = P_p + P_z - P_s \qquad (5-14)$$

式中：P_s 为管路压力损失，MPa；其余符号含义同式（5-13）。

3. 水柱压力计算零线（0—0）和水柱压力 P_z 值

P_z 值为自压力表中心至压力计算零线的铅直距离的水柱压力。在确定 P_z 值前必须先确定出压力计算零线。

压力计算零线（0—0）按以下三种情况分别来确定[5]：

（1）地下水位位于试验段以下时，以通过试验段 1/2 处的水平线作为压力计算零线，如图 5-12 所示。

（2）地下水位位于试验段之内时，以通过地下水位以上的试验段 1/2 处的水平线作为压力计算零线，如图 5-13 所示。

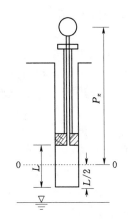

图 5-12　地下水位位于试验段以下
P_z—水柱压力（自压力表中心至
压力计算零线的铅直距离）；
L—试验段长度

（3）地下水位位于试验段之上时，且试验段在该含水层中，以地下水位线作为压力计算零线，如图 5-14 所示。

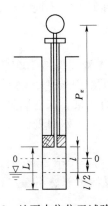

图 5-13　地下水位位于试验段之内
P_z—水柱压力（自压力表中心至压力计算零线的
铅直距离）；L—试验段长度；l—位于地下
水位以上试验段的长度

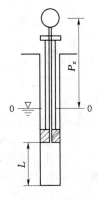

图 5-14　地下水位位于试验段之上
P_z—水柱压力（自压力表中心至压力计算零线的
铅直距离）；L—试验段长度

4. 管路压力损失 P_s 的确定

当工作管内径一致，且内壁粗糙度变化不大时，管路压力损失可用下式求得[6]：

$$P_s = \lambda \frac{L_p}{d} \frac{v^2}{2g} \qquad (5-15)$$

式中：λ 为摩阻系数（$\lambda = 2 \times 10^{-4} \sim 4 \times 10^{-4}$ MPa/m）；L_p 为工作管长度，m；d 为工作管内径，m；v 为水在管内的流速，m/s；g 为重力加速度，取 9.8 m/s²。

当工作管的内径不一致时，管路的压力损失 P_s 应根据实测资料确定。

5.2.2.3　试验钻孔

（1）孔径。宜为 59～91mm。试验钻孔的孔径对压水试验成果虽有影响，但一般说来这种影响很微小，可以忽略不计。但如果孔径特大或特小，其渗流的边界条件的差异就较大，因此，在将这类钻孔的压水试验成果与常规直径钻孔的压水试验成果作对比之前，应进行专门的试验论证[6]。

（2）钻进方法。应采用金刚石或合金钻进，不应使用泥浆等护壁材料，否则会使孔壁附上一层泥膜，堵塞裂隙。在碳酸盐岩地层钻进时，也应选用合适的冲洗液。试验钻孔的套管脚必须止水。

在同一地点布置两个以上钻孔（孔距在 10m 以内）时，应先完成将要做压水试验的钻孔。因为如果钻孔相距过近，压水试验时易产生水流串通而影响试验成果的真实性[6]。

5.2.3　压水试验的设备及要求

1. 止水栓塞

要求止水栓塞的长度不小于试验钻孔孔径的 8 倍，并应优先选用气压式或水压式栓塞。止水栓塞要有足够的长度才能保证栓塞附近岩体的渗流能稳定，同时相关实验也表明，当栓塞长度达到 7.5 倍钻孔孔径时，绕渗量增加的速度减缓，再加长些也无多大意义。气压式或水压式栓塞的共同优点是胶囊易与孔壁紧贴，即使在孔壁不太平直的情况下，也能实现面接触，且栓塞较长、止水可靠性好，对不同孔径、孔深的钻孔均能适应，操作比较方便[6]。

2. 供水设备

基本要求是压力稳定、出水均匀，在 1MPa 压力下流量能保持 100L/min。不过上述供水能力只能使岩体透水率小于 20Lu 的试验段达到预定的最大试验压力 1MPa。因此，当岩体透水性普遍较大时，应选用供水能力更大的水泵。如能满足试验压力的要求，可选用电动离心泵。如果要采用往复式水泵时，应在出水口处安设容积不小于 5L 的稳压空气室，以提高出水口压力的稳定性[6]。

为了保持试验用水清洁，吸水龙头外应包裹 1～2 层孔径小于 2mm 的过滤网，并与水池底部保持不小于 0.3m 的距离。供水调节阀门应灵活可靠、不漏水且不宜与钻进共用[6]。

3. 量测设备

（1）测压工具。包括压力表或压力传感器。压力表仍是目前的主要测压工具，为了保证量测精度，压力表的量测范围应控制在极限压力值的 1/3～3/4。鉴于吕荣试验所用的压力值变化幅度较大，为满足上述要求，试验期间应更换压力表。当用压力传感器测定试验压力时，其量测范围应大于最大试验压力[6]。

（2）测流量工具。应采用自动记录仪。在压水试验的降压阶段，有时会出现回流，为了记录回流情况和消除回流的影响，要求流量计能测定正、反向流量。如用普通水表作压水试验，在试验压力较大时，可能不能正常工作。自动记录仪能同时测量压力和流量。

（3）地下水位量测设备。采用水位计。要求水位计的测头绝缘良好，能灵敏可靠地反映地下水位的真实位置，不受孔壁附着水或孔内水滴的影响。其导线的要求是易变形伸长。

5.2.4 现场试验

现场的试验工作包括洗孔、下置栓塞隔离试验段、水位测量、仪表安装、压力和流量观测等步骤[6]。

1. 洗孔

应采用压水法。洗孔时钻具应下到孔底，流量应达到水泵的最大出力。洗孔工作应进行到孔口回水清洁，肉眼观察无岩粉时方可结束；当孔口无回水时，洗孔时间不得少于 15min。

2. 试段隔离

下栓塞前应对压水试验工作管进行检查，不得有破裂、弯曲、堵塞等现象。接头处应采取严格的止水措施。为了提高试验段隔离的质量，除要求止水栓塞的性能良好外，还应使栓塞位于岩石较完整处。下置栓塞时塞位确定要准确，避免漏段。

采用气压式或水压式栓塞时，为保证隔离效果，充气（水）压力应比该试验段的最大试验压力 P_3 大 0.2～0.3MPa，并在整个试验过程中保持不变。水压栓塞在试验过程中，由于岩体变形，会造成充塞压力下降，如不及时对栓塞充水加压，有可能影响止水效果[6]。

当试验段隔离无效时，应分析原因，采取移动栓塞、更换栓塞或灌制混凝土塞位等措施，不允许轻易放弃该段的试验。移动栓塞时只能向上移，其范围不超过上一次试验的塞位。

3. 水位观测

下栓塞前应首先观测一次孔内水位，试验段隔离后，再观测工作管内的水位。工作管内水位应每隔 5min 观测一次。当水位下降速度连续两次均小于 5cm/min 时，观测工作即可结束。用最后的观测结果确定压力计算零线[6]。

观测过程中如发现承压水时，应观测承压水位，当承压水位高于出管口时，应进行压力和涌水量观测。

4. 压力和流量观测

在向试验段供水之前，应开启排气阀，使管路充分排气，待排气阀连续出水后，再将其关闭。然后再开始试验[6]。

流量观测时应先调整好节阀，使试验段的压力达到预定值并保持稳定。流量的观测工作应每隔 1～2min 观测一次。当流量无持续增大趋势，且五次流量读数中最大值与最小值之差小于最终值的 10%，或最大值与最小值之差小于 1L/min 时，本压力阶段的试验即可结束，取最终值作为计算值[6]。

将试验段压力调整到新的预定值，重复上述试验过程，直至完成该试验段的试验。在降压阶段，如出现水由岩体向孔内回流的现象，应记录回流情况，待回流停止，流量无持续增大趋势（五次流量读数中最大值与最小值之差小于最终值的 10%，或最大值与最小值之差小于 1L/min 时）时，方可结束本阶段的试验[6]。

在压水试验过程中，当试验压力由高压力转换到较低压力时，有时会出现水从岩体流入钻孔的现象，这种现象称为回流。产生回流现象的原因，是由于在试验压力下降的瞬间，钻孔附近岩体内的水压力暂时高于试验段压力，因而使水自岩体流出。这个过程一般持续数分钟至十余分钟。随着岩体内水压力逐渐下降，回流量渐减至零。当岩体内水压力继续调整至低于试验压力之后，水重新流向岩体，并随着压力调整结束而趋于稳定。在压水试验过程中，如发现回流，应尽量详细记录有关情况（包括回流时间、回流量等），以便积累资料。尤其重要的是，切不可把流量从负经零到正这个变化过程中的暂时停滞误认为是该试段流量为零。

为了解岩体裂隙连通情况和压水试验的影响范围，在试验过程中，应对试验钻孔附近的露头、井、硐、孔、泉等进行观测（包括出水位置、水位、流量等），必要时可配合使用示踪剂。

5.2.5　试验资料的整理

试验资料整理包括校核原始记录、绘制 P-Q 曲线、确定 P-Q 曲线类型、计算试验段的透水率和判断岩体的透水性强弱等[6]。

5.2.5.1　绘制 P-Q 曲线

绘制 P-Q 曲线应采用统一的比例尺，即纵坐标（P 轴）1mm 代表 0.01MPa，横坐标（Q 轴）1mm 代表 1L/min。如果采用不同的比例尺，例如在流量较小时用较大的比例尺，就会出现一些人为造成的不规则曲线，使判读和划分类型产生困难[6]。

曲线图上各点应标明序号，并依次用直线相连，升压阶段用实线，降压阶段用虚线。

5.2.5.2　确定 P-Q 曲线类型

试验段的 P-Q 曲线类型可根据升压阶段 P-Q 曲线的形状以及降压阶段 P-Q 曲线的形状与升压阶段 P-Q 曲线的关系确定。P-Q 曲线类型主要有以下五类（图 $5-15$）[6]：

（1）A（层流）型。P-Q 曲线中，升压曲线为通过坐标原点的直线，降压曲线与升压曲线基本重合。该曲线揭示着渗流状态为层流，在整个试验期间，裂隙状态基本没有发生变化。

（2）B（紊流）型。P-Q 曲线中，升压曲线为凸向 Q 轴的曲线，降压曲线与升压曲线基本重合。该曲线揭示着渗流状态为非线性流。在整个试验期间，裂隙状态基本没有发生变化。

（3）C（扩张）型。升压曲线大体上为凸向 P 轴的曲线，降压曲线与升压曲线基本重合。该型曲线最大的特征在于：在某一压力之后，流量显著增大，且第 4 点与第 2 点，第 5 点与第 1 点基本重合。该曲线揭示，在试验压力作用下，裂隙状态产生变化，岩体渗透性增大，但这种变化是暂时性的、可逆的，随着试验压力下降，裂隙又恢复到原来的状态，呈现出一种弹性扩张性质。

（4）D（冲蚀）型。P-Q 曲线中，升压曲线大体上为凸向 P 轴的曲线，降压曲线与升压曲线不重合，位于升压曲线的右侧，整个 P-Q 曲线呈顺时针环状。该类型曲线的最大特征是在某一压力之后，流量显著增大，且 $Q_4 > Q_2$，$Q_5 > Q_1$。该曲线揭示，在试验压力作用下裂隙的状态产生了变化，岩体渗透性增大，这种变化是永久性的，不可逆的。流量显著增大且不能恢复原状，多半是由于岩石劈裂且与原有的裂隙相通或裂隙中的充填物被冲蚀、移动造成的。

（5）E（充填）型。$P\text{-}Q$ 曲线中，升压曲线为直线或凸向 Q 轴的曲线，降压曲线与升压曲线不重合，降压曲线凸向 P 轴，位于升压曲线的左侧，整个 $P\text{-}Q$ 曲线呈逆时针环状。该类型曲线的最大特征是 $Q_4 < Q_2$，$Q_5 < Q_1$。该曲线揭示，试验期间裂隙状态发生了变化，岩体渗透性减小，这种减小大多是由于裂隙部分被堵塞造成的。此外，如裂隙处于半封闭状态，当被水充满后，流量即逐渐减小，甚至趋近于零。

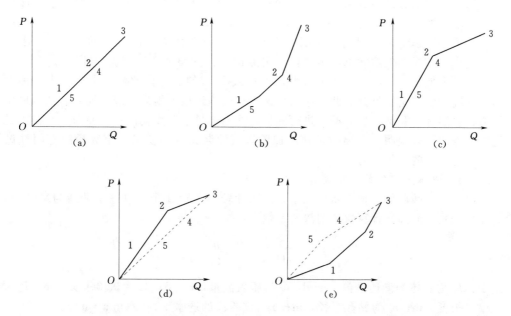

图 5-15　压水试验的 5 种代表性曲线（据 SL 31—2003《水利水电工程钻孔压水试验规程》）
（a）层流型；（b）紊流型；（c）扩张型；（d）冲蚀型；（e）充填型

5.2.5.3　试验段透水率的计算

取第三阶段的压力和流量（P_3、Q_3），按下式计算试验段的透水率[6]：

$$q = \frac{Q_3}{LP_3} \tag{5-16}$$

式中：q 为试段的透水率，Lu，取两位有效数字；Q_3 为第三阶段的计算流量，L/min；L 为试段的长度，m；P_3 为第三阶段的试段压力，MPa。

用第三阶段数据计算试验段透水率的主要原因是该组数据最接近于吕荣值的定义压力。当 P_3 用水柱压力（m）表示时，q 的单位也相应变成 L/（min·m²）；$1\text{Lu} \approx 0.01\text{L}/$（min·m²）。

5.2.5.4　试验成果表示与注意事项

应把各试验段压水试验的相关数据填入成果表，见表 5-4[6]。

表 5 - 4 压 水 试 验 成 果 表

（据 SL 31—2003《水利水电工程钻孔压水试验规程》）

试验日期	试 验 段						P-Q 曲线类型	试段的透水率 q /Lu
	编号	深度 /m		试验段长度 /m	高程 /m			
		起	止		起	止		

每个试验段的试验成果，应采用试验段的透水率和 P-Q 曲线类型代号（加括号）表示，如 0.23（B）、12（A）、8.5（C）等[6]。

当 P-Q 曲线为 C 型或 D 型时，表明在最大试验压力（P_3）范围内，流量出现显著变化，试段的裂隙状态产生变化（裂隙扩张、劈裂、充填物被冲蚀等）。在一个工程或一个地段内，如果 P-Q 曲线为 C 型或 D 型的试验段比例较大，作为一种地质现象应当引起足够重视。此时应结合该工程或该地段的地质情况（地层岩性、地质构造、岩溶等）和钻孔岩芯情况进行分析，找出流量显著变化的地质原因，并在工程地质报告中加以说明。必要时可在勘探阶段或灌浆试验中安排一定数量的专门性试验，确定岩体的临界压力[6]。

5.2.5.5　岩体渗透系数 K 的确定

（1）当试验段位于地下水位以下，透水性较小（$q < 10Lu$，P-Q 曲线为层流型）时，可按式（5-9）计算岩体的渗透系数[6]：

$$K = \frac{Q}{2\pi HL}\ln\frac{L}{r_0} = \frac{q}{2\pi}\ln\frac{L}{r_0} \qquad (5-17)$$

式中：K 为岩体的渗透系数，m/d；Q 为压入流量，m^3/d；H 为试验水头，m；L 为试验段长度，m；r_0 为钻孔半径，m；q 为试验段的透水率，$L/(min \cdot m^2)$。

（2）当试验段位于地下水位以下，透水性不大，P-Q 曲线为紊流型时，可用第一阶段的压力值（换算为水头值 H，以 m 计）和流量值代入式（5-17）近似地计算岩体的渗透系数。

（3）当岩石的透水性较大，应该采用其他水文地质试验方法测定岩体的渗透系数。

5.2.5.6　对岩体的透水性进行分类

利用岩土的透水率或渗透系数可对岩土的透水性进行分级，见表 5-5[7]。

表 5 - 5 根据透水率 q 对岩土的透水性进行分类

（据 SL 55—2005《中小型水电工程地质勘察规范》）

单位吸水量 q/Lu	< 0.1	0.1～1	1～10	10～100	≥100
渗透系数 K/(cm/s)	$< 10^{-6}$	$10^{-6} \sim 10^{-5}$	$10^{-5} \sim 10^{-4}$	$10^{-4} \sim 10^{-2}$	$\geqslant 10^{-2}$
岩体透水性	极微透水岩体	微透水岩体	弱透水岩体	中等透水岩体	强透水岩体

5.2.6　压水试验的适用条件

压水试验一般用于下列情形：

(1) 裂隙不发育的包气带的岩层。此时，由于无水可抽，无法利用抽水试验求参。另外，由于岩层的裂隙微小，若用钻孔注水试验则没有那么大的水压力把水注入岩层的小裂隙中。此时用压水试验是最佳选择。

(2) 地下水位以下、透水性差的岩层。如板岩、片岩、页岩、微风化或未风化的硬质岩，等等。由于这些岩层的裂隙小，含水量少，即使用小流量抽水，也会引起井水位的急剧的下降并无法达到稳定降深。因此，不能用抽水试验求参，只能选择压水试验。

需要提醒的是：①在松散的孔隙介质内，以及全-强风化的破碎岩层、断层破碎带等岩体内，不能进行压水试验，因为在巨大压力下（如 1MPa），土层会被极大地扰动（挤压、挤走土颗粒），钻孔周围土层的孔隙结构被改变，甚至会在测试的土层内形成大的空洞或通道；②对于地下水位以下，富水性中-强的裂隙含水层中，尽量采用抽水试验，因为抽水试验所形成的降落漏斗往往要比压水试验的大；③压水试验需要有足够的水量，如果钻孔附近无水源，试验也难以进行。

练习题

1. 在花岗岩岩体中进行压水试验，钻孔的孔径为 110mm，地下水位以下试段长度为 5.0m，资料整理显示，该压水试验 P-Q 曲线为 A（层流）型，第三压力阶段试段压力为 1.0MPa，压入流量为 7.50L/min。问：该岩体的渗透系数是多少？

2. 某钻孔进行压水试验，钻孔半径 0.15m，孔内地下水位埋深 29.0m。试验段位于地下水位以下，试验段的长度为 5.0m。安装在与试验段连通的测压管上的压力表所测得的水压力和稳定流量关系见下表。压力表中心比地面高 1.0m。请计算试验段的透水率并判定该段岩体的透水性等级。

压力表读数/MPa	0	0.30	0.7
稳定流量/(L/min)	30	65	100

3. 某压水试验地面进水管的压力表读数 $P_3 = 0.90$MPa，压力表中心高于孔口 0.5m，压入流量 $Q = 80$L/min，试验段长度 $L = 5.1$m，钻杆及接头的压力总损失为 0.04MPa。钻孔为斜孔，其倾角为 $60°$。地下水位位于试验段之上，自孔口至地下水位沿钻孔的实际长度 $H = 24.8$m，试问试验段地层的透水率是多少？（答案：14.5Lu）

4. 压水试验时，若发现试段的栓塞隔离无效（隔不住水），其原因一般有哪些？

5.3　渗　水　试　验

渗水试验是野外测定包气带非饱和岩（土）层渗透系数的简易方法。利用渗水试验，可提供灌溉设计、研究区域水均衡以及计算山前地区地表水渗入量等。

5.3.1　渗水试验方法

渗水试验最常用的方法有试坑法、单环法和双环法。这三者的区别和特点见表

5 – 6[5]。

表 5 – 6　　渗水试验各方法的装置示意图及其特点（据《工程地质手册》，1992）

试验方法	装置示意图	优缺点	备注
试坑法	开关　试验层　10cm	1. 装置简单； 2. 受侧向渗透的影响大，实验成果精度差	
单环法	10cm　37.75cm	1. 装置简单； 2. 没有考虑侧向渗透的影响大，实验成果精度稍差	当圆坑的坑壁四周有防渗措施时，试坑内的渗水面积 $F = \pi r^2$ 式中：r 为试坑底半径。当坑壁四周无防渗措施时 $F = \pi r(r + 2z)$ 式中：r 为试坑底半径；z 为试坑中的水层厚度。
双环法	10cm　内环　外环	1. 装置较复杂； 2. 基本排除了侧向渗透的影响，试验成果精度较高	

5.3.1.1　试坑法

试坑法是在表层土中挖一试坑进行的渗水试验。坑深 30～50cm，坑底面积 30cm 见方（或直径为 37.75cm 的圆形）。坑底离潜水位 3～5m。坑底铺设 2cm 厚的砂砾石层。试验开始时，控制流量连续均匀，并保持坑中水层厚（z）为常数值（如 10cm）。当注入的水量达到稳定并延续 2～4 小时，试验即可结束[5]。

当试验岩层为粗砂，砂砾或卵石层，可控制坑内水层的厚度 z 为 2～5cm。

渗水试验时，入渗水的水力梯度 I 为：

$$I = \frac{H_k + z + L}{L} \approx 1 \qquad (5 – 18)$$

则入渗系数[5]为：

$$K = \frac{Q}{F} = V \qquad (5 – 19)$$

式中：Q 为稳定的入渗流量，cm^3/min；F 为试坑的渗水面积，cm^2；H_k 为毛细压力水头，cm，其值可参见表 5 – 7 确定；L 为试验结束时水的入渗深度，cm，可由实验结束后利用麻花钻（或其他钻具）探测确定；K 为入渗系数，cm/min。

表 5-7　　　不同岩性毛细压力水头 H_k 值表（据《工程地质手册》，1992）

岩（土）名称	H_k /m	岩（土）名称	H_k /m
重亚黏土（粉质黏土）	≈1.0	细粒黏土质砂	0.3
轻亚黏土（粉质黏土）	0.8	粉　砂	0.2
重亚砂土（黏质粉土）	0.6	细　砂	0.1
轻亚砂土（砂质粉土）	0.4	中　砂	0.05

注　表中给出的 H_k 值往往偏小。

　　试坑法常用于测定毛细压力影响不大的砂类土的渗透系数，不适合用于毛细压力影响大的黏性土类。黏性土中渗水土体浸润部分示意图如图 5-16 所示。

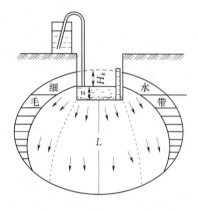

图 5-16　黏性土中渗水土体浸润部分示意图[5]

5.3.1.2　单环法

　　单环法是在试坑底嵌入一高为 20cm、直径为 37.75cm 的铁环，该铁环圈定的面积为 1000cm²。在试验开始时，用 Mariotte 瓶控制铁环内水层厚度，使之保持在 10cm 高度附近。试验一直进行到渗入水量 Q 固定不变时为止，就可按式（5-12）计算此时的渗透速度 V[5]：

$$V = Q/F = K \qquad (5-20)$$

式中：渗透速度 V 此时等于该岩（土）层的渗透系数 K，cm/min；F 为入渗面积，cm²；Q 为渗入水量，cm³/min。

　　此外，尚可通过系统地记录各个时间段（如 30min）内的渗水量，据此编绘出渗透速度的历时曲线图，如图 5-17 所示[5]。

　　由图 5-17 可见，渗透速度随时间延长而逐渐减小，并趋向于常数（呈水平线），此时的渗透速度即为所求的渗透系数 K 值。

5.3.1.3　双环法

　　双环法是在试坑底嵌入两个铁环，外环直径采用 0.5m，内环直径采用 0.25m。试验时往铁环内注水，用 Mariotte 瓶控制外环和内环的水柱一直保持在同一高度（如 10cm）。根据内环所取得的资料按上述方法确定岩（土）层的渗透系数。由于内环中的水只产生垂向渗入，已排除了侧向渗流带来的误差，因此该法获得的成果精度比试坑法和单环法都较高[5]。

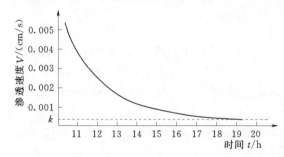

图 5-17　渗水试验中渗透速度历时曲线图[5]

5.3.2　根据渗水试验资料计算岩（土）层渗透系数

当双环法渗水试验进行到渗入的水量趋于稳定时，就可按下式计算渗透系数 K (cm/min)（已考虑了毛细压力的附加影响）[5]：

$$K = \frac{Q}{FI} = \frac{QL}{F(H_k + z + L)} \tag{5-21}$$

式中：Q 为稳定渗入水量，cm^3/min；F 为试坑（内环）渗水面积，cm^2；z 为试坑（内环）中水层高度，cm；H_k 为毛细压力水头，cm；L 为试验结束时水的渗入深度，cm。

毛细压力水头 H_k 可查表 5-7 求得，但要注意的是：若表 5-7 中的 H_k 值超过了试坑的深度，H_k 应取试坑的深度值（因为毛细压力水头不会高出地表）。渗入深度 z 可通过试验前在试坑外 3~4m 处以及实验后在内环中心处，各钻 1 孔（麻花钻或小口径钻）取土样，对比不同的岩（土）湿度的变化来确定。但一般来说，试验点一般都选择在潜水位埋深较大的地方。当 L 很大时，入渗水的水力梯度为：$I = \frac{H_k + z + L}{L} \approx 1$，则式（5-21）变为：

$$K = Q/F \tag{5-22}$$

如果渗水试验进行到相当长时间后渗入量仍未达到稳定，则 K 按下式计算[5]：

$$K = \frac{V_1}{Ft_1\alpha_1}[\alpha_1 + \ln(1+\alpha_1)] \tag{5-23}$$

其中

$$\alpha_1 = \frac{\ln(1+\alpha_1) - \frac{t_1}{t_2}\ln\left(1 - \frac{\alpha_1 V_2}{V_1}\right)}{1 - \frac{t_1 V_2}{t_2 V_1}} \tag{5-24}$$

式中：V_1、V_2 分别为经过 t_1 和 t_2 时间的总渗入量，即总给水量，m^3；t_1、t_2 为累积时间，d；F 为试坑（内环）的渗水面积，m^2；α_1 为代用系数，由试算法求出。

SL 345—2007《水利水电工程注水试验规程》在试坑双环注水试验中规定，土的渗透系数按式（5-25）进行。即[9]：

$$K = \frac{16.67Qz}{F(H + z + 0.5H_a)} \tag{5-25}$$

此式与式（5-21）本质是一样的。式（5-25）中：K 为试验土层的渗透系数，cm/s；Q 为内环的注入流量，L/min；F 为内环的底面积，cm^2；H 为试验水头，cm。坑内水头一般采用 10cm；H_a 为试验土层的毛细上升高度，cm，查表 5-7 得 H_k 后令 $H_a = 2H_k$，同样的，当 $0.5H_a$ 值超过了试坑的开挖深度，应取试坑的深度值；z 为从坑底算起的渗入深度（用麻花钻确定），cm；16.67 为单位换算系数。

5.3.3　渗水试验观测、记录和成果资料整理

在渗水试验中，应定时、准确地观测给水装置中所注入的水量。观测时间通常为渗水后的第 3、5、10、15、30min 各观测一次，以后每隔 30min 观测一次，直到流量达到稳定后 2~4h 以上。渗水试验的流量观测和成果记录表的格式可参见表 5-8。[9]

表 5 - 8　　　　　　试坑双环渗水试验观测记录表（据 SL 345—2007）

工程名称：　　　　　　　　　试验点编号：　　　　　　　　试验深度/m：
试验点地理位置：　　　　　　试验点坐标：　　　　　　　　铁环压入深度/cm：
水头高度/cm：　　　　　　　实验土层名称：　　　　　　　试验时间：　　年　月　日
内环直径/cm：　　　　　　　外环直径/cm：
试验土层渗入深度/cm：　　　试验土层毛细上升高度/cm：

序号	试验时间			持续时间 /min	内环给水瓶		流量 Q		备注
	日	时	分		读数 /cm	与前读数之差 /cm	本时间段总注入量 /mL	单位时间渗入量 /(mL/min)	

　　需提交的成果包括：①绘制试坑平面位置图；②绘制水文地质剖面图与试验装置示意图；并说明试验岩（土）层的名称以及其最大毛细上升高度；③绘制流量历时曲线、渗透速度历时曲线；④渗水试验计算表（附计算公式），在计算结束后还需把渗透系数 k 的单位换算为 m/d；⑤原始记录表。

思考题

　　1. 在刚下雨的潮湿场地上，能否利用渗水试验求得表土层的渗透系数？（提示：按砂性土和黏性土分别阐述）

　　2. 为什么在渗水试验过程中，所测得的渗透系数会随着时间的延长逐渐减小并最终趋于某个常数值？

　　3. 利用双环渗水试验所求得的渗透系数的精确度为什么比单环渗水试验的要高些？

5.4 钻 孔 注 水 试 验

　　根据注入井的水头变化，可把注水试验分为两大类，即常水头注水试验和降水头注水试验。

　　钻孔注水试验设备有：①供水设备：水箱、水泵；②量测设备：水表、量筒、瞬时流量计、秒表、米尺等；③止水设备：套管、栓塞；④水位计：电测水位计[9]。

5.4.1 常水头注水试验

　　常水头注水试验适用于渗透性比较大的壤土、粉土、砂土和卵砾石层，或不能进行压水试验的风化、破碎、断层破碎带等渗透性较强的岩体。

5.4.1.1 现场试验

　　（1）试段不能用泥浆钻进，孔底沉淀层厚度不应大于 10cm；应防岩土层被扰动。

（2）在进行注水试验前，应进行地下水位观测，水位观测间隔为 5min，当连续两次观测的数据变幅小于 10cm 时，水位观测即可结束。用最后一次观测值作为地下水位初始值。

（3）试段止水采用栓塞或套管脚黏土等止水方法，应保证止水可靠。对孔壁稳定性差的试段宜采用花管护壁；同一试段不宜跨越透水性相差悬殊的两种岩土层，试段长度不宜大于 5m。

（4）试段隔离后，应向套管内注入清水，使套管中水位高出地下水位一定高度（或至孔口）并保持固定不变，用流量计或量桶测定注入的流量。

（5）量测应符合下列规定：

1）开始每隔 5min 量测一次，连续量测 5 次；以后每隔 20min 量测一次并至少连续量测 6 次。

2）当连续两次量测的注入流量之差不大于最后 1 次注入流量 10% 时，可结束试验。取最后一次注入流量作为计算值。

（6）当试段的漏水量大于供水能力时，应记录最大供水量。

5.4.1.2 资料整理

（1）现场记录应按表 5-9 进行，并绘制注入流量和时间关系（$Q-t$）关系曲线。

表 5-9   钻孔常水头注水试验记录表

（据《SL 345—2007 水利水电工程注水试验规程》）

工程名称：   试验点编号：   试验土层名称：
地下水位：   试段深度/m：   试段长度/m：
试段直径/mm：   试段类型：   试验时间：   年   月   日

序 号	试 验 时 间				试验水头 /cm	注入水量 /L	单位时间注入水量 /(L/min)	备 注
	日	时	分	持续时间/min				

（2）当试段位于地下水位以下时，按下式计算土层的渗透系数[9]：

$$K=\frac{16.67Q}{AH} \tag{5-26}$$

式中：K 为试验土层的渗透系数，cm/s；Q 为注入流量，L/min；H 为试验水头，cm；等于试验水位与地下水位之差；A 为形状系数，cm，按表 5-11 选用。

（3）当试段位于地下水位以上，且 $50<H/r<200$、$H\leqslant l$ 时，可采用下式计算试验岩土层的渗透系数[9]：

$$K=\frac{7.05Q}{lH}\lg\frac{2l}{r} \tag{5-27}$$

式中：l 为试段长度，cm；r 为钻孔内半径，cm；其余符号同式（5-26）。

5.4.2 降水头注水试验

降水头注水试验适用于地下水位以下的粉土、黏性土层或渗透性较小的岩层。其试验设备与钻孔常水头方法相同。

5.4.2.1 现场试验

（1）与常水头现场试验要求的第 1～3 条相同。

（2）试段止水后，应向套管内注入清水，使管中水位高出地下水位一定高度或至套管顶部作为初试水头值。停止供水，试验开始，按表 5-10 开始记录管内水位随时间变化的情况。

（3）管内水位的观测应符合下列规定[9]：

1）开始间隔时间为 1min，连续观测 5 次；然后间隔时间为 10min，观测 3 次；后期观测间隔时间应根据水位下降速度确定，可按 30min 间隔进行。

2）在现场应用半对数坐标纸绘制水头比与时间 $[\ln(H_t/H_0)-t]$ 的关系曲线。当水头比与时间关系不成直线时，应进行检查并重新试验。

3）当试验水头降到初试水头 0.3 倍或连续观测点达到 10 个以上时，即可结束试验。

表 5-10　　　　　　　　　钻孔降水头注水试验记录表

（据《SL 345—2007 水利水电工程注水试验规程》）

工程名称：			试验点编号：			试验土层名称：	
地下水位：			试段深度/m：			试段长度/m：	
试段直径/mm：			试段类型：			注水管内半径/mm：	
初始试验水头 H_0/cm：			试验时间：　年　月　日				

序　号	试 验 时 间				管内水位距孔口 /cm	试验水头 /cm	水头比 H_t/H_0	备　注
	日	时	分	持续时间/min				

5.4.2.2 资料整理

降水头注水试验，岩土层的渗透系数按式（5-28）计算[9]：

$$K=\frac{0.0523r^2}{A}\frac{\ln\dfrac{H_1}{H_2}}{t_2-t_1} \qquad (5-28)$$

式中：K 为试验土层的渗透系数，cm/s；t_1、t_2 为注水试验某一时刻的试验时间，min；H_1、H_2 分别为在试验时间 t_1、t_2 时的试验水头，cm；试验水头是孔内水位与地下水位初始值之差；A 为形状系数，cm，按表 5-11 选用。

除按（5-28）式计算外，还可根据 $\ln(H_t/H_0)-t$ 关系曲线先求得注水特征时间 T_0，然后按式（5-29）计算试验岩土层的渗透系数[9]：

$$K=\frac{0.0523r^2}{AT_0} \qquad (5-29)$$

式中：T_0 为注水试验的特征时间，min，即当 $H_t/H_0=0.37$ 时，$\ln(H_t/H_0)-t$ 关系曲线所对应的时间（注：H_t 为注水时间为 t 时的水头值，cm；H_0 为注水试验的初始水头值，cm）；其余符号意义同式（5-28）。

表 5-11　　　　　　　　　　**形状系数 A 的取值（据 SL 345—2007）**

试 验 条 件	简 图	形状系数 A	备 注
试段位于地下水位以下，钻孔套管下至孔底，孔底进水		$5.5r$	
试段位于地下水位以下，钻孔套管下至孔底，孔底进水。试验土层顶板为不透水层		$4r$	
试段位于地下水位以下，孔内不下套管或部分下套管，试段裸露或下花管，孔壁和孔底进水		$\dfrac{2\pi l}{\ln\dfrac{ml}{r}}$	$\dfrac{l}{r}>8$ $m=\sqrt{\dfrac{K_h}{K_v}}$ 式中：K_h、K_v 分别为实验土层的水平、垂直渗透系数
试段位于地下水位以下，孔内不下套管或部分下套管，试段裸露或下花管，孔壁和孔底进水。试验土层顶板为不透水层		$\dfrac{2\pi l}{\ln\dfrac{2ml}{r}}$	$\dfrac{l}{r}>8$ $m=\sqrt{\dfrac{K_h}{K_v}}$ 式中：K_h、K_v 分别为实验土层的水平、垂直渗透系数

5.4.3　根据水工建筑部门的经验求参

钻孔注水试验方法恰好与抽水试验相反（图 5-18）。在注水试验过程中往钻孔中注水，使孔中水位抬高，造成水流由钻孔内向外周含水层运动，形成一个以钻孔为中心的反漏斗曲面。往孔中注入一定的水量，使钻孔中的水位抬高到一定的高度。在常水头注水试验中，当其水位和注水量稳定时，则可按注水井公式计算岩层的渗透系数。

因此常水头注水试验公式的推导过程与抽水井的裘布衣公式的原理相似。其不同点仅是注水时由于注入的水是沿井壁向外流的，故水力坡度为负值。连续往孔内注水，形成稳定的水位和常量的注入量。注水的稳定时间因目的和要求不同而异，一般延续 2～8h。

根据水工建筑部门的经验，在巨厚且水平分布宽的含水层中作常水头注水试验稳定时，可按下面两式计算渗透系数 $K^{[5]}$：

当 $l/r \leqslant 4$ 时，

$$K = \frac{0.08Q}{rs\sqrt{\dfrac{l}{2r}+\dfrac{1}{4}}} \quad (5-30)$$

当 $l/r > 4$ 时，

$$K = \frac{0.366Q}{ls}\lg\frac{2l}{r} \quad (5-31)$$

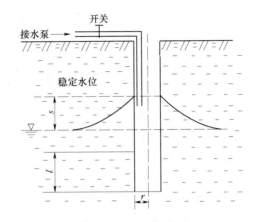

图 5-18　钻孔注水试验示意图

式中：l 为试验段或过滤器的长度，m；Q 为稳定注水量，m^3/d；s 为孔中的水头高度，m；r 为钻孔或过滤器的半径，m。

在不含水的干燥岩（土）层中注水时，如果试验段高出地下水位很多，介质为均质介质，且 $50 < h/r < 200$，孔中水柱高 $h \leqslant l$ 时，可按下式计算渗透系数 K 值[5]：

$$K = 0.423\frac{Q}{h^2}\lg\frac{2h}{r} \quad (5-32)$$

式中：h 为注水引起的水头高度，m；其余字母意义同前。

5.4.4　注水试验的适用条件

由于注水试验前井未经洗孔过程，故所测的渗透系数比抽水试验测的渗透系数为小，且注水试验的影响范围远小于抽水试验的降落漏斗。因此，注水试验一般仅用在：

（1）对包气带土层进行测试。因为包气带内无水不能做抽水试验。

（2）虽然位于地下水位以下，但土层的透水性弱（如粉土层、含黏土的卵石层等）。由于这种土层的含水量很小，即使进行小流量的抽水也会引起水位的急剧降落，且难以达到稳定降深，此时进行抽水试验求参困难。

需要提醒的是：①对于包气带中的岩层，应优先使用压水试验，但对于不能进行压水试验的风化、破碎、断层破碎带等岩体除外；②对于位于地下水位以下、透水性大的岩（土）层，则优先选择抽水试验求参；③钻孔注水试验需要足够的水量，如果钻孔附近无水源，试验也难以进行。

【例题 5.3】　某场地地层情况如下：1.5～10m 为粉砂，10m 以下为黏土，现有一孔径为 120mm 的钻孔钻至黏土层，在钻孔中进行注水试验，初始地下水位为地表下 6.0m；第一次注水试验时钻孔中的稳定水位为地表下 2.4m，常量注水量为 16.0 m^3/d；第二次注水试验时钻孔中的稳定水位为地表下 1.8m，常量注水量为 18.0 m^3/d。问：该地层的渗透系数是多少？

解：参考图 5-18。因 $l/r > 4$，根据式（5-31）得：

第 1 次注水：　$K = \dfrac{0.366Q}{ls}\lg\dfrac{2l}{r} = \dfrac{0.366\times16}{4\times3.6}\times\lg\dfrac{2\times4}{0.06} = 0.864(\text{m/d})$

第 2 次注水：　　　　　　$K=\dfrac{0.366\times18}{4\times4.2}\lg\dfrac{2\times4}{0.06}=0.833(\text{m/d})$

取 2 次注水结果的平均值，为：$K=0.849(\text{m/d})$。

5.5　连　通　试　验

5.5.1　连通试验的目的

连通试验可用来查明岩溶地区以下方面：①岩溶水的运动方向、速度；②地下河系的连通延展、分布情况；③地表水与岩溶水转化关系；④各孤立岩溶水点之间关系。⑤探明岩溶水的流场类型、结构、规模；⑥估算岩溶管道水流的流速、流量、容积、串联地下湖数量等流场参数；⑦求取岩溶水分散流场的岩溶率及渗透系数。

连通试验应在地质调查的基础上，在地质依据已确认有连通性的地段进行，否则容易出现试验失败。

5.5.2　连通试验的种类

根据岩溶通道的形状特征、贯通情况、流量大小、流速快慢以及试验段长度等条件，可选用以下方法：

（1）水位传递法：利用岩溶的天然通道或钻孔进行闸水，放水、堵水、抽水或注水，观察上下游通道及钻孔内水位、水量、水色的变化，以判断其连通性。

（2）对于无水溶洞之间的连通性，可选用烟熏、放烟幕弹或灌水等方法测定。

（3）示踪剂法：也称为示踪连通试验。按照示踪剂的投放点和接收点数量及组合方式，示踪连通试验又细分为以下 4 个亚类：①单点投放—单点接收；②单点投放—多点接收；③多点投放—单点接收；④多点投放—多点接收。

5.5.3　示踪剂的种类

示踪剂的选择关系到示踪连通试验成败，在选用示踪剂时要考虑两个方面因素：首先，使用的示踪剂必须是安全无毒的，对环境没有污染，能在自然环境中自然衰减；其次，示踪剂又要具有足够的稳定性，受环境影响较小，可以溶于水，但又不改变流场中各种水文参数。

示踪剂的种类很多，最早为浮标法，即采用谷糠、锯木屑、油料、黄泥水等做指示剂，现改为可以定量测定浓度的盐类（氯化钠、氯化钾、钼酸铵等）、荧光染料类（食品红、荧光素钠、曙红、罗丹明、钼酸铵）、放射性同位素（氚 H^3、碘 I^{131} 等）。荧光素钠具有易溶于水、廉价、无毒、吸附性很低、很低的检测限（$10^{-3}\mu g/L$）和低背景值等优点，其缺点是在太阳光的照射下易分解；曙红吸附性较低，罗丹明 B 吸附性强，罗丹明 MT 吸附性中等，这三者检测限均为 $10^{-2}\mu g/L$。

早期仅起浮标作用的指示剂只能凭肉眼的观测来判断岩溶管道的连通与否。由于这类指示剂不能作浓度的定量测定，故无法根据其回收率的大小来判断指示剂是否有流失现象，进而无法判断岩溶管道是否中途分叉。后期采用了能定量测定浓度的指示剂后，不仅可判断出岩溶管道是否中途分叉，还可以据试验结果推算出岩溶水管道流的流速、流量、容积等参数，甚至还能根据试验结果求取岩溶水分散流场的岩溶率及渗透系数。

5.5.4　根据示踪剂浓度-时间曲线的峰值特征来了解岩溶管道的结构特征

（1）单管道的浓度-时间曲线。

由于溶质在含水介质中受到水动力弥散作用的影响，因此在理论上，如果投放点到监测点之间只有一条径流通道，则其监测点所观测到的浓度-时间关系曲线应为一单峰曲线，如图 5-19～图 5-21 所示[8]。

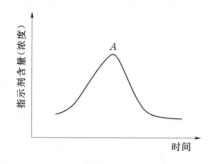

图 5-19　理论上单管道指示剂含量
变化过程曲线

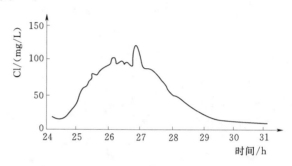

图 5-20　德江小龙阶连通试验中氯离子
浓度变化曲线（摘自梅正星，1988）

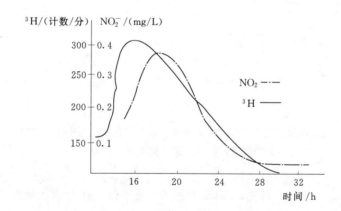

图 5-21　某矿区 1 号井连通试验中氚与亚硝酸浓度变化曲线

（2）单管道带地下湖的浓度-时间曲线。如果地下河管道单一，但管道中间存在地下湖时，示踪剂就会在地下湖中被稀释。如果有多个地下湖，则示踪剂会被多次稀释，结果导致示踪剂的运动时间增长。地下湖除了推迟示踪剂到达接收点的时间外，还使示踪剂的浓度变化曲线的下降段拖得很长，如贵州青坪水库大龙塘—桥下的连通试验中氯离子浓度曲线（图 5-22）。该曲线虽然仅有一个峰值但两翼极不对称，特别是下降段极其平缓，下降曲线延续时间长达 23d 之久，这是由于地下湖体积较大之故[8]。

另一例为四川 202 地质队在川南石屏硫铁矿区对天生桥到黑洞的地下河做的两次连通试验，一次是在雨季的九月［图 5-23（a）］，另一次是在旱季的 11 月［图 5-23（b）］。投放点到接收点距离约 1600m，示踪剂在接收点自从出现至消失时间分别

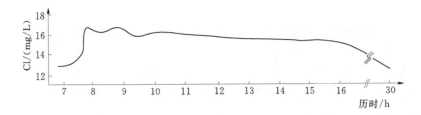

图 5 - 22　贵州青坪水库大龙塘—桥下的连通试验中氯离子
浓度曲线（摘自梅正星，1988）

为 63h（雨季）和 36h（旱季）。

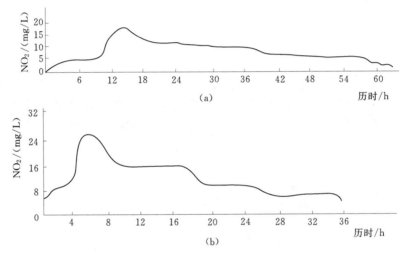

图 5 - 23　川南石屏矿区天生桥—黑洞的连通试验中亚硝酸根
浓度变化曲线（摘自梅正星，1988）
（a）雨季 9 月；（b）旱季 11 月

　　从曲线图 5 - 23（b）可见，下降段中有 3 个平台，这显示了示踪剂（NO_2^-）在管道流动过程中被稀释了 3 次，也间接证明了有 3 个地下湖[8]。

　　（3）多管道的浓度-时间曲线。如果所获得的示踪剂的浓度-时间曲线出现多个峰值，它就表示投放点与接收点之间的联系有多条管道，峰值的数量与管道的数量是对应的。产生多个峰值的原因主要是由于各条支管道长短不一、宽窄大小不一、弯曲情况也不同，导致了示踪剂在管道中运移的时间不一样，到达接收点的时间有差异。

　　根据峰的叠加情况不同，又细分为以下两种的形态[8]：

　　1）连续峰型：其主要特点是后峰大于前峰，这主要是因为是两管道的长度不同或管道中地下水流速不同，使得前一管道中示踪剂还没完全消退，第二个管道中的示踪剂就接着出现，导致第 1 峰的尾部与第 2 峰的头端叠加。如贵州弄热-马路关的连通试验（图 5 - 24）。

　　2）离散峰型：在浓度-曲线关系曲线上，各峰呈间歇性的脉冲状出现，前峰与后

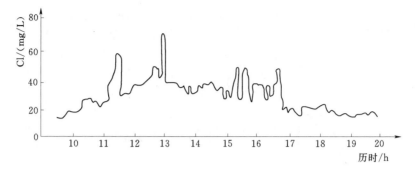

图 5-24 贵州弄热-马路关连通试验中氯离子的浓度
变化曲线（连续峰型）（摘自梅正星，1988）

峰之间不相互叠加，各峰均独立出现。这类曲线主要出现的原因是：由于各管道的长度相差较大，前一个管道内的示踪剂完全流出接收点后，下一个管道内的示踪剂才流到接收点，前后峰不能迭加，故而呈现出各个孤立的峰。如贵州弄热-乌麻河连通试验中氯离子的浓度变化曲线（图 5-25）。

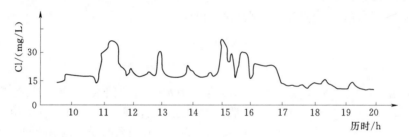

图 5-25 贵州弄热—乌麻河连通试验中氯离子的浓度
变化曲线（离散峰型）（摘自梅正星，1988）

（4）多管道并带有地下湖的浓度-时间曲线[8]。如两个管道中有 1 个管道带有地下湖（图 5-26）时，图中的浓度曲线有两个峰值（表示有两条管道）。第 1 个峰值较高且峰尖，第 2 个峰被削平，在峰尖处出现一个平台，该平台显示出第二支管道穿越地下湖，其示踪剂被稀释了[8]。

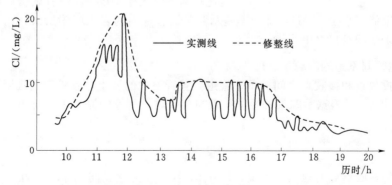

图 5-26 弄热—菜地连通试验中氯离子的浓度变化曲线（摘自梅正星，1988）

如果多条管道中都有地下湖时，示踪剂的浓度-时间曲线就由高低不等的几个平台所组成。如图 5-27 中有三个平台，这表示投放点与接收点间存在的 3 个管道都有地下湖。

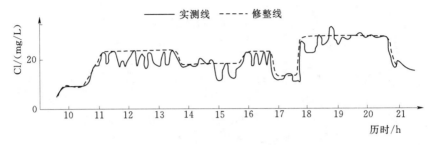

图 5-27　弄热一潭关连通试验中氯离子的浓度变化曲线（摘自梅正星，1988）

（5）放射状通道。若在上游的一处投放，下游的多处接收点均可收到示踪剂，这说明投放点与接收点之间都能贯通，岩溶通道呈放射状[8]。

5.5.5　回收率及其含义

若为一点投放，n 个点接收，则示踪剂的回收率为：

$$\eta = \frac{\sum\limits_{i=1}^{n} A_i Q_i}{W} \times 100\%　\qquad (5-33)$$

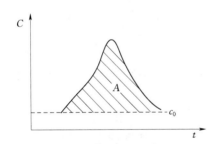

图 5-28　单一接收点浓度-时间
变化曲线

式中：η 为示踪剂的回收率，%；Q_i 为第 i 个接收点处的地下河流量，L/min；A_i 为第 i 个接收点处的浓度-时间关系曲线所包围的阴影面积（图 5-28），mg/(L·min)，可通过作图法求得。

图 5-28 中，c_0 是示踪剂的天然背景值。W 为示踪剂投放的总质量，mg，若示踪剂为 NaCl，需转换成 Cl 的总质量，即 $W_{Cl} = 0.6068 W_{NaCl}$。

鉴于所投放的示踪剂一般都是选择不易被岩土所吸收的种类，所以示踪剂的回收率一般是比较高的（大于 70%）。倘若试验后测算所得的回收率很低（小于 50%），那应不是示踪剂被管道内的岩土吸附所致，而是示踪剂分流到了未知的暗河之中。

5.5.6　地下河流量的测算

如果投放点和接收点之间为单一管道，且管道中的岩土对示踪剂的吸附量很小并可忽略不计时，可根据示踪剂的投放质量与接收质量相等的原理来测算出地下河管道的流量，即：

$$Q = \frac{W}{A}　\qquad (5-34)$$

式中：Q 为接收点处的地下河流量，L/min；W、A 的含义同式（5-33）。

若有 n 个接收点都能接收到示踪剂，则式（5-34）就变成：

$$W = \sum_{i=1}^{n} A_i Q_i \qquad (5-35)$$

式中各量纲的含义同式（5-33）。此时，只有在实测出 $n-1$ 个接收点的流量后，才能推求第 n 个接收点的流量。

5.5.7 根据回收质量判断管道的分叉类型

若上游投放点处的管道流量 q 与下游接收点处的管道流量 Q 均能实测出，并且管道中的岩土对示踪剂的吸附量很小并可忽略不计时，则可以根据两者之间的流量关系和浓度关系来判断管道的分叉情况，如图 5-29 所示[13]。

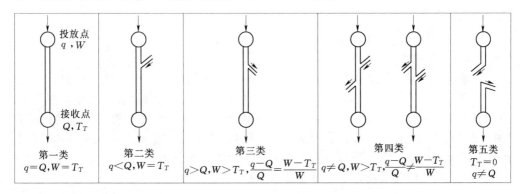

图 5-29　根据回收质量判断管道的分叉类型（据 程亚平，2016）
q—投放点管道水流量；W—投注示踪剂质量；Q—接收点流量；T_T—接收到的示踪剂质量

图 5-29 中，接收点接收的示踪剂质量 T_T 可依据接收点示踪剂的浓度-时间关系曲线所包围的阴影面积 A（图 5-28）求得，即：

$$T_T = AQ \qquad (5-36)$$

式中各量纲的含义同式（5-34）。

5.6　地下水流向和实际流速的测定

5.6.1 根据等水位线图确定

当有等水位线图时，可根据等水位线图来确定地下水的流向和流速，否则应在试验地段布置 3 个钻孔（布置成近等边三角形），揭露地下水，并测量各孔的水位标高，绘制出流网图（图 5-30），然后根据流网图来判断流网内任何一点的地下水流向。三个孔间距一般取 50～150m。

地下水流向的确定：先利用线性插值绘制出等水位线，然后依据均质各向同性介质流网图中流线与等水位线相正交的原理绘制出流线（图 5-30），流线上箭头所指的方向为水位降低的下游方向。

地下水的流速可根据达西定律求得，即[5]：

$$v = KI = K\frac{\Delta H}{L} \qquad (5-37)$$

式中：v 为地下水的渗透流速，m/d；ΔH 为 1♯孔与下游 2♯孔之间的水位差，m；L 为 1♯孔与下游 2♯孔之间的距离，m；K 为含水层的渗透系数，m/d。

地下水的实际流速 u，可用式（5-38）求得：

$$u = v/n_e \qquad (5-38)$$

式中：n_e 为含水介质的有效孔隙率；v 为地下水的渗透流速，m/d。

需要指出的是：利用这种方法求得的地下水实际流速值误差很大，一是因为含水介质的有效孔隙率用的是经验值，而非实测值；二是因为实际含水层的地质条件十分复杂，是非均质、各向异性的。

5.6.2   利用指示剂或示踪剂确定

5.6.2.1   多孔示踪法

根据已有的等水位线图或三点孔资料确定出地下水流向后，即可沿地下水的流向布置 2 个钻孔，如图 5-30 所示。上游 1♯孔为投试剂孔，下游 2♯孔为接收试剂主孔。为了防止指示剂绕过观测孔，可在观测孔两侧 0.5~1.0m 处各布置一个辅助观测孔（图 5-30 中的 3♯孔和 4♯孔）。投剂孔与接收孔之间的距离大小，取决于含水层的透水性，一般细砂为 2.5m，粗砂砾石为 5~10m，透水性很强的裂隙岩层为 10~15m[1,2]。

所投指示剂的类型及方法，可参考表 5-12[4]。

表 5-12   地下水实际流速测定时常用的指示剂种类和检验方法（据杨成田，1981）

方法名称	指 示 剂 的 种 类	检 验 方 法
化学法	氯化钠、氯化钙、氯化铵	在观测孔中定时取样测定
比色法	荧光红、荧光黄（弱碱性水）刚果红、亚甲基蓝苯胺蓝（弱酸性水）	比色法观察浓度
电解法	氯化铵、氯化钠	用电极电路测定地下水的电流值
充电法	氯化钠	在地表测定不同时间等电位线的形状，其椭圆的长轴方向即为流向
放射性法	氚（H^3）、碘（I^{131}），溴（Br^{82}），硫（S^{35}）等	在观测孔中测定出现的时间

最后根据试验观测资料，绘制出观测孔内指示剂随时间的变化曲线（图 5-31）。

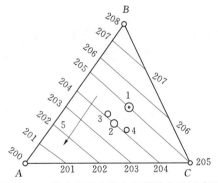

图 5-30   测定地下水流向的钻孔布置示意图

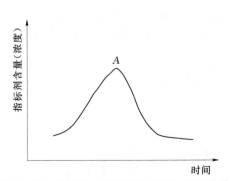

图 5-31   观测孔中指示剂含量变化过程曲线

一般情况下可选用指示剂浓度峰值出现的时间来计算流速，此时所求得的流速为地下水的实际平均流速。如以指示剂在观测孔中刚出现的时间计算，所求得的流速则为最大流速。地下水上述两个流速值均可按式（5-39）求得[1,2]：

$$u = \frac{L}{\Delta T} \tag{5-39}$$

式中：u 为地下水的实际流速，m/h；L 为投剂孔到观测孔的距离，m；ΔT 为指示剂从投剂孔到观测孔所需的时间，h。

5.6.2.2 单孔示踪法

单孔示踪法是指把放射性示踪剂投入到钻孔或测试井中，再用放射性探测器测定该点的流速。常用的示踪剂为以 NaI 为载体的[131]I 放射性同位素（半衰期为 8.07d），它能释放 γ 射线和 β 射线。

（1）流向测定的原理。把放射性示踪剂注入井内待测的深度，随着地下水的天然流动，示踪剂浓度在水流的上下游会产生差异，表现为不同方向的放射性强度产生变化，用流向探测器测得各方向放射性的强度，并将数据传输给地面的计算机。所测强度最大值与最小值方向的连线即为地下水动态流向，强度最大方向即为下游方向。

（2）测定流速的原理是：采用微量的放射性同位素[131]I 标记滤水管中的水柱，标记的地下水柱被流经滤水管的水稀释而浓度淡化，其稀释的速率和地下水渗透速度之间服从下面关系式[2]：

$$V_f = \frac{\beta \pi r_1}{2\alpha t} \ln \frac{N_0}{N} \tag{5-40}$$

式中：V_f 为地下水的渗流速度，m/d；r_1 为滤管的内半径，mm；N_0 为同位素的初始浓度（$t=0$ 时）计数率；N 为 t 时刻同位素的浓度计数率；α 为流场畸变校正系数，由 5-42 式求得；β 为校正系数，由下式求得[2]：

$$\beta = \frac{V - V_T}{V} \tag{5-41}$$

式中：V 为测量水柱的体积，m；V_T 为探头的体积，m³。

根据计算机在不同时刻 t 采集的计数率 N，采用最小二乘法回归分析，即可计算出地下水的渗透速度。

流场畸变校正系数是由于透水层中钻孔的存在而引起在滤水管的附近地下水流场发生畸变而引入的一个参变量。其物理意义是：地下水进入或流出滤水管的两边线，在距离滤水管足够远处，两者平行时的间距与滤水管直径之比。如没有滤水管不填砾料的基岩裸孔，一般取 $\alpha=2$。单孔稀释法在实际应用中的关键是对 α 的确定。对于只有滤水管而没有填料的试验井，其值可以用下式来确定[2]：

$$\alpha = \frac{4}{1 + \left(\dfrac{r_1}{r_2}\right)^2 + \dfrac{k_3}{k_1}\left[1 - \left(\dfrac{r_1}{r_2}\right)^2\right]} \tag{5-42}$$

式中：k_1 为滤水管的渗透系数；k_3 为含水层的渗透系数；r_1 为滤水管的内半径；r_2 为滤水管的外半径。

当采用只有滤水管而没有填料的井孔时，也可选用经验公式进行近似估计：

$$V_f = 0.1n \qquad\qquad (5-43)$$

式中：n 为滤网的空隙率，%；V_f 为地下水的渗流速度，m/d。

5.6.3　自然电场法

自然电场法只能确定地下水的流向，不能用于确定地下水的流速。

地下水通过岩层中的孔隙、裂隙、管道渗透或流动时，由于岩层中颗粒的吸附作用，使流动水溶液中的正负离子发生变化而形成自然电场（或称过滤电场）。自然电场法是通过观测研究自然电场的分布规律来解决地质问题的方法。由于自然电场电流场强度小，电极极化等原因，测量电极需用不极化电极。

自然电场法按观测方法又分为电位法和电位梯度法。测定地下水流向需用电位梯度法。

电位梯度法是测量相邻两个测点之间电位梯度的方法。常用"8"字形法（又称环形电位梯度法）。其原理是：根据过滤电场的原理，在地下水流动方向上两测点间的电位差最大，而在垂直流向的方向上，两测点间的电位差最小，甚至为零，在其他方向则为过渡状态[5]。

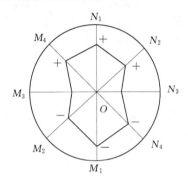

图 5-32　"8"字形电位梯度观测法

具体做法是：以测点 O 为中心，布置夹角为 45°的辐射状测网，分别测量等距的 M_1N_1、M_2N_2、M_3N_3、M_4N_4 的电位差 ΔU_{MN}，然后将所测得的点位差按一定比例尺表示在所测的方向线上，各端点连线起来，成为"8"字形异常图（又称环形图），如图 5-32 所示。显然"8"字形长轴为地下水流的方向。此外还可根据电位差的符号来判断地下水的流向（地下水流入方向为高电位，背着水流方向为低电位）。图 5-32 显示的地下水流向为 $M_1 \rightarrow N_1$ [5]。

电位梯度法只有当地下水位埋藏较浅、流速足够大，并有一定矿化度时才取得良好效果。利用电位梯度法可判定岩溶管道中的地下水流向，还可判定滑坡体内地下水的活动情况[5]。

5.6.4　充电法

利用充电法测定地下水的流速和流向在我国水利工程建设中已被广泛应用，多年来的实践证明，它比其他方法简单，只要测区内有民用井或钻孔就可以进行，也不用什么复杂的设备，只需一部自制的简易电位计和 20kg 左右的食盐即可施测。一般施测只需 12 小时（流速较大地区 6～8h）即可。

具体做法是：将供电电极 A 放到井下含水层的位置，B 极放在井上距井口足够远（一般为 A 至井口距离的 20～50 倍）的任意方向上，N 极大致放在地下水上游方向固定，其距井口距离等于 A 极到地表的距离（井有套管时为 A 极到地表的距离的 2～3 倍）。供电后地下水充电，地下水周围岩层中就分布有电场，以井口为中心呈放射状移动 M 极测量相同各点的电位，并连成等位线，这时的等位线大致呈圆形。然后向井中注入食盐水，再测量等电位线，此时，等电位线在水流方向上会由原来的圆形变成椭圆形，等位线的移动方向即为地下水流方向。中心点的移动速度为地下水流速之半，如图 5-33 所示[5]。

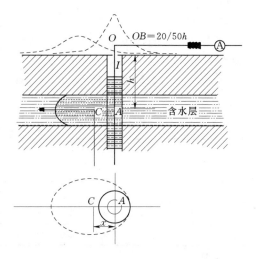

地下水流速的计算式[5]：

$$u = \frac{2x}{t} \qquad (5-44)$$

式中：u 为地下水的流速，m/h；t 为加盐后到测量时的间隔时间，h；x 为等电位线中心点的移动距离（图 5-33），m。

用充电法测定地下水的流速、流向的适用条件是：①含水层深度小于 50m，流速大于 1m/d；②地下水的矿化程度微弱（$\rho > 15\Omega \cdot m$），围岩的电阻率较大（$\rho \geqslant 50\Omega \cdot m$），电性较均匀；③钻孔没有套管，含水层上部无高阻屏蔽层；④地形较平坦。

图 5-33　利用充电法测定地下水流向流速
（摘自《工程地质手册》第四版）

利用充电法测定地下水的流速流向时要注意以下几点：

（1）水井（钻孔）的选择：必须选择富有代表性的井孔，同时还要注意含水层的岩性是否均匀。井的直径也应当选择最小的，以减少食盐的消耗量。

（2）电极距的选择：供电电极 A 和食盐袋应放在含水层的中部和井（孔）中心，如果选用的钻孔有套管时，必须加大 ON 的距离，但也不宜过大，如果大于或等于 OA 的 3 倍时，由溶液产生的电场也将大大衰减，就会影响资料的精度。一般距离等于 2～2.5 倍的 OA 的深度就能得到圆满的结果。

（3）为了正确确定地下水的流向，可在观测第 2 次以后应在反应异常的方向上增加测线 2～4 条，以便找出最大突出点。

（4）大致确定测区的含水层岩性以后，应掌握观测时间。观测时间和含水层的颗粒粗细成反比。为了证实资料的准确性，放盐后要观测 2～3 次。

（5）在冬季或水温较低的地区做充电法时，最好先把一部分食盐（5kg），用温水溶解后再注入井内，这样可以节省观测时间。测区内冻土层较厚（超过 1m）时，可以根据含水层的岩性，大致定出测量时的 M 极所在的位置，进行小爆破揭开冻土层，这样可以提高工作效率。

（6）在有自流井分布的地区测定地下水流速和流向时，必须把井管加高，使套管高出静水位后才能放入食盐，否则食盐溶液将随水流出注盐井外。

（7）在淡水和流速较大地区，等电位线的变化较为明显；而在地下水流停滞区等电位线不明显，放盐后所测得的等电位线为一近似等半径的圆。

（8）放在井中的盐袋不要等食盐全部溶解后再加，应不断增加食盐。在盐添加时还可观测食盐的消耗量的变化。

（9）当工作区只有一个含水层时，可得单一解。如有两个以上含水层时，应分层测定。

练习题

某勘察场地的地下水为潜水，布置 K_1、K_2、K_3 三个观测孔，同时观测稳定水位埋深，分别为 2.70m、3.10m、2.30m。观测孔坐标和高度数据如表 5-13 所示。地下水流向的选项是哪一个？（　　）

　　(A) 45°　　　　　(B) 135°　　　　　(C) 225°　　　　　(D) 315°

表 5-13　　　　　　　　　　　　　各孔的坐标值

孔号	坐标		孔口标高 /m
	X/m	Y/m	
K_1	25818.00	29705.00	12.70
K_2	25818.00	29755.00	15.60
K_3	25868.00	29705.00	9.8

5.7　弥　散　试　验

弥散试验的主要目的是求得水动力弥散系数，弥散试验分室内和室外两种。迄今很多学者都研究发现室内测定的弥散参数远小于室外测定的值，有些甚至小几个数量级，其原因主要是室内试验一般使用的是均质材料，而野外试验则地层结构复杂，大多是非均匀且各向异性介质，因此室内试验不能完全代表野外弥散试验的情况。故本节只介绍野外二维弥散试验及其解析解问题。三维问题需要用数值模拟来求解，在此不做讨论。

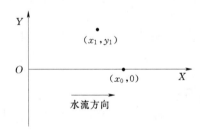

图 5-34　一维水流动、二维水动力
弥散坐标示意图

为了在野外能用最简便的方法获得水动力弥散系数，一般都把试验设计成一维稳定流场中瞬时注入示踪剂的二维弥散试验。下面围绕此问题的解析解进行讨论。

5.7.1　数学模型及解析解

设在含水层的 xy 平面上，存在达西流速的一维流动。X 轴方向与流速方向一致（图 5-34）。当 $t=0$ 时刻，在原点处（0，0）的一投放井向单位厚度含水层中瞬时注入质量为 m 的示踪剂。这一问题的模型数学为[10]：

$$\begin{cases} \dfrac{\partial C}{\partial t} = D_L \dfrac{\partial^2 C}{\partial x^2} + D_T \dfrac{\partial^2 C}{\partial y^2} - u\dfrac{\partial C}{\partial x} & (x,y) \in \Omega, t \geqslant 0 \\ C(x,y,t) = 0 & x,y \neq 0, t = 0 \\ C(+\infty,y,t) = C(x,+\infty,t) = 0 & t \geqslant 0 \\ \displaystyle\iint\limits_{-\infty}^{+\infty}\!\!\!\!\int n_e C \mathrm{d}x\mathrm{d}y = m & t \geqslant 0 \end{cases} \quad (5-45)$$

式中：t 为示踪剂投放后的某时刻，h；$C(x,y,t)$ 为在 t 时刻，在（x，y）处减去背景值后的示踪剂的浓度；g/L；u 为地下水的实际流速，m/h，可通过观测数据反求参数得到。D_L 为纵向弥散系数，m²/h；D_T 为横向弥散系数，m²/h；n_e 为含水介质的有效孔隙度，无量纲，可通过反求参数获得。m 为单位厚度含水层上瞬时注入的示踪剂的质量（即等于示踪剂的投放质量除以含水层厚度），kg/m。

上述一维稳定流场中瞬时注入示踪剂的二维弥散问题的解为[10]：

$$C(x,y,t)=\frac{m/n_e}{4\pi t\sqrt{D_L D_T}}\exp\left\{-\frac{(x-ut)^2}{4D_L t}-\frac{y^2}{4D_T t}\right\} \tag{5-46}$$

5.7.2　试验方法

（1）流速场的选择。通常采用的流速场有三种，分别是天然流场、人工流场和混合流场。若试验场区内地下水流向稳定，流速均匀，且水力坡降较理想，则可采用天然流场；若不具备以上条件，可采用人工流场；若人工流场流速较小，天然流速不可忽略时，则变成了混合流场[10]。

（2）试验井的部署。如果是利用天然流场，需事先根据等水位线图确定地下水流方向（方法如图 5-30 所示），然后在地下水流的方向上（x 轴上）布置至少 1 个观测井，此外还需在 x 轴外布置至少 1 个观测孔。由于示踪剂晕沿地下水流方向（x 方向）的扩散范围远大于与流向的垂直方向（y 方向），故侧面监测井应该在与 x 轴夹角呈 7°～8°方向上布置，如图 5-35 所示[10]。投剂孔与观测孔之间的距离大小，取决于含水层的透水性，一般细砂为 2.5m，粗砂砾石为 5～10m。如果是利用人工流场，则图 5-34 中箭头则指向抽水孔方向。

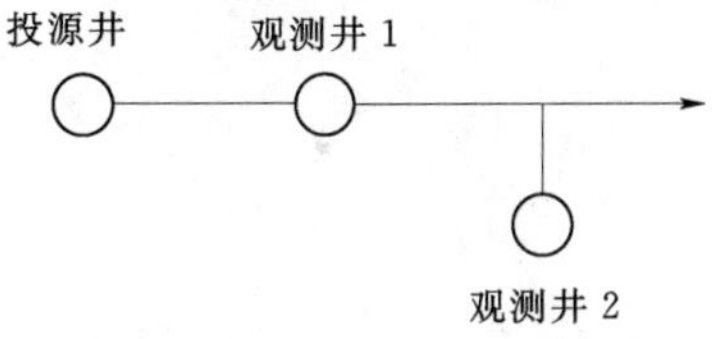

图 5-35　试验中井孔布置建议图

（3）示踪剂的种类选择。示踪剂要选择无毒、不易被含水介质吸附的种类。一般选择以 NaI 为载体的 I¹³¹ 放射性同位素，因为 I¹³¹ 能释放 β 和 γ 射线，可用闪烁探测器监测。选择 I¹³¹ 为示踪剂时，为了减少含水介质对 I¹³¹ 的吸附，需在 NaI¹³¹ 中掺入大量的含有常规同位素的 NaI¹²⁷。示踪剂也可以选用氯化钠，不仅因为 Cl 不易被含水介质所吸附、试剂成本低、对人畜无害，更重要的是盐水能用电导率仪器监测，免去取井水样作检测的麻烦。

（4）示踪剂的投放。先用足够的井水完全溶解示踪剂，且一定要把含有示踪剂的溶液投放到目的层中。投放时刻开始计时，定时取样监测（或探头探测）观测井中示踪剂的浓度[10]。

5.7.3　求参方法

目前，确定二维地下水动力弥散参数的方法有直线图解法、逐点求参法、标准曲线配线法等等。限于篇幅，在此只介绍前 2 种。

5.7.3.1　逐点求参法

对于一维稳定流场瞬时注入示踪剂的二维弥散试验，其弥散系数可按下两式求得[10]：

$$D_L = \frac{(t_1 - t_2)(x^2 - u^2 t_1 t_2)}{4 t_1 t_2 \ln\left(\dfrac{C_1 t_1}{C_2 t_2}\right)} \tag{5-47}$$

$$D_T = \left\{ \frac{m}{2\pi n_e C_1 t_1 \sqrt{D_L}} \exp\left[-\frac{(x - u t_1)^2}{4 D_L t_1}\right] \right\}^2 \tag{5-48}$$

式中：u 为地下水的实际流速，m/h；C_1 为 t_1 时刻减去背景值后的示踪剂的浓度，g/L；C_2 为 t_2 时刻减去背景值后的示踪剂的浓度，g/L。

资料整理时，利用 2 个时刻 t_1、t_2 及其所对应的浓度 C_1、C_2 的值，先按式（5-47）求得 D_L，然后再用式（5-48）求得 D_T。

5.7.3.2　直线图解法

在图 5-34 中，当监测孔位于 x 轴上，其坐标为 $(x_0, 0)$，把 $x = x_0$ 及 $y = 0$ 代入式（5-46）中，则式（5-46）就简化为下式[11]：

$$C(x_0, 0, t) = \frac{m/n_e}{4\pi t \sqrt{D_L D_T}} \exp\left[-\frac{(x_0 - ut)^2}{4 D_L t}\right] \tag{5-49}$$

为了利用 $(x_0, 0)$ 监测孔上的监测数据来反求式（5-49）中的参数，郭建青等人（2011）推导出以下线性方程[11]：

$$Y_{0i} = A_0 + B_0 X_{0i} \tag{5-50}$$

其中

$$A_0 = -\frac{x_0^2}{4 D_L} \tag{5-51}$$

$$B_0 = -\frac{u_0^2}{4 D_L} \tag{5-52}$$

$$Y_{0i} = \frac{\ln(c_{0i} t_i) - F_0}{1/t_i - G_0} \tag{5-53}$$

$$X_{0i} = \frac{t_i - H_0}{1/t_i - G_0} \tag{5-54}$$

式（5-53）及式（5-54）中，$G_0 = \dfrac{1}{n} \sum_{i=1}^{n} \dfrac{1}{t_i}$ （5-55）

$$H_0 = \frac{1}{n} \sum_{i=1}^{n} t_i \tag{5-56}$$

$$F_0 = \frac{1}{n} \sum_{i=1}^{n} \ln(c_{0i} t_i) \tag{5-57}$$

可利用作图法来求解式（5-50）。因为在以 Y_0 为纵坐标轴、X_0 为横坐标轴的体系中，式（5-50）是一条直线。考察式（5-53）、式（5-54）可发现，Y_{0i} 和 X_{0i} 均为试验中观测的数据函数，而常数项 A_0 和 B_0 则含有欲求的纵向弥散系数 D_L 和地下水流速 u。只要通过作图求得方程式（5-50）后，即可由式（5-58）和式（5-59）算出 D_L 和地下水流速 u 的值。即[11]：

由式（5-51）得
$$D_L = -\frac{x_0^2}{4 A_0} \tag{5-58}$$

由式（5-52）得
$$u = \sqrt{-4 B_0 D_L} \tag{5-59}$$

仅利用 $(x_0, 0)$ 监测孔上的监测数据还不能求得横向弥散系数 D_T，需用不在 x 轴上的监测孔的监测数据才能求出。假设监测孔的位置为 (x_1, y_1)，把 $x = x_1$，$y = y_1$ 代入式（5 - 46）得[11]：

$$C(x_1, y_1, t) = \frac{m/n_e}{4\pi t \sqrt{D_L D_T}} \exp\left[-\frac{(x_1 - ut)^2}{4D_L t} - \frac{y_1^2}{4D_T t}\right] \quad (5-60)$$

为了利用 (x_1, y_1) 监测孔上的监测数据来反求式（5 - 60）中的参数，郭建青等人（2011）又推导出以下线性方程[11]：

$$Y_{1i} = A_1 + B_1 X_{1i} \quad (5-61)$$

其中

$$Y_{1i} = t_i \ln(c_{1i} t_i) + \frac{(x_1 - u t_i)^2}{4D_L} \quad (5-62)$$

$$X_{1i} = t_i \quad (5-63)$$

$$A_1 = -\frac{y_1^2}{4D_T} \quad (5-64)$$

$$B_1 = \ln \frac{m/n_e}{4\pi \sqrt{D_L D_T}} \quad (5-65)$$

显然，可由式（5 - 64）求得 D_T，即：

$$D_T = -\frac{y_1^2}{4A_1} \quad (5-66)$$

还可由式（5 - 65）求得有效孔隙率，即：

$$n_e = \frac{m}{4\pi \exp(B_1) \sqrt{D_T D_L}} \quad (5-67)$$

直线图解法求参的思路是：先用位于 x 轴的观测孔来求出纵向弥散系数 D_L 和地下水流速 u，再利用不位于 x 轴上的观测孔的观测数据来求出横向弥散系数 D_T 和有效孔隙率 n_e。具体步骤详见下述算例的求解过程。

【例题 5.4】 某场地弥散试验中，含水层厚度 10m，投放试剂 20kg，表 5 - 14 中列出了 0 号孔与 1 号孔中示踪剂的浓度随时间的变化过程。现采用直线图解法求出纵向弥散系数 D_L、横向弥散系数 D_T、地下水实际流速 u 及有效孔隙率 n_e。

表 5 - 14 观测孔的观测数据及计算中间数据（摘自郭建青，2011）

t/h	0 号观测孔(6m,0m)			1 号观测孔(4m,3m)		
	$C_0/(g/L)$	Y_0	X_0	$C_1/(g/L)$	Y_1	X_1
2	0.241	-3.72646	-21.09165	0.0038	-8.75691	2
3	0.56	0.56507	-38.28973	0.0256	-7.44807	3
4	0.693	9.27239	-73.10871	0.0534	-6.1746	4
5	0.677	60.6195	-278.6378	0.0714	-4.90252	5
6	0.593	-40.80904	127.36773	0.077	-3.63884	6
8	0.393	-11.42632	9.66495	0.0661	-1.11195	8
10	0.239	-4.99705	-16.07717	0.047	1.42249	10

t/h	0 号观测孔(6m,0m)			1 号观测孔(4m,3m)		
	$C_0/(g/L)$	Y_0	X_0	$C_1/(g/L)$	Y_1	X_1
12	0.140	-0.79659	-32.77214	0.0306	3.93464	12
16	0.0466	5.85741	-59.39958	0.0116	8.96826	16
20	0.0154	11.77273	-83.16312	0.00413	13.98435	20

解：先用 0 号孔观测数据求参：

（1）用式（5-55）～式（5-57）分别求得 $G_0=0.1871$，$H_0=8.60$ 和 $F_0=0.43614$。

（2）用式（5-53）、式（5-54）计算对应于不同观测时间 t_i 的 Y_{0i}、X_{0i}，结果列于表 5-14 中。

（3）利用一元线性回归法计算直线方程式（5-50）中的常数 $A_0=-9.00$，$B_0=-0.24984$。具体算法可参考本书的附录 3。

（4）利用式（5-58）、式（5-59）分别求得纵向弥散系数 $D_L=1.00\text{m}^2/\text{h}$，地下水流速 $u=1.00\text{m/h}$。再用 1 号孔的观测数据继续求参。

（5）利用式（5-62）计算对应于 t_i 的 Y_{1i}，并令 $X_{1i}=t_i$。结果列于表 5-14 中。

（6）利用一元线性回归法求得直线方程式（5-61）中的常数 $A_1=-11.22738$ 和 $B_1=1.26222$。

（7）因 $m=20/10=2.0\text{kg/m}$，利用式（5-66）、式（5-67）分别算出横向弥散系数 $D_T=0.200\text{m}^2/\text{h}$，有效孔隙率 $n_e=0.101$。

【讨论】　从［例题 5.4］计算结果可发现，利用弥散试验反求所得的地下水平均流速 u 与直接利用式（5-39）来计算的结果并不一致。若用示踪剂浓度的峰值在 0 号孔出现的时间（即 4h）来计算地下水平均流速 u，由式（5-39）得：

$$u=\frac{L}{\Delta T}=\frac{6.0\text{m}}{4\text{h}}=1.5(\text{m/h})$$

此结果为何与上述算例的结果不同？这主要因为受实际含水介质非均值各向异性的影响所致。本例 0 号观测孔测定得到的示踪剂浓度-时间关系曲线并不对称（峰值前 4 小时，而峰值后超过 16 小时，曲线两翼严重不对称），所求得的平均流速（$u=1.00\text{m/h}$）其实代表了能到达 0 号孔的所有示踪剂微粒的平均速度值。可见，利用弥散试验所求得的地下水平均流速值更为精确。而式（5-39）只有在观测孔中的示踪剂浓度-时间关系曲线呈正态分布曲线时才能得到准确的结果。

由此可见，通过野外弥散试验不仅能求出比较准确的、能反映真实情况的水动力弥散系数 D_L 及 D_T，还能求得较为准确的地下水流速 u 及有效孔隙率 n_e，这是其他水文地质试验无法比拟的优点。不过由于式（5-45）并未考虑示踪剂被含水介质吸附，而是假定所投放的示踪剂全部能在含水层中迁移和弥散，因此，用于计算效孔隙率的 m 值偏大［见式（5-67）］，引起所求得的 n_e 值偏大。示踪剂被含水介质吸附量越多，n_e 值偏大越严重。

参 考 文 献

［1］ 房佩贤，卫中鼎，廖资生. 专门水文地质学［M］. 北京：地质出版社，1987.

［2］ 史长春. 水文地质勘察（上册）［M］. 北京：水利电力出版社，1983.

［3］ 中华人民共和国标准. GB 50027—2001 供水水文地质勘察规范［S］. 北京：中国计划出版社，2001.

［4］ 杨成田. 专门水文地质学［M］. 北京：地质出版社，1981.

［5］ 工程地质手册编写委员会. 工程地质手册［M］. 4 版，北京：中国建筑工业出版社，2007.

［6］ 中华人民共和国水利行业标准. SL 31—2003 水利水电工程钻孔压水试验规程［S］. 北京：中国水利水电出版社，2003.

［7］ 中华人民共和国水利行业标准. SL 55—2005 水利水电工程地质勘察规范［S］. 北京：中国水利水电出版社，2005.

［8］ 梅正星. 地下水连通试验资料的整理和分析［J］. 水利水电技术，1988（01）：10 - 16.

［9］ 中华人民共和国水利行业标准. SL 345—2007 水利水电工程注水试验规程［S］. 北京：中国水利水电出版社，2008.

［10］ 曹剑峰，迟宝明，王文科，等. 专门水文地质学［M］. 3 版. 北京：科学出版社，2007.

［11］ 郭建青，周宏飞，王洪胜. 分析二维水动力弥散试验数据的改进直线解析法［J］. 勘察科学技术，2011，(1)：14 - 17.

［12］ 程亚平，陈余道. 岩溶地下河定量示踪研究方法综述［J］. 桂林理工大学学报，2016，36(2)：242 - 246.

第 6 章

地下水动态与均衡

含水层（含水系统）经常与环境发生物质、能量与信息的交换，时刻处于变化之中。在与环境相互作用下，含水层的各要素（如水位、水量、水化学成分、水温等）随时间发生的变化，称作地下水动态。某一时间段内某一地段内地下水水量（盐量、热量、能量）的收支状况称作地下水均衡[1]。

地下水动态与均衡的研究，对发展水文地质的基本理论和解决生产实际问题都有着重要意义。没有地下水动态与均衡的研究就不能全面和深入地阐明研究区的水文地质条件，也不能可靠地评价研究区的水质和水量。因此，在各种目的的水文地质勘探中，都规定进行一定时期的地下水长期观测，以便进行地下水动态与均衡的研究。勘探阶段越详细，长期观测工作量越大，要求的精确度越高。

地下水动态与均衡的研究可用于以下方面[2]：①确定含水层参数、补给强度、越流因素、边界性质及水力联系等；②评价地下水资源，尤其是对大区域和一些岩溶地区的水资源评价主要是用水均衡法；③预报水源地的水位，调整开采方案和变更管理制度，拟定新水源地的管理措施及对措施未来效果的评价；④对土壤次生盐渍化及沼泽化、矿坑涌水水源及突水、水库迴水的浸没、地下水污染等各方面进行监测与预测，以及拟定相应防治措施和效果评价；⑤预报地震。

此外，地下水动态均衡的研究还用于地下水动力学、水文地球化学等方面基本理论的研究和验证[2]。

近年来，国内外对地下水动态均衡的研究都很重视，发展迅速。中国的全国动态观测网已初步建成，开始了正规长期观测，水均衡方法也得到了广泛应用。许多国家都设有全国性或大区域的长期观测网，积累了数十年或更长时间的观测资料，已取得了许多研究成果[2]。

6.1 地下水动态的影响因素及其成因类型

6.1.1 影响地下水动态的因素

分析和研究地下水的动态观测资料，首先就必须了解地下水动态在不同时间和空间发生变化的原因所在，即要深入探讨影响地下水动态的各种因素[2-4]。

影响地下水动态的因素可以分为两大类：天然因素和人为因素。天然因素中包括气象、水文、地质、土壤、生物及天文等因素。其中，天文因素主要是指来自太阳系的影响。

影响地下水动态的因素虽然很多，但实际上有些影响因素居次要地位，通常只起辅助作用。例如土壤、生物因素就是如此，其中土壤仅对潜水动态有少量的影响，主要表现在改变潜水的化学成分上。气象、水文因素是影响潜水动态形成的主要因素。地质因素的影响是经常的，但其变化一般甚为缓慢，对潜水动态的形成来说，它被看作为一种校正因素。对深层承压水来说，气象、水文因素对其动态形成的影响大为减弱，而地质因素的作用则显著增强。

一些天然因素呈周期性变化（昼夜的、年的及多年的变化周期）。昼夜变化主要是与一天内的气象与水文因素的变化有关；年变化是与地球的气候带及一年内气象要素的周期性变化有关；多年变化是与太阳黑子的周期性变化有关。在它们的综合作用下，地下水动态也就有昼夜的、季节的（年的）及多年的（世纪的）变化规律。但另外一些自然现象和作用则具有非周期性的变化，例如暴雨、地震、火山喷发等。人为因素也不具有周期性，往往促使地下水发生一些突发性的变化[2-4]。

1. 气象因素

气候类型很多，而且它们在地球的各个区域内很大程度上是稳定的，很少随时间变化，而且在该气候类型存在的时期内是单一趋向的。相反，气象因素本身则变化迅速，并且具有某种周期性，能够引起地下水动态的迅速的和多为波状的变化[2-4]。

气象因素按波长和幅度的大小可分为多年的、一年的和昼夜的周期。多年的周期有 3 年、11 年、35 年、77 年、110～120 年和 1800～2000 年的周期。一年的周期表现为各种气象要素随季节呈周期性变化；大约为 11 年的周期是和太阳黑子数目的周期性有关，因为太阳黑子的周期性影响着太阳的辐射强度、气温、雨量和大气压力，这也就造成了地下水位呈多年周期性变动[2-4]。

影响地下水动态年变化的气象因素主要包括大气降水、蒸发、蒸腾、温度、气压等。它对地下水，特别是潜水动态的影响主要是由大气降水与蒸发这两项气象要素来体现。但是，大气降水的数量多寡，并不能准确地指示出地下水面的变化。在假定每年排泄条件不变的情况下，由降水强度、蒸发及地表水流分配所决定的大气降水渗入量才是它的支配因素。

2. 水文因素

湖泊、河流、海洋等地表水体常与地下水之间常有密切的水力联系，这种水力联系首先表现在地表水位变动影响并改变地下水的水位。地表水与地下水的相互补给关系自然也会引起地下水的物理性质与化学成分的变化[2-4]。

靠近地表水体的地下水（主要是潜水），其水位的动态变化受地表水的影响很大。如近岸地带的潜水水位是随地表水位的变化而变化的，并且距离越近，变化幅度越大，其潜水位落后于地表水位的变化时间也越短。

水文因素本身又直接受气象因素的作用，表现出日变化、季节性、一年和多年的变化周期；但由于每个地表水体的具体形成条件不同，其周期特征亦各不相同，其中对地表水动态影响最大的是其补给源的性质和汇水条件的特征。例如由雪水和雨水补给的地表水，其动态特征就很不一样。因此，在研究地下水动态特征之前，必须先研究与之有水力联系的地表水体本身的动态变化规律[2-4]。

3. 地质因素

地质因素包括地层、岩性、构造、地貌等，它们对地下水动态的影响反映于地下水动态的形成特征方面。例如同一气象条件下，由于地貌、地质条件的不同，地下水的补给、径流、排泄条件就发生明显差异。如岩溶区地下水的补给和排泄就与非岩溶区发生很大的差别；山区的地下水补排条件就与平原地区有很大的不同[2-4]。

地质因素造成的变化虽很缓慢，但如研究长时期内的地下水动态时，便可观察出这种变化。例如，造陆运动逐渐改变了水系侵蚀基准面的标高，进而使地下水动态发生相应变化。

地球内热对深层地下水动态的形成具有重要意义。在地面一定深度以下，内热导致地下水产生缓慢的蒸发作用，从而导致地下水化学成分、密度、水位及水量等要素的相应变化。

在偶然的地质因素中，地震对地下水动态有明显影响，它对地下水的水动力动态、热动态、化学成分动态以及埋藏条件等都可能产生极大改变，如井水位迅速升降、泉的排泄条件改变、出现新的泉水露头等[2-4]。

4. 土壤因素

土壤对潜水的影响主要表现在对潜水化学成分的改变方面。潜水埋藏越浅，这种影响就越显著。在温暖湿润的地区，一般是土壤覆盖层中的物质被冲刷进入潜水中；但在干旱地区，通常却是因为潜水位上升，土壤覆盖层的盐分增加，形成土壤盐渍化[2-4]。

5. 生物因素

主要包括植物的蒸腾作用与微生物群的生物化学作用[2-4]。

（1）植物的蒸腾作用。会引起埋藏不深的潜水水位、水量和化学成分发生季节性的和多年的周期性变化，潜水埋藏越浅，这种影响也越明显。蒸腾的强度不仅因气候条件而异，也与植物的种类和年龄以及土壤的湿润程度有关。

（2）微生物群的生物化学作用。细菌包括硝化细菌、硫化细菌、磷化细菌、铁化细菌、脱硫细菌、脱硝细菌等，其中每种细菌的生存发育环境都是特定的（特定的 Eh 值、特定的 pH 值、特定的温度等）。当环境变化时，细菌的作用也发生改变，地下水化学成分也随之发生相应改变。在富含有机质的地层中（如沥青质地层、含油地层、煤层等）这种作用最为广泛和显著[2-4]。

6. 人为因素

人类对地下水动态影响主要表现为两方面：①通过各种取水构筑物（井、钻孔等）和各种排水工程（包括矿山排水）来降低地下水位；②通过人工补给、灌溉、修建水库等对地下水进行补给，抬高地下位[2-4]。

人为因素的改变，还可破坏天然条件下地下水动态周期性的变化趋势。而人为因素造成的外部荷载的变化也可对地下水的动态发生暂时性变化。例如，当火车通过时，铁路附近水井中的水位会发生暂时性波动。

6.1.2　地下水动态的成因类型

地下水动态成因类型的划分问题是一个很复杂的问题，尽管早自 20 世纪 30 年代就有人探讨过这个问题，后来有不少学者提出了不同的分类方案，但至今仍未得到完善的解决。我们认为地下水动态类型应主要根据其影响因素来划分，因此本书根据地下水的影响因素及前人的研究成果，把地下水动态成因类型归纳为四大类（表 6 - 1）[2-4]。

表 6 - 1　　　　　　　　　　地下水动态的成因类型及其主要特征

地下水动态成因类型		主　要　特　征
气象因素控制型	降水入渗型	分布广泛，地下水位埋藏深，包气带岩石的透水性好；地下水位及其他动态要素，均随着降水量的变化而变化；水位的峰值与降雨的峰值一致或稍滞后；年内地下水位变幅大，季节性变化十分明显
	蒸发型	主要分布于干旱、半干旱的平原区；地下水位埋藏浅（3m 之内），地下径流滞缓；地下水位随蒸发量的加大有明显的下降，并随着干旱季节的延长而缓慢下降；地下水位的年变幅小（一般小于 2～3m）
	冻结型	分布于有多年冻土层的高纬度地区或高寒山区，冻结层下水年内水位变化平缓，变幅不大，水位峰值稍滞后于降水峰值，或水位峰值不明显；冻结层上水水位起伏明显，出现与融冻期和雨期对应的两个峰值
	沙漠型	分布于蒸发量极大、降雨量极小的地区；地下水位埋藏深，含盐量大；人工开采量和蒸发量均很少，地下水位季节性及年内变幅均小
水文因素控制型	沿岸型	主要分布于河、渠、水库、湖泊等地表水体的沿岸或河谷中；地表水位高于地下水位，对地下水产生补作用；地下水位随地表水位的升高而升高，地下水的补给量随河水的流量和过流时间的延长而增大，地下水位的峰值和起伏程度随远离地表水体而逐渐减弱
地质因素控制型	越流型	分布在垂直方向上有含水层与弱透水层相间的地区；当某一含水层的水位低于其相邻含水层时，相邻含水层中的地下水就越流补给开采层；相反，当上部含水层获得补给而水位上升时，其中的地下水也会通过越流补给下伏含水层；地下水的动态与相邻含水层的关系密切
	岩溶型	分布于岩溶发育的地区；地下水动态变化迅速；降雨时，地下水通过落水洞、岩溶管道获得灌入式补给；从峰林平原补给区到排泄区水位抬升通常在降雨开始后 1～3 天渐次开始；地下水位相对降水的滞后时间很短，补给区仅 1 天，径流区 1～2 天，排泄区 3 天左右；水位急剧抬升多数在 3～5 天内完成；地下水位过程曲线上升支很陡，下降支相对平缓
人为因素控制型	开采型	主要分布于地下水开采强烈的地区；地下水的动态要素主要随开采量的变化而变化，当开采量大于地下水的年补给量时，地下水位出现逐渐下降
	灌溉型	分布于引入外来水源的灌区；包气带土层有一定的渗透性，地下水位埋深不大；地下水位明显地随着灌溉期的到来而上升，年内高水位期与灌溉期吻合

6.1.3　南方岩溶区地下水的动态成因类型及变化规律

6.1.3.1　地下水的动态成因类型

以广西平果县为例。该县城的西部为碳酸盐岩组成的裸露型岩溶区，地下岩溶管道十分发育，降雨对地下水动态直接影响很明显，不过，因地貌和岩性上的差异，不同空间位置上的地下水位、水量动态随降雨的变化程度有很大的差别，地下水动态随降雨的变化呈现出"峰丛洼地比峰林谷地的明显、峰林谷地比平原区显著"的规律。

根据统计资料（表6-2），峰丛洼地的地下水动态变化较大，丰水期时，有可能出现地下水溢出地表，而在枯水期，地下水埋藏很深，最大埋藏竟达80m以上。峰林谷地的水位埋藏变化较少一些，年最大变幅最多只有17.19m；变化最小的是孤峰残丘平原，年变幅一般不超过10m[11]。

表6-2　　　　　　　　广西平果县西部地下水动态变化综合统计表

地　貌	岩组组合	水位埋深/m	泉、地下河流量/(L/s)	说　明
峰丛洼地	石灰岩组	0~<10	0.1~20	以研究区中部的泉域峰丛山区为典型代表，统计其天窗、溶井、溶潭的年水位埋深的变化，以及个别下降泉及溶潭天窗的水量变化。其水位、水量变化在50~80倍
		0~>50	1~50	
		0~>70	12~200	
		0~>80	1000~60000	
峰林谷地	石灰岩组	1.56~18.75	50~900	龙均、古力一带，谷地相对汇水，水位变化2~10倍。地下河出口水量变化较大
	白云岩组	2~8	50~4850	
孤峰残丘平原	石灰岩组	1.3~10	0.5~124	东部右江河谷，岩溶发育较均匀，径流排泄分散，沿河两岸有地下河出口及泉水溢出
	松散堆积岩组		2360~8000	

表6-2显示，该地区地下水动态与大气降雨密切相关，故其成因类型为气象控制型中的降雨入渗亚型。降雨入渗亚型的成因及特点是：包气带岩石的透水性好，地下水位及其他动态要素均随着降水量的变化而变化；水位的峰值与降雨的峰值一致或稍滞后；年内地下水位变幅大，季节性变化十分明显[11]。

6.1.3.2　地下水动态变化规律

（1）泉流量衰减动方程。以果化中学的上升泉为例，根据其多年长期流量动态观测资料（每年9月初至次年2月底，即雨水期结束至枯水期末期）绘成图6-1。利用回归分析后认为，该泉的流量衰减过程由两个亚动态叠加，其总衰减方程式[11]：

$$Q_t = 379296e^{-0.0052t} + 451872e^{-0.0086t} \qquad (6-1)$$

91天后，上述衰减方程变化为[11]：

$$Q_t = 206496e^{-0.0086t} \qquad (6-2)$$

图6-1显示：自暴雨衰减期开始（9月1日）至其后的第91天，为第一亚动态。该阶段的初始泉流量为116.3808m³/d，其后衰减系数为0.0052，衰减曲线较平缓，反映该区在衰减开始的头91天内的降雨补给起了很大的作用，能够较快地填补消耗

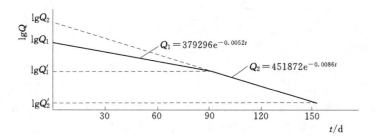

图 6-1 果化中学上升泉流量衰减亚动态叠加曲线

项，流量衰减相对缓慢。自第 91 天至第 153 天为第二亚动态，衰减系数为 0.0086，衰减曲线变陡，表明此时降雨补给已经减少，但通过岩溶管道和裂隙的消耗项仍在持续，消耗储存量增大，所以其流量衰减的较快。

（2）地下水位衰减方程。根据平果县平南村钻孔地下水位动态长期观测资料绘制成图 6-2。分析该图的曲线变化特征得知，该处的地下水位衰减动态是由三个亚动态叠加形成的，其总衰减方程为[11]：

$$S_t = 648.91e^{-0.0318t} + 718.24e^{-0.0345t} + 488.09e^{-0.0298t} \qquad (6-3)$$

61 天之后，上述衰减方程变为[11]：

$$S_t = 87.56e^{-0.0345t} + 19.76e^{-0.0298t} \qquad (6-4)$$

122 天之后，衰减方程再次变为[11]：

$$S_t = 12.87e^{-0.0298t} \qquad (6-5)$$

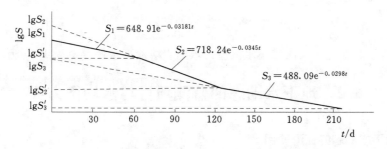

图 6-2 平南村地下水位衰减亚动态叠加曲线图

图 6-2 显示：自暴雨季节后（8 月 1 日始）至其后第 61 天，为第一亚动态，其初始水位为 100.49m，衰减曲线略陡，衰减系数为 0.0318，此阶段平南村一带仍为丰水期，降雨补给仍较丰富，水位衰减一般。自第 61 天至第 122 天为第二亚动态，此阶段平南村为平水期，衰减系数增大为 0.0345，衰减曲线变陡，曲线斜率增大，水位衰减速度加快，反映平水期的降雨补给减少，但消耗仍在持续，故水位快速下降。自第 122 天至第 214 天为第三亚动态，此阶段平南村为枯水期，衰减曲线较平缓，衰减系数为 0.0298，说明在枯水期地水位比较稳定，水位衰减较小[11]。

6.1.3.3　地下水动态变化原因分析

根据以上研究发现，平果县岩溶区无论是泉流量还是地下水位，其动态变化规律基本上都呈指数衰减型，造成此现象的原因一般是含水层在丰水期末期获得一次较大降雨补给之后，再不获得降雨继续补给或者降雨补给甚微时，地下水流量和水位的变动规律就会满足地下水非稳定运动的布西涅斯克方程，即呈明显的指数函数衰减，或表现出不同的衰减期或亚动态的叠加型。由此原理可以看出，本地区岩溶含水层在丰水期末期（9 月初）后就很少再得到降雨的有效补给了[11]。

此外，由于溶沟、溶槽、管道、孔隙、裂隙、破碎带等储存地下水空间的存在，使得岩溶含水带具有一定的调蓄能力。地下调蓄功能主要反映在衰减过程中的衰减速度，衰减系数越大，地下水衰减越快，地下调蓄功能越差。反之，较小的衰减系数就显示地下水缓慢衰减，地下调蓄功能较强，地区的抗旱能力也较强。根据该地区泉流量衰减规律得知：该地区的泉流量衰减在第一亚动态时，衰减系数较小，地下水流量衰减缓慢，地下调蓄能力较强，具有较强的抗旱能力。在泉流量衰减的第二亚动态时，衰减系数增大，地下水流量衰减加快，地下调蓄能力减弱，抗旱能力变差，此时的地下水位变动也较小。

6.1.3.4　根据泉流量动态估算岩溶地下水的储存量

泉流量的衰减方程反映了岩溶泉水的流量随时间的变化过程，它随时间的衰减累积，用衰减方程对时间的积分，即为地下水汇流区域内的地下水储存量，即[11]：

$$V_{储} = \int_0^T Q_0 e^{-at} dt = Q_0 \frac{e^{-at}}{-a} \Big|_0^T = \frac{Q_0}{a}(1 - e^{-aT}) \qquad (6-6)$$

式中：$V_{储}$ 为地下水储存量，m^3；T 为衰减阶段的时间，d。

据式（6-6）可求出果化中学上升泉地下水储存量。

已知该泉在第二亚动态阶段时泉水的衰减天数为 153 天，由式（6-6）得[11]：

$$V_{储} = \int_0^T Q_t dt = \int_0^{153} 206496 e^{-0.0086t} dt = \frac{206496}{0.0086}(1 - e^{-0.0086 \times 153}) = 17569937.15 m^3$$

此值表明，在 153 天内该泉水汇流区域的岩溶地下水储存量为 1757 万 m^3。

6.2　地下水动态的监测项目与水均衡方程

6.2.1　地下水动态的监测项目

对大多数水文地质勘察任务而言，地下水动态监测的基本项目应包括地下水的水位、水温、水化学成分和井、泉流量，以及有关气象要素的观测。此外，还要监测对与地下水有水力联系的地表水水位、流量与水温，以及矿山井巷和其他地下工程的出水点的排水量、水位及水质情况。

水质的监测，一般是以水质简分析项目作为基本的监测项目，再加上一些选择性监测项目。选择性监测项目是指那些在本地区地下水中已经出现或可能出现的特殊成分及污染物质，或被选定为水质模型模拟因子的化学指标。为掌握区内水文地球化学条件的基本趋势，可在每年或隔年对监测点的水质进行一次全分析。

地下水动态资料，常常随着观测资料系列的延长而具有更大的使用价值，故监测点位置确定后，一般都不要轻易变动。

6.2.2 地下水均衡方程

地下水的均衡包括水均衡、盐均衡和热均衡三个方面[1]。不同性质的均衡方程中的均衡项目（均衡要素）是不同的。

根据质量守恒定律，在任何地区，任一时间段内，地下水系统中地下水（或溶质或热）的流入量（或补充量）与流出量（或消耗量）之差，恒等于该系统中地下水（溶质或热）储存量的变化量。因此，总水均衡方程的一般形式为[2]：

$$\mu\Delta h + V + P = (X + Y_1 + Z_1 + W_1 + R_1) - (Y_2 + Z_2 + W_2 + R_2) \quad (6-7)$$

式中：$\mu\Delta h$ 为潜水储存量的变化量；μ 为潜水位变动带内岩石的给水度（或饱和差）；Δh 为均衡期内潜水位的变化值；V、P 分别为地表水体和包气带水储存量的变化量；X 为降水量；Y_1、Y_2 为地表水的流入和流出量；Z_1、Z_2 为凝结水量和蒸发量（包括地表水面、陆面和潜水的蒸发）；W_1、W_2 为地下径流的流入和流出量；R_1、R_2 为人工引入和排出的水量。

潜水水量均衡方程的一般形式为[2]：

$$\mu\Delta h = (X_f + Y_f + W_1 + Z_1' + R_1') - (W_2 + W_s + Z_2' + R_2') \quad (6-8)$$

式中：X_f 为降水入渗量；Z_1'、Z_2' 为潜水的凝结补给量及蒸发量；W_s 为潜水以泉或泄流形式的排泄量；Y_f 为地表水对潜水的补给量；R_1'、R_2' 为人工注入量和排出量；W_1、W_2 为地下径流的流入和流出量；

承压水的水量均衡方程的常见式为[2]：

$$\mu^* \Delta h = (W_1 + E_1) - (W_2 + R_2'') \quad (6-9)$$

式中：μ^* 为承压含水层的弹性补给系数（贮水系数）；E_1 为越流补给量；R_2'' 为承压水的开采量；其余符号同式（6-1）。

对于不同条件的均衡区及同一均衡区的不同时间段，均衡方程的组成项可能会增加或减少。如：对地下径流迟缓的平原区，W_1、W_2 可忽略不计；当地下水位埋深很大时，Z_1' 和 Z_2' 常常忽略不计。

在典型的干旱半干旱平原地区，天然状态下潜水的多年均衡方程式为[1]：

$$X_f + Y_f = Z_1' \quad (6-10)$$

即降水与地表水的渗入补给潜水的水量全部消耗于蒸发。

在典型的湿润山区，天然状态下潜水的多年均衡方式为[1]：

$$X_f + Y_f = W_s \quad (6-11)$$

即降水与地表水的入渗补给潜水的水量全部以径流的形式排泄掉。

分析上述各水量均衡方程，可以清楚地看到，一切水量均衡方程均由三部分组成，即均衡期内储水量的变化量、地下水系统的补给量和消耗量。在补给量中，最重要的是降水入渗量（X_f）、地表水入渗量（Y_f）、地下径流的流入量（W_1）；在消耗量中，最重要的是潜水的蒸发量（Z_1'）、地下径流的流出量（W_2）、人工排泄量（潜水 R_2' 和承压水 R_2''）；有时，泉水的溢出量（W_s）和越流流出量（E_2）也很有意义。

6.3   地下水均衡要素的测定方法

6.3.1   潜水储存量变化量（$\mu \Delta h$）的测定方法

6.3.1.1 Δh 的确定

在某个均衡期内，各水井的潜水位及其潜水位的变化很不一致。为求得某个均衡期内整个区域 Δh 的平均值，可仿照利用地形图求流域平均高程的计算方法。方法是：先分别计算出均衡期初期、末期整个研究区域的平均潜水位 $\bar{h}_初$ 和 $\bar{h}_末$，然后再求出均衡期内整个区域潜水位变化的平均值：$\Delta h = \bar{h}_末 - \bar{h}_初$。

$\bar{h}_初$ 和 $\bar{h}_末$ 的求法相同。以 $\bar{h}_初$ 求法为例：先绘制均衡期初的潜水位等水位线图，用求积仪求出研究区范围内各相邻两等水位线之间的面积 A_i，若该相邻两等水位线的平均水头为 H_i，则整个研究区范围内在均衡期初期的平均潜水位为：

$$\bar{h}_初 = \frac{A_1 H_1 + A_2 H_2 + \cdots + A_n H_n}{A_1 + A_2 + \cdots + A_n} = \frac{\sum\limits_{i=1}^{n} A_i H_i}{A} \qquad (6-12)$$

6.3.1.2 μ 值的确定

当潜水位上升时，μ 为饱和差；当潜水位下降时，μ 为给水度。

μ 值的确定方法有：直接测试法（筒测法、试坑法、地中渗透仪法、剖面含水率测量、抽水试验）和间接法求得。间接法是利用潜水位长期观测资料，根据地下水均衡方程反求得到（详见本章6.4节）[5]。

1. 筒测法

自造一无底圆柱形的金属筒，把被测的原状土装入筒内，在筒的下部装一封底的滤料层，其上安放滤网。利用管路供水，先使原土层吸水达到饱和状态，然后在上部加盖（但不密封），防止水分蒸发。筒的下部安有排水孔，排水时，在重力作用下，筒中的水会自由地由排水孔中流出。测量排出水的体积，则该排出的水的体积和筒内土体积之比即为给水度 μ[5]。

2. 地中渗透仪法

图6-3是地中渗透仪示意图，它是利用潜水位控制筒将左边测筒内的土体饱和到任意位置，然后停止供水。通过测量由连通管自由流出水的体积及使之与饱和的土体体积相比，即得给水度[5]。

江苏省平原区主要有五种不同包气带岩性，通过在每种岩性上分别取

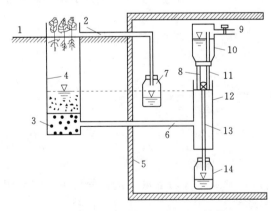

图6-3   地中渗透仪示意图（据 张元禧等，1998）
1—地面；2—地表径流管；3—滤层；4—测筒；5—地下室壁；6—连通管；7—径流集水瓶；8—给水管；9—供水开关；10—自动给水瓶；11—给水控制管；12—潜水控制筒；13—入渗进水管；14—入渗水储量瓶

资料质量较好的长观井，用地下水动态分析法计算出 μ 值，并把计算结果与实验结果相比较，综合分析对比后，确定了江苏省不同岩性的给水度 $\mu^{[6]}$ 值见表 6-3。

表 6-3　　江苏省北方片平原区不同岩性给水度 μ 值表（据　陆小明，2004）

岩性	黏土	黏土亚黏土互层	亚黏土	亚砂亚黏土互层	亚砂土
μ 值	0.020	0.025	0.030	0.035	0.040

6.3.2　地表水入渗补给量（Y_f）的测定方法

6.3.2.1　河渠入渗量的测定方法

（1）测流法。根据岩性划分不同的测（河、渠）水段，在各水段上选择水道平直、没有支流（或支渠）流入或流出的地段，在该地段的上下端分别设立测水站实测水道流量。则其上下端流量的差值，即为该河（渠）段对地下水的入渗补给量。所选择的测流段如有人工取水量，亦应扣除；当水面宽度很大时，还应扣除水面蒸发量[2,4]。

（2）地中渗透计测定法。即在渠底下安装渗透计，如图 6-4 所示，以汇集垂直下渗的渠水，通过渠旁试坑中的水箱测出渠道的单宽一侧入渗水量。此法只适合于宽度不大的小型渠道。由于渗透箱入渗水的渗透途径短，测得的入渗量偏大[2,4]。在选择安装地中渗透计的地点时，应与测水法的测站布置一样，必须先依据渠道所通过的岩性剖面（颗粒分析）进行渗透性能相似地段的划分，然后在典型的岩性段上，设立地中渗透计进行观测。与此同时，也要观测渠道水位的变化，以便找出渠道渗漏量与渠道水位的变化关系[4]。

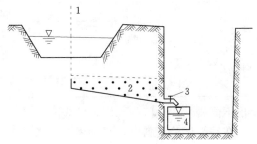

图 6-4　渠道水渗透计装置示意图
（据　房佩贤，1987）
1—渠道中线；2—渗透箱；3—开关；4—量桶

（3）水动力学计算法。在已知河（渠）水位及含水层的各种水文地质参数时，可用地下水动力学公式计算出河（渠）水对地下水的补给量（详见本书 10.5.4 小节）。

6.3.2.2　灌溉入渗水量的测定

可利用直接法（即回渗试验）和间接法（根据地下水位的变化反求）确定。

1. 灌溉水入渗试验

事先划定一个方形（或长方形）的田块作试验区，在试验区打两排成十字形的地下水位观测孔。灌溉水呈局部入渗，入渗的水随后向田块两侧扩散，为测定扩散的水量，孔排要延伸到试验田块之外。试验前需测定各观测孔的潜水位及潜水面以上土壤的含水率 θ 和饱和差 μ。实验时，要按灌溉定额向试验田块施水灌溉。每隔一定的时间观测各观测孔的潜水位，直到水位上升稳定为止。则灌溉水的入渗补给量 I_r 为[4]：

$$I_r = I_{r1} + I_{r2} = \mu \Delta \bar{h} + \frac{1}{A} \sum_{i=1}^{4} \frac{1}{2} \mu \Delta h_i A_i \qquad (6-13)$$

式中：I_r 为灌溉回归补给地下水的水量，[L]；I_{r1} 为实验田块范围内含水层增加的水量，[L]；I_{r2} 为扩散到实验田块范围以外的地下水量，[L]；μ 为饱和差（对于砂卵石含水层，饱和差等于给水度），无量纲；$\Delta \bar{h}$ 为实验田块范围内潜水面的平均升幅，[L]；Δh_i 为实验田块每一边的潜水位的平均升幅，[L]；A 为实验田块的面积，[L²]；A_i 为实验田块每一边的扩散面积，[L²]。

2. 根据地下水位的升幅反求

在地下水径流缓慢的平原地区，选取无降雨、潜水蒸发微弱，只有灌溉回归水入渗引起地下水位上升的时段，利用下式求出[4]：

$$I_r = \mu \Delta H \qquad (6-14)$$

式中：I_r 为灌溉回归补给地下水的水量，mm；ΔH 为灌溉水入渗引起地下水位的升幅，mm，可从观测井孔测得；μ 为饱和差，须事先求得。

则灌溉回归入渗系数 β 为：

$$\beta = \frac{I_r}{I} = \frac{\mu \Delta H}{I} \qquad (6-15)$$

式中：I 为灌溉水量，mm；其他符号意义同前。

灌溉回归入渗系数 β 的大小和耕地的土质、平整程度、土壤含水量、所使用的灌水技术、灌水定额以及地下水埋深等因素有关。江苏省根据历次的研究资料，推求出不同岩性、地区的 β 值，见表6-4[6]。

表6-4　江苏省平原区灌溉入渗补给系数 β 值表（据 陆小明，2004）

岩　性	淮河流域	长江、太湖流域
黏土		0.10
黏土亚黏互层	0.10～0.12	
亚黏土		0.13～0.15
亚黏亚砂互层		
亚砂土	0.14	0.15

在缺乏试验资料时，可参考类似条件下实验所得的数值，一般 β 为 $0.1 \sim 0.2$[6]。

6.3.3　凝结水量（Z_1'）、降水入渗量（X_f）及蒸发量（Z_2'）的测定方法

地表蒸汽的凝结（霜、露等）资料可在就近的气象站搜集，在中心均衡场内一般只测定地下凝结量，即由凝结水补给潜水的水量。地下凝结量、大气降水入渗量和蒸发量三者的测定通常用两种方法：仪器测定法、潜水水位变化曲线推求法。

1. 仪器测定方法

即采用地中渗透仪来测定，目前在各地的地下水均衡试验场被广泛采用。该仪器的结构和装置如图6-5所示[4]。

该仪器的主要组成部分有：承受补给的渗透蒸发皿1和人工控制地下水位以及进行观测的地下观测室3；以上两部分用导水管2连接起来；渗透蒸发皿1中装着当地的原状土样；垫有砾石和砂层的过滤层8，经过给水装置在渗透蒸发皿1中形成人工控制的固定地下水位；当渗透蒸发皿1中的水位因蒸发作用而降低时，给水装置中的给水量筒——马里奥特瓶13将因斜口玻璃管的作用自动给水于出水管及管夹17而维持原来的水位不变；相反，如因大气降水渗入及土中水蒸气的凝结而使水位抬高时，则出水管中的水将流入下部量筒接渗瓶15中。如此一来就可以根据上部的给水量筒（马里奥特瓶）13中消耗的水量测得潜水的蒸发量，而根据下部盛水筒15中增加的水量来获知大气降水渗入量及凝结补给量（两者之和）。在寒冷季节，当久未发生降雨时，盛水筒中增加的水量可认为是凝结补给量；相反，在雨季，大雨过后，盛水筒

中所测得增加的水量可近似认为是大气降水渗入量[4]。

如果要准确求出大气降水渗入量及凝结补给量，还可在附近设置另一套相同的仪器。在渗透蒸发皿 1 之上装置顶棚，阻止大气降水渗入，那么后一套相同的仪器中下部量筒接渗瓶 15 所获得的水量值即为单一的凝结补给水量，而两套仪器中的下部量水筒接渗瓶 15 所获水量之差即为大气降水的渗入量[4]。

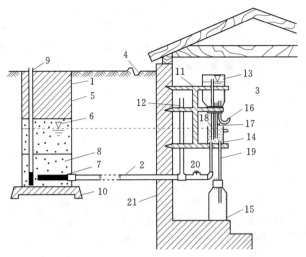

图 6-5　地中渗透仪结构示意图（据 史长春，1983）

1—渗透蒸发皿；2—导水管；3—地下观测室；4—室外排水沟；
5—原状土样；6—蒸发皿内水位；7—水管；8—砂砾石层；
9—检查管；10—水泥沉底座；11—支架；12—测压管；
13—马里奥特瓶；14—水位调整管；15—接渗瓶；
16—加水管及管夹；17—出水管及管夹；18—通气管；
19—接渗管；20—水节门；21—防水墙

2. 潜水水位变化曲线推求法

当潜水埋藏不深、潜水径流非常微弱以至可以忽略不计时，可根据潜水位的逐日观测资料，近似地测定大气降水入量、蒸发量及凝结量。

方法：绘制比例尺较大的潜水水位与气象要素（气温、湿度、大气降水、蒸发等）逐日变化综合曲线图，分析以上曲线图，划分出大气降水渗入补给、凝结补给及潜水蒸发的各个阶段，根据图表显示的各个时段内潜水水位的上升或下降值 ΔH 及事先测得的给水度（μ）值，就可计算出各时段内的 $\mu\Delta H$ 值[4]。

上面所求得的 $\mu\Delta H$ 值，即分别相当于各相应时段内的 X_f、Z'_1 及 Z'_2 等值。将用这种方法测得的整个均衡期内所有 X_f、Z'_1 及 Z'_2 值相加，即得出整个均衡期内 X_f、Z'_1 及 Z'_2 的概略值[4]。

除上述两种方法外，尚可根据潜水的有限差分方程式来求解潜水均衡方程式而得 X_f、Z'_1 及 Z'_2 值。

6.3.4　地下径流量（W_1，W_2）与越流量（E_1）的确定

6.3.4.1　地下径流量的计算

地下径流量的计算，可在查明地下水流向、含水层厚度的基础上，根据渗透系数等有关水文地质参数，选用相应的地下水动力学公式或利用数值法计算其过水断面上的径流量。

当计算断面上含水层的渗透系数（K）、厚度（h）和水力坡度（I）有变化时，可按分段（L）总和法，利用达西公式计算出该断面的地下径流量（Q）[2,4]。

$$Q = \sum_{i=1}^{n} K_i h_i I_i L_i \qquad (6-16)$$

式中的 i 为各计算分段的编号，$i = 1,\ 2,\ \cdots$。

以上计算原理虽较简单，但要投入的勘探及试验工程量却很多。在地下水深埋区，特别是基岩山区，确定地下水径流量常常是很困难的。为此，在确定均衡区的范围时，应尽可能以隔水边界作为均衡区的边界，以便尽可能地免去地下径流量的计算工作量。

6.3.4.2　越流量的计算

1. 根据达西定律求算

如果主含水层（开采含水层）上、下两层都存在越流，则单位时间内单位面积的总越流强度 $q_越$ 为[7]：

$$q_越 = K_1 \frac{H_1 - H}{b_1} + K_2 \frac{H_2 - H}{b_2} \qquad (6-17)$$

式中：K_1、K_2 分别为上、下弱透水层的垂向渗透系数，m/d；b_1、b_2 分别为上、下弱透水层的厚度，m；H_1 为上部含水层的水头，m；H_2 为下部含水层的水头，m；$q_越$ 为越流强度，m/d；H 为主含水层的水头，m。

当只有一个供越流的非抽水含水层，式（6-11）可减少 1 项，为：

$$q_越 = K' \frac{H_2 - H}{b'} = \frac{K'}{b'} \Delta H \qquad (6-18)$$

式中：b' 为弱透水层厚度，m；K' 为弱透水层的渗透系数，m/d；ΔH 为主含水层与供越流的非抽水含水层的水头差，m；其余符号意义同前。

2. 利用抽水试验资料确定

利用达西定律求越流量时，需要事先测定出弱透水层的渗透系数和厚度（K_1、K_2、b_1、b_2）；即便是仅有一个供越流的非抽水含水层，也仍有两个参数（K'、b'）需事先确定，因此利用达西定律求算越流量很麻烦。但若把这两个待定参数合并为 1 个（即越流系数 σ），则可根据抽水试验资料来确定出越流量。

越流系数 σ 就是表示当抽水含水层和供越流的非抽水含水层之间的水头差为一个单位时，单位时间内通过两含水层之间的弱透水层的单位面积发生的越流水量。即[8]

$$\sigma = K'/b'$$

越流因素 B 为主含水层的导水系数与弱透水层越流系数倒数的乘积的平方根，即[8]

$$B = \sqrt{\frac{T}{\sigma}} = \sqrt{\frac{Tb'}{K'}} \qquad (6-19)$$

式中：T 为主含水层（抽水含水层）的导水系数，m^2/d；B 为越流因素，m；σ 为越流系数，d^{-1}；其余符号意义同前。

弱透水层的渗透系数越小，厚度越大，越流因素 B 就越大，越流量越小。对于不完全透水的岩层而言，其越流因素无限大[8]。

利用抽水试验求越流量 E_1 的具体做法是：根据试验（稳定流抽水试验或非稳定流抽水试验）资料，利用配线法（或其他方法）先求出越流因素 B[9]（具体办法可参见《地下水动力学》等相关书籍）。在求得越流因素 B 后，再根据关系式 $\sigma = T/B^2$ 求出越流系数 σ。最后根据下式求出越流量 E_1[10]：

$$E_1 = \sigma \Delta H F t \qquad (6-20)$$

式中：F 为越流面积，m^2；t 为越流发生的时间，d；E_1 为越流量，m^3。其余符号意义同前。

6.4 利用水均衡方程反求水文地质参数

6.4.1 潜水的水均衡方程式

当浅层地下水分布区域很广时，补给项一般包括降雨入渗补给量和侧向流入量，而消耗项则包括地下水的开采量、潜水的蒸发量和侧向排泄量等。于是其水均衡方程可表示为[5]：

$$\mu F \Delta H = \alpha P F + K_1 A_1 I_1 \Delta t - V_d - \mu \Delta h F - K_2 I_2 A_2 \Delta t \tag{6-21}$$

式中：α 为降雨入渗补给系数；Δt 为计算时段长度；P 为 Δt 时段内区域平均降雨量；K_1、K_2 分别为入流断面和出流断面的渗透系数；A_1、A_2 分别为 Δt 时段内入流和出流平均过水断面的面积；I_1、I_2 分别为 Δt 时段内入流和出流断面的平均水力梯度；V_d 为 F 区域内在 Δt 时段中地下水的开采体积；Δh 为 Δt 时段内潜水蒸发引起地下水位的下降值。

由式（6-15）得[5]：

$$\Delta H = \frac{\alpha P}{\mu} F + \frac{K_1}{\mu} \left(\frac{A_1 I_1 \Delta t}{F} \right) - \frac{1}{\mu} \left(\frac{V_d}{F} \right) - \Delta h - \frac{K_2}{\mu} \left(\frac{I_2 A_2 \Delta t}{F} \right) \tag{6-22}$$

令

$$\frac{\alpha}{\mu} = a_1, \quad \frac{1}{\mu} = a_2, \quad \frac{K_1}{\mu} = a_3, \quad \frac{K_2}{\mu} = a_4 \tag{6-23}$$

$$\frac{A_1 I_1 \Delta t}{F} = h_入, \quad \frac{A_2 I_2 \Delta t}{F} = h_出, \quad \frac{V_d}{F} = h_开$$

对于各时段 i 而言，式（6-16）变为[5]：

$$\Delta H_i = a_1 P_i - a_2 h_{开i} + a_3 h_{入i} - a_4 h_{出i} - \Delta h_i \tag{6-24}$$

式中：$h_开$ 为开采模数，$h_入$、$h_出$ 分别表示地下径流流进、流出的单位渗透模数，都以 mm 表示。

式（6-24）表明 ΔH 与变量 P、$h_开$、$h_入$、$h_出$、Δh 之间呈线性关系。由于观测误差以及各种偶然因素的影响，各变量之间不可能是函数关系，而只能是相关关系，因此可以将该式看成多元线性回归方程[5]：

$$\Delta H = a_1 P - a_2 h_开 + a_3 h_入 - a_4 h_出 - \Delta h + a_0 \tag{6-25}$$

式中：a_0 为常数项，a_1、a_2、a_3、a_4 为待定回归系数，可以使用最小二乘法求得。利用 a_1、a_2、a_3、a_4 与 μ、α、K_1、K_2 之间的关系式，就可以获得 μ、α、K_1、K_2 各值。

在具体计算中，一方面根据实际的均衡要素，列出包括全部均衡要素的回归方程。另一方面，为了达到简化计算的目的，应尽量挑选均衡要素少的时段，以便于列出自变量少的回归方程。例如：

在地下径流微弱地区，地下径流项可以忽略不计，则式（6-25）变为[5]：

$$\Delta H + \Delta h = a_1 P - a_2 h_开 + a_0 \tag{6-26}$$

式（6-26）就变成为二元线性回归方程（a_1、a_2 为待求参数）。

在地下径流微弱、地下水埋深大的地区，潜水径流和蒸发都可忽略不计，上式回归方程还可进一步简化为：

$$\Delta H = a_1 P - a_2 h_{开} + a_0 \tag{6-27}$$

在开发漏斗区，地下水埋深大，潜水蒸发可忽略不计（即 $\Delta h = 0$）。在地下水径流流入漏斗区，如所选用的时段内无降雨，则式（6-25）方程变为[5]：

$$\Delta H = -a_2 h_{开} + a_3 h_{入} + a_0 \tag{6-28}$$

式（6-27）、式（6-28）仍为二元线性回归方程，其中，$h_{入}$ 的计算根据漏斗实际情况而定。如选用的时段有降雨量，则回归方程为[5]：

$$\Delta H = a_1 P - a_2 h_{开} + a_3 h_{入} + a_0 \tag{6-29}$$

式（6-29）为三元线性方程（a_1、a_2、a_3 为待求参数）。

总之，按实际均衡要素情况，可将式（6-25）中的某些项略去不计，但必须强调指出，开采量一项是不能缺少的，有了开采项，才能算得 μ（$\mu = 1/a_2$），从而才能得到 α、K_1、K_2 等水文地质参数。对于无开采地区，虽无开采量项，但如有其他排水量之项，例如时段内区域排入河流的基流量 $V_{基}$，用以代替 V_d，亦可达到求参数的目的。否则，只能算出回归系数 a_1、a_2、a_3、a_4 等，不可能最终获得 μ、α、K_1、K_2 等值，就失去了计算的意义。

在开采地区，如果不仅有开采量 V_d，而且有排泄进入河流地下径流量 $V_{基}$（以基流表示），以及其他水量排泄项，则可以将它们合并，因为它们具有相同的系数 a_2，具体公式这里就不一一罗列了。

6.4.2　算例

江苏省丰县和沛县，地貌单元属于黄河冲积平原，当地广泛开发 50m 以内的浅层地下水，地下水平均埋深 $3\sim5$m，大气降水可以直接入渗补给，地下水消耗于潜水蒸发和人工开采，地下径流很小，可以忽略不计，根据长期观测资料分析和调查，取得表 6-5 所列资料。试用表中的资料求取含水层参数[5]。

表 6-5　　　　　　　　江苏丰、沛县灌区地下水动态长期观测的部分资料

时段 $\Delta t/$（年.月.日）	ΔH	Δh	P	$h_{开}$	时段 $\Delta t/$（年.月.日）	ΔH	Δh	P	$h_{开}$
1973.1～1973.6.11	0	594	269	19	1974.12.11～1975.6.11	−819	1115	207	24
1973.6.11～1973.12.11	263	2318	546	28	1975.6.11～1975.12.11	620	1116	534	25
1973.12.11～1974.6.11	−394	497	247	21	1975.12.11～1976.6.11	−1447	628	140	30
1974.6.11～1974.12.11	1218	1986	582	23	1976.6.11～1976.12.11	907	1639	604	34

注　1. 表中数据选自张元禧等（1998）。

　　2. 表中 P、ΔH、Δh、$h_{开}$ 的单位均为 mm。

解：该区的情况适用于回归方程式（6-26），即[5]

$$\Delta H + \Delta h = a_0 + a_1 P - a_2 h_{开}$$

按回归分析方法计算，可得[5]：

$$\overline{\Delta H + \Delta h} = \frac{1}{n} \sum (\Delta H + \Delta h) = 1280.6 \text{(mm)}$$

$$\overline{P} = \frac{1}{n} \sum P = 391.1 \text{(mm)}$$

$$\bar{h}_{开} = \frac{1}{n} \sum h_{开} = 25.5 \text{(mm)}$$

$$l_{yy} = \sum \left[(\Delta H + \Delta h) - (\overline{\Delta H + \Delta h}) \right]^2 = 14445472$$

$$l_{11} = \sum (P - \overline{P})^2 = 258801$$

$$l_{22} = \sum (h_{开} - \bar{h}_{开})^2 = 170$$

$$l_{12} = l_{21} = \sum (P - \overline{P})(h_{开} - \bar{h}_{开}) = 2236.5$$

$$l_{1y} = \sum \left[(\Delta H + \Delta h) - (\overline{\Delta H + \Delta h}) \right](P - \overline{P}) = 1865709$$

$$l_{2y} = \sum \left[(\Delta H + \Delta h) - (\overline{\Delta H + \Delta h}) \right](h_{开} - \bar{h}_{开}) = 10771.5$$

故回归系数为[5]：

$$a_1 = \frac{l_{1y} l_{22} - l_{2y} l_{12}}{l_{11} l_{22} - l_{12}^2} = 7.52$$

$$a_2 = \frac{l_{21} l_{1y} - l_{11} l_{2y}}{l_{11} l_{22} - l_{12}^2} = 35.5$$

由式 (6-26) 得：

$$a_0 = (\overline{\Delta H + \Delta h}) - a_1 \overline{P} + a_2 \bar{h}_{开} = -753$$

得回归方程为：

$$\Delta H_i = -753 + 7.52 P_i - 35.5 h_{开i} - \Delta h_i$$

根据式 (6-23)，可以求出下面水文地质参数：

给水度为：
$$\mu = \frac{1}{a_2} = \frac{1}{35.5} = 0.0282$$

降雨入渗系数为：
$$\alpha = \frac{a_1}{a_2} = \frac{7.52}{35.5} = 0.21$$

需要指出的是，上述方法适用在范围较小且地下水位和地下水开采量资料比较可靠的地区，但对于大区域，尤其是开采量很难统计时，就不便应用[5]。

参 考 文 献

[1] 王大纯，张人权，史毅虹，等. 水文地质学基础 [M]. 北京：地质出版社，1995.

[2] 房佩贤，卫中鼎，廖资生. 专门水文地质学 [M]. 北京：地质出版社，1987.

[3] 杨成田. 专门水文地质学 [M]. 北京：地质出版社，1981.

[4] 史长春. 水文地质勘察（上册）[M]. 北京：水利电力出版社，1983.

[5] 张元禧，施鑫源. 地下水文学 [M]. 北京：中国水利水电出版社，1998.

[6] 陆小明，严锋，朱道军. 江苏省地下水资源计算简介 [C] //全国水文水资源科技信息网. 华东组、西北组 2004 年交流论文集，2004.

[7] 朱学愚，钱孝星. 地下水文学 [M]. 北京：中国环境科学出版社，2005.

[8] 曹剑峰，迟宝明，王文科，等. 专门水文地质学 [M]. 北京：科学出版社，2006.

[9] 薛禹群. 地下水动力学原理 [M]. 北京：地质出版社，1987.

[10] 中华人民共和国行业标准. SL 256—2000 机井技术规范 [S]. 北京：中国水利水电出版社，2000.

[11] 黎容伶，蓝俊康，陆海建，等. 广西平果县赤泥堆场周边地下水动态变化特征 [J]. 桂林理工大学学报，2014，34（4）：666-672.

第7章

地 下 水 的 监 测

地下水的长期观测工作，也是水文地质调查必不可少的工种之一[1]，它对于了解地下水的形成和变化规律、获取水文地质参数，对地下水资源准确评价和预测，及为地下水资源的合理开发利用和科学管理提供依据，均具有十分重要的意义。

7.1　地下水监测系统的构成

地下水的监测系统是指有组织地收集地下水各类信息的系统。其工作内容是：研究水文信息，并密切注意分析它与其他几种信息的关系。从地下水系统输出信息中获得输入，并通过滤波、整合等过程将相关信息输出到用户手中。可以划分为如下 4 个子系统：监测网子系统、滤波器子系统、数据库子系统和交换机子系统[2]，如图 7-1 所示。

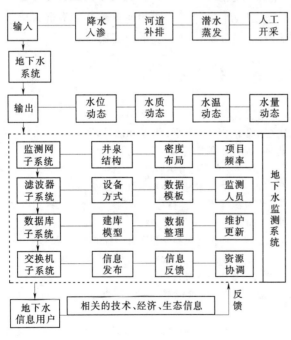

图 7-1　地下水监测系统逻辑模型图
（据 戴长雷等，2005）

（1）监测网子系统。由井、泉等观测点组成，是从地下水系统获取信息的途径和工具，具体内容包括监测点的位置、密度、结构、监测项目、监测目标层、监测的频率等[2]。

（2）滤波器子系统。指数据的采集和初级处理子系统，包括数据的采集设备和采集方式、滤波数据模板（如数据记录表格）和监测人员等。根据计划在室外收集数据，提交原始数据并进行初步滤波，产生两个输出：部分数据被接收并放入数据模板中；部分数据因为发现可疑或错误而被拒收转回到前期的校正阶段，或最终放弃。然后对采集来的数据进一步滤波，做基本的处理和变换，如总计、内插、外延、求平均等，从基本数据文件中得出另一些信息。

（3）数据库子系统。首先根据交换机的子系统收集到用户的需求信息构建数据库模型，然后借助数据库软件（如 Oracle、ArcGIS 等）和应用程序编制数据库子系统，主要实现对地下水监测信息的保存、整理、检索、发布等功能。还可以挂接一些基本的分析模型进行简单分析和高级滤波[2]。

（4）交换机子系统。制定一个地下水系统长期的管理计划，包含的水文信息及信息范围、详细程度和表现形式均随着各用户在决策过程中的具体要求而变化。交换机子系统主要是为用户提供所需信息，并接受用户的反馈，据之进行系统的规划和资源的协调工作[2]。

7.2 地下水的动态监测

根据 DD 2004—01《1∶250000 区域水文地质调查技术要求》，地下水动态监测的要求和内容如下[3]。

7.2.1 监测的目的和任务
（1）监测地下水水位、水量、水温和水质的变化规律及发展趋势。
（2）分析地下水动态变化的影响因素，确定地下水的动态类型。
（3）研究与地下水有关的环境地质问题。
（4）为研究某些专门问题提供基础资料。
（5）优化或完善区域地下水动态监测网。

7.2.2 监测网布置的基本要求
（1）地下水动态监测网的布置应能控制区域地下水动态变化规律。
（2）观测点应沿地下水区域径流方向布置，选择有代表性的监测孔安装自动监测仪。
（3）为调查地下水与地表水的水力联系，观测孔应垂直地表水体的岸边布置。
（4）为调查垂直方向各含水层（组）间的水力联系，应设置分层观测孔组。
（5）为调查咸水与淡水分界面的动态特征（包括海水入侵），观测线应垂直分界面布置，在分界面附近应加密观测点。
（6）对大型集中开采地段，宜通过降落漏斗中心布设相互垂直的两条观测线，最远观测点应在降落漏斗之外。
（7）为了满足数值法模拟的要求，观测孔的布置应保证对计算参数区的控制。
（8）为获取地下水水量计算所需要的水文地质参数，宜依据工作区水文地质条件布设。
（9）泉水应按不同类型、不同含水层（组）及流量大小（一般选择流量不小于

1L/s 的大泉）分别设置观测点。

（10）对主要地表水体应设置观测点，以了解地表水与地下水的相互转化关系。

（11）观测孔的深度必须达到所要观测的含水层内，并保证任何时间都能观测到水位；观测孔管径一般不应小于 108mm，保证取到具代表性的水样；每个观测点的地理坐标及孔口地面高程应实测。

（12）环境地质监测资料应以收集为主，在环境地质问题严重地区，应新建或利用已建立的设施进行与地下水动态相应的环境地质监测。

（13）地下水动态监测时间，应从调查工作开始延续至最终报告审查通过为止。监测延续时间应超过一个水文年。

（14）项目结束后，宜将代表性的地下水观测孔（点）移交给有关部门进行长期观测。

7.2.3   监测的内容及技术要求

地下水动态监测内容主要包括地下水水位、水量、水质、水温、环境地质问题以及气象要素的观测；当研究地表水体与地下水关系时，还应包括地表水体的水位、流量、水质的观测[3]。

（1）地下水水位观测必须测量其静水位，水位测量应精确到厘米。一般每隔 10 天（每月 10 日、20 日、月末）观测一次，对有特殊意义的观测孔，按需要加密观测。若观测井为长年开采井，可测量动水位，每月必须有一次静水位观测数据。

（2）地下水水量监测包括观测泉水流量、自流井流量和地下水开采量。泉水与自流井流量观测频率与地下水位观测同步。流量观测宜采用容积法或堰测法。采用堰测法时，堰口水头高度（h）测量必须精确到毫米。地下水开采量的观测，宜安装水表定期记录开采的水量；未安装水表的开采井，应建立开采时间及开采量的技术档案，并每月实测一次流量，保证取得较准确的开采量数据。

（3）地下水水温观测可每月进行一次，并与水位、流量同步观测，水温测量的误差要求小于 0.5℃，同时观测气温。根据地下水位埋深和环境温度变化，采用合适的测量工具，以保证观测数据的精度。

（4）地下水水质监测频率宜为每年两次，应在丰水期、枯水期各采样一次，初次采样须做全分析，以后可做简分析。

（5）地表水体的观测内容包括水位、流量、水温、水质。地表水体的观测频率应和与其有水力联系的地下水观测同步。若河流设有可以利用的水文站时，应收集该水文站的有关水文气象资料。

（6）区域地下水动态长期监测孔宜安装水位水温自动记录仪器。

（7）环境地质监测。环境地质监测包括与地下水有关的水环境问题、地质环境问题和生态环境问题，应根据水文地质条件和存在的主要环境地质问题及其严重程度，新建或利用已建立的设施进行与地下水动态相应的环境地质监测。

7.2.4   地下水动态监测的资料与成果

地下水动态监测的成果应包括以下内容[3]：①地下水动态观测点分布图；②地下水动态观测点档案卡片；③地下水动态观测野外记录表；④地下水动态观测年报表；

⑤地表水观测年报表；⑥地下水动态曲线图；⑦地下水等水位线图；⑧地下水水位埋深图；⑨地下水水位变幅图；⑩地下水动态剖面图；⑪环境地质问题与地下水动态分析图表；⑫地下水动态监测报告。

7.3　地 下 水 环 境 监 测

2004 年 12 月 9 日由原国家环境保护总局发布并实施的 HJ/T 164—2004《地下水环境监测技术规范》，该规范是对地下水动态监测中有关水质的部分作更详细的补充和规定。以下就该规范中的部分内容作简单地介绍[4]。

7.3.1　监测点网布设的原则

（1）在总体和宏观上应能控制不同的水文地质单元，需能反映所在区域地下水系的环境质量状况和地下水质量空间变化。

（2）监测重点为供水目的的含水层。

（3）监控地下水重点污染区及可能产生污染的地区，监视污染源对地下水的污染程度及动态变化，以反映所在区域地下水的污染特征。

（4）能反映地下水补给源和地下水与地表水的水力联系。

（5）监控地下水水位下降的漏斗区、地面沉降以及本区域的特殊水文地质问题。

（6）考虑工业建设项目、矿山开发、水利工程、石油开发及农业活动等对地下水的影响。

（7）监测点网布设的密度：主要供水区密，一般地区稀；城区密，农村稀；地下水污染严重地区密，非污染区稀。尽可能以最少的监测点获取足够的有代表性的环境信息。

（8）考虑监测结果的代表性和实际采样的可行性、方便性，尽可能从经常使用的民井、生产井以及泉水中选择布设监测点。

（9）监测点网不要轻易变动，尽量保持单井地下水监测工作的连续性。

7.3.2　监测点网（监测井）设置的方法

（1）背景值监测井的布设。为了解地下水体在未受人为影响情况下的水质状况，需在研究区域的非污染地段设置地下水背景值监测井（对照井）。

根据区域水文地质单元状况和地下水主要补给来源，在污染区外围地下水水流上方并垂直于水流方向，设置一个或数个背景值监测井。背景值监测井应尽量远离城市居民区、工业区、农药化肥施放区、农灌区及交通要道。

（2）污染控制监测井的布设。可根据当地地下水流向、污染源分布状况和污染物在地下水中扩散形式，采取点面结合的方法布设污染控制监测井。

1）渗坑、渗井和固体废物堆放区的污染物在含水层渗透性较大的地区以条带状污染扩散，监测井应沿地下水流向布设，以平行及垂直的监测线进行控制。

2）渗坑、渗井和固体废弃物堆放区的污染物在含水层渗透性小的地区以点状污染扩散，由于含水层的径流条件差，有害物质的迁移以离子扩散为主，迁移缓慢，污染范围小，污染区有害物质浓度高，有害物质主要集中在渗井附近，可在污染源附近按十字形布设监测线进行控制。

3）当工业废水、生活污水等污染物沿河渠排放或渗漏以带状污染扩散时，应根据河渠的状态、地下水流向和所处的地质条件，采用网格布点法布设垂直于河渠的监测线。

4）污灌区和缺乏卫生设施的居民区生活污水易对周围环境造成大面积垂直的块状污染，应以平行和垂直于地下水流向的方式布设监测点。

5）地下水位下降的漏斗区，主要形成开采漏斗附近的侧向污染扩散，应在漏斗中心布设监控测点，必要时可穿过漏斗中心按十字形或放射状向外围布设监测线。

6）透水性好的强扩散区或年限已久的老污染源，污染范围可能较大，监测线可适当延长；反之，可只在污染源附近布点。

（3）区域内的代表性泉、自流井、地下长河出口应布设监测点。

（4）为了解地下水与地表水体之间的补（给）排（泄）关系，可根据地下水流向在已设置地表水监测断面的地表水体设置垂直于岸边线的地下水监测线。

（5）选定的监测点（井）应经环境保护行政主管部门审查确认。一经确认不准任意变动。确需变动时，需征得环境保护行政主管部门同意，并重新进行审查确认。

7.3.3　地下水样的采集和监测

7.3.3.1　采样的频次和采样的时间

采样要依据不同的水文地质条件和地下水监测井使用功能，结合当地污染源、污染物排放实际情况，力求以最低的采样频次，取得最有时间代表性的样品，达到全面反映区域地下水质状况、污染原因和规律的目的。此外，为反映地表水与地下水的水力联系，地下水采样频次与时间尽可能与地表水相一致。具体要求如下[4]：

（1）背景值监测井和区域性控制的孔隙承压水井每年枯水期采样一次。

（2）污染控制监测井逢单月采样一次，全年六次。

（3）作为生活饮用水集中供水的地下水监测井，每月采样一次。

（4）污染控制监测井的某一监测项目如果连续两年均低于控制标准值的1/5，且在监测井附近确实无新增污染源，而现有污染源排污量未增的情况下，该项目可每年在枯水期采样一次进行监测。一旦监测结果大于控制标准值的1/5，或在监测井附近有新的污染源或现有污染源新增排污量时，即恢复正常采样频次。

（5）同一水文地质单元的监测井采样时间尽量相对集中，日期跨度不宜过大。

（6）遇到特殊的情况或发生污染事故，可能影响地下水水质时，应随时增加采样频次。

7.3.3.2　采样工作

1. 采样前的准备工作

应确定专人负责，由采样负责人负责制定采样计划并组织实施。采样负责人应了解监测任务的目的和要求，并了解采样监测井周围的情况，熟悉地下水采样方法、采样容器的洗涤和样品保存技术。

采样计划应包括采样目的、监测井位、监测项目、采样数量、采样时间和路线、采样人员及分工、采样质量保证措施、采样器材和交通工具、需要现场监测的项目、安全保证等。

采样器材主要是指采样器和水样容器。地下水水质采样器分为自动式和人工式两类，自动式用电动泵进行采样，人工式可分活塞式与隔膜式。地下水水质采样器应能在监测井中准确定位，并能取到足够量的代表性水样；采样器的材质和结构应符合《水质采样器技术要求》中的规定。所选择的水样容器不能引起地下水新的沾污，容器壁不应吸收或吸附某些待测组分，不应与待测组分发生反应；容器能严密封口，且易于开启；容易清洗，并可反复使用。

现场监测仪器主要是能对水位、水量、水温、pH 值、电导率、浑浊度、色、嗅和味等项目实施现场监测，应事先在实验室内准备好所需的仪器设备，安全运输到现场，并在使用前进行检查，确保性能正常。

2. 采样技术

（1）地下水水质监测通常采集瞬时水样。

（2）对需测水位的井水，在采样前应先测定地下水位。

（3）从井中采集水样，必须在充分抽汲后进行，抽汲水量不得少于井内水体积的 2 倍，采样深度应在地下水水面 0.5m 以下，以保证水样能代表地下水水质。

（4）对封闭的生产井可在抽水时从泵房出水管放水阀处采样，采样前应将抽水管中的存水放净。

（5）对于自喷的泉水，可在涌口处出水水流的中心采样。采集不自喷泉水时，将停滞在抽水管的水汲出，新水更替之后，再进行采样。

（6）采样前，除五日生化需氧量、有机物和细菌类监测项目外，先用采样水荡洗采样器和水样容器 2～3 次。

（7）测定溶解氧、五日生化需氧量和挥发性、半挥发性有机污染物项目的水样，采样时水样必须注满容器，上部不留空隙。但对准备冷冻保存的样品则不能注满容器，否则冷冻之后，因水样体积膨胀使容器破裂。测定溶解氧的水样采集后应在现场固定，盖好瓶塞后需用水封口。

（8）测定五日生化需氧量、硫化物、石油类、重金属、细菌类、放射性等项目的水样应分别单独采样。

（9）各监测项目所需水样的采集量可参见本书附录 7。附录 7 中的采样量已考虑重复分析和质量控制的需要，并留有余地。

（10）在水样采入或装入容器后，立即按本书附录 7 的要求加入保存剂[4]。

（11）采集水样后，立即将水样容器瓶盖紧、密封，贴好标签，标签设计可以根据各站具体情况，一般应包括监测井号、采样日期和时间、监测项目、采样人等。

（12）用墨水笔在现场填写《地下水采样记录表》，字迹应端正、清晰，各栏内容填写齐全。

（13）采样结束前，应核对采样计划、采样记录与水样，如有错误或漏采，应立即重采或补采。

3. 采样记录

地下水采样记录包括采样现场描述和现场测定项目记录两部分，各省可按统一的格式设计全省统一的采样记录表。每个采样人员应认真填写《地下水采样记录表》[4]。

7.3.3.3　地下水的监测项目

1. 常规监测项目

常规监测的项目见表 7-1[4]。

表 7-1　　　　　　　　　　　**地下水常规监测项目表**

（据 HJ/T 164—2004《地下水环境监测技术规范》）

必　测　项　目	选　测　项　目
pH 值、总硬度、溶解性总固体、氨氮、硝酸盐氮、亚硝酸盐氮、挥发性酚、总氰化物、高锰酸盐指数、氟化物、砷、汞、镉、六价铬、铁、锰、大肠菌群	色、嗅和味、浑浊度、氯化物、硫酸盐、碳酸氢盐、石油类、细菌总数、硒、铍、钡、镍、六六六、DDT、总 α 放射性、总 β 放射性、铅、铜、锌、阴离子表面活性剂

2. 特殊项目选测方法

（1）生活饮用水。可根据 GB 5749—2006《生活饮用水卫生标准》（见本书附录 5）和卫生部《生活饮用水水质卫生规范》（2001 年）中规定的项目选取。

（2）工业用水。用作冷却、冲洗和锅炉用水的地下水，可增测侵蚀性二氧化碳、磷酸盐、硅酸盐等项目。

（3）城郊、农村地下水。当考虑施用化肥和农药的影响时，可增加有机磷、有机氯农药及凯氏氮等项目。当地下水用作农田灌溉时，可按 GB 5084—92《农田灌溉水质标准》中规定，选取全盐量等项目。

（4）北方盐碱区和沿海受潮汐影响的地区。可增加电导率、溴化物和碘化物等监测项目。

（5）矿泉水。应增加水量、硒、锶、偏硅酸等反映矿泉水质量和特征的特种监测项目。

（6）水源性地方病流行地区。应增加地方病成因物质监测项目。如：在甲状腺地方病区，应增测碘化物；在大骨节病、克山病区，应增测硒、钼等监测项目；在肝癌、食道癌高发病区，应增测亚硝胺以及其他有关有机物、微量元素和重金属含量[4]。

（7）地下水受污染地区。应根据污染物的种类和浓度，适当增加或减少有关监测项目。如放射性污染区应增测总 α 放射性及总 β 放射性监测项目；对有机物污染地区，应根据有关标准增测相关有机污染物监测项目；对人为排放热量的热污染源影响区域，可增加溶解氧、水温等监测项目。

在区域水位下降漏斗中心地区、重要水源地、缺水地区的易疏干开采地段，应增测水位。

7.3.4　现场的监测技术

凡能在现场测定的项目，均应在现场测定。

为了便于化验资料的分析对比，每批样品的采样和分析要争取在最短的时间内完成，尽量做到当天采样当天分析；对 pH 值、CO_2 等易变化的物质最好在现场测定。当天不能分析的样品要放在冰箱内妥善保存[4]。

1. 现场监测项目

包括水位、水量、水温、pH 值、电导率、浑浊度、色、嗅和味、肉眼可见物等指标，同时还应测定气温，描述天气状况和近期降水情况。

2. 现场监测方法

（1）水位。水位监测每年两次，丰水期、枯水期各一次；与地下水有水力联系的地表水体的水位监测，应与地下水水位监测同步进行。同一水文地质单元的水位监测井，监测日期及时间尽可能一致。有条件的地区，可采用自记水位仪、电测水位仪或地下水多参数自动监测仪进行水位监测。每次测水位时，应记录监测井是否曾抽过水，以及是否受到附近的井的抽水影响。

（2）水量。生产井水量监测可采用水表法或流量计法；自流水井和泉水水量监测可采用堰测法或流速仪法；当采用堰测法或孔板流量计进行水量监测时，固定标尺读数应精确到 mm。水量监测结果（m^3/s）记至小数点后两位[4]。

（3）水温。①对下列地区应进行地下水温度监测：地表水与地下水联系密切地区，进行回灌地区，具有热污染及热异常地区；②有条件的地区，可采用自动测温仪测量水温，自动测温仪探头位置应放在最低水位以下 3m 处；③手工法测水温时，深水水温用电阻温度计或颠倒温度计测量，水温计应放置在地下水面以下 1m 处（对泉水、自流井或正在开采的生产井可将水温计放置在出水水流中心处，并全部浸入水中），静置 10min 后读数；④连续监测两次，连续两次测值之差不大于 0.4℃时，将两次测量数值及其均值记录下来；⑤同一监测点应采用同一个温度计进行测量；⑥水温监测每年一次，可与枯水期水位监测同步进行；⑦监测水温的同时应监测气温；⑧水温监测结果（℃）记至小数点后一位。

（4）pH 值。用测量精度高于 0.1 的 pH 计测定。测定前按说明书要求认真冲洗电极并用两种标准溶液校准 pH 计。

（5）电导率。用误差不超过 1‰ 的电导率仪测定，报出校准到 25℃时的电导率。

（6）浑浊度。用目视比浊法或浊度计法测量。

（7）颜色。黄色色调的地下水色度采用铂—钴标准比色法监测；非黄色色调地下水，可用相同的比色管，分取等体积的水样和去离子水比较，进行文字定性描述。

（8）嗅和味。要求测试人员应不吸烟，未食刺激性食物，无感冒、鼻塞症状。需测定原水样的嗅和味、原水煮沸后的嗅和味两个项目。

7.4　中国地下水监测工作的现状

7.4.1　已取得的成绩

中国地下水的监测网分属原地矿部、建设部、水利部。多年来，这些部门在地下水监测工作方面主要进行以下工作[5]。

1. 地下水监测站的建设方面

水利部门对地下水的动态监测始于 20 世纪 60 年代。经过多年的努力，已建成了一定规模的地下水监测站（井）网，为水资源管理、合理开发利用地下水提供了决策依据。据统计，截至 2002 年年底，全国共有为控制区域地下水动态的基本监测站

（井）12679 处（眼），为补充基本监测站（井）不足设置的统测井 9806 眼和为分析确定水文地质参数而设置的试验井 11 眼，监测站（井）的数量共为 22496 处（眼），监测项目包括地下水的水位和水量、水质、水温等。

国土资源部在 1998 年之前建设的各类地下水观测井曾达到 2 万余处，1998 年随着机构职能调整，有些地下水监测井交由水利部门管理，多数与地质环境监测合并，重点监测地质灾害状况。

城建部门也开展地下水监测，其主要监测井分布于城市及其周边地区，监测井数量相对较少。

2. 地下水监测的现代化建设方面

一些省市已取得较大进展，如天津市从 1997 年开始配备安装地下水水位自动监测系统，塘沽区实现了地下水自动监测和资料网络传输。北京市在昌平、大兴等区县开展地下水自动监测工作试点，实现了地下水自动监测，取得了较好的效果。

水利部水文局组织河北、北京和天津三省（直辖市）作为试点，初步建设了"京津冀地下水动态监视系统"，2002 年已经投入使用。

3. 推广地下水监测新技术方面

在地下水勘测评价中，如果把同位素技术与常规的地下水监测实验方法结合，可以较快地取得一些宝贵的数据。国际上很多国家已经比较广泛地应用同位素水文技术调查和评价地下水，而中国在应用方面相对比较薄弱。为此，中国已加强了与国际原子能机构的交流与合作，积极争取国际原子能机构的经费援助和技术支持，包括人员的技术培训，并已达成合作方案。

4. 开展了地下水动态信息的编制发布

水利部以及许多省（自治区、直辖市）已以《地下水通报》《水情简报》《水利简报》《地下水动态简报》的方式发布了北方干旱地区的地下水信息，为中国的地下水资源管理、生态环境保护和各有关部门抗旱提供信息。

7.4.2　存在的问题

目前中国地下水监测还存在的主要问题如下[6]：

（1）中国目前的地下水监测站（井）网密度偏低，且分布不合理。目前中国的地下水监测站（井）基本上是分布在北方的平原区。在中国的南方、地下水降落漏斗区、地下水供水水源地、西部生态脆弱地区以及牧区等地区目前还严重缺乏地下水的监测站。

（2）中国专用的监测井严重缺乏，资料精度无法保证。由于历史的原因，中国地下水的监测工作主要依靠各行业的生产井兼作监测井，专用的监测井为数甚少。由于地下水生产井受地下水开采瞬时的影响大，不能保证地下水监测资料的精度。

（3）地下水监测工作经费不足，监测设备陈旧，监测手段落后。多年来，地下水动态资料的监测主要靠人工观测，难以保证资料的准确性和可靠性，资料的汇总和分析只能采用手工辅助于计算器进行汇总分析，使工作精力大量投入到繁杂的汇总计算之中，缺乏对资料进行系统、深入的分析，难以掌握地下水运动变化的内在规律。

参 考 文 献

[1]　房佩贤，卫中鼎，廖资生. 专门水文地质学 [M]. 北京：地质出版社，1987.

[2]　戴长雷，迟宝明. 地下水监测研究进展 [J]. 水土保持研究，2005，12 (2)：86 - 88.

[3]　中国地质调查局工作标准. DD 2004—01 1：250000 区域水文地质调查技术要求 [S]. 北京：
　　　地质出版社，2004.

[4]　HJ/T 164—2004 地下水环境监测技术规范 [S]. 北京：中国环境科学出版社，2004.

[5]　林祚顶. 对中国地下水监测工作的分析 [J]. 地下水，2003，25 (4)：259 - 262.

[6]　赵雁冰. 地下水监测研究工作现状分析及对策 [J]. 地下水，2005，27 (4)：272 - 273.

第 **8** 章

水文地质调查成果的整理

以 1:250000 区域水文地质调查技术为例，其他比例尺的区域水文地质调查也可参照。根据中国地质调查局工作颁布的标准 DD 2004—01《1:250000 区域水文地质调查技术要求》。其成果整理工作包括以下方面。

8.1 资料整编和综合研究

8.1.1 资料整编[1]

8.1.1.1 资料整编的基本任务

（1）获得的原始资料分类整理、汇编成册、编制成图，编制各类综合分析图件。

（2）根据调查区水文地质特征，针对存在的主要问题，开展综合研究。

（3）建立区域水文地质数据库，实现水文地质资料社会共享，为建设水文地质空间信息分析系统奠定基础。

8.1.1.2 常规的资料整理

常规资料整理是指调查工作进行中的阶段性资料整理、年度资料整理和工作小结、年度工作总结。

资料整理内容应包括收集的和调查中获得的各种原始资料，野外试验成果，室内实验、测试、化验成果，中间性综合分析研究成果。

资料整理应做到时间及时、内容系统完整、资料准确可靠，各种图表齐全，便于应用。

8.1.1.3 建立区域水文地质数据库

（1）外部数据库建设应包含可以应用的全部调查和收集获得的资料。内容包括钻孔、机民井、泉、抽水试验、水文地质参数、集中供水水源地、地下水动态、地表水测流、水质分析、岩土化学分析、岩土物理水理性质测试、同位素测试、地球物理勘探等资料和成果。

（2）建立地质构造图、地貌图、岩相古地理图、实际材料图、水文地质图、地下水等水位（水压）线与埋深图、地下水水化学图等图形库。

（3）数据库建设应对资料进行核实校对，保证资料的真实、可靠，并符合有关技术标准或技术要求。

（4）建成的数据库应具有数据更新、查询、统计等功能，并能和水文地质空间信息分析系统相连接。

（5）数据库建设应该和调查工作同步进行，贯穿于调查工作全过程。

8.1.1.4　野外验收前的资料整理

在野外工作全部结束后，全面整理各项实际资料，检查核实其质量和完备程度，整理卷清各类表格和图件，为成果编制奠定基础。资料整理内容包括[1]：

（1）各种原始记录、表格、卡片、汇总表和统计表。

（2）钻孔、机民井、抽水试验综合成果表。

（3）实测的地层剖面、地质构造剖面、地貌剖面、水文地质剖面。

（4）各项水文地质试验、室内鉴定试验分析资料。

（5）典型遥感影像图、野外素描图、照片和摄像资料。

（6）地球物理勘探成果、遥感解译成果。

（7）专项研究成果，综合研究小结。

（8）各类图件，包括野外工作手图、实际材料图、研究程度图、地质图、地貌图、各种单要素图和综合分析图件等。

8.1.2　综合研究[1]

综合研究是区域水文地质调查中十分重要的工作之一，应与调查工作同步进行，并贯穿于调查工作的全过程；应密切结合调查工作的实际需要开展，并对调查工作起指导作用。

综合研究应针对调查区地质、水文地质研究程度，存在的主要水文地质问题和技术方法难点，有目的地进行。

对关键性问题，宜设立专题，开展专题研究。

8.2　水文地质调查成果的编制

8.2.1　基本要求

（1）要综合利用各类资料，充分反映水文地质调查所取得的成果。

（2）阐明区域水文地质条件，正确划分地下水系统，宜建立水文地质模型，科学评价地下水资源。

（3）阐明调查区存在的主要环境地质问题。

（4）成果必须数字化，以便于使用和资料更新、补充、修改。

（5）所有成果都应有纸质和光盘两种载体。

（6）调查报告宜针对专业人员、管理人员、社会大众等不同对象，提交不同的版本，以提高成果报告的利用率和利用效果。

（7）调查报告应在野外验收后六个月内完成。

8.2.2　成果的主要内容

（1）文字报告。

（2）附图。包括：①地下水资源图；②综合水文地质图；③地下水水化学图；④地下水环境图；⑤地下水资源开发利用图；⑥其他图件，如地貌图、地质图、基岩地质图、地下水等水位（压）线与埋藏深度图等[1]。

（3）附件。包括：①区域水文地质空间数据库及数据库说明书或建设工作报告；②遥感解译、物探、测试、监测、水资源计算等专项工作报告；③专题科研成果报告；④其他。

（4）原始资料。包括：①野外调查记录本、记录表（或卡片）；②野外调查手图、实际材料图；③地质、水文地质钻孔综合成果表册（包括本次施工的和收集的）；④各类采样测试报告、鉴定分析实验报告和汇总表；⑤气象、水文资料汇总表；⑥地下水动态监测成果汇总表和动态曲线图；⑦地下水水源地（包括开采的和已评价的）汇总表；⑧地下热水、矿水汇总表；⑨其他[1]。

8.2.3　图件的编制

8.2.3.1　图件编制的要求

（1）必编图件为实际材料图、地质地貌图、地下水资源图、综合水文地质图、地下水化学图、地下水环境图、地下水资源开发利用图；其他图件为选编图件，可根据调查区实际情况编制。主要图件比例尺为 1:250000；辅助图件或内容简单、资料少的图件，依据实用性选定比例尺，也可作为主要图件的镶图[1]。

（2）地理底图采用国家地理信息中心所建 1:250000 地理底图综合空间数据库数据，并视工作区情况，补充公路、铁路等现状资料或取舍不相关资料。

（3）编图使用的资料应准确，应采用规范的方法、步骤和统一的图例，客观地反映调查成果。

（4）图面安排应当合理，重点突出、层次分明、避让得当、图面清晰、实用易读。水文地质条件复杂、研究程度高的地区，可以将综合性图件分解，编制单要素图。

（5）所有图件均应数字化[1]。

8.2.3.2　必编图件的简介

1. 实际材料图

实际材料图是用来反映水文地质测绘工作的定额、工作量、工作计划、工作部署以及野外任务完成情况的平面图件。它是编制和检查、校对其他地质成果图件的资料依据。

应在图面上标示出：①野外测绘小组的临时基地位置、控制面积、地质观测点（天然露头、人工露头、岩溶塌陷点）位置及编号；②地下水调查点（泉、井、试坑、钻孔）位置及编号；③勘探点（洛阳铲孔、浅坑、浅钻、坑道、竖井、溶洞、落水洞）位置及编号；④试验点（钻孔抽水、民井抽水、渗水、压水、注水）位置及编号；⑤取样点（简分析水样、全分析水样、扰动土样、原状土样、岩石标本）位置及编号；⑥化石标本采集点的位置及编号；⑦观测路线的位置及进行方向；⑧勘探线和剖面线的位置及编号；⑨地下水动态、地震观测点的位置及编号；⑩节理统计点的位置及编号。此外，还应标出地表水体、河流观测点的位置及编号；水文站的位置、主要居民点的位置等。

2. 地质地貌图

地质地貌图是地质与地貌的综合图件。

该图应包含的地貌内容有[2]：①各种地貌单元的成因类型、分布范围；②各种与水文地质有关的微地貌现象及其分布范围；③各地貌单元的形成年代（相对或绝对）；④地层的岩性及地质构造（在剖面图上表示）；⑤地形等高线和主要居民分布点；⑥如有新构造运动（断裂、地裂缝）、岩溶塌陷、滑坡、泥石流等地质灾害点，需标出；⑦地貌单元的说明书及图例。

该图应包含的地质内容有[2]：①不同时代的各种成因类型的沉积物分布范围；②不同时代，不种成因类型的沉积物的接触关系及其岩性、岩相变化情况；③第四纪沉积层厚度及基岩出露的范围；④如有岩溶塌陷点、新构造断裂和褶皱、火山口、熔岩时，需突出表示；⑤某些重要的特殊地貌，如冰川、古海岸线、古湖岸线及第四纪以来海湖盆地的变化、古水文遗址（如古河道）等；⑥岩溶（溶洞、溶潭）、黄土、沙丘（用箭头表示沙丘移动方向）；⑦地表与被埋藏的洞穴堆积物，如泉华；⑧动植物化石采集点、古代人类活动和文化遗迹点；⑨剖面和控制性勘探点的位置及编号。

3. 地下水资源图

地下水资源图主要反映地下水系统划分及其对应的天然资源和开采资源。地下水资源图的基本内容为地下水系统与含水层系统划分、地下水天然资源、地下水开采资源等。每幅图的范围一般按地下水系统或按流域圈定。地下水资源图以反映天然资源为主，其资源量一般采用补给模数表示，可开采资源（允许开采量）作为次要因素表示。本图所表示的资源量相当于国家分级标准中的 D 级。编图方法可以参照国土资源部《地下水资源图编图方法指南（2001 年）》。

4. 综合水文地质图

综合水文地质图包括水文地质平面图、水文地质剖面图、综合水文地质柱状剖面图、辅助图件、典型地段的水文地质剖面图及说明书。在多层结构含水层系统地区也可按各含水层系统单独编制水文地质图。水文地质图基本内容为地下水类型、埋藏条件、单井涌水量（分级表示）、地下水溶解性总固体（TDS 分级表示），地下水系统边界条件，地下水补给、径流、排泄条件等。

5. 地下水水化学图

地下水水化学图的基本内容为：地下水化学类型、溶解性总固体（TDS）以及有益或有害成分的分布。可根据水文地质条件和需要，编制不同方向的水化学剖面图。地下水水质变化大的地区，可增加地下水质量内容或编制地下水质量镶图[1]。

6. 地下水环境图

地下水环境图主要反映地下水质量及其与地下水资源开发利用有关的环境地质问题的类型、分布及发展趋势。基本内容为地下水质量分级、地下水开发利用引起的环境地质问题（主要包括区域地下水位下降、地面沉降、地裂缝、岩溶塌陷、海水入侵、地面塌陷等）、生态环境问题（主要包括植被退化、土地荒漠化、土壤盐渍化等）[1]。

7. 地下水资源开发利用图

地下水资源开发利用图主要反映地下水资源的开发利用条件、开发利用现状和可持续开发利用区划。开发利用条件简要反映地下水类型、富水地段和富水层位。开发利用现状简要反映目前的开发地点、开发层位、开发方式和开采量。可持续开发利用区划是该图的主要内容，主要反映规划的开发地段、开发层位、开发方式和开采量及开发利用潜力[1]。

8.2.4　综合水文地质图的编制

1. 目的和任务

综合水文地质图，实际上是把野外各种水文地质现象，用特定的符号和方式，缩小反映到图纸上的一种综合性地质—水文地质图件。编制综合水文地质图的目的是全面地、系统地、清晰地反映研究地区的水文地质规律，要显示出研究区地下水的类型及埋藏条件、含水岩组的富水性、水质、水量的变化规律[2]。

综合水文地质图是水文地质勘察的主要成果之一，是水文地质普查、勘探实验、长期观测等野外资料的综合反映，因此，要以实际调查的资料（包括勘察成果）为主，并充分搜集研究区已有的资料进行编制。但它又不是野外现象的简单罗列，而是去伪存真、由表及里地把所收集的资料进一步系统化并从理论上提高，更深刻地反映出区域的地质—水文地质条件的规律性[2]。

2. 内容

综合水文地质图的主要组成内容包括：①水文地质平面图（附图例）；②水文地质剖面图；③综合水文地质柱状剖面图；④辅助图件（如地下水资源分区图、地貌图）；⑤典型地段的水文地质剖面图；⑥说明书。

3. 平面图的编制要求和包含的内容

平面图要反映多种水文地质因素，并有重点地突出含水岩组的富水程度。基本原则是：立足于地下水资源的分布规律，考虑水资源的综合评价，突出水资源的远景区，兼顾一般的水文地质条件。潜水与承压水，松散岩层和基岩的含水岩组皆表现在一张图上；若下覆有主要含水岩组则以隐伏型加以表示，并有一定数量的代表性控制水点，以便尽可能地反映较具体的水文地质条件。小比例尺的地表水资源分布图和地下水资源远景区划图也可以插图形式放在说明书中。

平面图中要标出的主要水文地质内容：①含水岩组的分布。要求以地质年代表示含水岩组的垂向顺序；②含水岩组的富水程度。在研究程度高的地区，含水岩组的富水性变化以井（孔）的涌水量的数值圈出，其富水程度的指标则在图例中标明；③含水层顶底板的埋藏深度；潜水、浅层承压水的水位埋深；各类双层含水层结构及其下伏含水层顶板的埋深及富水性；④地下水的化学类型和矿化度。矿化度的分级；热矿水分布；有害组分等值线等。⑤典型的自流水盆地分布；⑥地层代号及分布界线；⑦地质构造特征。要标出与地下水有关的断裂、褶皱等；⑧地表水系。要反映出地下水补给、径流、排泄与地表水的关系；⑨代表性的控制水点，如泉、井等；⑩某些重点地貌现象，如阶地、溶洞、暗河等。

水文地质图图面颜色总体色调应清淡，着色和地质图极为不同。水文地质图的着色应参考《中华人民共和国水文地质图集》的着色原则，即：①松散岩类孔隙含水岩体——用黄色；②碎屑岩类裂隙含水岩体——用褐色；③可溶岩类岩溶含水岩体——用蓝色；④块状岩类火成岩裂隙含水岩体——用红色。

对于变质岩类中的板岩、片岩按碎屑岩类裂隙含水岩体着色（用褐色）；对于白云岩、大理岩可按可溶岩类岩溶含水岩体着色（用蓝色）。对于片麻岩、混合岩按块状岩类火成岩裂隙含水岩体着色（用红色）；水文地质剖面图潜水位以上透水但不含水的岩层不着色，隔水层可用黑色正交网格表示。剖面图的图例要按照 GB/T 14538—93《综合水文地质图图例及色标》的规定来实施。

4. 主图的特点

目前编制的水文地质图主要有以下几个特点[2]：

（1）首先，按原地质矿产部颁布《区域水文地质普查规范补充规定》的编图原则，该图要划分五种基本类型的地下水，即松散岩类孔隙水、碎屑岩类裂隙孔隙水、岩溶水、基岩裂隙水、冻结层水。每种类型还可分为若干亚类。其次，按基本类型划分富水性等级。再次，要把地下水埋藏条件和水化学资料等表示在图上。

（2）采用底色法和区域法相结合，以反映上部（潜水或浅层水）、下部（承压水或深层水）两个含水岩组及其富水性与埋藏条件；岩溶水地区要反映出裸露的与埋藏的岩溶水的富水性。松散岩类孔隙水的富水等级和基岩裂隙水的富水等级划分可参照表 8-1、表 8-2 进行。

表 8-1　　　　　　　　　　　松散岩类孔隙水的富水等级划分表

地　区	富水性等级	单井涌水量 /(m³/d)	单位涌水量 /[L/(s·m)]	地下水补给模数 [/L/(s·km²)]
山前地区	极丰富	>5000	>5	>20
	丰富	1000~5000	1~5	7~20
	中等	100~1000	0.5~1	3~7
	微弱	<100	<0.5	<3
平原地区	丰富	>3000	>3	>15
	中等	1000~3000	1~3	10~15
	微弱	100~1000	0.5~1	5~10
	弱	<100	<0.5	<5
滨海地区	丰富	>500	>2	>10
	中等	200~500	1~2	5~10
	微弱	100~200	0.5~1	3~5
	弱	<100	<0.5	<3

表 8-2　　　　　　　　　　　基岩裂隙水的富水等级划分表

地下水类型	富水性等级	单井涌水量 /(m³/d)	泉水流量 /(L/s)	地下水径流模数 /[L/(s·km²)]
碎屑岩 裂隙孔隙水	丰富	>500	>50	>5
	中等	300~500	10~50	3~5
	微弱	100~300	5~10	1~3
	弱	<100	<5	<1

续表

地下水类型	富水性等级	单井涌水量 /(m³/d)	泉水流量 /(L/s)	地下水径流模数 /[L/(s·km²)]
碳酸岩类裂隙溶洞水	丰富	>3000	>1000	>15
	中等	1000～3000	500～1000	7～15
	微弱	100～1000	100～500	1～7
	弱	<100	<100	<1
基岩裂隙水	丰富	>700	>100	>7
	中等	300～700	50～100	3～7
	微弱	100～300	10～50	1～3
	弱	<100	<10	<1

（3）咸水地区要反映出淡水、咸水、微咸水的分布范围及地下水污染和有害组分的分布特征。

（4）通过区域剖面与重点剖面结合的透视图反映出含水层的结构，地下水的水质、水量与地下水的补、排关系。

（5）运用地质力学方法反映线状充水构造或地下热水分布。

（6）采用小比例尺镶图方法进一步反映重点地区的水文地质特征。

（7）编写水文地质图说明书，全面阐述各类地下水的形成条件、分布规律，五大类型地下水的特征，地下水的开发利用情况、水资源的保护措施；提出防止地下污染的建议等。

8.3　水文地质调查报告书

文字报告是调查成果的重要组成部分，其目的在于阐明调查区的地质、水文地质条件以及讨论如何开发利用或防治地下水危害等生产问题，同时也是对水文地质图系进行补充说明。调查报告不能简单地罗列调查到的现象，而应抓住核心问题进行阐述和论证。要做到论据充分、条理分明、语言精练。下面仍以1∶250000区域水文地质调查为例。

根据中国地质调查局工作颁布的标准DD 2004—01《1∶250000区域水文地质调查技术要求》，1∶250000区域水文地质调查报告应包括以下内容[1]：

（1）前言。包括任务来源、目的、任务和意义，任务书编号及其主要要求，项目编码、工作起止时间；工作区以往地质水文地质研究程度及地下水开发利用现状和规划；调查工作过程以及完成的工作量，调查工作质量评述，本次调查工作的主要成果或进展。

（2）地理位置、社会经济发展与水资源。

（3）地下水形成的自然条件。包括气象水文、地形地貌、地质构造、地质发展史、新构造运动特征等。

（4）水文地质。包括地下水系统与含水层系统及划分边界条件，地下水储存条件与分布规律，地下水类型或含水岩组特征，地下水补给、径流、排泄条件，地下水水化学特征与水质评价，同位素水文地质，地下水成因，地下水富水地段等。

（5）环境地质。包括与地下水有关的环境地质问题的类型、分布、形成条件与产生原因，以及发展趋势预测。

（6）地下水资源评价。包括评价原则、水文地质概念模型与数学模型、计算方法、水文地质参数确定，天然资源量计算、可开采量计算及其保证程度论证，地下水质量评价，地下水开发利用条件分析，地下水开采现状及开采潜力评价，开采方案与开采量，地下水开发环境效应评价。

（7）地下水可持续开发利用方案与水资源保护。在全面分析各开采方案地下水的补给保证程度和可能产生的环境地质问题的基础上，提出地下水可持续开发利用方案与水资源保护方案。

（8）结论和建议。包括调查工作的主要成果，合理利用和保护地下水资源与生态环境的建议，本次工作存在的问题，下一步工作建议。

文字报告部分可以根据工作区实际情况，增加或附有关内容。例如：地下热水、矿水、矿产资源、岩相古地理、岩溶发育规律，主要城镇供水水文地质条件，高氟水的形成条件与分布规律，调查经费使用情况等[1]。

参　考　文　献

［1］　中国地质调查局工作标准 . DD 2004—01　1：250000 区域水文地质调查技术要求［S］. 北京：地质出版社，2004.

［2］　史长春 . 水文地质勘察（上册）［M］. 北京：水利电力出版社，1983.

第 2 篇

各类专门性的水文地质勘察

第9章

供水水文地质勘察

地下水资源是水资源的重要组成部分。在中国，地下水资源要占水资源总量的1/3。中国有310多个城市以开采地下水作为城市供水水源，约占全国城市的71%。在北方地区，70%的生活用水、60%的工业用水和45%的农业灌溉用水均依靠地下水。在省级行政区中，利用地下水源供水超过50%的省（直辖市）有河北、北京、山西等，其中河北省高达80.9%。南方地区地下水资源的利用量也在逐年增加。地下水资源已成为支持中国国民经济可持续发展的重要支柱。

9.1 不同水源地供水水文地质勘察的要求

9.1.1 地下水源地的类型

根据含水层的类型、特征及分布情况，可将水源地划分为四类十三型（表9-1）[1]。

如根据地下水的类别、含水层结构、地下水补、径、排条件及水质特征，对地下水勘察的难易程度等，可将水源地划分为三类九型（表9-2）[1]。

9.1.2 各类型水源地应查明的水文地质问题

各类型水源地，除查明一般水文地质条件外，还应根据各自的特点，有针对性地查明相应的专门水文地质问题。

（1）山间河谷及傍河型水源地一般应查明：①河谷与河谷阶地的类型、分布范围，河道的分布范围，河流水文特征；②山区地下水对河谷地下水的补给作用；③地下水与河水在不同的河谷地段和不同时期的相互补排关系；④河水补给地下水途径、补给带宽度、河床沉积物结构。对多泥沙河流还应尽可能确定淤积系数[1]。

（2）冲洪积扇型水源地一般应查明：①山前冲洪积扇和掩埋冲洪积扇的沉积结构、分布范围及水文地质条件；②山区与平原的接触关系、山前断裂与拗陷对冲洪积扇的形成作用，调查本流域范围内的山区水文地质条件及山区河流与地下水对平原地下水的补给特征；③地下水溢出带的分布范围、溢流量[1]。

表9-1   水源地水文地质类型（据 DZ 44—86《城镇及工矿供水水文地质勘察规范》）

类 型		分 布 地 区
孔隙水类水源地	山间河谷型	狭长山间河谷地区
	傍河型	具有常水头河流的傍河冲积平原地区
	冲洪积扇型	山前冲积、洪积倾斜平原及山间盆地冲积、洪积扇地区
	冲积、湖积平原型	山前冲积、洪积倾斜平原至滨海平原之间的宽阔平原及大型盆地的中部地区
	滨海平原型	滨海平原地区
	河口三角洲型	河流入海口及内陆湖口三角洲地区
岩溶水类水源地	裸露岩溶型	碳酸盐岩类大片或块段出露地区
	隐伏岩溶型	岩溶地层大部分被其他地层覆盖地区
裂隙水类水源地	红层孔隙裂隙型	主要指三叠纪以后的、以红色为主夹有杂色薄层的泥岩、砂岩、砾岩分布区
	碎屑岩裂隙型	指侏罗纪以前的以砂岩、页岩为主的地层分布区
	玄武岩裂隙孔洞型	主要指新生代玄武岩分布区
	块状岩石孔隙裂隙型	主要指火成岩、片麻岩、混合岩分布区的风化带、接触带、断裂带
混合类型		两种或两种以上水源地类型分布区

注   考虑到有些水源地类型资料不多，如黄土型、沙漠型、冻土型等，暂不列入本表。

表9-2   水源地勘察难易程度分类（据 DZ 44—86《城镇及工矿供水水文地质勘察规范》）

类 型		水 文 地 质 特 征
孔隙水类	简单型	浅埋的单层或双层含水层，岩性、厚度比较稳定或有规律的变化，补给条件较好，水质简单
	中等型	双层或多层含水层，岩性、厚度不很稳定，补给条件与水质比较复杂
	复杂型	埋藏较深的多层含水层，岩性及厚度变化较大，补给条件不易搞清，水质复杂或咸、淡水相间，开采后易与咸水层或海水发生水力联系
岩溶水类	简单型	地质构造简单，可溶岩裸露或半裸露，岩溶发育比较均匀，地下水补给边界条件简单
	中等型	地质构造比较复杂，可溶岩埋藏较浅（一般小于50m），岩溶发育不均匀，地下水补给边界条件较复杂
	复杂型	地质构造复杂，可溶岩埋藏较深，岩溶发育极不均匀，地下水补给边界条件复杂
裂隙水类	简单型	含水层比较稳定，补给条件及水质较好，埋藏条件比较简单，一般多为浅层层间承压水或强烈风化带潜水
	中等型	含水层不稳定，地质构造、补给条件及水质较为复杂，一般为深埋的断续分布的多层层间承压水或断裂带脉状水
	复杂型	地质构造复杂，含水层（带）分布极不均匀，一般为构造裂隙水或断裂带脉状水

（3）冲积、湖积平原型水源地一般应查明：①不同成因类型、不同河系堆积物的沉积关系，岩相特点及水文地质特征；②确定古河道、古湖泊的分布范围；③咸水体的空间分布范围及咸水体与淡水体的接触关系；④第四纪陆相与海相堆积物的接触

形式。

（4）滨海平原及河口三角洲型一般应查明：①海岸性质、海滨变迁、海水入侵范围及潮汐对地下水动态的影响，确定地下水、河水与海水之间的水力联系和补排关系；②三角洲的面积、河流冲积层和海相沉积层的空间分布位置，尽可能查明三角洲的形成时代和变迁情况；③咸、淡水层的空间分布范围，天然或开采条件下的补、排转化关系[1]。

（5）裸露岩溶型水源地一般应查明：①可溶岩与非可溶岩的界线及分布范围，圈定地下河补给区，大致确定地下水分水岭的位置及其变动情况；②地下河的分布及其大致轨迹；③地下河天窗、溶洞溶潭、季节性溢洪湖、落水洞、洼地、干谷、地下河出口以及地表水消失和再现等岩溶地质现象；④基本查明岩溶管道、洞穴、溶孔的发育规律及充填情况，查明岩溶发育程度及垂直分带；⑤调查地质构造、地层岩性、地形地貌、河流水文等因素与岩溶发育的关系，查明有利于岩溶水形成的地层层位，褶皱部位和断裂带等富水地段；⑥调查岩溶大泉的形成条件及主要控制因素，确定岩溶大泉的泉域范围、泉流量及泉水下游的地下水排泄量；⑦选择典型地段分别在旱季、雨季和洪峰期进行连通试验，以查明地下河连通情况和地下水的流向、流速、流量以及岩溶水在各通道之间、岩溶水与地表水之间的相互转化条件和补给关系；⑧对大型洞穴应进行专门调查与测量[1]。

（6）隐伏岩溶型一般应查明：①盖层类型（松散层或碎屑岩类盖层或双重盖层）、分布及厚度、盖层中的含水层与下伏岩溶含水层之间的关系，以及岩溶水的水力特征；②岩溶发育的主要层位、深度及其发育特征，着重研究地质构造与岩溶发育的关系；③确定主要岩溶洞穴通道的大体空间分布位置、充填情况、岩溶水的富集规律与边界条件；④当隐伏岩溶区相邻的补给区或排泄区为裸露岩溶时，应利用邻区水文地质资料，综合分析补给与排泄条件，作为该区岩溶水资源评价的依据；⑤岩溶矿区，应充分收集矿区水文地质资料，研究供、排结合的可能性[1]。

（7）红层孔隙裂隙型一般应查明：①红层中的溶蚀孔洞发育规律，以及砂岩、砾岩岩层的分布、厚度及富水性；②浅层孔隙裂隙潜水富集部位；③褶皱、断裂及裂隙对地下水富集规律的控制作用[1]。

（8）碎屑岩裂隙型一般应查明：①软硬相间地层组合情况及其中硬脆性岩层的厚度及裂隙发育程度，确定其局部富水地段，查明单一硬脆性岩层的断裂构造富水带；②可溶岩夹层的分布、溶蚀程度，确定其富水性；③不整合面和沉积间断面上出露的泉及其裂隙富水带[1]。

（9）玄武岩裂隙孔洞型一般应查明：①各期玄武岩顶气孔带、底气孔带、原生柱状裂隙、大型孔洞的发育特征和空间分布规律以及含水性能，各喷发间断期的沉积物特征及分布规律；②玄武岩裂隙、孔洞发育层与凝灰岩等隔水层接触带的富水情况。

（10）块状岩石孔隙裂隙型一般应查明：①风化壳的性质、深度、分布规律和含水性能，确定具有一定汇水面积的富水地段；②岩浆岩围岩接触蚀变带的类型、宽度、破碎情况和裂隙发育程度及其富水情况；③脉岩的岩性、产状、规模、穿插关系、透水性以及脉岩迎水面裂隙带和脉岩与断裂相交部位的富水程度；④断裂带与节理密集带的产状、规模、充填及富水情况[1]。

9.1.3　各类水源地的主要勘察方法及其工作量的要求

（1）供水水文地质勘察工作区范围。中型以上水源地可参照表 9-3 执行；小型水源地可根据供水目的和需水量而定[1]。

表 9-3　　　　　　　　　　中型以上水源地勘察工作区范围

（据 DZ 44—86《城镇及工矿供水水文地质勘察规范》）

勘察阶段	比 例 尺	测 绘 范 围	勘 探 范 围
前期论证阶段	1:20 万～1:5 万	根据城市、经济区或建设项目总体规划方案或设想，结合水文地质条件确定，应尽量包括完整的自然单元	
初步勘察阶段	1:5 万～1:2.5 万	前期论证阶段中确定的若干个富水地段所在的完整水文地质单元，平原地区可根据具体水文地质条件确定	主要在富水地段。必要时，在相邻水文地质单元布置少量勘探孔，以查明边界条件
详细勘察阶段	1:2.5 万～1:1 万		初步勘察阶段选定的水源地，宜大于预计地下水开采漏斗影响范围

（2）水文地质测绘的技术定额应根据勘察阶段、目的、任务、水文地质条件复杂程度和研究程度合理安排，不能平均使用。以解决水文地质问题为前提，满足相应勘察阶段的精度要求为准则，不能单纯追求工作量。

（3）地面物探工作一般在初步勘察阶段进行，详细勘察阶段只作些补充工作。工作量可参照相同比例尺的物探规程、规范执行。

（4）当进行试验性开采抽水试验时，还应适当增加抽水试验孔的钻探工作量。

（5）抽水试验工作量可按表 9-4 的规定执行。

表 9-4　　　　　　　　　　抽水试验工作量一览表

（据 DZ 44—86《城镇及工矿供水水文地质勘察规范》）

勘察阶段		试 验 类 别	孔隙水	岩溶水	裂 隙 水
初步勘察阶段	单孔抽水试验	抽水钻孔占控制性勘探孔（不包括观测孔）数的百分比（%）	>60	凡具有供水价值和对参数计算有意义的钻孔均应抽水	
		稳定时间/h	8～24		
	多孔抽水试验	抽水孔组数	每个有供水价值的参数区至少 1 组		
		最短延续时间/d	7	10	
详细勘察阶段	群孔干扰抽水	抽水孔组数	1		
		总抽水量占提交可开采量的百分比/%	>30	>50	
		最短延续时间/d	10	15	
	试验性开采抽水	抽水孔组数	1*		1
		总出水量	接近需水量		
		最短延续时间/d	30（枯水期进行）		

*　凡做了群孔干扰抽水试验的水源地，可不做试验性开采抽水试验。

（6）钻探工作量、水样分析工作量及分析项目可按 GB 50027—2001《供水水文地质勘察规范》的要求执行。

（7）岩（土）样分析工作量，对松散层地区的取芯孔应取粒度分析样。每个中型以上水源地尽量选取 1～2 个钻孔采取孢粉、微体古生物、古地磁等分析样品。对基岩地区，每个中型以上水源地应选 1～2 个钻孔采取岩石镜下鉴定样品；可溶岩应同时采取岩石化学分析样品。

（8）地下水动态观测范围应大于勘探区的范围。观测孔密度可按表 9-5 规定执行。表中观测尽量利用已有钻孔或其他水点，必要时可布置专门地下水动态观测孔。

（9）不同勘察阶段的勘察方法及工作内容可参照表 9-6 执行[1]。

表 9-5   **地下水动态观测孔密度**

（据 DZ 44—86《城镇及工矿供水水文地质勘察规范》）   单位：个/km²

勘察阶段	孔 隙 水	岩 溶 水		裂 隙 水
		裸露岩溶型	隐伏岩溶型	
初步勘察阶段	0.50～0.30	0.05～0.20	0.03～0.10	0.05～0.20
详细勘察阶段	0.3～0.5	0.2～0.4	0.1～0.3	0.2～0.4
开采阶段	0.2～0.4	0.1～0.3	0.1～0.4	0.1～0.3

注 供水水文地质勘察工作量，应根据水源地水文地质类型及水源地勘察难易程度分类来确定，简单型取工作量下限定额，复杂型取上限定额，中等型取中间值。

表 9-6   **不同勘察阶段的勘察方法及工作内容**

（据 DZ 44—86《城镇及工矿供水水文地质勘察规范》）

勘察阶段	遥感	测绘	物探	钻探	水文地质试验	动态观测
前期论证阶段	搜集卫星图像、航空相片等遥感图像，进行室内水文地质解译，编制水文地质解译图	充分利用已有 1：20 万、1：10 万水文地质普查和其他地质、水文地质资料，有目的、有重点地进行地面踏勘。对有供水前景的地段，根据需要作少量水文地质调查	搜集、分析、整理地面物探和测井资料	若地区研究程度不能满足规划要求，可布置少量勘探孔	若计算参数不能满足规划要求，可做少量抽水试验	搜集地下水动态和水文气象资料，利用已有井、孔、泉和地表水测流点进行动态观测
初步勘察阶段	进行图像处理、野外验证，制作相片镶嵌图；编制详细水文地质解译图	全面进行水文地质测绘。若无相同比例尺的地质底图，应进行综合性地质、水文地质测绘	勘探区开展与测绘同比例尺的地面物探工作，全面开展地球物理测井；定量解译物探资料	布置控制性勘探孔、多孔抽水试验孔及观测孔	单孔抽水试验和多孔抽水试验	建立控制性地下水长期观测孔和井、泉、地表水测流点

续表

勘察阶段	遥 感	测 绘	物 探	钻 探	水文地质试验	动态观测
详细勘察阶段		根据需要对水源区进行补充水文地质测绘	少量补充性物探工作	布置群孔干扰抽水试验孔或试验性开采抽水孔及观测孔	进行群孔干扰抽水试验或试验性开采抽水试验,根据需要补充单孔及多孔抽水试验	在初步勘察基础上健全地下水观测网点
开采阶段		专门性水文地质调查	专门性地面物探和测井工作	专门性钻探	试验性开采抽水试验和其他专门性试验研究,如模拟试验、开采技术研究、地下水污染机理问题研究等	继续地下水和地表水的长期观测工作,建立地下水动态预报模型,并建立与专门性试验有关的观测工作

9.2　井位的确定与取水构筑物

9.2.1　取水地段的选择

解决打井取水问题的关键是科学确定取水点。井位的选择,必须在水文地质勘察成果的基础上,详细地分析与对比取水条件的利弊而确定。一般考虑以下几方面:

(1) 离用水点近。孔隙含水层一般范围比较大,其透水性在平面上变化不大,因此主要考虑引水成本。为了节省引水管路投资,易于管理,送电方便,不占用其他单位的土地等,一般尽可能离用水点近些。

(2) 远离污染源,开采时不争夺其他水源,不引起地面塌陷、地面沉降等不良后果的地段。

(3) 透水性良好的地段。如山前洪积扇、河流近旁。

(4) 地貌低洼处。地形地貌控制着地下水的补给和汇水,因此一般情况下,盆地、洼地及沟谷低地,要比分水岭、高坡和斜坡地富水;集水面积大的比集水面积小的地区富水。有经验的群众,从实践中总结了寻找裂隙水的宝贵经验,如"大山低嘴下,打井泉水大""两沟相交,泉水滔滔""两山夹孤山,常常水不干""山扭头,有水流"等。

(5) 物探异常点。在基岩浅埋或裸露区,一般采取构造裂隙水或岩溶地下水,此时必须利用详细的物探勘探资料来确定井点。井点的定位必须十分精确,如稍有误差,很可能出现干井。

9.2.2　取水构筑物的类型

地下水取水构筑物 (work for ground water collection) 是指从地下含水层取集表层渗透水、潜水、承压水和泉水等地下水的构筑物。有管井、大口井、辐射井、渗渠、泉室等类型。

(1) 管井（drilled well）。由井口、井壁管、过滤器及沉淀管组成的水井。其井较深，井径较小。它是垂直安置于地下的取水或保护地下水的管状构筑物，是目前应用最广的形式，适用于埋藏较深、厚度较大的含水层。一般用钢管做井壁，在含水层部位设滤水管进水，防止砂砾进入井内。管井口径通常在 500mm 以下，深几十米至百余米，甚至几百米。单井出水量一般为每日数百至数千立方米。管井的提水设备一般为深井泵或深井潜水泵。

(2) 筒井（dug well）和大口井（large opening well）。井深不超过 20m 的水井。井径为 1～2m 的称为筒井，而井径为 2～8m 的称为大口井（也称宽井）。它们适用于埋藏较浅的含水层，井身用钢筋混凝土、砖、石等材料砌筑。取水泵房可以和井身合建也可分建，也有几个大口井用虹吸管相连通后合建一个泵房的。大口井由井壁进水或与井底共同进水，井壁上的进水孔和井底均应填铺一定级配的砂砾滤层，以防取水时进砂。单井出水量一般较管井为大。中国东北地区及铁路供水应用较多。

(3) 辐射井（radial well）。是由垂直集水井和水平集水管（孔）联合构成的一种井型，即从集水井壁上沿径向设置辐射井管借以取集地下水的构筑物，因其水平集水管呈辐射状故得名为辐射井。它适用于含水层埋深较浅且透水性较差、单井出水量较小的地区。辐射管口径一般为 100～250mm，长度为 10～30m。单井出水量大于管井。

(4) 渗渠（infiltration gallery）。适用于埋深较浅、补给和透水条件较好的含水层。利用水平集水渠以取集浅层地下水或河床、水库底的渗透水的取水构筑物，由水平集水渠、集水井和泵站组成。集水渠由集水管和反滤层组成。集水管可以为穿孔的钢筋混凝土管或浆砌块石暗渠，集水管的口径一般为 0.5～1.0m，长度为数十米至数百米，管外设置由砂子和级配砾石组成的反滤层，出水量一般为 20～30m³/(m·d)。

(5) 泉室（spring well）。取集泉水的构筑物。对于由下而上涌出地面的自流泉，可用底部进水的泉室，其构造类似大口井。对于从倾斜的山坡或河谷流出的潜水泉，可用侧面进水的泉室。泉室可为砖、石或钢筋混凝土结构，设置有溢水管、通气管和放空管。

此外，还有渗流井、斜井、大池（平塘）、现代新疆的萨吾尔井等不常见的取水构筑物。在古代，还有著名的新疆的坎儿井。

现代岩溶地下河开发工程中，修建地下岩溶水库也是地下水开发利用的一种重要方式。现我国已有湖南省保靖县的白岩河地下河水库、湘西洛塔大瓜拉洞地下—地表水库、广西来宾县小平阳岩溶地下水库、贵州省普定县的母猪洞地下水库、马官地下水库，贵州仁怀长岗出水洞地下河水库，重庆市江北县海底沟岩溶地下水库等[2]。

9.3　地下水资源的分类和评价原则

在地下水开发利用过程中一般还需要计算地下水的补给量、储存量和可开采量；需要计算在一定的开采条件下、在规定的开采期限内，地下水位的下降程度及下降是否在允许的范围之内。

9.3.1　地下水资源的分类

由于地下水量具有可恢复性、活动性和调节性等特点，因而对地下水量的准确表达较困难，出现了许多不同的术语和分类。对地下水资源的分类目前尚未取得统一和完善，有待进一步研究解决。

1. 地下水储量的分类

20 世纪 50 年代中国曾采用苏联地下水储量分类，该分类将地下水储量分为动储量、调节储量、静储量及开采储量等四类。其概念如下[3]：

（1）动储量。是指单位时间流经含水层横断面的地下水体积，即地下水的天然流量。

（2）静储量。是指地下水位年变动带以下含水层中储存的重力水体积。

（3）调节储量。是指地下水位年变动带内重力水的体积。

（4）开采储量。是指用技术经济合理的取水工程能从含水层中取出的水量，并在预定开采期内不致发生水量减少、水质恶化等不良后果。

该分类在一定程度上反映了地下水量在天然状态下一定的客观规律，在中国地下水资源评价中曾起过一定的作用。但在长期使用后发现它存在不少问题，如分类中有许多重复量，没有说明应用条件等，因此在 20 世纪 70 年代以后，这种分类法在中国不再被使用。

2. 相关规范及书籍中的分类

GBJ 27—88《供水水文地质勘察规范》和 DZ 44—86《城镇及工矿供水水文地质勘察规范》将地下水资源划分为地下水的补给量、储存量和允许开采量。此外，《城市地下水工程与管理手册》也推荐这一分类[4]。其概念如下：

（1）补给量。是指单位时间内通过各种途径由外界进入地下水系统的总量。它包括了天然补给量、开采补给增量和人工补给量等。

（2）储存量。是指储存于含水层内的重力水体积，其中包括容积储存量、弹性储存量和弱含水层的释水量。

（3）可开采量。是指在一定的技术经济条件下，采用合理开采方案和合理开采动态，在整个开采期间不明显袭夺已有水源地、不发生危害性的环境地质问题的前提下允许开采的水量。它包括开采时可夺取的天然补给量或排泄量、开采补给增量、可利用的储存量和人工补给量。

3. GB 15218—94《地下水资源分类分级标准》中的分类

在 1994 年颁布的 GB 15218—94《地下水资源分类分级标准》中，将地下水资源划分为能利用的资源（允许开采资源）和尚难利用的资源两类，这两种划分方法之间的关系如图 9-1 和图 9-2 所示[5]。

4. GB/T 14157—93《水文地质术语》对地下水资源地下水天然资源和地下水开采资源的定义

（1）地下水资源。据 GB/T 14157—93，地下水资源为含水层中具有利用价值的地下水水量。利用价值是指地下水埋藏、富水性、水质等可作为当前或未来技术经济条件开发利用，具有现实或潜在的经济意义。地下水资源由补给资源和储存资源构成。同时按 GB 15218—94，地下水资源划分为能利用的资源（允许开采资源）和尚

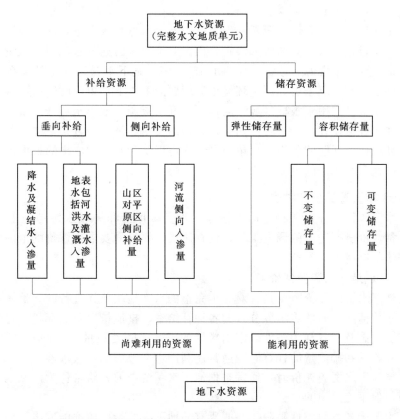

图9-1 地下水资源的组成关系图（据 李伯权，2001）

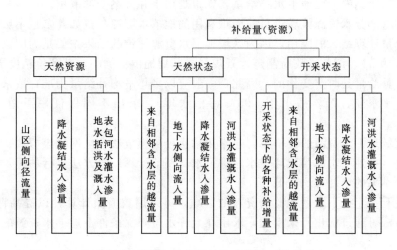

图9-2 地下水天然资源与补给量的组成分析（据 李伯权，2001）

难利用的资源两类[5]。

（2）地下水天然资源。按 GB/T 14157—93 规定，地下水天然资源是指天然条件下，地下水在循环交替过程中，可以得到恢复的那部分水量，即多年平均补给量。地下水补给量是指在天然或开采条件下，单位时间内以各种方式进入到含水层中的水量。用均衡法计算时，天然资源量一般包括天然（自然）状态下，河（渠）水、洪水及田间水入渗量，降水、凝结水入渗量，山区对平原区的地下水侧向流入量[5]。

（3）地下水开采资源。依据 GB/T 14157—93，地下水开采资源是指在一定的技术经济条件下，在不至于引起严重环境地质问题的前提下，单位时间内可从含水层中提取的地下水量。它用于表征区域性的地下水开采资源。地下水可开采量（允许开采量）是指在水源地设计的开采时期内，以合理的技术经济开采方案，在不引起开采条件恶化和环境地质问题的前提下，单位时间内可以从含水层中取出的最大水量，常用于表征集中地下水源地的可开采水量[5]。

9.3.2 地下水资源评价的种类

地下水资源评价分为两种，即区域地下水资源评价和局域水源地地下水资源评价。每一种评价所要进行的调查工作、调查阶段、评价的要求、评价的范围和所采用的计算方法都有所不同[6,7]。

9.3.2.1 区域地下水资源评价

区域地下水资源评价主要是针对一个完整的水文地质单元进行的评价。常用的评价方法是水均衡法，即估算出各分区的各种补给量、排泄量以及储存量，在此基础上结合环境、生态及开发利用条件确定出区域的可开采的资源量（允许开采量）。对各分区进行补给量和排泄量的计算时，通常还利用水文地质比拟法求参。

在区域地下水资源评价时，通常是把地下水系统中的补给量作为区域地下水的可开采资源，但不可忽视的是：

（1）由于受各方面条件限制，并非所有的地下水补给资源都能取出。如根据降雨入渗法计算得到的山区地下水补给量，就很难用水井方案全部取出。不能利用开采方案取出的这部分水资源就属于目前尚难利用的地下水资源。虽如此，也不影响区域地下水资源量计算结果的应用，因为区域地下水资源评价的结果主要是为国家、省（自治区、直辖市）、市各级政府制定远景规划或区划提供依据的，其评价精度要求不高。

（2）补给量是时空变化的，因此，一般应以多年平均补给量为准，或采用典型年法（50%平水年、75%枯水年、95%特枯水年），求出不同保证率下地下水的补给量[8]。

在区域地下水资源的评价中，还常用枯水径流模数法、电网络模拟法、地下水库容调节法（把地下水库当成地表水库进行水利调节计算）等方法进行估算。使用这些方法评价结果的精度都比较低。

在具有多年地下水动态监测资料的区域，可采用数值法计算，以提高评价精度，因为数值法可通过优化开采模式，求出在允许水位降深条件下地下水资源的最大可采总量。

9.3.2.2 局域水源地地下水资源评价

局域水源地地下水资源评价是为一个开采影响未达到地下水系统边界的水源地（甚至是某个开采井）进行的评价。其评价的内容主要有两方面：①计算允许开采量；②提出合理的取水方案。其允许开采量与开采方案、井群布局、上下游状况、取水构筑物等密切相关，具有一定的人为因素[6-8]。

局域水源地地下水资源评价所要求的精度高，一般要求达到 B 级或 C 级精度，有多年开采动态资料的地区要求达到 A 级精度。其地下水资源量的计算方法常用开采试验法（开采抽水法、补偿疏干法、相关曲线法）。

有多年开采动态资料的地区也可用数值法，但由于水源地外围可能没有适合的边界条件，往往需要把计算范围扩大至流域边界，这不仅增加了工作量，同时也常因为水源地外围的观测点太少、观测数据精度太低而影响到计算结果。此外，由于数值法本身对水文地质条件概化和参数取值方面有一些误差（如对降雨入渗量、灌溉水入渗量的估算过于粗略，地下水通过"天窗"及止水不良的钻孔发生垂向运动或含水层间发生的越流未能模拟，参数取值受人为影响大等），以及在开采条件下水文地质参数的变化也往往没有考虑（含水层被疏干时，包气带增厚，含水层变薄，其包气带的岩性和含水层的岩性重新界定，由此降雨入渗系数、给水度、含水层的渗透系数都有可能发生变化），在开采条件下夺取天然补充量、截取天然排泄量方面的反应也没有开采试验法那么灵敏，这都使得数值法在局域水源地水资源评价中的精度没有开采试验法的高。

当然，开采试验法本身也有一些缺点，如利用旱季抽水试验资料求得的补给量作为允许开采量比较保守、要花费大量的人力物力进行试验、利用相关曲线外推法没有考虑到扩大开采时补给量是否能增加等。其具体做法见附录 3。

9.3.3　地下水资源评价的原则

（1）按类型评价。由于区域地下水资源评价和局域水源地地下水资源评价在评价精度的要求、所采用的评价方法等方面都有所不同，因此在进行水资源调查、提交的勘察报告等方面都应按各自的要求进行。

（2）按可持续利用的原则。即在保证生态良性循环的前提下，让地下水系统能持续提供一定的水资源量[8]。

（3）"三水"相互转化，统一评价的原则。要求在评价时要仔细研究地表水与地下水之间的转化关系，避免重复计算[8]。

（4）"以丰补歉"合理调控原则。在整个开采期限内要求不变储量不能减少，但当枯水期因补给量不足时，可以使用储存量，但是必须从丰水期得到的补给量加以偿还[8]。

（5）按"激化开采"的观点评价。就是以开采状态下实测所得的参数或实测所得的均衡要素为准，以此来计算地下水的允许开采量。此外还应考虑在保证正常取水的前提下，利用引水工程，最大限度地夺取补充量、截取天然排泄量以满足各种用水的需要[9]。

（6）水质与水量同时评价，以及要对地下水资源开发引起的环境效应进行评价。对地下水资源的评价不单是对其水资源量进行计算，还要针对其供水的要求进行水质评价。只有当地下水的水质符合要求的前提下，再计算一个区域或一个水源地的地下水允许开采量[6,7]。对地下水资源开发环境效应评价主要是针对地下水开发引起的环境负效应和正效应，评价的内容包括地下水开发利用引起的或可能引起的地质环境问题、水环境问题和生态环境问题三类，并包括现状评价和预测评价两个方面。

9.4　地下水允许开采量的分级与确定方法

地下水可开采量是指在经济合理、技术可能和不造成水位持续下降、水质恶化及其他不良后果条件下可供开采的地下水量。地下水可开采量是开发利用地下水资源的一项重要数据。它是在一定期限内既有补给保证，又能从含水层中取出的稳定开采量。

地下水资源受开采条件的限制，往往不能全部被开采利用。因此，需对地下水资源量中的可开采量进行评价。

9.4.1　地下水允许开采量的分级

全国矿产储量委员会制定《地下水资源分类分级》，并于 1994 年由国家技术监督局颁布为国家标准（GB 15218—94）。在该标准中，将地下水的允许开采量分为 A、B、C、D、E 五级。每一级都与地下水资源的调查和勘探的一定级别相对应，并且有一定的适用范围。

（1）A 级允许开采量是经过多年开采验证的地下水允许开采量，是水源地扩建勘探报告所要提交的允许开采量。要求水源地经过勘探和具有 3 年以上连续开采的水位、开采量、水质动态的观测资料，以及 1：1 万或 1：2.5 万的水源地水文地质图。该量可作为水源地合理开发和扩建、改建工程设计以及年度计划开采分配和管理的依据[4,8]。

（2）B 级允许开采量是水源地勘探报告所要提交的允许开采量。对通过详查或已选定的水源地，进一步部署一些勘探工作或水文地质试验，开展 1 年以上的地下水动态观测，已制作了 1：1 万或 1：2.5 万的水源地水文地质图。针对一些关键性问题，已开展了专题研究。在水文地质条件复杂而且需水量接近允许开采量的情况下，进行过大流量的、长时间的群井开采试验。B 级允许开采量可作为水源地及其主体工程设计的依据[4,8]。

（3）C 级允许开采量是水源地详查报告或区域水文地质详查报告所要提交的地下水资源量。水文地质图的比例尺分别为 1：2.5 万和 1：5 万。该级别地下水允许开采量的水文地质研究程度为：通过水文地质测绘、物探、单孔抽水试验、多孔抽水试验（带观测孔的单孔抽水）、水质分析，以及半年以上（含枯水期）的地下水动态长期观测，已基本查明了主要含水层的空间分布、水力联系、导水性、水质特征和边界条件。基本掌握了地下水的补给、径流、排泄条件，对地下水的开发利用现状、规划及存在的问题进行过详细地调查和了解。该级允许开采量可作为城镇、厂矿供水总体规划，水源地及其主体工程可行性研究以及编制水源地勘探设计书的依据。在水文地质条件十分复杂、经过勘探还不能确定 B 级允许开采量时，C 级允许开采量也可作为水源地建设的依据[4,8]。

（4）D 级允许开采量是区域水文地质普查报告或水源地普查报告所要提交的地下水资源量。水文地质图的比例尺分别为 1：20 万和 1：5 万。其水文地质研究程度为：搜集现有的气象、水文、区域地质条件等资料，在此基础上进行水文地质或地质—水文地质综合测绘，初步查明主要含水层的埋藏条件、分布规律、富水程度、水质类型、动态规律，在代表性地段进行物探和单孔抽水试验，圈出了宜成井区。该级允许开采量可作为省、地、市一级制定农业区划或水利建设、工业布局等规划的依据，以及编制详查设计和水源地初步可行性研究的依据[4,8]。

（5）E 级允许开采量是大面积的区域水文地质调查报告估计的地下水资源量。相应的水文地质图的比例尺为 1：50 万，可作为国家或大区远景规划和农业区划的依据和水文地质普查设计的依据。其调查以收集资料为主，进行一些路线调查；采用均衡法、比拟法等简单方法对地下水的资源量进行估算；对地下水的开采所需的技术经济条件和开采可能出现的环境问题作出概略评价[4,8]。

9.4.2 确定地下水允许开采量的要求

根据 GB 50027—2001《供水水文地质勘察规范》，允许开采量的计算和确定应符合下列要求[10]：

（1）取水方案在技术上可行，经济上合理。

（2）在整个开采期内动水位不超过设计值，出水量不会减少。

（3）水质、水温的变化不超过允许范围。

（4）不发生危害性的环境地质现象和影响已建水源地的正常生产。

9.4.3 地下水允许开采量的确定方法

地下水允许开采量的计算方法目前主要有以下几种[10]：

1. 水均衡法

水量均衡法是全面研究某一地区（均衡区）在一定时期内（均衡期，一般为 1 年）地下水的补给量、储存量和消耗量之间的数量转化关系，以评价地下水的允许开采量。当能够确定勘察区地下水在开采条件下的各项均衡要素时，宜采用水均衡法确定允许开采量。

均衡法评价的步骤是：①划分均衡区，确定均衡期，建立均衡方程；②测定每个区的各项均衡要素值（具体方法可参见 6.3 节）；③将各项均衡要素值代入均衡方程中，计算各均衡区的允许开采量。最后把各均衡区的允许开采量进行总和，便得到全区的总允许开采量[3]。

采用水均衡法评价时，应当注意对均衡区、均衡要素及均衡时段的选择。

均衡区的选择：原则上应为整个水文地质单元，但当勘察区或取水面积不大，仅为整个单元的一部分时，可以水源地或取水地段作为均衡区。

均衡要素的选择：包括补给量和消耗量。计算时应选择主要的项目，避免重复，同时应注意均衡要素在开采前后可能发生的变化，应以计算和确定开采条件下的均衡要素为主。

均衡时段的选择[10]：

（1）采用"多年平均"作为计算时段。目前实际工作中大致有以下三种方法：①采用平水年（$P=50\%$）的丰、平、枯季作为计算时段；②采用勘察年份的前几年（如取前 5 年或前 7 年）；③采用典型年组合，如取丰（$P=25\%$）、平（$P=50\%$）、枯（$P=75\%$）水三年作为计算时段（农田供水常用的计算时段）。实习工作中常应用后两种。

（2）采用需水保证率年份作为计算时段。如以岩溶泉作为供水水源时，以其流量频率曲线作为依据，按需水保证率（$P=95\%$ 或 $P=97\%$）的要求直接进行评价。

（3）采用连续枯水年组或设计枯水年组作计算时段。这是目前电力系统在傍河水源地下水资源评价中常用的方法。

2. 地下水断面径流量法

在地下水的补给以地下水径流为主，含水层的厚度不大、储存量很少且下游又允许疏干的情况下，可采用地下水断面径流量法确定允许开采量，但其值不宜大于最小的地下水径流量[10]。

3. 相关分析法

根据具体的条件选用多个变量或单个变量进行线性或非线性回归分析。

如田胜龙等（2006）曾应用多元线性回归理论对河北省邯郸地区黑龙洞泉域进行地下水资源评价。其数学模型是以大气降雨、人工开采量、地下水位为自变量，以泉流量为因变量，建立了如下的三元线性模型[11]：

$$\hat{y}=\hat{b}_0+\hat{b}_1 x_1+\hat{b}_2 x_2+\hat{b}_3 x_3 \tag{9-1}$$

式中：$\hat{y}$ 为泉流量，m^3/s；x_1 为面降雨量，mm；x_2 为人工开采量，$10^4 m^3$；x_3 为泉附近地下水位，m；$\hat{b}_0$、$\hat{b}_1$、$\hat{b}_2$、$\hat{b}_3$ 分别为待求的系数。

经过最小二乘法求解后，田胜龙等得到的回归方程为[11]：

$$\hat{y}=-98.01+0.002686 x_1-0.00009262 x_2+0.810 x_3 \tag{9-2}$$

利用该模型可在预定的地下水位降深和预测的降雨量后，通过控制人工开采量来调节泉流量。可见，该模型能为地下水资源的管理提供一种辅助手段。

常见的相关分析法是根据总出水量与区域漏斗中心处的水位下降的相关关系，计算单位下降系数，并应结合相应的补给量确定扩大开采时的允许开采量。

使用这种方法的前提是，必须有足够的动态观测资料。大致分两种情况：①已经投产的水源地，根据动水位预测进一步开采下降时的开采量（具体做法可参见附录3）；②利用泉或暗河的流量资料和气象、水文资料建立相关关系，以求得泉或暗河的允许开采量。很明显，前一种相关关系没有考虑扩大开采时的补给因素是否增加，若扩大开采补给不足时，仅根据相关关系预测是有问题的，应进一步验证相应的补给量。对于后一种相关关系，当需水量大于动态观测的最枯流量时，也存在类似的问题[10]。

4. 采用岸边渗入公式确定

当含水层埋藏较浅，开采期间能获得地表水的充分补给时，可根据取水构筑物的形式和布局，采用有关岸边渗入公式确定允许开采量[10]。

5. 把总取水量作为允许开采量

当需水量不大且地下水有充足补给时，可只计算取水构筑物的总出水量作为允许开采量[10]。

6. 疏干补偿法

当地下水属周期性补给，且有足够的储存量，采用枯水期疏干储存量的方法计算允许开采量时宜符合下列要求：①能够取得的部分储存量，能满足枯水期的连续开采，且抽水孔中动水位的下降不超过设计要求；②能保证被疏干的部分储存量在补给期间得到补偿。

7. 根据泉的动态观测资料确定

如利用泉作为供水水源时，可根据泉的动态观测资料，结合地区的水文、气象资料，评价泉的允许开采量。此时应符合下列规定：①需水量显著小于泉的枯水流量时，可根据泉的调查和枯水期的实测资料直接进行评价；②需水量接近泉的枯水流量时，可根据泉流量的动态曲线和流量频率曲线进行评价，也可建立泉流量的消耗方程式进行评价；③需水量大于泉的枯水流量时，如有条件，宜在枯水期进行降低水位的试验，确定有无扩大泉水流量的可能性，在此基础上进行评价[10]。

8. 根据暗河的流量评价

利用暗河作为供水水源时，应根据枯水期暗河出口处的实测流量评价允许开采量。如有长期观测资料，也可结合地区的水文气象资料，根据暗河的流量频率曲线进行评价。

9. 地下径流模数概算法

在暗河分布地区，某个地段的允许开采量可采用地下径流模数法概略评价，也可选择合适的断面通过天然落水洞竖井或抽水孔进行抽水，根据过水断面上的总径流量评价。

10. 比拟法

当勘察区与某一开采区的水文地质条件基本相似，且开采区已具有多年的实际开采资料时，可根据两地区的典型比拟指标，采用比拟法评价勘察区的允许开采量。

11. 根据群孔抽水试验确定

在农灌区，常布置群井开采地下水，此时地下水的允许开采量可根据群孔抽水试验的总出水能力和开采条件下的相应补给量，并结合设计要求对动水位反复试算和调整后确定。

12. 开采试验法

当水文地质条件复杂，补给条件难以查明时，应采用开采性抽水试验的实测资料直接或适当推算确定允许开采量。其具体做法详见本书的附录3。

13. 数值法

采用数值法计算地下水资源是从 20 世纪 70 年代开始兴起的。数值法能够描述形状不规则的区域以及含水层的非均质、各向异性和复杂的边界条件，能够处理河流入渗、大气降水入渗等垂向补给，各种抽水、排水、溶质交换和蒸发在时空分布上的变化，能够解决其他计算方法不易处理的复杂问题。随着计算机的普及，目前数值法已成为地下水资源评价中的主要方法之一。

国内外现有十几份数值法计算软件和应用成果，比较著名的有：美国地质调查局的标准有限差分程序"MODFLOW—96"、德国卡塞尔大学的"PM 有限差分程序"、中国地质大学的"渗流计算程序"和"三维有限单元地下水计算程序"、长春地质学院的"地下水水量水质数值模拟及管理程序"、西安地质学院的"不规则网格有限差分程序"，以及建设部综合勘察研究设计院、兵器工业勘察研究院等单位编制的计算程序[12,13]。

目前在地下水资源评价中应用的数值方法主要有：有限差分法（Finite Difference Method）、有限单元法（Finite Element Method）、边界元法（Boundary Element Method）和特征线法（Method of Characteristics）等四种。

采用数值法计算允许开采量时，应符合下列要求：①水文地质条件的概化宜以完整的水文地质单元作为计算区；②计算区网格剖分的疏密应与相应勘察阶段的资料相适应，布局合理，应先按含水层特征分区，给出水文地质参数的初始估算值，如需在模型识别过程中调整分区，也应与其水文地质特征相符合；③地下水预报时，应以计算区内降水量和径流量的平、枯、丰年份的作为地下水预报的基础，对给定的方案或各种可行的开采方案进行预报，并应论证其是否满足给定的技术经济和环境的约束条件[10]。

14. 基于相似原理的模拟方法

如水力模拟法、电力模拟法及计算机数字模拟法等。

15. 其他方法

如理想模型法[14]、盲数理论[15]、三角模糊技术（基于 Fuzzy logic)[16]、风险分析法等[17]。

9.5　各种地下水补给量和排泄量的计算

9.5.1　平原区地下水资源补给量和排泄量的计算

平原区地下水资源量的计算应以现状条件为评价基础，以水均衡原理评价各区多年平均的各项补给量和各项排泄量[18]。

平原区包括一般沿江、沿湖、沿海平原和山间盆地平原两类。以长江流域为例，主要包括洞庭湖平原、江汉平原、鄱阳湖平原、太湖平原、长江中下游沿江平原和江苏、浙江沿海平原，以及成都盆地、汉中盆地和南阳盆地。

9.5.1.1　各项补给量的计算

1. 水稻田的灌溉入渗补给量

$$Q_1 = \phi W_{水稻} F_{水田} T \qquad (9-3)$$

式中：Q_1 为水稻生长期内降水和灌溉水的入渗补给总量，m^3；ϕ 为水稻平均稳定入渗率；$F_{水田}$ 为计算区内水稻田面积，亩；T 为水稻生长期，天（包括泡田期，不计晒田期）；$W_{水稻}$ 为水稻的灌水定额，$m^3 /$（亩·d）。

江苏省曾在全省各地以不同水稻品种、不同灌水深度、不同植株密度，进行了水稻需水量试验，求得一系列水稻淹灌期水田渗漏量。根据试验结果，结合各地的情况确定了 ϕ 值，具体取用值见表 9-7[19]。

表 9-7　　　　江苏省平原区渗透率 ϕ 取值表（据 陆小明，2004）

岩性	黏土	黏土亚黏互层	亚黏土	亚砂亚黏互层	亚砂土
ϕ 值	1.1~1.4				2.0

为了将降水入渗量与灌溉入渗量分开，可采用式（9-4）、式（9-5）分别计算[18]：

$$Q_{1雨}=Q_1 I_e \qquad\qquad (9-4)$$
$$Q_{1灌}=Q_1(1-I_e) \qquad\qquad (9-5)$$

式中：$Q_{1雨}$ 为降雨入渗补给量；$Q_{1灌}$ 为灌溉入渗补给量；I_e 为水稻生长期内灌溉有效雨量利用系数；Q_1 意义同式（9-3）。

2. 旱地降水入渗补给量

$$Q_2=10^3 P_{旱地}\alpha F_{旱地} \qquad\qquad (9-6)$$

式中：Q_2 为旱地降水入渗补给量，m^3；$P_{旱地}$ 为旱地面积上的降水量，mm；α 为降水入渗补给系数；$F_{旱地}$ 为旱地的面积，km^2。

3. 水稻田旱作期降水入渗补给量

南方水稻田无论是单季稻还是双季稻都有一旱作期，此时的降水入渗补给量按旱地的入渗补给系数 α 计算。

4. 水稻田旱作期灌溉入渗补给量

南方水田旱作期灌溉，即小春灌溉，一般水田旱作期以种绿肥为多，亦有种大麦小麦或豆类作物，其灌溉次数不多。其补给量为[18]：

$$Q_4=W\theta F_{水田} \qquad\qquad (9-7)$$

式中，Q_4 为水田旱作期灌溉入渗补给量，m^3/d；θ 为旱地灌溉补给系数；$F_{水田}$ 为水稻田面积，亩；W 为旱作期灌水定额，$m^3/$（亩·d）。

5. 河道及湖泊周边渗漏补给量

当河道或湖泊的水位高于计算区内的地下水位时，其渗漏补给地下水的量一般用达西公式计算[18]：

$$Q_5=KIALT \qquad\qquad (9-8)$$

式中：Q_5 为河道或湖泊周边的渗漏补给量，m^3；K 为渗透系数，m/d；I 为垂直于剖面方向上的水力坡度，可用河、湖水位及潜水位来确定；A 为单位长度的河道（或湖泊）周边垂直地下水流方向的剖面面积，m；L 为河道（或湖泊）周边的计算长度，m；T 为渗漏时间，d。

6. 渠道渗漏补给量

在一般情况下，渠道水位均高于地下水位，故灌溉渠道一般总是补给地下水。可用干、支、斗三级渠道综合计算[18]：

$$Q_6=Vm=V\gamma(1-\eta) \qquad\qquad (9-9)$$

式中：Q_6 为渠道渗漏补给量，m^3/d；V 为渠道的引水量，m^3/d；m 为渠系渗漏综合补给系数；γ 为修正系数，即损失量中补给地下水的比例系数；η 为渠系有效利用系数。

7. 山前侧向补给量

指山丘区的山前地下径流补给平原区的水量，一般可用达西公式计算。

8. 残丘地下水补给量

南方平原区内，往往存在一些低丘陵区，这些丘陵区的地下水补给量，可用区内小河站的流量过程线分割基流后求得的地下径流模数，再用类比法进行估算[18]：

$$Q_8 = MF \tag{9-10}$$

式中：Q_8 为残丘地下水补给量，m^3/s；M 为残丘代表站地下径流模数，$m^3/(s \cdot km^2)$；F 为残丘面积，km^2。

9. 井灌回归补给量

利用井水灌溉时，井水回归补给地下水量包括井灌输水渠的渗漏量。计算式为[18]：

$$Q_9 = \beta_{井} \, Q_{井} \tag{9-11}$$

式中：Q_9 为井灌回归补给量，m^3/d；$\beta_{井}$ 为井灌回归补给系数；$Q_{井}$ 为水井的实际开采量，m^3/d。

9.5.1.2 各项排泄量的计算

1. 旱地和水稻田旱作期潜水蒸发量[18]

$$\varepsilon_{旱地} = \varepsilon_0 C F_{旱地} \tag{9-12}$$

或

$$\varepsilon_{旱地} = \mu(\textstyle\sum \Delta H) F_{旱地} \tag{9-13}$$

$$\varepsilon_{水田} = \varepsilon_0 n C F_{水田} \tag{9-14}$$

或

$$\varepsilon_{水田} = \mu n(\textstyle\sum \Delta H) F_{水田} \tag{9-15}$$

式中：$\varepsilon_{旱地}$、$\varepsilon_{水田}$ 分别为旱地和水田旱作期潜水蒸发量；ε_0 为多年平均水面蒸发量；C 为潜水蒸发系数；$F_{旱地}$、$F_{水田}$ 分别为计算区内旱地和水田面积；n 为旱作期占全年日数的比例；μ 为给水度；ΔH 为潜水蒸发而引起的潜水位下降值。

2. 河道排泄量

在南方水网平原区，水平排泄量为排泄项的主要方面，由于各地地面坡降不同，排水的沟渠尺寸有差异，可通过调查得出一个典型的有代表性的均网密度及其间距。

河道排泄量的计算公式如下[18]：

$$Q_{河排} = qLFT \tag{9-16}$$

式中：$Q_{河排}$ 为河道排泄量，m^3；L 为单位面积河长，m^{-1}；F 为计算区面积，m^2；T 为年内排泄天数，d；q 为排水单宽流量，m^2/d，可用达西公式计算[18]：

$$q = K \frac{H^2 - h^2}{2b} \tag{9-17}$$

式中：K 为渗透系数，m/d；b 为地下水分水岭到排水基准点的水平距离，m；H 为分水岭处含水层的计算厚度，m；h 为排泄基准点处含水层厚度，m。

9.5.2 山丘区地下水径流量的计算

山丘区和岩溶山丘区的入渗补给量直接估算有困难，但可根据补排平衡的原则，通过各种排泄量求出地下水资源量。其方法主要有水文分割法、理化分析法和水文—水文地质法。现将这些分析方法和适用条件分述如下[20]。

9.5.2.1 水文分割法

1. 直线分割法

直线分割法又可分为平割法和斜割法两种。平割法又称枯季最小流量法，它又有最小日平均流量，最小月平均流量和 3 个月最小平均流量三种。经有关单位的分析研究认为：在中国南方润湿地区，选择枯季最小月平均流量较好（即该时段河川径流量均为地下水的流出量）。而在中国北方则以 3 个月最小流量作为地下水为妥。但亦有用最小 5 个月和最小 8 个月的平均流量来分割的。直线分割法是一种应用十分广泛的方法，即洪水过程的起涨点与地表径流的终止点的连线。至于地表径流终止点确定，可参考 Linsley 的经验公式[20]：

$$N = A^{0.2} \tag{9-18}$$

式中：N 为洪峰流量到地表径流终止点的时距，d；A 为流域面积，以平方英里计。

中国学者赵人俊认为壤中流终止时间，与雨止时间的间距为壤中流汇流时间，对某一特定流域为常数。经过分析得出此常数后，便可根据雨止时间确定壤中流终止点，这样不仅可以分割单峰也可分割复峰[20]。

2. 综合退水线法

河川径流一般可分为地表径流、壤中流和地下径流三部分。这三部分水量在径流过程线上表现出不同的退水特性，退水流量的方程可表为[20]：

$$Q_t = Q_0 \exp(-\alpha t) \tag{9-19}$$

式中：Q_0 为退水开始时的流量；Q_t 为任何 t 时刻的退水流量；α 为退水常数；t 为退水时间。当 $t = 1d$ 时，可得[20]：

$$K = Q_1/Q_0 = \exp(-\alpha) \tag{9-20}$$

根据 Barnes 的研究，地表径流 $K = 0.329$，壤中流 $K = 0.694$，地下径流 $K = 0.980$。可见河川径流的几个分量是可以通过退水曲线的特性予以分割的。日本吉川秀夫等在利用一阶综合退水曲线的基础上，用二阶综合退水线分割这三种分量，得到满意的结果。

一阶综合退水线法是从河川径流中推求地下水的一种应用较多的方法，也是国内外公认较为成熟客观的方法。其具体做法是将各个时期的退水曲线放在一起，由一根共同的退水线所综合，用这张综合退水曲线图（即吉川秀夫所称的一阶综合退水线）套在流量过程线的退水部分，然后由综合线分割径流为两部分，其上部为地表径流（包括壤中流），下部为地下径流[20]。

壤中流一般作为地表径流的一部分，如果需要将壤中流从地表径流中分开，可把一阶综合退水线扣除地下径流后剩下的部分，采用同样的方法求得二阶综合退水线，用这张图套在地表径流的过程线上，便可分割出壤中流。

地表径流、壤中流、地下径流的汇流特性不同，若用三种不同特性的汇流参数进行流量演算，其结果要比用河川径流总体进行演算的结果好得多。

3. 加里宁试算法

早在 20 世纪 50 年代，苏联加里宁等曾用试算法对河川补给地下水进行估算。他们根据山丘区河流一般由裂隙水所补给且无水力联系的特点，假定含水层的来水量与地表流量间存在比例关系，则有下列近似平衡方程[20]：

$$W_1 = W_0 + By_{地表} - y_{地下} \tag{9-21}$$

式中：W_1 为时段末的含水层储量；W_0 为时段初的含水层储量；B 为地下径流总量与河川径流总量的比值；$y_{地表}$ 为地表径流总量；$y_{地下}$ 为地下径流总量。

将退水曲线方程式（9-19）从 $0 \sim \infty$ 的时间内积分即得到[20]：

$$W_0 = \int_0^\infty Q_0 \exp(-\alpha t) \mathrm{d}t = Q_0/\alpha \tag{9-22}$$

于是，式（9-21）变为：

$$W_1 = \frac{Q_0}{\alpha} + B(\overline{Q} - Q_{\text{地下}})\Delta t - Q_{\text{地下}}\Delta t \tag{9-23}$$

式中：$\overline{Q}$ 为河川在 Δt 时段内的平均流量；$Q_{\text{地下}}$ 为地下径流量；参数 B 为未知数，可用试算法确定。即先假定一个 B 值，然后用式（9-23）进行水量平衡演算，求得地下水出流过程，并算出地下径流总量与河川径流总量的比值，此比值即为比例系数 B。若与假定的 B 值接近，则说明假定的 B 值正确，否则另假定一个 B 值再进行上述水量平衡演算，直至假定的 B 值与演算所得的 B 值完全一致为止。为减少试算次数，可先用最简单的办法，初步分割河川径流为地表径流和地下径流两部分，求出 B 值，然后进行演算并求出地下径流过程。将此过程点绘于河川径流过程线上，视其是否与初割的结果接近，如果接近，即为所求；如果相差较大，则调整初割的 B 值，重新演算，直至满意为止[20]。

在中国南方，由于雨量丰沛，实测的逐日流量曲线多为连续峰型，如采用直线斜割法确定退水拐点的难度大，如采用加里宁及其改进法来分割河川径流将取得较好的效果，特别利用电脑计算可不需考虑工作量大的问题。

4. 入渗量演算法

此法认为渗入地下水库的那部分净雨及其过程，经地下水库线性调节后形成地下径流及其过程。取地下水库蓄水量 $W_{\text{下}}$ 及其出流量 $Q_{\text{下}}$ 的关系为[20]：

$$W_{\text{下}} = K_{\text{下}} Q_{\text{下}} \tag{9-24}$$

与水量平衡方程式：

$$\overline{q}\Delta t - \frac{1}{2}(Q_{\text{下}1} + Q_{\text{下}2})\Delta t = W_2 - W_1 \tag{9-25}$$

联解得：

$$Q_{\text{下}2} = \frac{\overline{q}\Delta t}{K_{\text{下}} + 0.5\Delta t} + \frac{K_{\text{下}} - 0.5\Delta t}{K_{\text{下}} + 0.5\Delta t}Q_{\text{下}1} \tag{9-26}$$

即可演算出地下的径流过程线。

式中：$Q_{\text{下}1}$、$Q_{\text{下}2}$ 分别为时段 Δt 始、末地下水出流量，m^3/s；$W_{\text{下}}$ 为地下水库蓄量；$K_{\text{下}}$ 为地下水汇流时间常数，可根据退水曲线 $W_{\text{下}} - Q_{\text{下}}$ 的直线段斜率确定；$\overline{q}$ 为时段 Δt 内进入地下水库的平均入流量，由式（9-27）确定[20]：

$$\overline{q} = \frac{0.278 f_c t_c}{\Delta t}F \tag{9-27}$$

式中：f_c 为稳定入渗强度，mm/h；f_c 既可取常数，也可分时段由降雨径流关系求得，也可用试算法确定；t_c 为 Δt 时段内的净雨历时；F 为流域面积，km^2。

由于山丘区河川径流的组成还没有确切的实验数据验证，只是公认组成划分后的演算结果要比不划分的更符合实际，因此用水文分割法算出的地下水资源只是具有相对合理性。在具备先进的计算工具的现代，采用加里宁改进法等通过一定的控制条件的试算法，都是可行的，应该提倡，但要避免应用任意性很大的斜割等各种过于简单的方法。

9.5.2.2　理化分析法

1. 溶解质浓度法

水通过土壤和岩层时会溶解一部分固体物质，由于地表水体与岩石接触时间短，溶解的固体物质的数量比较少，含某种物质的浓度小；而通过岩层的地下水，由于地下水与地层中某种物质的接触时间长，故其浓度较大，且较稳定。为此可通过测定河川径流在各个时期某种物质的溶解质浓度，建立特定地层的特定元素与有关因子间的关系，便可用以分割出地下径流。根据流量与溶解质浓度关系可列出混合方程[20]：

$$C_总 = (C_{地表} Q_{地表} + C_{地下} Q_{地下})/Q \qquad (9-28)$$

式中：$C_总$ 为河川径流中溶解质总浓度，mg/L；$C_{地表}$ 为地表水中溶解质的总浓度，mg/L；$C_{地下}$ 为地下水中溶解质的总浓度，mg/L；$Q_{地表}$ 为地表水流量，m^3/d；$Q_{地下}$ 为地下水流量，m^3/d；Q 为河川径流总量，m^3/d，即 $Q = Q_{地表} + Q_{地下}$。

当很长时间未下雨时，$Q_{地表}$ 很小，可以忽略，则式（9-28）变为[20]：

$$C_总 = C_{地下} \qquad (9-29)$$

式（9-29）说明地下水的溶解质浓度，可以用枯季河川径流的溶解质浓度代替，据此则可求得非枯季地下水流量[20]：

$$Q_{地下} = Q C_总 / C_{地下} \qquad (9-30)$$

式（9-30）中的 $C_总$ 可以实测，$C_{地下}$ 可根据枯季资料求出，Q 可以实测。故 $Q_{地下}$ 可以算得。在选用溶解固体时，要选择那些在降水和地表径流中含量甚少的物质，对花岗岩地层，溶解铁可以作为分割地下水的指示剂。

在苏联，A·特万诺夫在西伯利亚各山丘区河流上最先应用式（9-31）计算地下径流[20]：

$$Q_g = Q_p \frac{C_p - C_s}{C_g - C_s} \qquad (9-31)$$

式中：Q_g 为地下径流量，m^3/d；Q_p 为河川径流量，m^3/d；C_p 为瞬时河水的总矿化度或某种成分的浓度，mg/L；C_s 为地表径流总矿化度或某种成分的浓度，mg/L；C_g 为地下水的总矿化度或某种成分的浓度，mg/L。

俄罗斯专家曾在西伯利亚彼诺文河选用了重碳酸根离子（HCO_3^-）的浓度为计算指标。根据 HCO_3^- 特征值年内变化曲线，可以确定地下水补给情况，在计算地下水补给量之前先建立出 HCO_3^- 离子浓度与河流流量 Q 的关系图，再根据此图，由实测的 HCO_3^- 离子浓度确定地下水过程[20]。

2. 电导率法

溶液的电导率与溶解质的浓度成正比关系，故测定溶液的电导率可以代替测定溶液的浓度。

地下水与地层中的溶解质接触时间长，而地表水与溶解质的接触时间短，故地下水溶解质浓度一般比地表水浓度大。而溶液的浓度与电导率有较好的相应关系。故可由式（9-28）稍加变换得到[20]：

$$C_T = C_0 - \frac{Q_n}{Q_T}(C_0 - C_n) \qquad (9-32)$$

式中：C_T 为混合水体的电导率；C_0 为老水（地下水）的电导率；C_n 为新水（地表水）的电导率；Q_n 为新水（地表水）的流量，m^3/d；Q_T 为新老水混合水体的流量，m^3/d，即河川的径流量。

地下水的电导率（C_0）较稳定，可假定为常数。地表水的电导率（C_n）随时间而变，因此式 C_T 可以作为时间的连续函数，在测定 C_T、Q_T 的情况下可以解得 Q_n。

3. 离子平衡法

利用地下水的离子浓度大以及蒸发时不移去水中盐类的特点，通过离子平衡计算，可估算出湖泊对地下水的补给量。

湖泊的地下水入流量的估算，要通过水量平衡和离子平衡进行，具体步骤如下[20]：

（1）将观测的和估算出来的每月地表入流量、降水量、地表出流量、湖水蓄变量代入水量平衡方程。

（2）把湖面水面蒸发和湖滨沼泽地蒸发量的初估值也代入水量平衡方程。

（3）在水量平衡方程中，仅地下水入流量为未知项，因此它能被计算出来。湖泊的总蒸发量（包括水面蒸发、沼泽蒸发）与地下水的入流量在水量平衡方程中符号相反，所以蒸发量的估算精度直接影响到对地下水水量的计算精度。

（4）为了提高地下水入流的估算精度，可以借助于离子平衡方程。利用观测得到的每月入流量中的离子浓度，由离子方程解出研究时段内的模拟浓度，随着地下水入流的增减，就会引起离子入流的增减。但由于蒸发并不移去盐类，这就会引起盐浓度的增减。

（5）把模拟的离子浓度变化过程与湖泊实测的离子浓度的变化过程相比较。

（6）调查估算的湖泊蒸发值，使增减离子浓度过程与实测值接近，直至配合最优为止。配合最优时的地下水入流量的估算，就得到较精确的结果。

化学的溶解质浓度法和离子平衡法，不需要专门测定有关溶解质浓度，一般水文年鉴的水化学项目内都有刊印数据。主要问题是目前水化学站网的密度较稀，测次较少，资料质量可能不一定满足分析要求。特别是测次方面一般是 1 个月测 1～2 次，很少测得洪水过程中的水质变化过程。但对于以评价水资源数量为目的的地下水分析不一定需要洪水过程。因此利用水化学方法来分析地下水的入流量是一种比较客观的、科学的并可验证的方法。

9.5.2.3　水文—水文地质法

1. 一般山丘区

水文—水文地质法是利用地表径流和地下径流的动态资料来计算河流中地下径流的方法。流域内一般具有河川径流的实测过程，如果同一流域内又有与河川径流相应的地下水动态资料，就能较客观地估算出相应的地下径流过程。利用流域中泉水年内变化的动态资料是本方法的基础，其计算式如下[20]：

$$Q = q(K_1 + K_2 + \cdots + K_n)\Delta t \tag{9-33}$$

式中：Q 为流域或河段的地下径流量，m^3/d；q 为汛前最枯河川径流量（此时的河川径流仅由地下水补给），m^3/d；K_1、K_2、$\cdots$、K_n 为地下径流动态系数，由流域内典型泉水的涌水过程确定；Δt 为不同地下径流动态系数间的时距。

地下水动态系数的计算方法：用汛初泉水的最小涌水量 $Q_初$ 去除泉的实测流量过程 Q_i，即 $K_i = Q_i/Q_初$。每隔一个 Δt（10 天、15 天或 1 个月）选一点，求得多个大于 1.0 的动态系数 K_i，如每隔一个月选一点，则一年要计算 13 个点的动态系数，形成一个动态系数数组。为保证这样的数组应对应于河川径流的保证率，至少要选丰、平、枯三个典型年的动态系数数组。实际推求地下水时，要根据实测河川径流属于哪种典型年就选用哪个数组计算[20]。

2. 岩溶山丘区

岩溶山丘区流域的河流，一般情况下总是由岩溶水与非岩溶水混合组成，其总径流包含了碎屑岩区地表水、地下水，岩溶区的地表水、地下快速流与慢速流。单一的水文分割法难以分别评价上述水源，必须采用水文—水文地质法。即首先进行水文地质分区，采用降雨入渗系数法分别评价同一流域上岩溶区与非岩溶区的地下水，然后对岩溶区地下水用代表性泉域分割出快速流与慢速流。从水文学的观点看，可把快速流归入地表水范围。

不过在岩溶地区，利用水文—水文地质法进行地下水资源评价目前仍有许多困难，其中最主要的是[21]：

（1）缺乏地下河系统长期观测资料。如目前在我国西南岩溶石山地区 2836 条地下河系统已设立水量（或水位）监测站的寥寥无几，因此基本无法根据观测数据系列来评价岩溶水系统资源量的大小，仅依靠偶测值来确定的水资源量将存在很大的偶然性，结果十分不可靠。

（2）无法获取刻画地下河系统含水介质的结构和水力参数。从实际调查情况来看，岩溶地区地下河系统岩溶管道的地下分布异常复杂，基本上不可能查清地下岩溶管道的分布和组成。此外，目前许多监测点（站）主要观测的是水位动态变化，再根据估算地下河管道构成的径流面积来估算地下河系统的排泄量。可以想象，如果岩溶管道的分布位置不知、数量不清，计算所取的径流面积差异将很大，计算出流量值差异也将很大。因此，即使对某些已有观测数据的地下河流域，其流量数据运用也需要慎重。

9.6　地下水水质评价

9.6.1　地下水水质评价的有关规定

GB 50027—2001《供水水文地质勘察规范》对地下水的水质评价有以下规定：

（1）地下水水质评价，应在查明地下水的物理性质、化学成分、卫生条件和变化规律的基础上进行。对与开采的含水层有水力联系的其他含水层以及能影响该层水质的地表水均应进行综合评价。

（2）生活饮用水的水质评价应按国家现行的 GB 5749—2006《生活饮用水卫生标准》执行。在有地方病的地区应根据当地环境保护和卫生部门等有关单位提出的水质特殊要求进行。

（3）生产用水的水质评价应按生产或设计提出的水质要求和现行的有关生产用水标准进行评价。

（4）地下水质变化复杂的地区应分区分层进行评价。

（5）在地下水受到污染的地区应在查明污染现状的基础上着重对与污染源有关的有害成分进行评价，并提出改善水质和防止水质进一步恶化的建议和措施。

（6）评价地下水水质时，应预测地下水开采后水质可能发生的变化并提出卫生防护措施。

9.6.2　评价方法

9.6.2.1　按 GB/T 14848—93《地下水质量标准》中推荐的方法

（1）评价因子。在一般情况下，评价因子为 pH 值、氨氮、硝酸盐、亚硝酸盐、挥发酚、氰化物、砷、汞、铬、总硬度、铅、氟、镉、铁、锰、溶解性总固体、高锰酸钾指数、硫酸盐、氯化物等 19 项。如有特殊的污染项目，可再增加。

（2）评价方法。采用单项组分评价和综合评价相结合的方法。

单项组分评价：按标准所列分类指标，划分为五类，代码和类别代号相同，不同类别标准值相同时，从优不从劣。

例如：地下水中的锰（Mn），其 Ⅰ、Ⅱ 类水质标准均不大于 0.05mg/L，若某水井的监测分析结果为 0.04mg/L 时，应定为 Ⅰ 类，而不定为 Ⅱ 类。

综合评价：采用加附注的评价方法。

评价的具体步骤如下[22]：

1）首先进行各单项组分评价，划分组分所属质量类别，对各类别按表 9-8 分别确定单项组分评价分值 F_i。

2）选用内梅罗指数计算综合评分值 F：

表 9-8　　　　地下水质量评分表

类别	Ⅰ	Ⅱ	Ⅲ	Ⅳ	Ⅴ
F_i	0	1	3	6	10

$$F = \sqrt{\frac{1}{2}(F_{max}^2 + \overline{F}^2)} \quad (9-34)$$

$$\overline{F} = \frac{1}{n}\sum_{i=1}^{n} F_i \quad (9-35)$$

式中：n 为组分总数；$\overline{F}$ 为各单项组分评分值 F_i 的平均值；F_{max} 为单项组分值 F_i 的最大值。

3）根据 PF 值按表 9-9 的规定划分地下水质量级别，再将细菌学指标评价类别注在级别之后。

表 9-9　　　　地下水质量评分表（据　唐克旺等，2006）

级别	优良	良好	较好	较差	极差
PF	<0.80	0.80~2.50	2.50~4.25	4.25~7.20	>7.20

应该指出，GB/T 14848—93《地下水质量标准》中推荐的方法是内梅罗指数法，其优点是：①数学过程简捷，运算方便；②物理概念清晰，对于一个评价区，只要计算出它的综合指数，再对照相应的分级标准，便可知道该评价区某环境要素的综合环境质量状况，便于决策者作出综合决策。

但内梅罗指数法存在有很多问题[23]：①过于突出最大污染因子。由于公式中考虑最大污染因素（F_{max}），使参评项目中即使只有一项指标 F_i 值偏高，而其他指标 F_i 值均较低也会使综合评分值偏高；②未考虑权重因素，将各污染因子等同对待，任何一项污染因子 F_i 值偏高都会使综合评分值偏高，而事实上须考虑不同污染因子对环境的毒性、降解难易及去除难易程度等因素。因此同处一个质量级别的不同污染因子的 F_i 取值应区别对待，即增加权重因素。针对内梅罗指数存在的问题，建议增加权重因素来对指数进行修正。

9.6.2.2　模糊综合评价法

模糊数学又称 Fuzzy 数学，它本是研究和处理模糊现象的，由德国人 Cantor 于 1965 年创立的。目前很多地下水质评价都采用模糊数学法，其原因是：对于某一水样，由于它的水质指标很多，如果按单项组分评价，其不同的指标很可能隶属于不同的水质量的级别，那么对于整个水样，它的质量级别就变成了模糊的事情，需要从多个因素对其进行综合判别，才能提高其评价的科学性和准确性。

下面介绍模糊综合评价的步骤[24]。

（1）建立污染物各单因子指标的集合：

$$U=\{U_1,U_2,\cdots,U_n\} \tag{9-36}$$

其中的元素 U_i（$i=1$，2，$\cdots$，n）为影响环境质量的各污染因子的实测值。

（2）建立水质分级标准集合：

$$K=\{k_1,k_2,\cdots,k_m\} \tag{9-37}$$

其中，元素 k_j（$j=1$，2，$\cdots$，m）为单个污染物所对应的水质分级标准值。

（3）建立模糊关系矩阵 R：

$$R=[r_{ij}] \tag{9-38}$$

在水质评价中，模糊关系矩阵是反映评价因子对各级水隶属度的一种转化关系。可采用"降半梯形"计算隶属度 r_{ij}（$0<r_{ij}<1$），其隶属度的解析式为[24]：

$$\mu(x)=\begin{cases} 1 & (0\leqslant x\leqslant a_1) \\ \dfrac{a_2-x}{a_2-a_1} & (a_1<x<a_2) \\ 0 & (a_2\leqslant x) \end{cases} \tag{9-39}$$

式中：a_1、a_2 分别代表相邻两级水质的标准值；x 为水样品中某评价因子的实测值。依次计算，即可得模糊关系矩阵 R[24]：

$$\underset{\sim}{R}=\begin{bmatrix} r_{11},r_{12},\cdots,r_{1m} \\ r_{21},r_{22},\cdots,r_{2m} \\ \vdots \\ r_{n1},r_{n2},\cdots,r_{nm} \end{bmatrix} \tag{9-40}$$

（4）建立权重模糊矩阵 $\underset{\sim}{A}$。

先利用污染物浓度超标加权法计算各污染因子的权重[24]：

$$W_i=c_i\big/\overline{c_{0i}} \tag{9-41}$$

$$W_i\geqslant 0；i=1,2,\cdots,n$$

式中：c_i 为某因子的实测值；$\overline{c_{0i}}$ 为某因子平均允许浓度值。

为了进行模糊变换，W_i 值应满足归一化要求，即[24]

$$\sum_{i=1}^{n}W_i=1$$

归一化公式为：

$$\overline{W_i} = \frac{W_i}{\sum\limits_{i=1}^{n} W_i} \qquad\qquad (9-42)$$

权重模糊矩阵 $\underset{\sim}{A}$ 是由各污染因子对环境污染的贡献，以及多因子间的相互协同、颉颃作用对环境污染的影响，作出权数分配构成的一个 n 维行向量（或称行矩阵），即[24]

$$\underset{\sim}{A} = (\overline{W_1}, \overline{W_2}, \cdots, \overline{W_n}) \qquad\qquad (9-43)$$

（5）计算模糊综合评价矩阵 $\underset{\sim}{B}$：

Ⅰ型综合评价时，根据模糊变换原理得：

$$\underset{\sim}{B} = \underset{\sim}{A} \cdot \underset{\sim}{R} \qquad\qquad (9-44)$$

其中：

$$\underset{\sim}{B} = [\, b_1, b_2, \cdots, b_m \,]$$

$$b_j = \sum_{i=1}^{n} \overline{W_i} \times r_{ij} \qquad (j=1,2,\cdots,m)$$

式中：$\underset{\sim}{B}$ 为综合评价结果[24]。

Ⅱ型综合评价时，

$$\underset{\sim}{B} = \underset{\sim}{A} \circ \underset{\sim}{R} \qquad\qquad (9-45)$$

其中：

$$\underset{\sim}{B} = [\, b_1, b_2, \cdots, b_m \,]$$

$$b_j = \bigvee_{i=1}^{n} (\overline{W_{ij}} \wedge r_{ij}) \qquad (j=1, 2, \cdots, m)$$

式中：$\underset{\sim}{B}$ 为综合评价的结果；"$\vee$" 为取大值，"$\wedge$" 为取小值。如果综合评价结果 $\sum\limits_{j=1}^{m} b_j \neq 1$，应将它归一化，就得到归一化的模糊综合评价矩阵：

$$\underset{\sim}{B'} = [\, b_1/b, b_2/b, \cdots, b_m/b \,] \qquad\qquad (9-46)$$

$$= [\, b'_1, b'_2, \cdots, b'_m \,] \qquad\qquad (9-47)$$

其中

$$b = \sum_{j=1}^{m} b_j$$

Ⅱ型综合评价由于强调了"取小，取大"，如果 $\underset{\sim}{A}$ 中各分量小于 $\underset{\sim}{R}$ 中各量，复合结果 $\underset{\sim}{R}$ 中各量将全部被筛选掉，使单因素评判失去了作用，结果形成了权数作为评判函数的现象。当出现上述情况时，应采用Ⅰ型综合评价方法。

在环境质量综合指数法中，取各污染因子的权系数值时含有较大的主观性和随意性，同时，对各污染物标准值的取法，也存在着不确定的问题，最后的指数只能说明污染的等级，而不能体现对各等级贡献大小的情况。对模糊综合评价法来说，权系数是由各污染因子对各等级标准的平均值的贡献，同时考虑了每种污染物对不同等级的贡献大小（即隶属程度），最后的结果说明了所有污染物对所有不同等级的贡献大小，而不是某一等级。这就能更客观、更科学地评价水质质量的问题。

如对某地饮用水源地水质监测网点所采集的水样中，取了五个污染物指标进行评价，建立污染物单因子指标集合 $u=\{$矿化度，总硬度，NO_3^-，NO_2^-，$SO_4^{2-}\}$。因为这五个因子在这些监测井的水体中污染比较严重，极具代表性，能够较为准确地反映地下水水质和变化特征；另外还由于这五个指标之间没有相关性和包容性，也容易获取，具有科学性、可操作性和可靠性。监测数据见表 9-10[24]。

表 9-10　　　　　　　某地三个水井水质监测点数据（据 李进等，2006）　　　　单位：mg/L

井号	矿化度	总硬度	NO_3^-	NO_2^-	SO_4^{2-}
1	1100.7	340.3	< 2.5	0.179	249.8
2	648.3	187.7	< 2.5	0.079	105.7
3	1804.7	455.4	58.75	<0.003	360.2

根据 GB/T 14848—93《地下水质量标准》（见附录 6）给出的水质分级标准，仿照本书附录 8 的计算方法计算出每眼井中水体水质对各级水的隶属度，结果见表9-11[24]。

表 9-11　　　　各监测井中水体水质对各级水的隶属度（据 李进等，2006）

井号	Ⅰ	Ⅱ	Ⅲ	Ⅳ	Ⅴ
1	0.021	0.125	0.160	0.103	0.560
2	0.143	0.167	0.167	0.260	0.512
3	0.008	0.008	0.195	0.202	0.438

9.6.2.3　其他评价方法

对地下水水质评价还有许多方法，如模糊聚类分析、基于 Matlab 模糊算子、模糊模式识别模型、人工神经网络模型或集成 BP 网络模型、神经网络——地理信息系统耦合法、集对分析法、逻辑斯蒂曲线模型、灰色关联度法、灰色聚类法等。

9.6.3　各类用水水质评价

不同行业对供水水质的要求不同，特别是工业企业种类繁多，即便是同一企业，由于生产形式不同，各项生产用水也有自己的水质要求。因此在对这些行业进行供水水质评价时，就要针对不同用户的水质标准进行评价。评价步骤和方法仍可仿照前述对生活用水的水质评价方法，只需把水质标准改变即可。

下面针对几个用水量大的行业的用水水质要求进行简单介绍。

9.6.3.1　生活饮用水的水质要求

生活饮用水的水质应符合下列基本要求：①水的感官性状良好；②水中所含的化学物质和放射性物质不得危害人体健康；③水中不得含有病源微生物。生活饮用水的水质标准可参见本书附录 5。

9.6.3.2　农田用水水质要求

（1）对水温的要求。在我国北方，以 10～15℃为宜；在南方水稻区，以 15～

25℃为宜[8]。

（2）对水中矿化度的要求。一般以不超过 1.7g/L 为宜。超过 1.7g/L，则需视作物的种类和水中所含的盐类成分确定。对作物生长最有害的是钠盐，尤其以碳酸钠最严重，它能腐蚀作物的根部致使作物死亡，还能使土壤板结化[8]。水中的 Fe^{2+} 和多种有机酸能抑制水稻根部对养分的吸收和植物体内的新陈代谢。

9.6.3.3   锅炉用水水质要求

在工业中，锅炉用水构成了供水的主要部分，其对水质的要求也较高。地下水在锅炉中处于高温、高压环境下，所发生的成垢作用、起泡作用和腐蚀作用等不良化学作用会严重影响到锅炉的正常使用，减少锅炉的正常寿命，甚至还可能发生爆炸。

（1）成垢作用。当地下水中的硬度比较高时，在高温环境下，Ca^{2+}、Mg^{2+} 会形成碳酸盐等沉淀物附着在锅炉壁上，形成锅垢。这会严重影响锅炉的传热，造成燃料损失[8]。

（2）起泡作用。是指水在锅炉里煮沸时产生大量气泡。如果地下水中的 K^+、Na^+ 含量较高，产生的气泡就不会立即破裂，就会在水面上形成很厚的且很不均匀的泡沫层，导致锅炉中水的汽化不均匀，水位急剧升降，致使锅炉不能正常运转[8]。

（3）腐蚀作用。地下水中的某些酸性或碱性或盐类物质会对锅炉的炉壁（金属材料）产生腐蚀，尤其是在高温高压状态下，这种腐蚀会被加强。水的腐蚀性可按腐蚀系数来评价。由于锅炉的种类和形式很多，对水中的各种成分的具体要求有所不同，在评价时，可查阅相关规范、手册或锅炉的使用说明[8]。

9.6.3.4   工程建设用水水质评价

地下水中的 Cl^-、侵蚀性 CO_2、SO_4^{2-} 等会对混凝土（或钢）基础产生侵蚀性，使混凝土（或钢）基础的强度降低，耐久性下降。

地下水对混凝土（或钢）基础产生的侵蚀作用有分解性侵蚀、结晶性侵蚀和分解结晶性复合类侵蚀等三种。具体的评价方法参见 GB 50021—2001《岩土工程勘察规范》或有关的手册、教材等。

9.6.3.5   其他行业对水质的要求[8]

（1）纺织业。硬水不利于纺织品着色，使纤维变脆，使皮革不坚固。

（2）造纸业。水中如含有过量的铁、锰，能使纸张出现色斑。

（3）食品。硬水使糖不结晶；如果水中所含的亚硝酸盐过高，可使糖制品大量减产。

9.6.4   中国新一轮地下水水质评价方法及评价结果

由于受到当时各方面条件的限制，中国第一次水资源评价没有对地下水水质进行系统评价，仅根据地下水的矿化度对咸淡水分布区进行了划定。第二轮次地下水资源评价于 2004 年初结束，本轮评价是以水文地质单元为基本评价空间，以维持地下水系统的完整性。

第二轮次的地下水水质评价主要包括现状水质综合评价、污染分析、水质变化趋势分析等。现状水质综合评价是按照地下水的所有水质项目来进行综合评判，得出地下水的水质类别的。水质的变化既考虑天然因素也考虑人为污染因素。天然因素主要受本底水文地球化学特征的影响；污染分析则重点评价因人为污染而导致的地下水水质类型的变化、影响地下水功能的现象。水质变化趋势分析是通过历史数据对比，分析评价中国平原地区地下水水质过去所发生的变化，并分析变化发生的主要原因[25]。

9.6.4.1　采用的评价标准和评价项目

第二轮次采用的地下水水质评价的技术标准为 GB/T 14848—93《地下水质量标准》，并参考了 GB 5084—92《农田灌溉水质标准》、GB 5749—85《生活饮用水卫生标准》、GJ 3020—93《生活饮用水水源水质标准》等[25]。

采用的参评项目包括：pH 值、矿化度、总硬度、氨氮、挥发酚、高锰酸盐指数、硫酸盐、氯化物、氟化物、硝酸盐、亚硝酸盐、铁、锰、砷、铬、镉、大肠杆菌等共 17 项。不过由于各流域地下水水质资料参差不齐，一些被污染井点包括氰化物、汞等项目。

第二轮次地下水水质评价的水质资料有三类来源：①历史监测资料，来源于水利部门的水质监测站点的资料，以及部分长期观测井（积累了 1980 年以来）的系列水质数据；②地矿、环保、卫生、城建等相关部门收集的水质资料；③补测的水质数据。

水质评价的现状水平年为 2000 年，评价值均为全年平均值。

9.6.4.2　采用的评价方法和评价指标

第二轮次地下水的水质评价分为单项组分评价和多项组分综合评价。单项组分评价是按分类指标把各种水质划分为五类。当某一水样不同类别的指标值相同时，从优不从劣，最后综合对比各项指标评价结果，按就高不就低的原则判定地下水类别。

地下水的水质评价分综合评价和污染评价两个层次。区分综合水质评价和污染评价的主要目的是甄别对待天然水化学水质指标和人为污染指标。矿化度、硫酸盐等主要反映天然水化学特征的指标参与综合水质评价，但不参与污染评价和分析。尽管人为污染会影响地下水的这些水化学指标，但是在全国宏观上，天然水化学的地带性差异是影响这些指标变化的主要因素。如果用这些指标判断污染就会失真，并误导决策。因此，必须区分出天然水质和人为污染影响。

综合水质评价用 17 项指标，依据 GB/T 14848—93《地下水质量标准》，按照最劣水质项目确定水质类别，将地下水划分为Ⅰ、Ⅱ、Ⅲ、Ⅳ、Ⅴ共五类。污染评价主要按照人为污染的项目如高锰酸盐指数、氨氮等，依据 GB/T 14848—93《地下水质量标准》的规定，超过Ⅲ类的水质判定为污染，其中Ⅳ类定为轻污染，Ⅴ类定为重污染[25]。

9.6.4.3　评价结果及分析

（1）在全国进行地下水水质评价的 199.6 万 km² 的面积中，Ⅰ类和Ⅱ类水质的面积仅为 4.98%，Ⅲ类区面积占评价面积的 35.53%，地下水Ⅳ类、Ⅴ类的面积占总评价面积的 59.49%。也就是说中国地下水有近 60% 的井水属于劣质水，水质状况十分严峻[25]。

（2）从全国平原区地下水现状水质状况的空间分布来看，位于经济社会活动强度大、人口密集、天然本底水质较差的平原区的地下水水质较差。从Ⅳ类、Ⅴ类地下水的面积占评价区的比例排序来看，依次为太湖、辽河、海河、淮河、西北诸河、东南诸河、松花江、黄河、长江和珠江区。

（3）总硬度、氨氮、矿化度、锰、铁、氟、亚硝酸盐、高锰酸盐指数是导致中国地下水劣质的 8 个最主要因子。它们之中既有天然水化学指标，也有人为污染指标，因此中国劣质的地下水既有天然异常，也有人为污染[25]。

（4）"三氮"污染问题普遍而突出（氨氮超标 24%），北方地区新污染源（氨氮）仍在不断地输入到地下[25]。

（5）中国的地下水污染有浅层向深层渗透的发展趋势。

（6）中国平原区浅层地下水水质总体上形势十分严峻，需要提高全民的环保意识，加大投入，加强环境保护力度。

9.7　地下水资源开发的环境效应评价

进行地下水资源评价时，按 DD 2004—01《1∶250000 区域水文地质调查技术要求》，需要对地下水资源开发环境的效应进行评价，其评价的内容和方法如下[2]。

9.7.1　评价的内容

地下水资源开发的环境效应评价是地下水资源评价的重要组成部分，主要评价由于地下水开发引起的环境负效应。

评价的内容包括地下水开发利用引起的或可能引起的地质环境问题、水环境问题和生态环境问题三类，包括现状评价和预测评价两个方面。评价时应根据当地水文地质条件和研究程度选择定性分析或定量评价[2]。

9.7.2　现状评价

地下水资源开发环境效应的现状评价是对地下水现状开发利用条件下所引起的环境问题的规模、程度、控制与影响因素、发展趋势等进行的分析与评价。现状评价应符合下列要求[2]：

（1）充分调查与分析地下水的开发利用现状，尤其是地下水开采量的平面分布和不同开采层段的分配情况。

（2）充分调查由于地下水开发利用已经引起的环境问题。

（3）研究区内地下水开发引起的环境问题的成因、形成机制、控制和影响因素。

（4）条件具备时，宜根据水文地质条件及掌握的资料，对地下水开发引起的主要环境问题建立地下水开发利用量与环境问题的数学模型。

9.7.3　预测评价

地下水资源开发环境效应预测评价是针对地下水开发利用规划方案下可能引起的环境问题及其程度所作的预测、估计或分析。预测评价应符合下列要求[2]：

（1）在地下水水动力场、水化学场预测的基础上进行。

（2）对可能引起的环境问题建立预测模型，条件具备时可建立环境问题与地下水模型的耦合模型。

（3）在充分考虑环境效应的前提下，分析、选择地下水开发利用方案。

9.7.4　地下水资源开发环境负效应评价

（1）地下水开发引起的地质环境问题主要包括地面沉降、地裂缝、岩溶塌陷、地面塌陷等。

（2）地下水开发引起的水环境问题主要包括水资源衰减、水质恶化、海水入侵等。

（3）地下水开发引起的生态环境问题主要包括植被退化、土壤干化、湿地萎缩、荒漠化等。

（4）地下水资源开发环境负效应评价应在现状评价的基础上，针对地下水开发利用规划方案下可能引起的环境问题及其程度进行预测、估计或分析。

9.7.5　地下水资源开发环境正效应评价

地下水资源开发环境正效应评价主要包括减轻土壤盐渍化危害、扩大地下水调蓄能力、改善水质等[2]。

9.8　供水水文地质勘察的成果整理

9.8.1　文字报告部分

根据 GB 50027—2001《供水水文地质勘察规范》，供水水文地质勘察报告书应包括下面的内容：

序言

①说明任务的来源及要求；②简要评述勘察区以往水文地质工作的程度及地下水开发利用的现状和规划；③概述勘察工作的进程以及本次勘察所完成的工作量。

第一章　自然地理及地质概况

①概述勘察区的地形和地貌条件；②简述气象和水文特征；③叙述地层和主要地质构造的分布及特征。

本部分应侧重叙述与地下水的形成、补给、径流、排泄条件以及与地下水污染有关的内容。

第二章　水文地质条件

①叙述含水层带的空间分布及其水文地质特征；②阐述地下水的补给径流排泄条件及其动态变化规律；③叙述地下水的水化学特征污染现状及其变化规律；④说明拟采含水层带与相邻含水介质及其他水体之间的水力联系状况。

第三章　勘察工作

结合地下水资源评价方法的需要，论述勘察工作的主要内容及其布置，提出本次勘察工作的主要成果，并评述其质量和精度。

第四章　地下水资源评价

①论述水文地质参数计算的依据，正确计算所需的水文地质参数，论述水文地质条件概化和数学模型的建立；②水量计算：计算地下水的天然补给量和储存量以及开采条件下的补给增量，根据保护资源合理开发的原则，提出相应勘察阶段的允许开采量，论证其保证程度，并预测其可能的变化趋势；③水质评价：根据任务要求，说明

水质的可用性，结合环境水文地质条件，预测开采条件下地下水水质有无遭受污染的可能性，提出保护和改善地下水水质的措施；④预测地下水开采可能引起的环境地质问题。

第五章　结论和建议

①提出拟建水源地的地段和主要水文地质数据和参数；②评价地下水的允许开采量、水质及评价精度；③建议取水构筑物的型式和布局；④指出水源地在施工中和投产后应注意的事项；⑤建议地下水动态观测网点的设置及要求；⑥建议水源地卫生防护带的设置及要求；⑦指出本次工作的不足和存在的问题。

9.8.2　主要附件

（1）勘察工程平面布置图。

（2）水文地质图及其剖面图。

（3）与地下水有关的各种等值线图。

（4）勘探孔柱状图及抽水试验综合图。

（5）水文气象资料图表。

（6）井泉调查表。

（7）水质分析成果统计表。

（8）颗粒分析成果统计表。

（9）地下水动态观测图表。

在编写报告时，还应根据需水量大小、水文地质条件的复杂程度和勘察阶段对本提纲的内容（包括文字和图表）进行合理的增删。论述时应突出资源评价，言简意赅；文字与图表应相互呼应。

9.9　地下水资源管理

水与地下的矿藏和地上的森林一样，同属于国家有限的宝贵资源。水资源虽是可以再生的，但从中国幅员和人口来看，中国是水资源短缺的国家，人均占有量 $2700m^3$，仅是世界人均水资源占有量的 1/4。中国华北、西北地区严重缺水，人均占有量仅分别为世界人均水资源占有量的 1/10 和 1/20。长期以来，过去人们习惯认为，中国有长江、黄河等大江大河，水是取之不尽、用之不竭的。这些不科学的糊涂观点导致人们用水无计划，把本来应该珍惜的有限水资源随便滥用，浪费很大。为使水资源得到有效的管理，必须从经济上、法律上和技术上采取有效措施。

9.9.1　地下水资源管理的经济、法律措施

（1）经济上的措施。由于对水的需求量不断增加，用传统的简单方法从自然界取水已不可能。经常需要采用现代的工程措施如修建水库、引水渠道以及抽水站、自来水厂等，也就是说需要投入大量的活劳动和物化劳动才能获取，这样就使水具有了商品的属性。因此取水用水就要交纳水资源费和水费，管理水的部门就要讲求经济效益。新中国成立 50 多年来，中国长期以来无偿地或低价地供水，特别是农业供水，水的价格与价值长期背离，水利工程管理单位的水费收入不能维持其运行、维修和更

新改造，导致工程效益日益衰减，导致工程老化失修，以致不能抗御意外灾害，这种状况必须改变。

（2）法律上的措施。为了合理地开发、利用和有效保护水资源，还必须制定水的法律和各种规章制度，由政府颁布并严格执行。中国依法管水起步较晚，自 1984 年起，中国在总结历史的经验和参考国外水法的基础上，开始了制定《水法》的工作。1988 年 1 月，中国第一部《水法》在第六届全国人大常务委员会第二十四次会议通过，从 1988 年 7 月 1 日起实施。此后，中国在开发、利用、保护和管理水资源的实施方面有了法律依据。在第一部水法实施多年后，中国于 21 世纪又对《水法》作了修改，修订后《水法》于 2002 年 8 月 29 日第九届全国人大常务委员会第二十九次会议通过，2002 年 10 月 1 日起实施。新的《水法》对中国原来的水资源管理体制所存在的弊病作了一些改革。

9.9.2　水资源的行政管理

9.9.2.1　国内外现行的水资源管理体制

目前世界各国水资源管理体制主要有：①以行政机构为基础的管理体制；②以流域（区域）为主的管理体制；③其他的或介于两者之间的管理体制。水的主管机关，有的国家是国家级的水资源委员会；主管机关的性质，有的是权力机构，有的是协调机构；也有的国家（如日本）则没有设立这种统一的机构，而是由几个部门协调管理水资源工作[26]。

中国国务院设有全国水资源与水土保持领导小组，其日常办事机构设在水利部，负责领导全国的水资源工作。根据《水法》规定，国务院的水行政主管部门为水利部，负责全国水资源的统一管理工作，其主要任务为为：①负责水资源的统一管理与保护等有关工作；②负责实施取水许可制度；③促进水资源的多目标开发和综合利用；④协调部门之间和省、自治区、直辖市之间的水资源工作和水事矛盾；⑤会同有关部门制定跨省水资源的分配方案和水的长期供求计划；⑥加强节水的监督管理和合理利用水资源等[26]。

中国目前对水资源实行统一的管理与分级、分部门管理相结合的制度，除中央统一管理水资源的部门外，各省、自治区、直辖市也建立了水资源办公室。许多省的市、县也建立了水资源办公室或水资源局。与此同时，在全国七大江河流域委员会中建立健全了水资源管理机构，积极推进流域管理与区域管理相结合的制度。

9.9.2.2　中国水资源的管理体制及改革

长期以来中国的水资源管理较为混乱，水权分散，形成"多龙治水"的局面，例如，气象部门监测大气降水，水利部门负责地表水，地矿部门负责评价和开采地下水，城建部门的自来水公司负责城市用水，环保部门负责污水的排放和处理，再加止众多厂矿企业的自备水源，致使水资源开发和利用各行其是[26]。

水资源管理体制的改革是贯彻落实《水法》的关键工作和重要任务，也是推进水资源实现统一管理的首要目标。实践证明，原《水法》规定对水资源实行统一管理与分级、分部门管理相结合的管理体制，实际上却造成了"多龙管水"，条块分割，既不能实现水资源的优化配置、高效利用和有效保护，又造成了水资源的严重浪费，使中国本来就紧张的水资源更趋紧张。为此，新《水法》在修订中，吸收了国内外水资源管理和立法的新理念和成功经验，根据中国水资源管理的实践及可持续发展的要求，规定国家对水资源实行流域管理与行政区域管理相结合的新的管理体制。也就是说，改革的重点集中在以下三个方面[26]：

（1）加强和充分发挥流域机构在水资源统一管理中的地位和作用。

（2）要切实落实行政区域对水资源的统一管理。

（3）努力探索，逐步建立流域管理与区域管理相结合的管理体制。

9.9.3　地下水资源的技术管理

9.9.3.1　智能管理系统

中国山东省广饶县由于工农业生产和乡镇企业的迅速发展，对地下水的需求量逐年增多，水资源供需矛盾日渐突出。全县地下水超采量每年都达 2600 万 m³ 以上，342km² 的井灌区已全部成为超采漏斗区，并引发地面塌陷、地裂缝、咸水入侵等一系列环境地质问题。为缓解水资源供需矛盾，该县于 1999 年首先在用水量较大的草桥油田和华泰集团的 20 眼井上进行了智能管理系统应用试点[27]。

水资源的智能管理系统是将先进的微电脑控制技术、智能卡技术和自动控制应用于地下水的资源管理，在使用上采取用水户预交水费、凭卡开机用水，管理系统自动计量与计费。若卡中水费用尽时，系统则自动停机，用水单位无法用水[27]。

智能管理系统由一台主机和若干台分机组成。主机包括计算机、发卡系统软件、读写卡器、打印机等；分机包括控制柜和智能水表。主机和分机之间通过智能卡传递数据。

主机（即计算机系统）由水资源管理部门操作使用，负责读写卡系统的维护及查询、统计等工作。分机安装在用水户的深井管道上，用于读卡和控制用水户的用水量。在用水前，用水户需到水资源管理部门购买一定时期的需水量，由管理部门将用水户购买的水量，通过主机写入用水户的智能卡中。用户用水时，将该卡插入系统分机，分机识别正确后，在控制柜显示器上显示分机内的水量总数，用户将卡拔出后，即可正常用水。在使用过程中，分机内的剩余水量随用水量的递增而减少，当剩余水量达到设定的下限水量时，分机会发出报警声提醒用户重新购买水量。若剩余水量用完，分机将自动切断电源，停止供水，直到用户输入新买的水量后才能使用。

该系统具有强大的系统保密性和安全性，有可靠的智能卡操作功能和管理功能。它的适用性强，使用寿命也长。

（1）系统的经济效益。据测算，安装 20 台智能管理系统，全部投资为 7.0 万元（不含主机购价 2.2 万元）。与仅安装普通水表时相比，每眼井年平均节水 0.46 万 m³，按目前水资源费征收标准 0.5 元/m³ 计，1.5 年即可收回成本，经济效益非常显著[27]。

（2）系统的社会效益。较好地实现了预收水资源费和收费标准、数额公开，用水过程、收费情况随时清晰可见，将水资源管理工作由"静态"变为"动态"，避免了在用水计量和收费上的人为因素和经常发生的纠纷[27]。

9.9.3.2　地下水资源的优化管理模型

地下水资源优化管理模型软件（REMAX 软件）是由国际灌溉中心和美国科学软件公司在地下水三维模拟软件（MODFLOW）基础上联合开发研制而成。它共有四大模块组成：模拟模块（Simulation）、预优化模块（Preoptimization）、优化模块（Optimization）和分析模块（Analysis）。可根据区域地下水资源具体的管理方案来确定管理目标和约束条件，输入相应控制文件和参数，逐步运行上述四大模块，就会得到理想的结果。它适用于多层越流含水层系统解决多种复杂地下水资源优化管理问题，是目前国际上地下水资源优化管理模型软件中功能强大的优秀专业软件之一[28]。

REMAX 软件目前在全美范围内普及推广应用，在国际上日趋流行。中国科学院长春地理研究所和水利部松辽水利委员会联合首次引进中国，并应用在吉林省西部大安试验区。现以该区为例，说明其使用方法。

1. 管理目标

为使有限的地下水资源发挥最大的经济、环境和社会效益。实验区拟定地下水资源管理的具体目标为：①在优化农业井开采布局的条件下，最大限度满足农业需水量，为农业安全生产提供水量保证；②控制"水田种稻区"地下水位降落漏斗的扩展，扼制地下水位不断下降的趋势；③调控潜水位埋深，防止次生盐碱化发生[28]。

2. 管理模型

该优化管理模型的建模方法是将有限差数值计算方法与最优化技术相结合，采用地下水分布参数系统值模拟和线性规划方法耦合建模，耦合方式采用响应矩阵法；确定在有地下水位降深约束下各管理区总开采量最大为管理模型的目标函数；在水动约束、资源约束、社会效益约束、生态环境约束等条件下建立该区地下水系统三维优化管理模型。

（1）决策变量。决策变量是研究系统状态的输出变量。根据前述的管理目标，取管理亚区开采量为模型的决策变量，即，$Q(i,k)$ 代表第 i 管理亚区在第 k 管理时段末地下水的开采量，m^3/d，$i = 1，2，3，4，5$；$k = 1，2，\cdots$。

（2）目标函数。根据本管理区的目标规划，为各管理亚区规划开采量之和最大。管理目标函数用下列数学公式表达[28]：

$$Z_{\max} = \sum_{i=1}^{NC} \sum_{k=1}^{NT} Q(i,k) \qquad (9-48)$$

式中：NC 为管理亚区总数；NT 为管理时段总数。

（3）约束条件。约束条件是指决策变量及相关变量的限制范围。也就是说水资源科学管理的优化过程必须在一定的约束条件下进行，本研究区考虑了水位约束、生态环境约束以及水资源量约束。

（4）水位约束。是保证管理亚区内各目标结点水位降深值不超过最大允许降深值 $S_{\max}$。考虑到研究区含水层系统的出水能力和开采井的抽水能力，并经过长期调查观测最后确定：区内稻田井水位最大允许降深值为 6m，潜水井水位最大允许降深值为 7m，旱田机井水位最大允许降深值为 15m[28]。

$$S(j,n) \leqslant S_{\max}(j) \qquad (9-49)$$

式中：$S(j,n)$ 表示 j 点、n 管理时段末的水位降深值，m；$S_{\max}(j)$ 表示 j 点水位最大允许降深值，m。

对于线性含水层系统，水位降深和抽水量之间的关系可通过响应矩阵线性来表示[28]：

$$S(j,n) = \sum_{i=1}^{NC} \sum_{k=1}^{NT} \beta(i,j,n-k+1)Q(i,k) \tag{9-50}$$

式中：$\beta(i,j,n-k+1)$ 表示在抽水时段 k 内，当 i 井（亚区）以单位脉冲时，在时段 $n-k+1$ 末，在 j 点处的水位降深，也称为响应系数。

于是式（9-49）可表示为[28]：

$$\sum_{i=1}^{NC} \sum_{k=1}^{NT} \beta(i,j,n-k+1)Q(i,k) \leqslant S_{\max}(j) \tag{9-51}$$

（5）生态环境约束。生态环境约束主要将潜水含水层地下水位控制在产生次生盐碱化临界水位埋深 3m 以下，以防止次生盐碱化发生，保护生态环境。

$$S_H(j,n) = \sum_{i=1}^{NC} \sum_{k=1}^{NT} \beta(i,j,n-k+1)Q(i,k) \geqslant 3 \tag{9-52}$$

吉林省西部大安试验区共设有 336 个控制水位井点[28]。

（6）供水指标约束。为了满足本区 5 片稻田区的需水要求，应使各亚区的开采量之和达到供水指标[28]。

$$\sum_{i=1}^{NC} Q(i,k) \geqslant D(k) \tag{9-53}$$

式中：$D(k)$ 表示不同管理期的规划供水指标，m^3/d。

考虑到含水层的出水能力，所以各亚区的开采量之和不能超过含水层的极限开采量。

$$\sum_{i=1}^{NC} Q(i,k) \leqslant D_{\max}(k) \tag{9-54}$$

式中：$D_{\max}(k)$ 为第 k 管理期地下水最大供水量，m^3/d。

上述目标函数式（9-48）和约束条件式（9-51）~式（9-54）构成了线性规划模型[28]。

3. 区域的剖分和模型的求解

把试验区的计算区域在空间上剖分为 5 层、54 行、50 列，共 13500 个正方体单元。其中，计算单元为 10875 个，第一类边界单元为 985 个，无效计算单元 1640 个，每个单元的行间距和列间距均为 500m，即每个单元面积均为 0.25km²。

模型求解调用了 MODFLOW 模拟软件中的数据文件，以及 REMAX 系统软件中的数据文件分别见表 9-12 和表 9-13[28]。

表 9-12　　MODFLOW 模拟软件中的数据文件（据 章光新等，2001）

序号	文件名称	文　件　用　途
1	*.BAS	说明模拟区域范围、初始水头、模拟时段和步长
2	*.BCF	说明含水层系统特性文件，如渗透系数、导水系数、贮水系数、越流系数和含水层厚度等
3	*.WEL	说明抽水井空间位置及其开采量
4	*.EVT	说明植被蒸发蒸腾文件，包括地面高程、各种农作物和植被蒸发蒸腾系数及其蒸发临界埋深

续表

序号	文件名称	文 件 用 途
5	*.GHB	说明含水层系统边界性质文件,包括边界水头及其导水系数
6	*.RCH	说明模型区补给文件,包括水库和泡沼的定水头补给、大气降水入渗补给和稻田回灌
7	*.OPC	说明控制输出内容和格式文件
8	*.PCG	说明控制计算循环次数文件

表 9 - 13   REMAX 系统软件中的数据文件（据 章光新等，2001）

序号	文件名称	文 件 用 途
1	REMAX.DAT	说明所需 MODFLOW 中的 9 个数据文件、确定纳入管理范围的眼井,包括单井和面积井的位置(由单元号控制)和开采脉冲值(主要用来计算影响系数)
2	CONTROL.DAT	说明控制管理亚区数量和每个亚区的开采井数量(几个亚区,开采井总数)和控制水头观测井的数量(几个水头控制点)及其位置
3	BOUNDS.DAT	说明开采井允许开采量范围,必须保证每个管理亚区的开采量以及控制水头点的水位高程值
4	OBJECTIVE.DAT	说明目标类型(线形目标规划)和目标函数中的变量权重,开采井抽水速率的权重为 1
5	ANALYSIS.DAT	此模型赋值 1,说明分析计算出的优化管理方案,模拟计算出在优化管理方案条件下的水位高程值,与优化过程中计算出的水位高程值相比较(通过迭代方程),如最大相对误差超过 10% 认为显著,不符合要求

4. 模型的计算结果和建议

针对吉林省西部大安试验区水资源开发利用现状及其未来用水规划,计算结果认为,该区不宜继续开发水田。建议在现有的水田面积上,积极开展和推广节水灌溉技术,提高水资源利用效率,用节约的水资源来植树种草,搞生态环境建设。此外,还应合理布置井距和井群规模,优化配置水资源,最大限度地发挥水资源的潜力和价值,更好地为农业生产和生态环境建设服务[28]。

参 考 文 献

[1] 中华人民共和国地质矿产部. DZ 44—86 城镇及工矿供水水文地质勘察规范 [S]. 北京：地质出版社，1986.

[2] 中国地质调查局. DD 2004—01 1:250000 区域水文地质调查技术要求 [S]. 北京：地质出版社，2004.

[3] 房佩贤，卫中鼎，廖资生. 专门水文地质学 [M]. 北京：地质出版社，1987.

[4] 朱学愚，钱孝星. 地下水文学 [M]. 北京：中国环境科学出版社，2005.

[5] 李伯权. 地下水资源评价中有关概念的讨论 [J]. 西北水电，2001，(3)：1-4.

[6] 韩再生. 地下水资源分类及其勘查研究程度分级 [J]. 水文地质工程地质，1994，(2)：31-33.

[7] 韩再生. 国家标准《地下水资源分类分级标准》简介 [J]. 工程勘察，1995，(3)：38-39.

［8］ 曹剑峰，迟宝明，王文科，等. 专门水文地质学 ［M］. 北京：科学出版社，2006.

［9］ 孙北祥. 地下水资源评价原则 ［J］. 吉林水利，2004，（9）：5-8.

［10］ 中华人民共和国标准. GB 50027—2001 供水水文地质勘察规范 ［S］. 北京：2001.

［11］ 田胜龙，佟胤铮. 多元线性回归在地下水资源评价中的应用 ［J］. 东北水利水电，2006，24 （3）：23-24.

［12］ 陈崇希，唐仲华. 地下水流动问题数值方法 ［M］. 中国地质大学出版社，1990.

［13］ 林学钰，侯印伟，邹立芝，等. 地下水水量水质模拟及管理程序集 ［M］. 长春：吉林科学技术出版社，1988.

［14］ 王玮，张戈，秦宇鹏. 理想模型法计算区域地下水允许开采量 ［J］. 人民长江，2006，（7）：21-23.

［15］ 李如忠，钱家忠，汪家权，等. 基于盲数理论的地下水允许开采量计算初探 ［J］. 地理科学，2004，（6）：733-737.

［16］ 李如忠. 基于 Fuzzy Logic 的地下水允许开采量计算 ［J］. 辽宁工程技术大学学报（自然科学版），2008，（1）：117-120.

［17］ 束龙仓，朱元生，孙庆义，等. 地下水允许开采量确定的风险分析 ［J］. 水利学报，2000，（3）：77-80.

［18］ 刘予伟，金栋梁. 平原区地下水资源评价方法综述 ［J］. 水利水电快报，2004，25 （12）：5-8.

［19］ 陆小明，严锋，朱道军. 江苏省地下水资源计算简介 ［A］//全国水文水资源科技信息网——华东组、西北组 2004 年交流论文集 ［C］. 2004.

［20］ 刘予伟，史春华，金栋梁. 山丘区地下水资源评价方法综述 ［J］. 人民长江，2004，35 （9）：33-36.

［21］ 郭琳，陈植华. 岩溶地区地下河系统水资源定量评价的问题 ［J］. 中国岩溶，2006，25 （1）：1-3.

［22］ 唐克旺，侯杰，唐蕴. 中国地下水质量评价（Ⅰ）——平原区地下水水化学特征 ［J］. 水资源保护，2006，（2）：105.

［23］ 谷朝君，潘颖. 内梅罗指数法在地下水水质评价中的应用及存在问题 ［J］. 环境保护科学，2002，109：45-47.

［24］ 李进，陈益滨，师伟，等. 模糊综合评价法在地下水水质评价中的应用 ［J］. 地下水，2006，28 （2）：4-22.

［25］ 唐克旺，吴玉成，侯杰. 中国地下水资源质量评价（Ⅱ）——地下水水质现状和污染分析 ［J］. 水资源保护，2006，22 （3）：1-4.

［26］ 高而坤. 贯彻《水法》推进水资源管理体制改革 ［J］. 中国水利，2003，3 （B刊）：11-13.

［27］ 贾效亮，贾惠颖. 智能管理系统在地下水资源管理中的应用 ［J］. 地下水，2001，24 （2）：86-87.

［28］ 章光新，邓伟，李取生. REMAX 在吉林省西部地下水资源管理中的应用 ［J］. 长春科技大学学报，2001，31 （3）：279-283.

第 **10** 章

水利水电水文地质勘察

水利水电工程的水文地质勘察一般结合工程地质勘察进行，它既是工程地质勘察之中的一部分，也是工程地质勘察的补充。其目的是：查明水利工程所在区域地下水的赋存条件及运动规律，为水利工程的施工安全及正常运行或为病险水利工程的除险加固提供设计依据。

限于篇幅，本章仅就中小型水利水电工程中的几种常见水文地质勘察作介绍。

10.1 水库渗漏水文地质勘察

水库渗漏是指库水沿透水岩、土带向库外低地渗漏的现象，可分为坝区渗漏和库区渗漏两部分。

坝区渗漏是指大坝建成后，库水在坝上、下游水位差作用下，经坝基和坝肩岩、土体中的裂隙、孔隙、破碎带或喀斯特通道向坝下游渗漏的现象。经坝基的渗漏称坝基渗漏，经坝肩的渗漏称绕坝渗漏。对于已出现病险大坝（尤其是土石坝），经常还存在库水由坝体向外渗漏的现象，这种渗漏称为坝体渗漏。

库区渗漏则包括库水的渗透损失和渗漏损失。库岸和库底岩、土体因吸水饱和而使库水产生的损失，称渗透损失，这种渗漏现象称暂时性渗漏。库水沿透水层、溶洞、断裂破碎带、裂隙节理带等连贯性通道外渗而引起的损失，称渗漏损失，这种渗漏现象称经常性渗漏，或永久性渗漏。通常，库区渗漏是指永久性渗漏。

当坝体产生裂缝或土石坝坝体材料的渗透性较高时，库水可从坝体中渗出，发生坝体渗漏，严重时会产生溃坝，发生巨大灾难。库水沿坝基和坝肩岩体中的裂隙或破碎带渗漏时，会产生渗透压力，坝基可能的滑动面上的法向渗透压力（浮托力）将使可能滑动面上的法向荷载减小，从而也减小了由法向荷载所产生的抗滑力。坝肩岩体中的侧向渗透压力和可能滑动面上的法向渗透压力，将会使坝肩岩体的侧向推力增加，这对坝基、坝肩以及下游的边坡稳定都不利。此外，坝区渗漏还可软化坝区岩体中的软弱夹层、断层破碎带，或产生潜蚀（管涌）等现象，降低坝基或坝肩岩体的承载力和抗滑力。坝区渗漏还可能浸没坝下游宽广的耕地或居民点。库区渗漏可在邻谷区引起新的滑坡，或使古滑坡复活，造成农田浸没、盐渍化、沼泽化，危及农业生产及村舍安全。

10.1.1　影响水库渗漏的地质因素

10.1.1.1　地形地貌条件

水库附近河谷切割的深度和密度，对水库的渗漏至关重要。当相邻河谷被切割很深，低于库水位，且与水库间的分水岭比较单薄时，由于渗透途径短，水力梯度大，有利于库水渗漏。

在库周围水文网切割深度较大的山区，也容易发生水库渗漏。有时虽分水岭较宽，但由于水库迴水范围内河流的支流发育，将某段的分水岭切割得比较单薄，也可能形成渗漏地段[1]。山区河谷急剧拐弯处（坝址常选在此位置附近），河湾间山脊有时很薄，库水就有可能通过山脊产生渗漏。比较顺直的河谷段，应注意分水岭上的垭口，垭口的两侧或一侧山坡发育有冲沟，使山体变薄，库水也可能通过垭口渗漏[2]。

平原地区的河流有时形成急剧转弯的河曲，若在河弯地段筑坝建造水库，就会在库区与坝下游河流之间形成单薄的河间地块。此时，若上下游之间的水力梯度大，就有可能使库水向下游的河道发生渗漏。库、坝区渗漏途径如图 10-1 所示。[3]

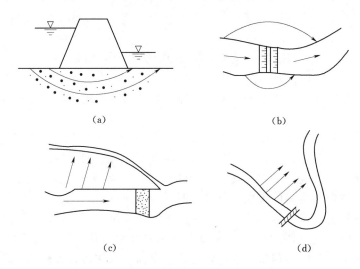

(a)　　　　　　　　　　　　　　(b)

(c)　　　　　　　　　　　　　　(d)

图 10-1　库、坝区渗漏途径示意图（据天津大学，1979）
(a) 坝下渗漏；(b) 绕坝渗漏；(c) 向邻谷渗漏；(d) 河湾间的渗漏

河流多次改道变迁形成的古河道若通向库外时，库水就会沿着古河道河床堆积物的渗漏通道漏失。如果古河道与邻谷或坝下游河道相连，库水也会沿之漏失[1]。

10.1.1.2　地层岩性及结构

渗透性强烈的岩土体（碳酸盐岩、未胶结的砂卵砾石层）可构成水库的渗漏通道，漏失量与其结构、渗透性有关。

1. 平原松散岩类坝基水库

(1) 当坝基地层从上到下的组成物质由粗变细时，上部为较强透水层，下部为弱透水层或是隔水层，此时，库水多沿坝基上部强透水层渗漏。

（2）当坝基地层从上到下的组成物质由细到粗，而上部弱透水层在坝前遭水冲蚀或人工取土破坏，则其下伏强透水层——古河道堆积物就成为严重的渗漏通道。

（3）当坝基的地层粗细粒相间，且以粗粒为主时，一般在表层无厚度大、分布完整的黏性土层作为相对隔水层，表层下又多以厚层强透水层为主，夹黏性土薄层或透镜体，此类坝基渗漏及渗透变形一般较为严重。

2. 山区水库

（1）山区河谷狭窄，谷坡高陡，当砂卵石层分布于谷底且厚度小于 15m 时，这种坝基的砂卵石层不厚，而且多由粗碎屑物质组成，其中或有呈透镜体状的砂层分布，但表部没有黏性土覆盖，岩层透水性甚强，渗漏主要发生于坝基。

（2）当山区河谷谷底的砂卵石厚度大于 15m 时，砂卵石层多以卵砾石和砂组成，其中间或有透镜状的砂层分布，但透水性都很强，而且往往有集中渗流通道存在，渗透变形破坏类型主要是管涌。

（3）当河谷较宽，谷坡上分布有多级基座阶地时，坝基除河谷覆盖层情况与上述基本相仿外，还可能沿阶地基座面上的砂卵石层渗漏。

3. 岩溶地区水库

碳酸盐岩中的岩溶洞穴或暗河若与库外相通，可形成严重的径流带或管道流，这是最严重的渗漏通道。当库区强岩溶化的碳酸盐底部无隔水层分布，或虽有隔水层存在，但其埋藏很深或封闭条件很差时，也有可能通过分水岭向邻谷、河谷下游或远处低洼排泄区发生渗漏[2]。

10.1.1.3　地质构造

一般而言，地层变形越大、褶皱比较发育的地段，其地层所受的地应力也越强，各类断层和裂隙也都比较发育。断层破碎带，尤其是横切河谷与邻谷相通的宽大而未胶结的断层破碎带，是形成大水量渗透的通道；具有宽大密集裂隙的岩层也易于造成渗漏。在岩溶地区，断层带上往往发育着岩溶管道。

在地层中夹有透水岩层时，向斜构造要比背斜更利于抗渗漏，这是因为在向斜构造中，隔水层在库区周围封闭得较好［图 10-2（a）］；而背斜构造的河谷，库水很容易沿着透水岩层向邻近河谷渗漏［图 10-2（b）］[2]。

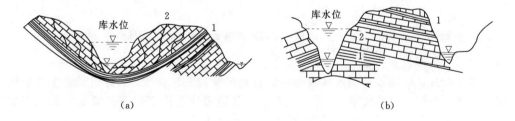

（a）　　　　　　　　　　　　　　　　　　　（b）

图 10-2　褶皱核部的水库（据 张咸恭，1983）

（a）库区位于背斜谷岩层缓倾角易渗漏；（b）库区位于纵向谷向斜部位有隔水层包围而不致渗漏

1—隔水层；2—透水层

如有纵向断层将透水岩层切断，使渗漏通道与邻谷的连通性失掉，这对防止水库

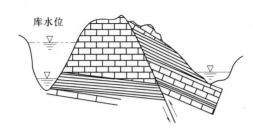

库水位

图 10 - 3　断层切断岩体可能的渗漏通道
（据 张咸恭，1983）

渗漏是有利的，如图 10 - 3 所示。但也有相反的情况，隔水层被切断，反而使不同的透水层连通起来，成为渗漏通道。此外，在勘察时还应注意断层的透水性，它与断层的性质、时代及其胶结程度有关[2]。

10.1.1.4　水文地质条件

地形地貌、岩性及地质结构是决定水库渗漏的必要条件，但不是充分条件，还必须研究水文地质条件，即要进行水文地质分区，确定含水层及隔水层，查明含水构造、地下水补给、径流、排泄条件、地下水的类型、地下水的水位、流向、流速、水力坡度、地下水的化学特征等。其中特别要查清水库周围是否有地下分水岭以及分水岭的高程与库水位的关系，来大致判断库水向邻谷渗漏的可能性[1]：

（1）当地下分水岭高于水库正常高水位时，不会发生渗漏［图 10 - 4（a）］。

（2）当地下分水岭低于水库正常高水位时，如有漏水通道存在，库水就会发生渗漏［图 10 - 4（b）］。

（3）在蓄水前已出现库区河谷的水流向邻谷流去，无地下分水岭，则蓄水后水库将渗漏更严重［图 10 - 4（c）］。

（4）在蓄水前若出现邻谷水流向库区河流流去，无地下水分水岭，但建库后邻谷水位低于水库正常高水位，蓄水后水库仍有可能发生渗漏［图 10 - 4（d）］；若邻谷水位高于水库正常高水位，则蓄水后水库就不会发生渗漏［图 10 - 4（e）］[1]。

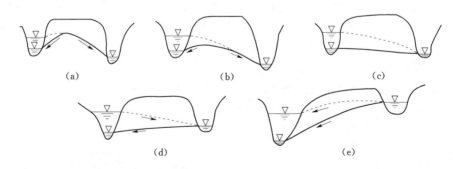

（a）　　　　　　　　　　（b）　　　　　　　　　　（c）

（d）　　　　　　　　　　（e）

图 10 - 4　水库水位与邻谷水位对渗漏的影响示意图（摘自 张咸恭等，1988）

10.1.1.5　岩溶发育特征

在岩溶地区，需要查明库区内岩溶的发育强度和发育规律。具体包括：①各个地层的岩溶发育强度（溶隙率）、发育方向以及受地质构造作用的控制情况；②岩溶形态及分布规律；③岩溶水的动力特征（包括补排条件、垂直分带性、流动特点）[4]；④建坝前后泉水流量的变化及其他动态变化[5]。

10.1.1.6　渗漏通道及其连通性。

1. 渗漏通道的存在分析

水库的渗漏通道一般是透水岩层（如松散的砂卵砾石层）、透水带（断层破碎带、裂隙密集带)、岩溶管道等[6]。

(1) 岩浆岩地区水库。岩浆岩的透水性一般较弱,库水一般不易发生渗漏。但如有规模大、延伸长的构造破碎带(未充填),或有连通性好的节理裂隙密集带贯穿于库区及岭谷之间,或贯穿于坝址的上下游时,库水也有可能沿之发生渗漏。如当玄武岩中因岩浆冷凝时所形成的柱状节理比较发育时,可形成漏水通道的透水岩层[6]。

(2) 沉积岩地区水库。一般是由透水岩石、断层破碎带、节理密集带构成漏水通道。如节理裂隙发育的某脆性岩,只要它们穿过坝基,同时在上游库区和下游河床出现,即可成为漏水通道。此外,如果组成分水岭的岩石是孔隙度大的、结构松散的能透水的砂砾岩,库水有可能会通过砂砾岩发生渗漏[6]。

(3) 第四纪堆积物层水库:坝下渗漏通道常见的是古河道、河床和阶地内的砂卵砾石层。当古河道穿过坝基或贯通上下游时,沿之就可能发生严重渗漏;在建坝时如坝下的截水墙太浅,未能将砂卵砾石层全部截断,残留的砂卵砾石层也能成为漏水通道[6]。

2. 漏水通道的连通性分析

(1) 砂砾石层等松散岩层渗漏通道的连通性主要决定于其地层的结构特征[6]。上游山区河流,河床的沉积物多为单一的粗粒物质,透水层的连通性好。中下游河床的细粒成分增加,地层呈多层、双层结构。双层结构时沉积物上细下粗,上部弱透水层构成了天然防渗铺盖,但若在建坝取土时破坏了此相对隔水层,或它因受河流冲刷已出现了部分损坏,则它就不再具有隔水作用,应将其修补完整。多层结构时,漏水通道的连通性主要受相对隔水层的厚度、延伸情况及其完整性的影响。如其厚度较小,被渗漏水击穿后不再起隔水作用,还有的延伸不远即自行尖灭,起不到隔水作用[6]。

(2) 基岩透水层、透水带及岩溶发育管道的连通性则受地质构造的控制。纵向河谷(即岩层走向与河流流水平行)的透水层的连通性往往较好,而横向河谷透水层的连通性往往较差。

10.1.1.7　坝体的组成物质

土石坝如果在建坝时用了含砂砾高的砂土做坝体,或在土料填筑时夯压不实,坝体的渗透性高,可出现坝体渗漏。

10.1.2　拟建水库渗漏的水文地质勘察

拟建水库渗漏的水文地质勘察是其工程地质勘察中的一部分,因而其勘察也是分阶段进行的,不同的勘察阶段,其勘察的内容及研究程度有所不同。水库渗漏包括库区渗漏和坝(闸)址区的渗漏,本节只介绍对库区渗漏的水文地质勘察,坝(闸)址区渗漏的水文地质勘察在 10.3 节再作介绍。

10.1.2.1　规划阶段

此阶段是对河流开发和为水利水电工程规划进行水文地质论证[7]。

(1) 勘察任务。了解各规划方案水库的水文地质条件,分析建库的可能性。

(2) 勘察内容[7]。①了解库区水文地质条件、含水层和隔水层的分布范围;②了解可能导致水库渗漏的可溶岩层及洞穴系统、古河道、贯穿库外的大断裂破碎带、低矮垭口、单薄分水岭、低邻谷等的分布情况和附近泉、井水位及流量。

（3）勘察手段[7]。

1）水文地质测绘：对于水文地质工程地质条件复杂的库区，宜进行库区水文地质工程地质综合测绘，比例尺可选 1∶10 万～1∶5 万。在可溶岩地区，测绘比例尺可选 1∶5 万～1∶2.5 万，测绘范围应扩大至分水岭及邻谷。

2）勘探：当库区存在严重渗漏时，可在渗漏危险地段布置少量的勘探，并与地质勘察结合进行。

3）水文地质试验：如布置钻探，应进行水位观测，基岩钻孔应进行压水试验。

10.1.2.2　可行性研究阶段

该阶段是在选定的规划方案的基础上进行的，其目的是：论证建库的条件，对影响建库方案的水文地质问题和环境问题作出初步评价。

1. 勘察内容

主要是查明库区的渗漏条件，主要内容包括[7]：

（1）单薄分水岭、低谷区、强透水岩土层（带）、断层破碎带、古河道、第四纪透水层分布等水文地质条件，对产生渗漏的可能性及其严重程度作出初步评价。

（2）在可溶岩地区，应调查喀斯特的发育及其分布规律，喀斯特洞穴的延伸和连通情况，相对隔水层和非喀斯特岩层的分布、厚度变化、隔水性能和构造封闭条件，地下水与河水的补排关系，分析可能的渗漏形式、途径和严重程度，初步评价对建库的影响及处理的可能性。

（3）溶洞水库区和溶洼水库区喀斯特泉水和暗河的分布，水文动态、流量和汇水范围，分析地表水和地下水流系统的补排关系。初选堵体的位置，初步评价建库的可能性。

（4）对于拟修建于干河谷或悬河上的水库、抽水蓄能电站和引水工程泵站的水库，重点调查水库的垂向和侧向渗漏情况。

2. 勘察手段

（1）收集资料。主要是区域地质及水文地质资料[7]。

（2）水文地质测绘。水文地质条件复杂的库区，宜单独进行库区水文地质测绘，测绘比例尺可选用 1∶5 万～1∶1 万。测绘范围除应包括整个库盆外，并应包括与渗漏有关的邻谷地段[7]。

（3）物探。应根据地形、地质条件，采用综合物探方法。探测库区可能发生渗漏地段的地下水位、地下水流速与流向、隔水层的埋深、古河道和喀斯特通道以及隐伏的大断层破碎带的埋藏和延伸情况等[7]。

（4）钻探。在严重渗漏地段，水文地质勘探剖面线应平行和垂直渗漏方向布置，剖面数量可根据渗漏段的长度及地质情况确定。勘探方法宜以物探为主，辅以控制性钻孔。每一剖面控制性钻孔不少于 3 个，孔深宜达到相对隔水层或强喀斯特发育下限[7]。

（5）水文地质测试。钻孔在蓄水位以下孔段应进行水文地质试验，并保留适量钻孔和其他水文地质点一起进行水文地质观测，观测时间不应少于一个水文年或一个丰水、枯水季节[7]。

10.1.2.3　初步设计阶段

初步设计阶段是在可行性研究阶段所选定的坝（闸）址的基础上进行的，是为选定的坝址、枢纽布置进行水文地质论证。按 SL 55—2005《中小型水利水电工程地质勘察规范》附录 F 的规定，该阶段需要提交水文地质图。

1. 勘察的任务

查明库区水文地质条件，对水库渗漏作出评价，预测蓄水后可能引起的水库浸没、固体径流等环境地质问题[7]。

2. 勘察内容[7]

对非喀斯特库区可能发生渗漏的地段，应注意：①查明相对隔水层及主要透水层（带）的岩土性质、厚度、产状和延伸分布情况；②查明渗漏层（带）的地下水位、透水性，评价因渗漏可能引起的浸没等危害；③查明渗漏地段泉井的分布位置、高程及地下水补排关系；④查明天然铺盖层的物质组成、厚度以及渗透特性；⑤估算可能渗漏地段的渗漏量，对防渗处理措施提出建议。

喀斯特库区水文地质勘察内容包括：①查明喀斯特系统及主要溶蚀带（层）的发育特征、分布规律、形态与规模、充填程度、连通情况及其与河流的关系；②查明地表水点和地表水、地下水网的空间分布及补给、径流、排泄关系；③查明相对隔水层的厚度、分布、延伸性及其封闭条件；④查明地下水位埋深，地下水分水岭的位置、高程；⑤查明天然覆盖层类型、性质、分布范围、厚度变化、渗透性及渗透稳定性；⑥估算渗漏量，对防渗处理的范围和深度提出建议。

3. 勘察方法

（1）水文地质测绘。在非喀斯特地区，地形、地质条件复杂的地段应进行专门的水文地质测绘，比例尺可选用 1:1 万～1:2000。测绘的范围包括渗漏层（带）可能的入渗、出逸区和渗漏量估算所涉及的范围。在喀斯特地区，渗漏不严重地段的水文地质测绘可结合水库的地质测绘进行，对严重渗漏地段应进行专门的水文地质测绘，比例尺也可选用 1:1 万～1:2000，测绘范围包括分水岭两侧可能渗漏通道的进口、出口部位与渗漏评价有关地段。对与评价渗漏有关的主要溶洞、漏斗、落水洞、地下河及喀斯特泉等应测绘其位置、高程、流量和延伸的情况[7]。

（2）物探。在非喀斯特地区，宜采用物探方法探测渗漏（层）带的位置，勘探剖面线应垂直或平行于可能的渗漏方向布置，剖面线的位置、数量应根据渗漏层（带）的类型、产状和渗漏地段宽度而定，并应注意不同地貌单元和水文地质条件的代表性。在喀斯特或断层破碎带发育强烈的地区，宜采用综合物探方法探查喀斯特或断层破碎带的空间分布、岩体的汇水特征、地下水位和强透水带的位置。物探范围和剖面数量可根据地段的重要性和喀斯特复杂程度确定[7]。

（3）钻探。在非喀斯特地区，当水文地质条件复杂时，可布置钻探，钻孔的数量和孔距可根据水文地质情况确定，钻孔的深度应进入相对隔水层或当地河流枯水位以下 10～15m。在喀斯特严重渗漏地段应垂直和平行可能的渗漏方向布置勘探剖面，剖面线上的钻孔不宜少于 3 个，其中地下水分水岭最低处附近宜布有 1 个孔。钻孔深度应进入相对隔水层，或穿越强喀斯特发育下限，或穿越本区常年最低河水位（含临谷水位）以下适当深度。在深喀斯特或有越流渗漏的地区，孔深可根据需要确定[7]。

（4）水文地质试验。

1）在非喀斯特地区，对钻孔内的地下水位应进行动态观测，对设计蓄水位以下的钻孔，应分段或分层进行压水（或注水）试验；在第四系透水层地下水位以下的孔段宜进行抽水试验。

2）在喀斯特地区，各钻孔在设计蓄水位以下的孔段除应进行压水试验或注水试验；还应进行连通试验，以查明喀斯特洞穴间的连通情况和地下水补给、径流、排泄条件，还应进行地下水位长期观测。对多层含水层的钻孔应分层隔离进行同步观测；对与渗漏评价有关的地表水点及主要喀斯特水点，应同步进行水位、流量等的观测，观测期应不少于一个水文年或一个丰水、枯水季节。在喀斯特地下水流比较复杂地区或在研究喀斯特水形成的地球化学环境时，宜对地表水点、地下水点进行采样作化学分析，试验项目可根据研究目的选定。必要时，可进行堵洞试验，进行地下水氚含量分析、洞穴充填物破坏等专项试验[7]。

10.1.2.4　技施设计阶段

技施阶段的水文地质勘察应根据初步设计的审查意见和设计要求，为补充论证专门性水文地质问题而进行的勘察，其目的是对施工中出现各种水文地质问题提出处理建议，并对施工和运行期间的水文地质监测的内容、方法、布置方案及技术要求提出建议。

（1）勘察内容[7]。①复核库区的水文地质条件；②当施工开挖后出现渗漏及渗漏稳定性问题时，要确定渗漏的分布范围、规模、深度及透水岩（土）层的渗透特性，评价渗漏及渗漏稳定性对工程的影响程度。

（2）勘察方法。当需要查明出新出现的水文地质问题时，可进行水文测绘，比例尺可选用 1∶500～1∶200，并根据具体情况布置钻探、物探、硐探和水文地质试验工作[7]。

10.1.3　渗漏病险水库除险加固阶段的水文地质勘察

10.1.3.1　水库渗漏的原因

中国目前有众多病险水库急需治理，其渗漏的原因多样，归纳起来主要有以下方面[5]：

（1）前期勘测工作投入不足，对坝基的地质情况没有查清，对特殊地层结构的坝基认识不够，没有对水库的渗漏及渗透变形作必要的处理或防渗措施选择不当。如有些水库建在软土地基上，大坝出现裂缝而发生渗漏；一些在平原区河谷修建的水库，因地层结构松散，库水沿坝基上部的强透水层发生渗漏。如青海省互助县的南门峡水库，因其坝址坐落于厚度为 10～19m 的鹅卵石覆盖层上，基岩中多为石灰岩断层，节理裂隙发育，自 1983 年建成一期工程蓄水至今，渗漏一直是一项突出问题[8]。

（2）施工质量差。如利用含砂砾高的砂土做坝体、土料填筑后夯压不实、坝基有渗漏通道，防渗工程做得不彻底等。如黑龙江省科洛河流域的板石沟水库，所用的筑坝材料主要为砂砾土料，透水性强，在土料填筑后夯压不实，分段填筑的接缝处未结合好，建后也未进行防渗处理，经过几十年的运行后，水库的溢洪道两侧的渗水已浑浊，由集中的渗水流发展成了管涌，坝体随时有坍塌的危险[9]。

（3）地层的允许水力梯度选择不合理。如果对坝基地层允许水力梯度的研究不够充分，甚至任何测试都未做过，而是采用经验数据。如设计中采用的允许水力梯度偏大，就会使水库蓄水运行后坝基的实际水力梯度超过地层的允许水力坡降值，从而引起坝基渗透变形（管涌、流土等）。

（4）工程监测不健全，运行后管理不善。水库建成运行后，水库附属建筑物究竟有无病害，能否安全运行发挥效益，必须通过全面系统的监测工作来完成，特别是在前期地质工作调查不足的情况下，监测工作就显得尤为重要。如果监测系统不健全、管理不完善就很容易导致渗漏的发生。

（5）自然灾害引发。如 2005 年 8 月浙东南台州市玉环县山塘水库和双庙水库因受"海棠"和"麦莎"两次台风袭击，库岸山体疏松发生大渗漏。2008 年发生在四川汶川的"5·12"8.0 级的特大地震中，周边多处水库出现裂缝、滑坡、沉陷、变形、渗漏等险情，其中江油市出现病险水库 187 座（出险率 100％），其中的 25 座为重大险情水库；重庆市 23 个区县中有 79 座水库出险，其中 17 座发生渗漏。

10.1.3.2　水库的渗漏类型

根据 SL 55—2005《中小型水利水电工程地质勘察规范》附录 E，病险水库的渗漏按渗漏的部位分类，可分为以下几种类型[7]：

（1）土石坝坝体渗漏。

（2）非喀斯特坝（闸）基、坝肩渗漏。

（3）喀斯特坝（闸）基、坝肩渗漏。

（4）防渗帷幕渗漏。

（5）涵、洞渗漏。

10.1.3.3　除险加固阶段水文地质勘察的内容

病险水库的水文地质勘察包括病险水库安全鉴定勘察和病险水库除险加固设计勘察两个方面。勘察时均应先系统地搜集前期的勘察资料，在此基础上进行一些鉴定性和补充性勘察工作。按 SL 55—2005《中小型水利水电工程地质勘察规范》附录 F，对除险加固的水库的勘察不需提交水文地质图。

1. 安全鉴定勘察的内容[7]

坝址区的鉴定勘察包括：①调查坝基与坝体接触部位的物质组成、其渗透性和坝体埋管、输水涵洞的渗漏情况，并对原防渗效果进行初步评价；②调查可溶岩坝基喀斯特发育情况及其对渗漏的影响；③调查坝基和绕坝渗漏的范围，渗漏量的动态变化及其与库水位的关系；④检查原防渗体的质量，初步分析渗漏的原因和可能的通道。

病险水库中，土石坝坝体的渗漏最为常见，对土石坝坝体的鉴定勘察包括：①调查坝体填筑土的物质组成、渗透性等，评价填筑土的质量是否满足有关要求；②调查坝体的渗漏部位、处理情况与效果；③调查坝体的浸润线分布的高度及其与库水位之间的关系。

2. 加固设计阶段的勘察内容[7]

对坝基和坝肩渗漏的勘察内容有：①坝基、坝肩施工期未作处理的第四纪松散堆积层、基岩风化层的厚度、性质、颗粒组成及渗透特性；②坝基、坝肩断层破碎带、节理密集带的规模、产状、延续性和渗透性；③可溶岩区主要漏水地段或主要通道的位置、形态和规模，两岸地下水位低槽带与漏水点的关系；④渗漏量与库水位的相关性；⑤渗控工程的有效性和可靠性；⑥输水涵洞的漏水情况；⑦环境水对混凝土的腐蚀性。

如果是土石坝坝体发生了渗漏，则应调查：①坝体填筑土的物质组成、渗透性、填土中砂性土的位置、厚度及分层结合部的渗透参数；②坝体渗漏的部位、范围及其引发的其他不良地质现象，如开裂、沉陷等；③调查坝体的浸润线分布的高度及其与库水位之间的关系；④防渗体的渗透性、有效性及新老防渗体之间的结合情况；⑤反滤排水棱体的可靠性；⑥坝体下游坡渗水、渗漏部位、特征、渗漏量的变化规律及渗透稳定性；⑦坝体塌陷、裂缝、生物洞穴的分布位置、规模及延伸连通情况；⑧坝体与山坡结合部位的物质组成、密实性和渗透特性[7]。

10.1.3.4　除险加固阶段水文地质勘察的手段

1. 水文地质测绘

如有必要，可在安全鉴定地质测绘的基础上进行补充修编。测绘范围应包括渗漏通道及其进出口地段。山区水库应包括库区周围的分水岭及邻谷，平原地区则应包括正常高水位以上的第一级阶地；测绘比例尺可选用1：1000～1：500。

在岩溶地区，凡能追索的岩溶洞穴都应进行测绘；对严重存在岩溶渗漏的地段，测绘的比例尺可采用1：1万～1：2000（库区）及1：5000～1：1000（坝址）[7]。

2. 水文地球化学调查

地下水的化学特征能反映许多地下水的流动信息，如利用放射性同位素资料可以估算出地下水的年龄（获库水补给的地下水很年轻）。在岩溶地区，还可利用饱和指数了解地下水的循环速率（饱和程度低的地下水，其循环速度较快，获得大气降雨或地表水的补给量较多）。

陈波等（2005）在对贵州马官地下水库进行渗漏分析时，曾根据其库底隔水层内地下水的水化学类型、矿化度、电导率等水化学特征与下伏灰岩含水层相差很大来判定其库底隔水层已有效地阻止了库水向底部渗漏。同时，还根据水库渗漏点的各种常规离子浓度均高于库水的事实分析认为，这是由于库盆内的软物质（岩层）逐渐被渗漏水侵蚀所致。并由此推断，随着水库蓄水年限的增长，水库的渗漏通道将因侵蚀变大，渗漏量也会加大[10]。

3. 钻探和地球物理勘探

水文地质钻探工作一般结合地质勘探进行。勘探剖面线应根据水文地质结构和地下水的分布情况，并结合可能的防渗处理方案作布置。在多层含水层结构区，各可能渗漏的岩组内不应少于2个钻孔，钻孔应进入隔水层或枯水期地下水位以下一定深度；喀斯特区钻孔的深度应穿过喀斯特强烈发育带[7]。

地球物理勘探对查明渗漏通道有很好的效果。中国地质科学院水文地质环境地质研究所曾在深圳罗屋田水库渗漏勘察中利用了井间地震波CT技术，来确定主要的渗漏通道与渗漏点位置，为其渗漏治理及水库扩容提供科学的地质依据[11]。桂林市水利电力勘测设计研究院等单位曾利用瞬变电磁法进行探测，通过对异常的分析、解释及推断，确定出桂林市市郊官庄岩溶水库漏水通道的分布范围，据此布置钻孔对异常带进行验证，为堵漏设计提供可靠的依据[12]。

4. 水文地质实验

防渗线上的钻孔应进行压（注）水试验，并应收集钻进过程中的水文地质资料。第四纪地层中的钻孔，应在钻进过程中观测地下水位，并应划分含水层和隔水层，主要含水层应布置抽水试验，测定渗透系数，还应取水样进行水质分析。

土石坝坝体应结合钻孔分层取原状样进行室内渗透试验，喀斯特洞穴充填物也应取样进行室内颗粒级配实验和渗透实验。

喀斯特发育区应进行连通试验，以查明喀斯特洞穴与漏水点间的连通关系。示踪试验是研究岩溶连通性的直接方法，以往多采用食盐或染料作为示踪剂，对于大型渗漏或复杂渗漏问题研究受到限制。目前，国内外正在探索用微量元素及环境同位素进行示踪研究[13,14]。王建强等（2007）则利用荧光素示踪剂进行连通试验调查湖北省三河水电站（岩溶地区）的水库渗漏，试验结果表明，连通试验能较好地揭示研究区地下水的流向、流速，地下岩溶与裂隙的发育情况以及地表径流与地下水之间的水力联系，是岩溶地区水库渗漏勘察的有效手段之一[15]。

5. 地下水动态观测

在可能发生渗漏的地段应利用已有的钻孔或水井进行地下水位观测，对重点地段宜埋设长期观测装置，对地下水动态进行观测。各可能渗漏的岩组内不应少于 2 个观测孔，观测时间应不少于一个水文年。观测内容除常规项目外，还应观测降雨时的洞穴涌水和流量情况[7]。

10.1.4　水库渗漏量的估算

水库渗漏可分为坝区渗漏和库区渗漏。其中坝区渗漏又分为坝基渗漏和绕坝渗漏，库区渗漏包含库水的渗透损失和渗漏损失。由于渗透损失为暂时性渗漏，其水量较小，一般情况下可忽略不计。因此，水库的总渗漏量一般是其余三部分之和，即

$$Q = Q_{坝区} + Q_{库区} = Q_{坝基} + Q_{绕坝} + Q_{库区渗漏} \tag{10-1}$$

式中：$Q_{坝区}$、$Q_{库区}$分别表示坝区渗漏量、库区渗漏量；$Q_{坝基}$、$Q_{绕坝}$、$Q_{库区渗漏}$分别为坝基渗漏量、绕坝渗漏量和库水的渗漏损失量。

若为渗漏病险的水库，当坝体也出现渗漏时，水库的总渗漏量则为：

$$Q = Q_{坝址} + Q_{坝体} + Q_{库区} = Q_{坝基} + Q_{绕坝} + Q_{坝体} + Q_{库区渗漏} \tag{10-2}$$

在实际工作中，坝体的渗漏量$Q_{坝体}$可根据实测得到。由于土石坝体内部组成物质高度不均一，以及存在很大的垂向渗流，不宜用动力学公式或数值法估算。

其余的各项渗漏量一般都可采用地下水动力学的公式来估算的，因此，本文对此进行重点介绍。地下水动力学的公式本质上是由达西公式推导出来的，因此其适用的前提条件是地下水是达西流且含水介质为均质各向同性。

10.1.4.1　坝基渗漏量$Q_{坝基}$的估算

1. 单层透水坝基

当坝基为单层透水层，其厚度等于或小于坝底宽度时，假定坝身不漏水，则可将边界条件进行简化，如图 10-5 所示，按达西公式求得[6]：

$$q = KT \frac{H}{2b + T} \tag{10-3}$$

式中：q 为坝基单宽剖面渗漏量，$\text{m}^3/(\text{d} \cdot \text{m})$；$K$ 为透水层渗透系数，m/d；H 为坝上下游水位差，m；$2b$ 为坝底宽，m；T 为透水层厚度，m。

图 10-5 中，库水的渗漏路径长度平均为 $2b+T$；则上下游总的水力坡度为：

$$J = H/(2b+T)$$

据式（10-3），整个坝基的渗漏量为：

$$Q_{坝基} = qB \tag{10-4}$$

式中：B 为坝轴线方向整个渗漏带宽度，m。

2. 双层透水坝基

当坝基为两层透水层，其上层粉土、下层为砂砾石层时，若上层和下层的厚度分别为 T_1 和 T_2（图 10-6），则按式（10-5）计算单宽剖面渗漏量[6]：

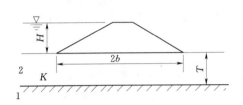

图 10-5　单层透水坝基

（摘自 郭见扬等，1995）

1—隔水层；2—透水层；

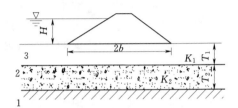

图 10-6　双层透水坝基

（摘自 郭见扬等，1995）

1—隔水层；2—强透水层；3—弱透水层

$$q = \frac{H}{\dfrac{2b}{K_2 T_2} + 2\sqrt{\dfrac{T_1}{K_1 K_2 T_2}}} \tag{10-5}$$

若上层为砂砾石层，下层为黏性土（或粉土）层，因黏性土透水性较小，则可近似按式（10-3）计算，计算时把黏性土层当作隔水层处理[6]。

3. 多层透水坝基

当坝基为多层土（水平产状），其渗透系数均不一样，但差值不太大（在 10 倍左右）时，仍可按式（10-3）计算，此时，渗透系数用平均渗透系数 $\overline{K}$。$\overline{K}$ 按加权法求得[6]：

$$\overline{K} = \frac{K_1 T_1 + K_2 T_2 + K_3 T_3 + \cdots + K_n T_n}{T_1 + T_2 + T_3 + \cdots + T_n} \tag{10-6}$$

10. 1. 4. 2　绕坝渗漏量 $Q_{绕坝}$ 的估算

绕坝渗漏水流有潜水类型和承压水类型两种，计算方法稍有不同。

1. 潜水型时绕坝渗漏量的估算

（1）剖面计算法。首先在坝肩岩土体内绘制流线（在各向同性介质中，流线垂直于等水位线），对于均质的土体可按圆滑线处理（图 10-7），然后在等水位线按单位宽度划分出剖面，如图 10-7 取 1-1、2-2、3-3、4-4 等。先计算出每个单宽剖面的渗漏量 q_i，最后将它们加起来，即得整个坝肩岩土体的渗漏量[6]。

即

$$Q_{绕坝} = \sum q_i \tag{10-7}$$

各个单宽剖面的渗漏量可按达西公式求得[6]：

$$q_i = K_i I_i F_i = K_i \frac{H_i}{L_i} \frac{h_{i1} + h_{i2}}{2} \qquad (10-8)$$

式中：H_i 为第 i 剖面坝的上、下游水位差，m；L_i 为第 i 剖面的长度，即渗径长度，m；h_{i1}、h_{i2} 分别为第 i 剖面上、下游透水层的厚度，m。

显然，每个剖面的渗漏量均有差别，离坝肩越远、剖面越长（即渗径越长），则渗漏量会越小，到一定距离后的剖面渗漏量就可以忽略了，这就是坝肩岩土体的渗漏范围。

当坝肩上、下游山坡有透水性弱的坡积层覆盖时（图 10-8），由于该弱透水层起到铺盖作用，将减少库的渗漏量。此时，其单宽剖面渗漏量计算公式为[6]：

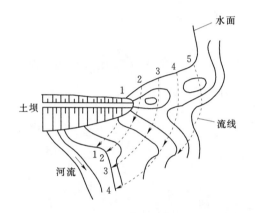

图 10-7　沿山体基岩裂隙绕坝渗漏示意图
（摘自 郭见扬等，1995）

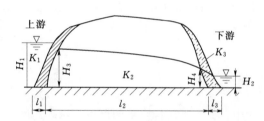

图 10-8　边岸有坡积层时，沿流线
绕坝渗流剖面图（摘自 郭见扬等，1995）

$$q = \frac{H_1^2 - H_2^2}{2\left(\dfrac{l_1}{K_1} + \dfrac{l_2}{K_2} + \dfrac{l_3}{K_3}\right)} \qquad (10-9)$$

式中：H_1 为上游水深，m；H_2 为下游水深，m；l_1 为坝肩上游坡积层的渗流长度，m；K_1 为坝肩上游坡积层的渗透系数，m/d；l_2 为坝肩主体岩层的渗流长度；m，K_2 为坝肩主体岩层的渗透系数，m/d；l_3 为坝肩下游坡积层的渗流长度，m；K_3 为坝肩下游坡积层的渗透系数，m/d。

（2）一次计算法。当边界条件较简单，绕坝渗漏流线接近圆形时（图 10-9），绕坝渗漏量可用下式计算[6,16]：

$$Q_{绕坝} = K \frac{h_1 + h_2}{2} \int_{r_0}^{B} \frac{H}{\pi x} \mathrm{d}x = 0.366 KH(h_1 + h_2) \lg \frac{B}{r_0} \qquad (10-10)$$

式中：$Q_{绕坝}$ 为绕坝渗漏量，m^3/d；B 为库岸可能漏水段的长度（从坝轴线算起），m；r_0 为坝肩与岩石接触面处绕坝渗漏流线圆轨迹半径，m；K 为坝肩主体岩层的渗透系数，m/d；h_1、h_2 分别为坝上、下游水头，m；H 为大坝上下游水位差，m。

实际工作中，B 的长度值需由 d 点来确定。如图 10-9 所示，B 值相当于 dc 段

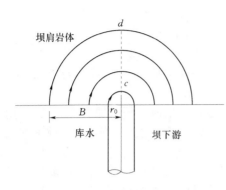

图 10-9　流线近圆形的绕坝渗漏
（摘自 郭见扬等，1995）

的长度与 r_0 之和。而 c 为坝端点，d 点为地下潜水面与水库正常高水位面的交点，可根据勘探资料确定。

（3）粗略计算法。当勘探资料缺乏时，不能确定绕坝渗流宽度 B 时，可按式（10-11）估算[6]：

$$Q_{绕坝} = KH(h_1 + h_2) \qquad (10-11)$$

式（10-11）是由式（10-10）令 $0.366 \lg \dfrac{B}{r_0} \approx 1.0$ 而得的，作为粗略估算用，计算所得 $Q_{绕坝}$ 一般偏大。

2. 承压水型时绕坝渗漏量的估算

将式（10-8）、式（10-10）、式（10-11）中的 $\dfrac{h_1 + h_2}{2}$ 改为承压含水层的厚度 T，则可得在承压水条件下各个计算绕坝渗漏量的公式，即[6]

$$q = K \frac{H}{L} T \qquad (10-12)$$

$$Q_{绕坝} = 0.732 KHT \lg \frac{B}{r_0} \qquad (10-13)$$

$$Q_{绕坝} = 2KHT \qquad (10-14)$$

式中：T 为承压含水层的厚度，m；其他变量意义同前。

10.1.4.3　库区渗漏损失量 $Q_{库区渗漏}$ 的估算

库水的渗漏损失是通过分水岭实现的。其渗漏量也可按达西公式计算。

1. 单层岩土体分水岭隔水层水平时

假设前提条件：分水岭由单层岩土体组成，透水性较均一，隔水层埋藏不深。

无坡积层［图 10-10（a）］时[6,17]：

$$q = K \frac{H_1 - H_2}{L} \frac{H_1 + H_2}{2} \qquad (10-15)$$

$$Q_{库区渗漏} = qB \qquad (10-16)$$

式中：q 为分水岭单宽剖面的渗漏量，m³/（d·m）；K 为分水岭岩土的渗透系数，m/d；H_1 为水库水位，m；H_2 为邻谷水位，m；L 为库水在分水岭岩石内渗透的平均路径长，m；B 为分水岭漏水段的宽度，m。

有坡积层［图 10-10（b）］时[6]：

$$q = K_{平均} \frac{H_1 - H_2}{l' + l + l''} \frac{H_1 + H_2}{2} \qquad (10-17)$$

其中

$$K_{平均} = \frac{l' + l + l''}{\dfrac{l'}{K'} + \dfrac{l}{K} + \dfrac{l''}{K''}} \qquad (10-18)$$

则

$$Q_{库区渗漏} = qB \qquad (10-19)$$

式中：l'、l'' 分别为分水岭水库一侧和邻谷一侧坡积层过水部分的厚度，m；l 为除坡

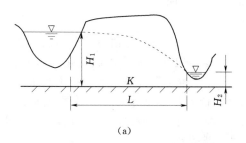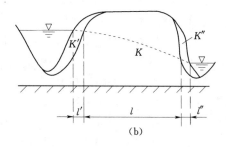

(a)　　　　　　　　　　　　　　(b)

图 10 - 10　单层岩土体分水岭渗漏量计算剖面（摘自 郭见扬等，1995）

(a) 无坡积层；(b) 有坡积层

积层外，库水在分水岭岩石内渗透的路径长，m；K'、K''分别为分水岭水库一侧和邻谷一侧坡积层的渗透系数，m/d。

2. 单层透水层分水岭、隔水层倾斜时（图 10 - 11）

如隔水层向水库倾斜，则有[6]：

$$q_1 = K \frac{h_1 + h_2}{2} \frac{H_2 - h_1}{l} \quad (10-20)$$

$$q_2 = -\left(K \frac{y_1 + h_2}{2} \frac{y_1 - H_2}{l} \right) \quad (10-21)$$

单位库岸长度的渗漏损失为[6]：

$$q_n = q_1 - q_2$$

而 $H_2 = h_2 + T$，$T = il$（i 为隔水层的倾斜率），所以：

$$q_n = \frac{K(y_1 - h_1)}{2} \left[\frac{y_1 + h_1}{l} - i \right]$$

$$(10-22)$$

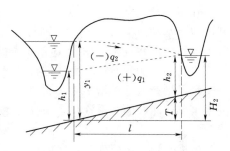

图 10 - 11　单层透水层，隔水层倾斜剖面
（据 郭见扬，1995）

式中：q_n 为单位库岸长度的渗漏损失，m²/d；K 为分水岭岩石层的渗透系数，m/d；H_2 为邻谷水头值，m。

如渗漏段的长度为 B（m），则库区的总渗漏量为[6,17]：

$$Q_{库区渗漏} = q_n B \quad (10-23)$$

3. 双层透水层分水岭时

如图 10 - 12 所示，根据达西公式得[6]：

$$q = K_{平均}(T_1 + T_2) \frac{H_1 - H_2}{L}$$

$$(10-24)$$

其中　$T_2 = \frac{H_1 - T_1}{2} + \frac{H_2 - T_1}{2} \quad (10-25)$

$$K_{平均} = \frac{K_1 T_1 + K_2 T_2}{T_1 + T_2} \quad (10-26)$$

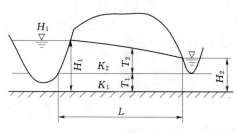

图 10 - 12　双层透水层剖面
（据 郭见扬，1995）

则　　$Q_{库区渗漏} = qB \quad (10-27)$

式中：T_1 为下层透水层的厚度，m；T_2 为

上层透水层过水部分的平均厚度，m；其余符号意义同前。

10.1.4.4 渗透系数 K 的确定

可根据坝址岩体的压水实验资料，由式（5-9）估算。但值得注意的是，由于基岩的透水性极不均一，透水的结构面多为高角度的裂隙，而压水试验孔都为铅直孔；另外勘探时揭露这些裂隙的机会不多，偶有揭露，也常会大量漏水，抬不起水头，无法取得这些大裂隙发育段的压入流量 Q 值。但决定岩体透水性的，恰恰正是这些较大的裂隙。这样，由于较完整岩石试段的透水性不能代表地段的透水性，故换算出的 K 值一般均偏小。而且透水性越弱，K 值偏小越多[16]。

因此，根据岩石的压入流量 Q 值计算 K 时，不能简单地采用式（5-9），而应当根据当地的具体情况，最好在每一个工地上选择几个钻孔作比较试验，通过抽、压水对比，作出 $K=f(q)$ 关系曲线，或求出不同地段不同岩层的经验 K（或 q）值，而在该地应用，这比直接用式（5-9）为好。但到目前为止，K 与 q 值的换算关系还存在不少问题，需要进一步研究[16]。

10.1.4.5 岩溶地区水库总渗漏量 Q 的计算

在喀斯特发育强烈区的水库，由于岩溶管道水的运动已不再是达西流，此时如再利用地下水动力学的有关公式进行计算就不太合适。因此 GB 50287—1999《水利水电工程地质勘察规范》附录 B.0.5 条的规定，岩溶地区的水库，其渗漏量必须采用地下水动力学法和水量均衡法进行计算，并相互验证。

水量平衡法是根据多年实测的水库水位、水面蒸发量、农业灌溉用水量等资料，利用水位—库容的关系资料，来计算水库的年蓄变量、年平均库容量、年实际库面蒸发量。

依据水量均衡原理，水库的渗漏量为[18]：

$$Q=(W_Q+W_P)-(W_E+W_F)\pm W_{蓄} \qquad (10-28)$$

式中：Q 为水库总的渗漏量；W_Q 为上游来水量；W_P 为水库水面直接接受降水补给量；W_E 为水库水面蒸发量；W_F 为水库放水量；$W_{蓄}$ 为水库蓄变量。

以云南省昭通市渔洞水库为例。它位于金沙江二级支流居乐河上，水库的控制径流面积约为 $709km^2$。经分析发现，水库存在岩溶型渗漏。该水库的径流面积共计 $709km^2$，采用水库上游跳石站观测资料还原计算跳石至水库区间的入流量；蒸发量采用渔洞站 E601 的观测资料，出流量采用水库实测出流观测资料。计算时段选用 1999 年 3 月（该时段内基本无降水，计算的结果相对较准确）。计算得：月入流量 W_Q 为 474.8 万 m^3，蒸发量 W_E 为 113.2 万 m^3，出流量 W_F 为 4468.5 万 m^3，再根据该月库容的变化量 $W_{蓄}$，最终求得水库的总渗漏量 Q 为 1.0 万 m^{3}[18]。

10.1.5 水库的防渗措施

目前对水库的防渗措施主要有以下方面。

1. 坝基的垂直防渗措施

主要有混凝土地下防渗墙、高压喷射水泥板墙、深层搅拌桩等方法[19]。

地下连续墙施工可使用"成槽—液压开槽机开槽法"进行，这种施工法具有很强的地层适应性，施工深度最大可达 50m。

　　高压喷射灌浆的施工方法是借助于高压射流束的冲击作用，在切削破坏地层的同时，灌注水泥基质浆液，并使浆液在喷射范围内扩散、充填和置换，与地层土石颗粒掺混拌和后形成凝结体，提高地基和填筑体防渗性能或承载力。该法的不足之处在于当深度超过 25m 时易出现孔斜度控制问题，错口的可能性比较大。为此，施工时可采用旋摆结合的办法，即一序孔旋喷，二序孔摆喷，或者深度 25m 以下的部分全部采用摆喷。

　　深层搅拌桩施工适合于浅层地基，适用的土体主要为砂性土和黏性土，且土体中一般不含块石、卵石等粗颗粒。常规的施工深度应不超过 20m[20]。

　　2. 坝体防渗措施

　　对于含砂砾土料较多的土坝，可采用帷幕灌浆、建造黏土防渗墙、冲抓套井回填、防渗土工膜铺设等方法，它们对于砂砾土料的坝体防渗很有效[20]。防渗标准可按照 SL 274—2001《碾压式土石坝设计规范》要求，土石坝坝体的渗透系数需达到不大于 $1×10^{-4}$cm/s 或透水率小于 10Lu 的要求。

　　3. 溶洞的防渗措施

　　在进一步探明库区溶洞分布的情况下，对出露的或已探明的溶洞，特别是岩石特别破碎的较大溶洞，应先进行开挖、清理、冲洗，然后采用 C25 防渗混凝土填筑，并适当扩大防渗范围[21]。

　　4. 对渗漏面积较大的基岩破碎带及节理密集带的防渗措施

　　可将表面破碎体全部清除，然后用 C25 混凝土封堵，并结合固结灌浆，使断裂破碎带整体封闭[21]，形成区域防渗[21]。

　　5. 砂卵石渗漏库区的防渗措施

　　可用铺设塑料薄膜进行防渗。根据国内部分已建水库的防渗处理经验，类似条件的渗漏，采用铺设塑料薄膜防渗效果很好，而且省工省时。薄膜应埋设在冻结线以下。保护层厚度应以不被膜下积气或扬压力托起上浮，不受冬季冻结影响为原则确定。经常处于水下的部位可薄些，水面以上部分可适当厚些[21]。

10.2　库区浸没的水文地质勘察

　　水库蓄水后使库区周围地下水位上升，导致地面盐碱化、沼泽化及建筑物地基条件恶化等后果，这种现象叫做"浸没"。库区"浸没"是地下水的作用结果，是由水库蓄水引起的。

10.2.1　水库浸没造成的灾害

　　（1）两岸地下水的水位被抬高，出现土地沼泽化、盐碱化，农作物和果树烂根、减产甚至死亡；部分房屋因地下水位抬高，地基承载力下降，地基沉陷、基础下沉，墙壁出现开裂或倒塌[22]。

　　（2）在库水的顶托作用和上游严重水土流失的影响下，河道出现大量的泥沙淤积，河床淤高，变为"地上悬河"。

　　（3）两岸潜水或承压水位相应雍高，地下水的水力梯度由陡变缓，地下水的流速缓慢甚至出露于地表，形成更大的浸没区[22]。

（4）由于地表水排水的出口淤高，地表水排水不畅而形成内涝，造成浸没区内道路翻浆破坏、行车困难[22]。

以上灾害如不能及时得到有效治理，浸没灾害必将进一步发展。

10.2.2　库区浸没发生的条件

（1）库区周围有透水岩土体。只有在透水的岩石和第四纪松散堆积物中才会发生浸没，而不透水的岩（土）层就没有这个问题[6]。

（2）库区周围地形存在低洼地。库区周围地形比较平坦的，特别是洼地地段一般浸没较为严重，如平原型水库的下游低洼地段、沼泽地的边缘、阶地与洪积扇相接的阶地后缘等。

（3）库区周围的水文地质条件。浸没易出现在地下水位埋藏较浅的库岸地段，或地表水和地下水排泄不畅、补给量大于排泄量的地段。

（4）库区周围的地下建筑物。高程接近或低于水库正常高水位的建筑物易遭到浸没危害。

10.2.3　库区浸没水文地质勘察

拟建库区的浸没的水文地质勘察应分阶段进行，根据 GB 50287—1999《水利水电工程地质勘察规范》规定，各阶段的勘察要求如下。

10.2.3.1　规划阶段

（1）勘察内容。调查库区周围的地形及水文地质条件，以了解水库建成后库区周围是否存在浸没的威胁及浸没范围[23]。

（2）勘察手段。当水库可能存在浸没时，应以水文地质测绘为主。测绘比例尺可选 1∶100000～1∶50000，在可溶岩地区，测绘比例尺可选 1∶50000～1∶25000。当初步判定库区存在浸没时，可根据需要布置少量勘探[23]。

10.2.3.2　可行性研究阶段

1. 勘察的目的

调查库区周围的地形及水文地质条件，预测水库的浸没范围。

2. 勘察内容

（1）水库周边的地形地貌特征。

（2）地层结构及其岩性，基岩或相对隔水层的埋藏条件，地下水位以及地下水的补排条件。

（3）区域地质构造、断裂的发育特征（研究库水的渗漏通道）。

（4）潜水含水层的厚度，含水层的颗粒组成、渗透性、给水度、饱和度、易溶盐含量、土的物理力学性质（与地基承载力下降有关）等参数。

（5）主要农作物种类、根须层厚度、有关地下水位以下毛管水上升带的高度、临界地下水位的实验观测资料，地区土壤盐渍化和沼泽化的历史及现状。

（6）喀斯特区水库邻近洼地的分布、高程、喀斯特发育与连通情况、地表径流与地下水的排泄条件、地下水位与河水或库水的水力联系等。

（7）预测可能的浸没范围[23]。

3．勘察手段[23]

（1）水文地质测绘。当库区周围存在浸没威胁时，应进行水文地质测绘，其比例尺可选用 1∶50000～1∶10000。测绘范围包括水库正常蓄水位以下可能的浸没区所在的阶地后缘或相邻地貌单元的前缘。

（2）物探。应根据地形、地质条件，采用综合物探方法，探测库区可能发生的浸没区的地下水位、地下水流速与流向、隔水层的埋深、古河道和喀斯特通道以及隐伏的大断层破碎带的埋藏和延伸情况等。

（3）勘探。库区勘探剖面线和勘探点的布置应垂直于库岸或平行于地下水的流向布置。勘探点宜采用钻孔或试坑，试坑应挖到地下水位，钻孔应进入相对隔水层。

（4）水文地质测试。可能发生浸没的地段应利用已有钻孔和水井进行地下水位观测。重点地段宜埋设长期观测装置，进行地下水动态观测，观测时间不应少于一个水文年。

10.2.3.3　初步设计阶段

1．勘察内容[7]

（1）调查浸没区的地形地貌特征，丰水季节地表渍水及其消泄情况。

（2）查明土层成因、层次、厚度、颗粒组成和下伏基岩或相对隔水层的埋深。

（3）查明各土层的渗透性、地下水位埋深和变化规律及地下水的补给、排泄条件。

（4）查明土的毛管水上升带高度、给水度、土壤含盐量、浸没区植物种类和根系深度、建筑物的基础型式及埋深，确定产生浸没的地下水临界深度。

（5）预测浸没区的范围。对水库浸没引起的盐渍化、沼泽化对农作物、矿产资源、建筑物和交通线路等的危害作出评价。对防治措施提出建议。

（6）当地面高程低于水库蓄水位时，查明防护区的水文地质条件，评价防护区的浸没及防护工程地基的渗透稳定性，对结合防治浸没的处理措施提出建议。

2．勘察方法[7]

（1）水文地质测绘。比例尺可选 1∶5000～1∶1000，测绘范围应包括全部可能浸没的影响区。

（2）钻探。应垂直库岸或平行地下水流向布置剖面线。剖面线间距：农业地区为1000～2000m，城镇地区为 500～1000m。勘探点宜用钻孔或试坑，每一剖面线上不宜少于 3 个勘探点。在可能浸没区靠近水库设计蓄水位边线附近、建筑物密集区等应有钻孔或试坑控制，试坑深度应达到地下水位，钻孔深度应进入可靠的相对隔水层或可溶岩层中的非喀斯特化岩层。

（3）水文地质测试。通过室内试验和野外试验测定土的渗透系数、饱和度、毛管水上升高度、土壤含盐量和地下水化学成分等。主要土层的物理性质和化学成分试验组数累计不应少于 5 组。对面积较大的重要浸没区，可根据需要利用剖面上的坑孔建立长期观测网，观测内容应包括地下水位、水化学成分、土壤含盐量。观测期不应少于一个丰水、枯水季节或一个水文年。

10.2.4　平原库区浸没评判

10.2.4.1　评判的有关规定

据 GB 50287—1999《水利水电工程地质勘察规范》附录 C 的规定，浸没评价宜分初判和复判两个阶段进行。

浸没的初判应在调查水库区的地质与水文地质条件的基础上，排除不会发生浸没的地区，对可能浸没地区，可进行稳定态潜水回水预测计算，初步圈定浸没范围。经初判圈定的浸没地区应进行复判，并应对其危害作出评价[23]。

初判时，根据下列标志之一可判定为不易浸没地区[23]：

（1）库岸或渠道由相对不透水岩土层组成，或调查地区与库水间有相对不透水层阻隔；且该不透水层的顶部高程高于水库设计正常蓄水位。

（2）调查地区与库岸间有经常水流的溪沟，其水位等于或高于水库设计正常蓄水位。

初判时，根据下列标志之一，可判定为易浸没地区[23]：

（1）平原型水库的周边和坝下游，顺河坝或围堤的外侧，地面高程低于库水位地区。

（2）盆地型水库边缘与山前洪积扇、洪积裙相连的地区。

（3）潜水位埋藏较浅，地表水或潜水排泄不畅，补给量大于排出量的库岸地区，封闭或半封闭的洼地，或沼泽的边缘地区。

下列条件之一可作为次生盐渍化或沼泽化的判别标志[23]：

（1）在气温较高地区，当潜水位被壅高至地表，排水条件又不畅时，可判为涝渍、湿地浸没区；对气温较低地区，可判为沼泽地浸没区。

（2）在干旱、半干旱地区，当潜水位被壅高至土壤盐渍化临界深度时，可判为次生盐渍化浸没区。

初判阶段的潜水回水预测可用稳定态潜水回水计算方法，根据可能浸没区的地形、地貌、地质和水文地质条件，选定若干个垂直于水库库岸或垂直于渠道的计算剖面进行。

浸没范围可在各剖面潜水稳定态回水计算的基础上，绘制水库蓄水后或渠道过水后可能浸没区潜水等水位线预测图或埋深分区预测图，结合实际调查确定各类地区地下水的临界深度，初步圈出涝渍、次生盐渍化、沼泽化和城镇浸没区等的范围。

初判只考虑设计正常蓄水位条件下的最终浸没范围。

浸没复判应符合下列要求[23]：

（1）核实和查明初判圈定的浸没地区的水文地质条件，获得比较详细的水文地质参数及潜水动态观测资料。

（2）建立潜水渗流数学模型，进行非稳定态潜水回水预测计算，绘出设计正常蓄水位情况下库区周边的潜水等水位线预测图；预测不同库水位时的浸没范围。

（3）复判时，除复核水库设计正常蓄水位条件下的浸没范围外，还应根据需要计算水库运用规划中的其他代表性运用水位下的浸没情况。

（4）浸没预测计算时，水库上游地区库水位应采用库尾水位翘高值；壅水前的地下水位，应采用农作物生长期的多年平均水位。

10.2.4.2　平原库区的浸没标准

浸没标准，是指地下水对市镇建筑、工矿企业、道路和各种农作物的安全埋藏深度。根据 GB 50287—1999《水利水电工程地质勘察规范》，浸没的临界地下水位埋深，应根据地区具体的水文地质条件、农业科研单位的田间实验观测资料和当地生产实践经验确定。也可按式（10 - 29）计算[22-24]：

$$H_{cr} = H_k + \Delta H \qquad\qquad (10 - 29)$$

式中：H_{cr} 为浸没的临界地下水位埋深，m；H_k 为地下水位以上，土壤毛细管水上升带的高度，m；ΔH 为安全超高值，m。

浸没评价标准对农作物和建筑物是不同的。对于建筑物而言，地基中地下水位的埋深 H 应不小于建筑物（含地下室）基础的砌置深度 ΔH 加上地基土中的毛细水的上升高度 H_k，即（$H \geqslant H_k + \Delta H$）；对农作物而言，地基中地下水位的埋深 H 应不小于农作物的根系层的厚度 ΔH 加上地基土中的毛细水上升的高度 H_k。

对农业区，土壤中毛管水上升带的高度与土体结构、矿物组成、地下水的化学成分等有关。由于野外条件下测定毛管水上升高度的与实验室测定的毛管水上升高度有较大差别，GB 50287—1999《水利水电工程地质勘察规范》中规定："地下水位以上，土壤毛管水上升带的高度，可根据作物在不同生长期土壤适宜含水量和野外实测的土壤含水量随深度变化曲线选取。"一般农作物根系 70% 分布在地表 30cm 土层范围内，90% 分布在地表 50cm 土层范围内。埋深大于 50cm 的根系只在作物生长过程中的某个时期及一定程度上可能构成产量影响因素，而不会对作物的成活构成威胁。因此农作物的临界浸没标准应采用多种方法进行对比。比如通过试验场潜水蒸发资料反算临界深度。从所编制的地下水位埋深与潜水蒸发量关系曲线就可看出，当地下水埋深浅时，潜水蒸发强烈，毛细管水上升快；反之，潜水蒸发较弱，毛细管水上升慢。根据实地调查和类比，可将地下水位与蒸发量关系曲线的拐点作为临界深度。

还可根据浸没区盐碱地和地下水位变化确定浸没临界深度或根据定点调查确定临界深度等。如官厅库区的建筑物的浸没临界深度根据最新的实测资料，并调查建筑物的破坏情况后确定为 3m[22]。

10.2.4.3　平原库区浸没范围的预测

浸没预测包括：①预测蓄水后地下水的壅高值；②地下水在这种壅高的情况下是否对工程地基和地下建筑物造成危害，或引起地面盐碱化等问题[6]。

库区两岸浸没范围的预测，常用相关分析法、地下水动力学法和水均衡法[22]。

1. 相关分析法

即按照已知的库水位高程及相应库水位条件的下浸没边界的地形高程的比例关系，推算出库水位在不同高程情况下的两岸浸没范围。由于它以实际资料为依据，同时考虑了实地的地形地貌条件，所以一般能取得较好的预测效果。

不过，相关分析法在地形比较平缓的平原地区采用比较好。因为其准确性主要取决于观测资料（如潜水位、井水位）是否准确，而当地形坡度比较大（如 1.5%～2.5%）时，地下水位变化亦比较大，此时要划定地下水浸没区界线并确定其地形标高比较困难，因而其精度可能受到影响；因此在地形变化比较大的地区，如沟谷比较发育的黄土丘陵地区不宜采用[22]。

2. 水均衡法

即通过研究地下水补给、排泄条件与水位动态之间的变化，也就是由收入项与支出项的均衡情况所引起的区域地下水位动态变化来预测。具体方程为[22]：

$$A - B = \mu \frac{\Delta h}{\Delta t} F \tag{10-30}$$

式中：A 为某一均衡区内地下水在某一均衡期内的收入项；B 为某一均衡区内地下水在某一均衡期内的支出项，主要指地下水蒸发以及人工开采等；F 为某一均衡区的面积，在具体计算时，根据需要可划分小区；t 为均衡期，一般可定为一个水文年，并以实测水位进行验证；Δh 为某一均衡区由于收入项和支出项均衡的结果，造成地下水位的变幅，其值可能是正的，也可能是负的；μ 为某一均衡区地下水位变幅带内含水层的给水度。

3. 地下水动力学法

根据地下水动力学公式计算出地下水的壅水位，若地下水的壅水位高于当地的临界地下水位，则将发生浸没。

在松散层分布地区，当下伏隔水层近于水平产状时（图 10-13），预测 A 处地下水的壅高值（Z_1）可根据下述步骤来建立计算公式[6]：

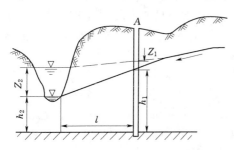

图 10-13　地下水壅高计算剖面
（据 郭见扬，1995）

壅高前：
$$q_1 = K \frac{h_1 - h_2}{l} \frac{h_1 + h_2}{2} \tag{10-31}$$

壅高后：
$$q_2 = K \frac{(h_1 + Z_1) - (h_2 + Z_2)}{l} \frac{(h_1 + Z_1) + (h_2 + Z_2)}{2} \tag{10-32}$$

因浸没前后地下水补给水库的水量不变，即 $q_1 = q_2$，联解上两式得[6]：

$$Z_1 = \sqrt{h_1^2 - h_2^2 + (h_2 + Z_2)^2} - h_1 \tag{10-33}$$

式中：h_1 为蓄水前的地下水位，m，可在钻孔中测得；h_2 为河水位，m；Z_2 为水库设计水位与河水位的高差，m，可事先确定。

式（10-33）一般在第四纪地区较适用，但计算值往往与实际情况有出入。为安全起见，在预测时加一定的安全高度范围，其值大小视水库情况及预测段的重要性而定[6]。

当下伏隔水层倾斜，正坡时（隔水层向库内倾斜，如图 10-14 所示）为[16]：

$$y_x = \sqrt{\frac{Z^2}{4} + y_1^2 + h_x^2 - h_1^2 + Z(h_x + h_1 - y_1)} - \frac{Z}{2} \tag{10-34}$$

逆坡时（隔水层向库外倾斜）为[16]：

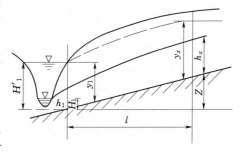

图 10-14 下伏隔水层倾斜（正坡时）
（据 南京大学，1982）

$$y_x = \sqrt{\frac{Z^2}{4} + y_1^2 + h_x^2 - h_1^2 - Z(h_x + h_1 - y_1)} + \frac{Z}{2} \qquad (10-35)$$

上两式中：Z 为设计断面水库水边线与隔水层底板的标高差，m；h_x、y_x 分别为计算断面回水前、后含水层的厚度，m；h_1、y_1 分别为起始断面壅水前、后含水层的厚度，m。

上两式适用于隔水层坡度不大、回水前后潜水补给河流的水量为不变的近似假定情况。当坡度较大时可按巴甫洛夫斯基公式计算。

10.2.5　岩溶水库周边浸没及内涝的水文地质勘察

在中国华南诸省的岩溶峰丛洼地或峰林谷地地区，发育着许多地下河系。每年汛期来临时，这些地下河因暴雨灌入而流量大增，与此同时由于岩溶管道断面所限，地下水的排泄受阻，于是，地下河水只能通过岩溶谷地的天窗或消水洞涌出，淹没谷地中的农田，这就是"内涝"。如果在河流上建造水库抬高河水位，淹没了地下河出口，顶托了地下河的排泄，就会使得地下河倒灌，使内涝更加严重。当地下水位达到洼地或谷地地面时就发生浸没、农田受涝现象，称此为"岩溶浸没—内涝"，以区别于土壤类松散介质因毛细作用使地下水位升高而发生的浸没现象[25]。

水库周边岩溶浸没及内涝现象是岩溶地区水利水电建设的环境问题之一。自 20 世纪 80 年代以来，已在若干个水库发生了此类现象，造成了一定的经济损失。这种现象在广西红水河几个梯级水库中表现最为明显。广西红水河大化、岩滩水电站分别于 1984 年和 1992 年建成并蓄水发电，自那以后在两水库周边的一些岩溶谷地或洼地就经常发生岩溶浸没—内涝现象，致使原有的内涝时间延长，部分农田无法耕种。据 1994 年统计，两水库共发生内涝点 12 处，淹没耕地 813hm²，直接经济损失达 1560 万元[25,26]。

10.2.5.1　内涝原因分析

降雨强度大是内涝的直接外因，而岩溶地下管道结构的制约是产生内涝的内因。中国南方岩溶地区的地下水补给、径流是通过双层介质（即溶隙、管道流）进行的。岩溶峰丛洼地和峰林谷地地区，地下水主要依靠管道状地下河、伏流输水汇入地表河流。岩溶管道的结构（包括管道形状、断面大小、纵向比降、糙率等）极大地制约着地下水的排泄能力。岩溶地下河管道断面极其复杂，有跌水、深潭、潜流、倒虹吸、厅堂等迂回曲折，流量时大时小，但控制流量的是"瓶颈"断面。此外，谷地中的消水洞口也经常被洪水冲来的泥沙、岩块、树木、稻根淤塞，导致消水不畅。地下河平面分布形态的差异，也制约着地下河出口的排水能力，通常是，中上游支流分叉多，汇水面积大，而下游至出口为单一管道，因此，岩溶管道的排水能力总是不适应补给强度，这就造成地下河沿线的岩溶谷地经常发生内涝。

水库的蓄水又使内涝程度加重，原因如下：

（1）水库蓄水后，地下河排泄基准面被抬高，减小了水力坡降，相应减缓了地下水的流速，从而削弱了地下河的排泄能力。水库蓄水前，地下水有多个出口，排泄通畅；而在水库蓄水后所有出口均被淹没于水库中，变成排泄不畅。

（2）水库回水倒灌占据部分地下库容，降低了洞穴的蓄洪能力，加重了谷地的内涝。

（3）岩溶管道的局部淤塞，减小过流断面。水库初期蓄水，库水向地下河倒灌，可能引起出口段淤积物灌入地下管道，引起管道淤塞。发生淤塞的位置主要是倒灌回水点附近、倒虹吸管道根部、地下河出口以及不稳定岩体地段[25,26]。

10.2.5.2　勘察方法[25,26]

（1）加强对岩溶地质的调查及对洞穴、地下河的探测，以了解岩溶洞穴的分布规律、地下河的发育与演变历史，并结合深部物探方法查明地下河的轨迹和集水范围。

（2）建立地下水动态观测网。除地下河天窗、消水洞可作为观测点外，还可在地下河轨迹线上打钻孔进行地下水位观测，以获得地下水位多年的历时过程线。

（3）进行地下水化学与同位素分析，以了解地下水与地面水化学成分的差异以及地下河水的补给来源。

（4）设立内涝区及水库水位观测站，观测内涝期间地面水位动态，了解内涝的延时及过程。

（5）设立雨量站，并搜集流域内其他雨量站观测资料，研究降雨分配、雨型特征以便计算频率雨量与起涝雨量（即"最枯水位"上升至"内涝水位"期间发生的累积降雨量）。

（6）进行室内物理模拟试验，以相似理论为基础，将原型的物理量换算成模型的物理量，即通过一定的装置和监控系统进行放水排水试验，然后又转换到原型中去，以得到所需的物理量。

10.2.5.3　岩溶管道水排泄量的估算

1. 岩溶管道水排泄量估算的意义

如果岩溶谷地的实际来水量远大于地下河排泄量，就表明地下河岩溶管道的排水能力很不适应实际的补给强度。这样，多余的水就滞留于谷地中而酿成大面积的内涝。

2. 岩溶管道水排泄量的估算方法

可采用地面水文学、岩溶管道模拟等方法进行计算。由于地面水文学方法比较常用，本书在此予以介绍。

地面水文学方法就是在已知集水面积的条件下，依据降雨和水位的关系，从水量平衡观点计算岩溶谷地来水量 $Q_入$ 和地下河排泄量 $Q_出$。

在某一降雨过程末期，降雨已基本停止，受涝谷地的补给量极小，此时单位时间内谷地库容的减少量即为地下河的排泄量即[25,26]：

$$Q_出 = \Delta V / \Delta t \qquad\qquad (10-36)$$

式中：ΔV 为谷地库容在 Δt 时段内的变化量，m^3。

可选择谷地多次受涝时的水位过程，且是峰后无雨的退水段，摘取若干组 H_i 与 $Q_{出i}$，以获得大量点据求得点群中心，可推得 H-$Q_出$ 曲线，即地下河的泄流曲线。此关系可近似反映出在不同水头压力作用下地下河的排泄能力[25,26]。

在降雨过程中，谷地的入流量 $Q_入$ 由水量平衡确定[25,26]：

$$Q_入 = Q_出 \pm \frac{V_2 - V_1}{\Delta t} \tag{10-37}$$

式中：$Q_入$ 为内涝区 Δt 时段平均入流流量；V_1、V_2 分别为相应 Δt 时段始末的涝区容积；$Q_出$ 为 Δt 时段内地下河管道的排泄量，由 H-$Q_出$ 曲线查得。

10.2.5.4　岩溶浸没-内涝的治理措施

对于半封闭的岩溶洼地，距离排水点较近的，可以通过开挖明渠排涝；而对于那些由高峰丛环绕的全封闭的洼地或谷地，可通过开挖隧洞排水[25,26]。

10.3　坝（闸）址区水文地质勘察

坝（闸）址区常见的工程地质问题如绕坝渗漏、坝基渗漏、坝基渗透变形、坝基岩体滑动、坝肩自然坡的稳定、施工基坑的涌水、土质坝身渗漏、坝体沉陷、土质或堆石坝坡的稳定等问题。均直接或间接与地下水的活动有关，因此，坝（闸）址的水文地质勘察很重要。

10.3.1　拟建大坝坝址的水文地质勘察

拟建大坝坝址的水文地质勘察与其工程地质勘察结合进行。根据 SL 55—2005《中小型水利水电工程地质勘察规范》规定，各阶段坝址的水文地质勘察内容和手段如下。

10.3.1.1　规划阶段水文地质勘察

1. 勘察任务

了解各规划方案坝（闸）址区的水文地质条件，分析建坝（闸）的可能性[7]。

2. 勘察内容[7]

各梯级坝（闸）址区的勘察应包括下列内容：

(1) 了解坝（闸）区地层岩性、覆盖层厚度、岩体风化层的深度和各岩土层的渗透性。

(2) 了解坝（闸）地质构造、主要破碎带的分布、位置、产状和性质。

(3) 了解强透水岩土体、强喀斯特化岩层及溶蚀带、古河道、古冲沟等可能与库外连通的通道及通道的延伸情况。

3. 勘察方法[7]

(1) 水文地质工程地质综合测绘。近期开发的工程应进行坝（闸）址区水文地质工程地质综合测绘，比例尺在峡谷区可选 1：5000～1：2000，丘陵平原区可选 1：10000～1：5000，测绘范围应包括各比较坝（闸）址及坝（闸）址附近可能渗漏的岸坡地段。当各比较坝（闸）址相距较远时，可分别进行测绘。

(2) 勘探。各梯级坝（闸）址应有一个代表性勘探剖面，并宜用地面物探方法勘察；近期开发的工程应布置钻探，钻孔的布置根据水文地质工程地质复杂程度而定。河床、两岸及对规划方案成立影响较大的水文地质条件复杂的地段，应有钻孔控制[4]。

10.3.1.2　可行性研究阶段水文地质勘察

可行性研究阶段的水文地质勘察是在选定的规划方案的基础上进行，为选定坝

（闸）址、推荐基本坝型、枢纽布置等进行水文地质论证。

1. 勘察的主要任务

调查特定坝（闸）址区的水文地质条件，对有关的主要水文地质问题作出初步评价[7]。

2. 勘察内容

（1）一般岩基坝（闸）址区的勘察内容如下：

1）初步查明河谷地形地貌、两岸冲沟和低垭口发育状况，及河床深槽、埋藏谷、古河道等的分布。

2）初步查明第四纪沉淀物的厚度、成因类型、组成物质及分布情况。

3）初步查明地层岩性及其分布，特别是主要断层、破碎带、缓倾角结构面及节理裂隙的分布、性质、产状、规模、充填物和胶结情况，并初步分析各类结构面及其组合对坝（闸）基的稳定性和渗漏的影响。

4）初步查明坝址区的水文地质条件，重点是岩土层的渗透性，相对隔水层的埋深、厚度和连续性，两岸地下水水位、补排条件、环境水的腐蚀性[7]。

（2）可溶岩坝（闸）址区的勘察内容包括[7]：

1）初步查明河谷地形地貌、两岸冲沟和低垭口发育状况，及河床深槽、埋藏谷、古河道等的分布。

2）调查喀斯特的发育规律和分布情况，主要是溶洞和喀斯特通道的规模、分布、连通和充填情况。

3）调查岩溶水文地质条件，相对隔水层的分布、厚度及其延伸性，初步分析可能发生渗漏的地段、渗漏类型及其严重程度，对处理方案提出建议。

（3）土基坝（闸）址区的勘察内容包括[7]：

1）调查河谷地貌特征、阶地类型及地质结构，初步查明各阶地的接触关系和古河道、古冲沟、古塘、决口口门、沙丘等的埋藏、分布情况。

2）初步查明各类土的性质、成因、厚度、分布、颗粒组成及渗透特性。

3）对地震峰值加速度在0.1g及以上地区的饱和无黏土、少黏砂土地基的震动液化问题进行初步评价。

4）初步查明透水层和相对隔水层的埋藏条件、渗透及渗透稳定性、各透水层间的水力联系，地下水与地表径流及潮汐的水力联系、补排关系、地下水位及其变幅、地下水水质及土的化学成分等，必要时应研究地下水的流向。

5）初步查明基岩浅埋及利用基岩作防渗依托的坝（闸）址基岩的埋深、风化程度和渗透性。

（4）软质岩坝（闸）址区的勘察内容包括[7]：

1）初步查明河谷地形地貌、两岸冲沟和低垭口发育状况，及河床深槽、埋藏谷、古河道等的分布。

2）软质岩风化、软化、泥化、崩解、膨胀、抗冻、抗渗等特性，初步评价坝基沉陷和抗滑稳定性。

3. 勘察手段[7]

（1）水文地质工程地质综合测绘。测绘比例尺可选用1∶5000～1∶1000。测绘范围包括各比较坝（闸）枢纽、有关建筑物及其下游冲刷区在内。当各比较坝（闸）址相距较远时，可单独测绘。

（2）物探。物探应根据坝（闸）址区的地形、地质条件等确定。物探剖面线应结合钻探剖面线布置，覆盖型可溶岩坝（闸）区、宽敞河谷深厚覆盖层和软质岩基坝（闸）址区宜布置物探探测网格，并充分利用钻孔进行综合测试。各比较坝（闸）址区至少应布置一条代表性勘探剖面，必要时可增加勘探剖面。

（3）钻探。各比较坝（闸）址区至少布置一条代表性的勘探剖面，勘探剖面上应有坑、孔控制，勘探点间距 50～150m，河床及两岸坝肩部位也应布置钻孔；必要时，两岸宜布置勘探平硐。岩基坝（闸）址区代表性勘探剖面上河床部位的钻孔深应为 1～1.5 倍坝高，两岸岸坡上的钻孔应进入相对隔水层或稳定的地下水位以下。在可溶岩地区，控制性钻孔应深至地下水位以下一定深度。有特殊要求的钻孔，其深度可按实际情况确定。在土基坝（闸）址区，每个不同工程地质单元应有钻孔控制，一般钻孔深度宜为 1～1.5 倍坝高。当坝（闸）基下分布有强透水层或深厚软土层时，钻孔应深入坚实土层一定深度或基岩相对隔水层 5～10m。

（4）水文地质测试。坝（闸）址区的基岩钻孔应分段进行压水试验，并应收集钻进过程中的水文地质资料。可溶岩区根据需要进行连通试验。在土基坝（闸）址区钻探时，应分层观测地下水位，还应取河水、地下水样作腐蚀性分析，评价其对混凝土的腐蚀性；对主要含水层应布置抽水试验或注水试验[7]。

10.3.1.3 初步设计阶段水文地质勘察

初步设计阶段是在可行性研究阶段所选定的坝址的基础上进行的，是为选定的坝（闸）址、坝型和其他建筑物、枢纽布置进行水文地质论证。

1. 勘察任务[7]

查明坝（闸）址区的水文地质条件，为选定的坝址提供水文地质资料与建议。

2. 勘察内容[7]

（1）一般的岩基坝（闸）址区，勘察内容包括：

1）查明河床及两岸覆盖层的厚度、组成物质、分布情况及其透水性。

2）查明坝（闸）址区地层岩性、地质构造和节理裂隙的发育特征。

3）查明断层破碎带、节理密集带的具体位置、产状、规模、充填物的形状和透水性。

4）对于土石坝岩基，应评价其防渗体变形及渗透稳定的影响，查明坝（闸）址区的水文地质条件、进行岩体渗透性分级（查表 5-5），查明相对隔水层的埋藏深度，提出防渗处理建议。

（2）可溶岩基坝（闸）址区，除上面内容外，还应重点查明：

1）坝基喀斯特形态的类型、特征、分布位置、规模、发育规律，主要溶洞和渗漏通道的空间分布、连通性和充填物的性状、充填程度、渗透稳定性及其对坝基（肩）渗漏与稳定的影响。

2）坝址水文地质结构类型，喀斯特地下水的赋存特点、水动力特征，喀斯特地下水与河水的关系，以及河谷的水动力条件。

3）相对隔水层的岩性组合特征、厚度、延伸分布、受构造破坏情况及顶板、底板附近的溶蚀情况，并对相对隔水层的可靠性作出评价。

（3）在喀斯特发育调查时，需要根据钻探资料确定出：①钻孔遇到岩溶的频率（面岩溶率）、遇到溶洞的个数；②溶洞高程的分布情况，溶洞的高度、规模、走向、连通性、溶洞内的充填程度及其充填物的颗粒组成；③根据孔内水位的变化受河水位起伏的影响程度，判断溶洞地下水和地表水的连通性[7,27]。

（4）对软质岩基坝（闸）址区，除了与一般的岩基坝（闸）址区的勘察内容相同外，还宜重点查明软岩层的风化、软化、崩解、膨胀、抗冻、抗渗的稳定性。

（5）对土基坝（闸）址区，勘察内容应包括：

1）查明场地的地形地貌特征、阶地类型及结构、古河道、暗浜、古冲沟、决口口门、沙丘、地下洞穴、地下坑穴、埋藏谷等具体的位置、范围及埋深。

2）查明坝（闸）址区土层的分布、成因，重点查明粉细砂、软土、湿陷性黄土等的分布、厚度。

3）对地震震动峰值加速度在 0.1g 及以上地区，应对饱和无黏性土、少黏性地基土的振动液化作出评价。

4）查明坝（闸）址区透水层、相对隔水层的埋深、厚度、分布范围、地下水位及其变化规律，各透水层（带）的渗透系数及允许水力坡降。

5）调查坝（闸）前库区表层土的性质、分布、厚度、颗粒组成、渗透性及渗透稳定性，研究其作为天然铺盖防渗的可能性。

6）查明岩溶塌陷或土洞、膨胀土胀缩性等不良地质作用的分布情况，评价其对工程的影响。

7）查明基岩浅埋区河床和两岸基岩的埋深和风化深度，基岩面的起伏变化情况及防渗线部位基岩的透水性。

张家发等（2001）对三峡大坝坝址区花岗岩全风化带的渗透性进行研究时，进行了室内试验及现场测试。其室内试验包括对原状样和扰动样的水分特征曲线分别进行分析，用原状样和扰动样分别进行达西试验（渗透试验），求得其饱和渗透系数。现场测试是进行现场的降雨入渗试验，求得了该区地表的渗透系数[28]。宋汉周等（1997）根据某坝址不同部位水溶液中碳酸盐类物质的饱和指数来研究相应部位的渗流状态，他们发现在渗流较大的地段，地下水的饱和指数 SI 较小，呈不饱和态；而在径流滞缓地段 SI 较大，呈饱和态[29]。

3. 勘察方法[7]

（1）水文地质测绘。测绘比例尺可选用 1:1000～1:500，测绘范围包括枢纽所在位置及坝间等可能存在渗漏的部位。对于土基坝（闸）址区，比例尺宜为 1:2000～1:500，测绘范围包括坝（闸）址区及附近所有水工建筑物场地、坝肩绕渗部位和下游冲刷淤积区。

（2）物探。一般岩基坝（闸）址区，勘探剖面线应根据具体的地质情况结合建筑物的特点布置。对土石坝岩基，宜沿大坝防渗线或坝轴线布置。对混凝土坝，应沿坝轴线布置。辅助线可根据建筑物的位置和需要而定。溢流坝段、厂房坝段、过坝建筑物等应有代表性勘探剖面。宜采用地震、声波、孔内电视及综合测井等物探方法探查结构面、含水层和渗漏带的位置。在可溶岩基坝（闸）址区，各孔（洞）间宜进行无线电波透视或地震波穿透及成像技术测试。

（3）钻探。结合地质勘探进行。

1）一般岩基坝（闸）址区，沿勘探剖面线除布置物探、坑（槽）探外，主勘探剖面线的河床及两岸应有钻孔控制，钻孔间距不应大于 50m，钻孔深度进入相对隔水层不应小于 10m。当坝基的相对隔水层较深时，孔深不应小于 1 倍坝高或闸底宽度，两岸钻孔孔深应达到河水位以下或枯季地下水位以下。辅助勘探剖面的钻孔深度可根据需要确定[7,23]。

2）在可溶岩基坝（闸）址区，主勘探剖面钻孔间距宜为 30～50m。河床部位钻孔深度应进入相对隔水层或弱喀斯特化岩层；岸坡部位钻孔深度在平原区宜与河床钻孔的深度相同；峡谷区控制性钻孔的深度应达到河床底基岩面以下 10m。高山峡谷区，岸坡部位可采用硐探，必要时，利用探硐布置钻孔。对重要的水点和洞隙可进行平硐或井探追索。

3）对于土基坝（闸）址区，宜沿建筑物的轴线或防渗线布置主勘探剖面线，必要时，可布置辅助勘探剖面线。各勘探剖面线应用物探方法探查，并应有坑探和钻孔控制。当基岩的埋深小于 1 倍坝高或 1 倍闸底宽度时，钻孔深度应进入基岩相对隔水层；当基岩埋深很大时，钻孔深度宜至建基面以下 1.5 倍坝高或 1.5 倍闸底宽度。在钻探深度内如遇有对工程不利的特殊土时，还应有一定数量的控制性钻孔，钻孔深度应能满足渗透计算要求。

（4）水文地质试验[7]。

1）在一般岩基坝（闸）址区，钻孔应分段进行压水试验或注水试验，在钻进中遇到承压水问题时，应测定顶底板位置、初见水位、稳定水位、水温和流量。当坝基存在规模较大的胶结较差的顺河断层破碎带和软弱夹层时，宜进行大于设计水头的渗透试验。应取地表水和地下水样进行水质分析，评价其对混凝土的腐蚀性。必要时，应对钻孔进行地下水位长期观测。

2）在可溶岩基坝（闸）址区，主要含水层和洞隙渗漏带宜进行抽水试验和连通试验，必要时还应进行地下水动态长期观测，对多层含水层应分层进行观测。观测点应包括钻孔、井和主要地表水点。对坝基下洞隙内的充填物，宜取样进行颗粒分析、渗透性和渗透稳定性试验。必要时应进行帷幕灌浆试验。

3）对于土基坝（闸）址区，土层的渗透系数和允许渗透比降宜由室内试验结合工程地质类比法提供，对坝（闸）址有影响的主要含水层宜进行抽水试验或注水试验，必要时宜进行渗透变形试验。对河水、地下水、土体应取样进行腐蚀性分析，试样数量不应少于 3 件。对地震动峰值加速度为 0.1g 及以上的坝（闸）址区的可液化土层，应进行标准贯入试验。

4）对软质岩基坝（闸）址区，应进行岩石软化、冻融、崩解、膨胀等试验，并不少于 6 组。

10.3.1.4　技施阶段水文地质勘察

技施阶段的水文地质勘察应根据初步设计的审查意见和设计要求，为补充论证专门性水文地质问题而进行的勘察。该阶段的勘察内容、勘察方法与库区渗漏的相同，在此不再赘述。

10.3.2　坝基砂土液化及渗透变形的研究

10.3.2.1　坝基砂土液化

砂土液化是指饱水砂土在受到震动时，由于孔隙水压力和动水压力急剧增大，砂土由固态变为流态，承载力急剧降低的现象。

影响砂基液化的因素主要有以下几方面[16]：

（1）砂土的粒度成分。易发生液化的是粒径比较均一、含黏粒少的粉砂或细砂。

（2）砂的密度。疏松的砂易液化。

（3）砂层上覆盖层的压力。砂土埋藏越深，承受的压力越大，越不易发生液化。

（4）地震的强度和持续时间。震级越大、持续时间越长，砂土越容易发生液化。

如果坝址区覆盖层是由粉砂、粉土组成的（如中国沿黄河地区），由于它们在振动作用下易形成离析现象。依据 GB 50011—2001《建筑抗震设计规范》，必须对场地砂土液化性作出综合评价[23]。

对液化地区土层的勘察手段的主要是：①利用钻探查明地层结构及分布规律；②利用标准贯入试验确定地基土承载力、变形参数及判别场地砂土液化参数；③室内试验，以确定出地基土的黏粒含量指标，为砂土液化判别提供准确依据[30]。

10.3.2.2　坝基的渗透稳定问题

大坝建成水库蓄水后，由于库水位升高，将使坝下岩体中地下水的渗透压力增高、流量加大，对坝基的稳定十分不利。国外因坝基失稳而遭破坏的大坝事故中，大多数均与坝基下渗透水流的不良作用有关[3]。

坝基下的渗透水流所产生的不良作用有四个方面：对坝基或岩体产生渗透压力、机械管涌、化学管涌以及使岩层软化或泥化。这四种作用往往不是单独发生的[3]。

1. 渗透压力、管涌、泥化的概念

（1）渗透压力。是指渗透到坝基下混凝土与岩土接触面或坝肩岩土体空隙中的水，在上、下游水头差的作用下产生的静水压力。在松散土层中，渗透压力称为孔隙水压力；在基岩裂隙中的渗透压力称为裂隙水压力。渗透压力的大小等于该作用点上的水头高度乘以水的容重。

静水压力在坝基下呈三角形分布（图10-15）。在上游渗透压力为 $\gamma_w H_1$（γ_w 为水的容重），在坝址脚处为零。

渗透水流作用在坝基础底面的向上的压力称为扬压力，它包括浮托力和渗透压力。由于扬压力抵消了一部分坝体的垂直荷重，因而降低了坝基岩体中的抗滑力。在重力坝中，由于扬压力的作用较大，设计时必须考虑。

在坝肩部分的岩体，若有良好的入渗条件而又没有很好的排泄通路时，渗透的水流也会产生较大的渗透压力，也会引起岩体失稳破坏。

（2）机械管涌、流土及化学管涌。在松散土

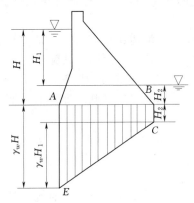

图10-15　坝基下扬压力图形
（据 天津大学，1982）

层或岩体的软弱结构面中，由于渗流的冲刷及动水压力作用，可以将其中一些细小颗粒携带出来，发展严重时，可以使地基形成空洞而导致破坏，这种现象称为机械管涌（也称机械潜蚀）。有时在某些松散地层地区，在渗流的作用下可以使大片的土体产生浮动以致被冲出，这种现象称为流土。机械管涌或流土可使坝基掏出空洞，从而引起沉陷变形，这种现象称为渗透变形[3]。

化学管涌是地下岩土体被水溶蚀的现象。当岩层中含有石膏、岩盐等易溶组分时，它们可被渗透水流溶蚀带走，形成空洞，进而导致坝基破坏。

（3）岩层的软化及泥化

在渗透水流作用下，岩石的强度降低或变为泥质的现象。

2. 坝基渗透变形分析

坝基渗透变形必须具备的条件是：渗透水流具有足够大的动水压力和岩层具有一定的结构特性。

（1）动水压力。动水压力是渗透水流对单位体积的土粒冲动的力，其方向与渗流方向一致，其数值与水的容重、水力坡降有关。其计算式为[6]：

$$D_{动} = \gamma_w I \tag{10-38}$$

式中：γ_w 为水的容重，kN/m³；I 为渗流的水力坡降；$D_{动}$ 为动水压力，kN/m³。

渗透水流的动水压力作用方向与水流方向一致，因而在坝基对土体稳定的影响，随部位不同而异。如图 10-16 所示，在上游坡脚 1 处，动水压力的方向向下，使土体压实；坝基中部 2 的动水压力方向近水平，有使土粒向下游移动的趋势；下游坡脚 3 处，动水压力作用方向向上，其上地面就是临空面，故此处管涌与流土最易发生，并可能逐渐向坝基中 2 处的方向发展，威胁坝基的安全。

（2）临界水力比降。当图 10-16 中的下游坡脚 3 处向上的动水压力 $D_{动}$ 大于该处土体的浮容重时，该处就会发生渗透变形。因而通常将使动水压力等于土体浮容重时的水力坡降，称为临界水为坡降，以 J_{σ} 表示，可按下述方法求得：

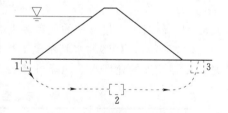

图 10-16　坝基渗流方向示意图
（据 郭见扬，1995）

1）按临界水力比降的定义，当渗透水流水力坡降达到临界值（J_{σ}）时，动水压力刚好达到与土浮容重（$\gamma_{浮}$）相等，此时土体刚好处于渗透变形的极限状态。因此[6]：

$$\gamma_w J_{\sigma} = \gamma_{浮} \tag{10-39}$$

2）根据土工实验中的浮容重、孔隙度、空隙比的概念及相互换算的关系式推导得[6]：

$$J_{\sigma} = (G_s - 1)(1 - n) \tag{10-40}$$

或

$$J_{\sigma} = \frac{G_s - 1}{1 + e} \tag{10-41}$$

式中：J_{σ} 为临界水力坡降；n 为土的孔隙度，以小数点计；G_s 为土颗粒的比重，g/cm³；e 为土的空隙比，以小数点计。

式（10-40）是在假定土为完全松散体的状态下推导而得的，但事实上土体往往含有一些黏粒，它们不是完全松散的，颗粒之间还存在一定程度的胶结，土体一般都具有一定的抗剪强度。为此，有人建议对式（10-40）进行修正，即[31]

$$J_{cr} = (G_s - 1)(1 - n) + 0.5n \qquad (10-42)$$

式中符号代表的意义同式（10-40）。

不过根据一些实验表明：当土中的黏粒含量超过某个值后，渗透破坏就出现坡降转折。这可能是因为黏粒达到一定含量后，能将粗粒完全包围，粗颗粒不再起骨架作用。此外，渗透破坏还与粗细粒径比及土的不均匀系数有关。为此，GB 50287—1999《水利水电工程地质勘察规范》附录M规定，流土和管涌的临界水力比降计算如下。

流土型：宜采用式（10-40）验算。

管涌型或过渡型宜采用[23]：

$$J_{cr} = 2.2(G_s - 1)(1 - n)^2 \frac{d_5}{d_{20}} \qquad (10-43)$$

式中：d_5、d_{20}为分别占总土重5%、20%时的土粒粒径，mm，由累计曲线得到。

管涌型也可采用式（10-44）计算[23]：

$$J_{cr} = \frac{42d_3}{\sqrt{\frac{K}{n^3}}} \qquad (10-44)$$

式中：K为土的渗透系数，m/d；d_3为占总土重的3%时的土粒粒径，mm。

（3）允许水力比降$J_{允}$。无黏性土的$J_{允}$宜为$(2/3 \sim 1/2)J_{cr}$，即取安全系数为1.5～2.0。对水工建筑物的危害较大时安全系数取2.0[23]。

GB 50287—1999《水利水电工程地质勘察规范》附录M还规定，当无试验资料时，无黏性土的允许水力比降可参表10-1取（表中C_u为土的不均匀系数）。

表 10-1　　　　　　　　　　　无黏性土的允许水力比降

允许水力比降	渗透变形型式					
	流 土 型			过 渡 型	管 涌 型	
	$C_u \leqslant 3$	$3 < C_u \leqslant 5$	$C_u \geqslant 5$		级配连续	级配不连续
$J_{允}$	0.25～0.35	0.35～0.50	0.50～0.80	0.25～0.40	0.15～0.25	0.10～0.20

3. 坝基渗透变形实验

渗透变形试验（或叫管涌试验）分为室内渗透试验和现场渗透试验两种[6]。

（1）室内渗透仪中试验。装置如图10-17所示。为避免土样中滞留空气，在试验期间，土样都应浸于水下。试验时，将水头逐渐升高，在每一级水头下都维持稳定30min，如没发生管涌现象，再提高到下一级水头，直至管涌现象发生为止[6]。

（2）室内水槽渗透试验。试验装置如图10-18所示。试验成果整理如图10-19

所示。从该试验，能看到流土、管涌发生一般经历
3 个阶段：第一阶段，当水力坡降小于或等于临界
水力坡降时，土体没有破坏；第二阶段，当水力坡
降稍大于临界水力坡降时，土体失去平衡，开始出
现管涌现象，即细颗粒在粗颗粒孔隙中跳跃。如果
土体内的孔隙构成良好的通道，则细颗粒就由此通
路被水携带至土样表面，在土样表面可见到气泡和
细颗粒涌出成烟雾状，同时土样上部的水局部顿时
变浑，但很快又澄清，在表面残留一个个砂圈。而
流土现象则是土体某一部分颗粒（不限于某一粒
级）一起跳跃来回滚动，在土样表面局部成沸腾
状，水砂翻滚。这一阶段，如果不增加水力坡降，
不管哪种型式的渗透变形都只是局部的，不再扩
大；如水力坡降继续加大，就发展到第三阶段，此
时土体的变形不再局限于某一部位，而是逐渐扩
大，最后导致整个土体发生破坏[6]。

　　以上两种室内试验都是采用扰动土样来进行
的，试验结果真实性差，只能用于初步的计算
评价。

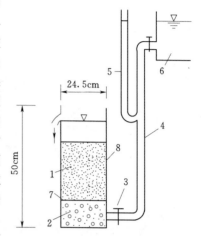

图 10-17　室内渗透仪中渗透
变形试验（据 郭见扬，1995）
1—试样；2—碎石缓冲层；3—进水管开关；
4—胶皮管；5—观测水头玻璃管；6—水
源箱；7—筛网；8—渗透筒

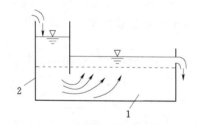

图 10-18　室内水槽渗透变形试验
（据 郭见扬，1995）
1—土样；2—水槽

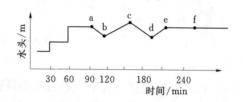

图 10-19　室内水槽渗透变形试验时水头与时间
的关系（据 郭见扬，1995）
a—开始管涌；b—停止管涌；c—再管涌；d—又停止
管涌；e—再次管涌；f—土样完全破坏

　　（3）现场渗透试验。有堤坝式渗透试验、围堰式渗透试验、水平渗透和垂直渗透
试验等方法。其中堤坝式渗透试验因与实际情况较吻合，模拟的结果较为可靠，现予
以介绍。

　　堤坝式渗透试验装置如图 10-20 所示。在场地四周挖槽深至黏土层，并回填黏
土，形成封闭的蓄水砂层。在试验中，水流的途径为：水源→注水三角堰箱（测流
量）→注水坑→试验坝基砂层→观测坑内溢出水流及管涌发生现象→排水三角堰（测
流量）→排水坑[6]。

　　现场试验初始水头按水力坡降 0.15 确定。自初始水头起，每级水头加 0.05m，
并稳定 2~4h，每间隔 10min 要观测水头与流量的变化，记录各级水头下发生的

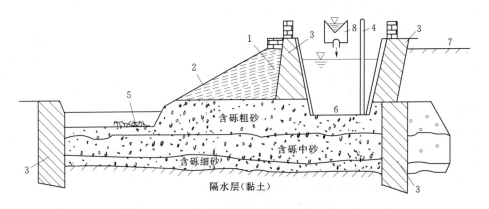

图 10 - 20　云南某水库坝基现场管涌试验（据 郭见扬，1995）
1—试验坝；2—红土坝坡；3—黏土墙；4—水深标尺；5—观测坑中管涌砂沸点；
6—注水坑；7—原地面线，8—注水三角堰箱

管涌与其他现象：如水混浊的程度，冒气泡、水泡情况，注水及排水流量变化，砂粒悬浮松动和跳动情况，砂沸时水流带动土粒情况，砂沸时管孔的直径和形状，砂丘堆积的高度，砂沸强弱与砂沸停止时间等。在坑内水流溢出处，如发生砂沸且砂沸点的四周形成一个砂圈时即为管涌。管涌发生后，在此水头下延长 2～3 小时，然后降低水头至管涌停止[6]。

再次增加水头至管涌发生，加至比前一级水头高一级水头，稳定 2 小时后又降低水头，至管涌再次停止。如此反复数次，找出发生及停止管涌之最低水头（即临界水头），据此求算临界水力坡降[6]。

为配合现场试验，须取土样分别进行颗粒级配分析、物理性质分析和室内管涌试验。

10.3.3　已建大坝坝址环境水的潜蚀作用及调查方法

已建病险大坝的除险加固阶段的水文地质勘察已在 10.1.3.3 中阐述了。此仅就环境水的侵蚀作用的机理及其调查方法予以介绍。

大坝建成蓄水后，在库水压力作用下，虽然很多水库的坝基渗漏问题不大，但所造成的水与岩石之间，水与帷幕、混凝土之间的相互作用却长期存在。它可能引起基础夹层和断层裂隙中充填物的软化、泥化或化学潜蚀、机械管涌、帷幕与大坝混凝土的侵蚀等问题，进而影响到坝基的稳定性、大坝混凝土的强度以及帷幕的防渗性能，因此不能忽视坝址环境水的潜在危害[32]。

10.3.3.1　坝址环境水基本特征的调查

主要是指对坝前库水和坝基地下水的水质特征分别进行调查。

1. 坝前库水调查

由于库水水层热力和重力对流的存在，水温从库面至库底逐渐降低，库水水质也具有分层性。往往上层库水与河水水质相近，多为中性或弱碱性水。随着水深的增加，水的 pH 值可能逐渐减小，水库底层水 pH 值多小于 6.5，为弱酸性水。库水中侵蚀性 CO_2、HCO_3^-、Ca^{2+} 的含量从库面至库底呈递增趋势，这是因库底水中的有机

质分解所致：

$$CH_2O + O_2 \Longrightarrow CO_2 + H_2O \quad （有氧时）$$

及

$$CH_2O + 2H_2O \Longrightarrow CH_4 + HCO_3^- + H^+ \quad （缺氧时）$$

此外如库底处于缺氧环境，有机质缺氧产生不完全分解，在厌氧分解过程中可释放出还原性物质 H_2S、CH_4 等[32]。

2. 坝基地下水水质特征及析出物调查

库水在向坝基运移过程中，水与岩石之间，水与帷幕、混凝土之间发生相互作用，使得坝基地下水的水质与库水发生很大差异。坝基地下水的水质成分复杂，除一般主要离子成分外，还有胶体、气体等成分；多数坝基水质为碱性的低矿化度水，水位动态稳定，一般具有以下特征[32]：

（1）岸坡坝基地下水中常含较多的侵蚀性 CO_2，远比库水含量丰富，对混凝土具有较强的碳酸性腐蚀。这是由于岸坡地下水水力坡大（可达 1.0 以上），径流通畅，处于氧化环境，从库中带来的有机质经氧化完全分解的结果。

（2）坝基地下水中 Ca^{2+} 含量一般明显增加，多数是库水的 3～7 倍，这主要是混凝土的溶蚀所致。

（3）在排水孔口处常形成红色、黑色和白色沉淀物，或间以锈黄、黄褐等过渡色的胶状析出物。少数排水孔水中的 $K^+ + Na^+$ 含量高，胶体含量较丰富。目前的调查资料显示，多数为无衍射峰的非晶质胶体（X 射线衍射分析）。但也有些析出物为晶体物质，它们主要是石英、长石、高岭石等细粉粒矿物[32]。

从化学成分看，既有正胶体，如 $Fe(OH)_3$、$Al(OH)_3$、$CaCO_3$ 等，又有负胶体，如 SiO_2、MnO_2 等。其中多数是铁、锰、钙等元素组成的胶体，硅、铝成分一般较少，但少数析出物中硅、铝丰富。钙主要来自混凝土和帷幕水泥石，铁、锰多数来自库底水和岩石裂隙面上的沉淀物；硅、铝是组成岩石的主要成分，因而硅、铝的多量迁移表明岩石产生溶蚀现象。

在坝基环境变化剧烈的部位，如在岸坡坝基部位，由于水力梯度大，地下径流通畅，地下水多处于氧化环境，有利于水中有机质的分解，水中侵蚀 CO_2 含量明显增多，侵蚀性亦大。因而，在库水向坝基渗透过程中，水与帷幕、混凝土、软岩间的化学潜蚀作用比较强烈。

灰岩（碳酸钙）在不含 CO_2 的纯水中的溶解反应为：

$$CaCO_3 + H_2O \Longrightarrow Ca^{2+} + OH^- + HCO_3^-$$

而在富含 CO_2 的酸性水作用下，碳酸钙溶解加快，其反应式为：

$$CaCO_3 + H_2O + CO_2 \Longrightarrow Ca^{2+} + 2HCO_3^-$$

不过坝基水中 Ca^{2+} 的迁移，主要来自水与帷幕水泥石间的作用，这是坝基化学潜蚀的主要方式之一，也是坝基帷幕遭受侵蚀的标志。水—混凝土（坝及帷幕）之间发生的物理化学作用可用下面反应式表示[32]：

$$3CaO \cdot SiO_2 + H_2O \Longrightarrow Ca(OH)_2 + xCaO \cdot ySiO_2$$

$$Ca(OH)_2 + Ca(HCO_3)_2 \Longrightarrow 2CaCO_3 \downarrow + 2H_2O$$

为此，可大致用总硬度值和渗水量来估算出帷幕水泥石（包括岩层中碳酸盐矿物）中碳酸盐的迁移量。

近年来的调查发现，大坝混凝土老化病害问题普遍存在，有的甚至十分严重。主要表现在渗漏溶蚀、碳化及其引起的钢筋锈蚀、裂缝等。其中渗漏溶蚀是大坝混凝土最主要和最普遍的问题之一，由于渗漏溶蚀造成了大量钙离子从混凝土中溶出，使混凝土的密实性及抗侵蚀性受到较大的削弱，渗透性增大。中国曾在新安江大坝右岸坝基的基岩和混凝土中进行了 251 段压水试验，其中透水率 $q>1$Lu 的强透水段共有 19 段，这些强透水段主要分布在坝基混凝土段，此现象说明混凝土中细小孔隙或裂隙发育，与钻孔岩芯观察的结论基本一致，这一结果也为坝基混凝土受到溶蚀提供了佐证[32]。

10.3.3.2　大坝坝址析出物的指示作用及检测手段

自 1990 年以来，中国有关部门定期地对水利系统所属的水电站大坝进行安全定检工作。调查表明，中国有为数不少的大坝坝址地下水溢出处出现析出物（或称絮状溢出物）。其中，多数出露于大坝廊道（包括灌浆廊道以及排水廊道）排水孔孔口，部分则来自于岩体裂隙[33]。由于这些物质对研究坝基岩体的渗透性及大坝的稳定性很有意义，因此有必要对它们进行深入的研究。基于目前的科研手段，采取的主要研究方法如下。

1. 化学成分分析方法（矿物成分分析方法）

即测出解析物的化学组成及其含量。分析结果可用元素的氧化物表示，也可用元素表示。其组分含量通常用相对含量（百分比）表示，或用绝对含量（即以 mg/kg）表示。

（1）析出物中 SiO_2、Al_2O_3 的指示意义。硅、铝组分在地下水溶液中的溶解度很低，因此，若水环境为中或中偏酸性，而析出物中的硅、铝组分含量比较高（$>25\%$），那么就可认定此类析出物不是由于化学潜蚀而是由于物理—化学双重潜蚀作用所致，也表明了潜蚀部位的岩体渗透比较大，这对大坝稳定性的影响是不能忽视的。

硅酸盐、铝硅酸盐矿物是地壳多数岩石的主要成分，其水解速度很缓慢，但在碳酸的参与下，其水解速度加快。硅铝酸盐矿物晶格表面的阳离子（K^+、Na^+、Ca^{2+}、Mg^{2+}）成分在饱含 CO_2 的地下水溶蚀下析出，硅铝酸盐矿物分解成土。以正长石为例[34]：

$$2KAlSi_3O_8(正长石)+11H_2O \longrightarrow Al_2Si_2O_5(OH)_4(黏土矿物)+2K^++2OH^-+4H_4SiO_4$$

铝硅酸盐类矿物被水分解后，SiO_2 多呈胶体淋失，部分呈离子态迁移；Al_2O_3 则呈胶态淋失。中国曾对河北大黑汀水库蓄水运行 10 年后调查发现，大坝灌浆廊道排水孔口析出物逐年增多，至 1996 年，82 个坝段中除 9 个坝段因排水孔地下水位较低而无析出沉淀外，其余 73 个坝段均有析出物出现，而且数量较多。沉淀物经收集并晒干后称重，总量达 608kg，多数以碳酸钙（方解石）和无定形铁为主，也有少量样的 SiO_2 和 Al_2O_3 含量多（37.42% 和 39.28%）。所在坝段的水质资料表明，水中 K^++Na^+ 的迁移量也大，由此得出结论：析出物的形成是以化学潜蚀为主要特征，兼有少量的断裂破碎带内黏土物质的机械搬运。

（2）析出物中 Fe_2O_3、MnO 的指示意义。析出物中的 Fe_2O_3、MnO 主要来源于岩体中的铁、锰质的析出。因为在还原环境下，含有侵蚀性 CO_2 的地下水使坝址岩体裂隙中的铁以低价离子态或胶粒形式随水流迁移，当地下水流出排水孔口或岩体裂隙处于氧化环境时，水中的低价铁离子就变为高价铁离子，而胶粒则变成凝胶，进而形成析出物。反应过程如下[34]：

$$Fe^{2+} = Fe^{3+} + e$$
$$Fe^{3+} + 3H_2O = Fe(OH)_3 + 3H^+$$
$$4Fe(OH)_2 + 2H_2O + O_2 = 4Fe(OH)_3 \downarrow$$
$$2Fe(OH)_3 = Fe_2O_3 \cdot 3H_2O（棕红色）$$

一般呈棕红色的析出物中，Fe_2O_3 含量可达 $30\% \sim 50\%$，这是由于 Fe^{2+} 易在弱酸性水中迁移，故棕红色析出物一般出现于 pH 值较低的溶液中。而还原环境亦有利于锰元素以低价离子或以胶粒的形式迁移。当趋于氧化环境时，被氧化成高价锰；当介质处于碱性时，胶粒更易形成凝胶并最终形成析出物。其反应式如下[34]：

$$Mn^{2+} + O_2 = MnO_2 \downarrow$$
$$2Mn(OH)_2 + O_2 = 2MnO(OH)_2 \downarrow$$
$$Mn(OH)_2 + 2OH^- = MnO_2 + 2H_2O$$

MnO_2 呈黑色，在黑色析出物，MnO_2 的含量可达 30% 以上。由于 Mn^{2+} 在碱性介质中的 Eh 值（$-0.28V$）远低于酸性介质中的 Eh 值（$+1.5V$），故黑色析出物多出现于碱性水中。

由上可见，铁、锰析出物为水—岩间化学作用的产物，因此若坝基某部位在渗流作用下长期出现铁、锰析出物被析出，其渗流面将变成"空洞化"，影响到岩体的渗透稳定性[34]。

（3）析出物中 CaO、烧失量的指示意义：大坝基础混凝土以及坝基帷幕体中，水泥是其主要的成分，而水泥是以 CaO 为主，含量多达 65% 左右，它水化后形成 $Ca(OH)_2$。在软水（库水的 $Ca^{2+} + Mg^{2+} < 1.5mmol/L$）长期溶蚀作用下，会引起大坝基础混凝土结构中的钙析出，而水泥石的溶失则将使大坝的防渗效果衰减。烧失量是指析出物试样在 $550℃$ 高温下烧灼至质量不变时所失去物质的质量与其烘干前质量的差异，两者之间的比值即为烧失量的大小。显然，在其烧灼所失去的物质中，可能包含有机质等挥发性物质以及碳酸盐类物质。碳酸盐类物质 CO_3^{2-} 在灼烧过程中会以 CO_2 气体逸出（$CO_3^{2-} + 2H^+ = CO_2 + H_2O$）；此外，坝踵帷幕体补强中常使用某些有机灌浆材料，如丙凝、甲凝、中化—798、LW 及 HW 等水溶性聚氨酯材料，它们在烧灼过程中也会被烧失掉[34]。

2. 颗粒分析方法

目的在于了解其微观形态、颗粒大小及其级配。由于析出物试样的颗粒很细小，一般需采用土质学中的密度计法或移液管法进行颗粒分析。地下水化学潜蚀作用所形成的析出物多以胶粒为主，其颗粒小于 $0.002mm$ 的占 50% 以上。因此，若析出物的粒径中，$d < 0.002mm$ 的颗粒质量远少于 50%，则应是物理潜蚀作用为主，这对大坝的稳定性是十分不利的[34]。

3. XRD 分析

对析出物试样进行 X 射线衍射（X-Ray Diffraction，XRD）分析，有助于揭示析出物的成因。以化学潜蚀作用所致的析出物，一般为无定形的非晶体物质，非晶体物质在 XRD 分析曲线上通常是没有明显的衍射峰的；因此，如在 XRD 分析曲线上发现有明显的衍射峰出现，就表明析出物中含有一定量的晶体矿物（常为石英、方解石、长石、高岭石等），这指示着析出物的成因属于物理冲蚀作用。如中国对河北大黑汀水库的沉淀物利用 X 射线衍射进行分析发现，其析出物中伊利石和绿泥石（均为黏土矿物）分别占 5.8% 和 16.8%，并含有少量的石英、长石，这表明了该水库存在物理冲蚀作用[34]。

4. 红外光谱分析方法

用于对地下水析出物中的有机质的检测。主要检测坝踵帷幕体局部化灌补强防渗处理所采用的材料的耐久性如何。如未检测出，说明防渗处理材料可靠。

5. 其他方法

包括离子交换总量（Cation Exchange Capacity，CEC）测定法、扫描电镜法、能谱分析法、色谱法以及核磁共振光谱分析法等。其中对析出物 CEC 的测定，有助于判定析出物的物理化学活性；扫描电镜法则用于观察析出物的微观形态；能谱分析法则用于化验析出物的物质成分[33,34]。

10.3.3.3　对坝址环境水化学潜蚀的防治对策

（1）加强监测。应加强对坝基水质、析出物进行定期监测，以查明混凝土、帷幕及软岩受侵蚀的部位，才能采取针对性的补强措施。

（2）积极做好岸坡坝基裂隙的探测和防渗工作，减少大气降水及库水的渗入。

（3）岸坡坝基的帷幕灌浆应采用耐蚀的水泥。由于岸坡坝基存在高比降的侧向渗透压力（随着坝体增高而增大），水又常具较强的酸性和碳酸性腐蚀，故岸坡坝基帷幕应采用耐蚀水泥（在普通水泥中加入磨细矿渣，其耐蚀系数比普通水泥提高 14%）灌浆；对细微裂隙可采用耐蚀改性灌浆水泥。对已出现帷幕防渗缺陷部位应采取耐蚀水泥或化学灌浆补强。大坝上游迎水面上，因中下层库水侵蚀性较强，在大坝施工中可考虑采取混凝土表面喷涂处理等有关措施，以防库水的腐蚀和渗入[32-34]。

10.4　水工隧洞水文地质勘察

水利工程中有各式各样的隧洞，如泄洪隧洞、发电引水隧洞、输（引）水隧洞、溢洪隧洞等。为了保证施工中的挖掘人员和设备的安全及隧洞的正常运行，需要进行水文地质勘察。

10.4.1　隧洞中地下水引起的工程地质问题

地下水对隧洞的稳定性及其引起的环境问题比较复杂，其形式也是多种多样。据目前的资料显示，主要有以下几个方面的问题[35]：

（1）岩石遇水软化，强度降低。隧洞围岩如长期浸泡于地下水中，其岩石强度肯定受到不同程度的影响。据羊湖电站的岩石干、湿抗压强度的对比试验发现，岩石的湿抗压强度明显低于干抗压强度，其软化作用非常显著，岩石的软化系数在 0.50～0.75 之间。对软化系数较大的岩石应考虑长期浸水后强度的降低及其对地下工程的安全与运行的影响。

（2）地下水引起断层及挤压带的力学指标下降。当受到地下水作用时，断层带及挤压带的力学指标（内摩擦角及凝聚力）将大幅度下降，而隧洞的稳定性又多受断层及挤压带的控制，因此地下水有可能导致隧洞出现塌方。

（3）地下水常使隧洞产生碎石流。破碎带及挤压带岩体破碎松散，一般为未胶结的碎块、碎石及泥沙等，当地下水位较高、涌水量较大时，由于地下水的作用，施工中常形成碎石流甚至泥石流，洞室局部被掏空，产生"流土"、"管涌"式破坏，导致部分洞段塌方。

在岩溶地区，经常出现隧道涌泥涌沙，它一般因填充在岩溶管道中的饱和泥沙，在岩溶被揭穿或阻隔层被突破后，随岩溶水在重力和水力坡降作用下涌入隧道而形成的，可造成洞内淤塞、围岩支护体系和施工设施破坏等事故。岩溶隧道的涌泥沙和涌水往往同时产生，其灾害主要是：岩溶管道中泥沙随水而运移，时通时堵，并产生一系列的水力效应如水击效应、气爆效应等，使隧道涌水突泥发生非常规的剧烈变化。最明显的就是隧道或巷道开挖以后产生的井下泥石流现象，这是井下危害最大的地质灾害。京广线大瑶山隧道、京珠高速靠椅山隧道以及湖南斗恩煤矿中都曾发生过此类灾害[36]。

（4）隧洞出现渗水、涌水时，动水压力对隧洞围岩的稳定不利。隧洞中岩体均有不同程度的裂隙发育，裂隙多具有一定的连通性，含水丰富，隧洞开挖后形成临空面，地下水多沿张性裂隙渗出，施工时地下渗水常追随掌子面而移动。如果所挖的洞段地下水水头较高，地下水还会对隧洞围岩及衬砌产生一定的外水压力，地下水流的涌出也将产生更大的动水压力。这些附加应力的存在对隧洞围岩的稳定产生很大的影响，集中的大量涌水有可能引发大塌方。

（5）水位突升或骤降使隧洞变形或失稳。如果隧洞衬砌存在着某种缺陷，隧洞充水后洞水可能大量渗入围岩，水位的突然上升使围岩增加了外水压力；当隧洞放空检查时，如果快速泄空，地下水将通过混凝土缺陷部位，快速渗入洞内，使这些部位产生巨大的动水压力。若岩体较破碎，就很容易产生"管涌"、"流土"式破坏，进而造成隧洞的变形或失稳。

（6）由于隧洞涌水，可能造成地表水、地下水枯竭，生活用水及工农业供水受到影响。

10.4.2　隧洞的水文地质勘察

根据 SL 55—2005《中小型水利水电工程地质勘察规范》的规定，水工隧洞或地下洞室的水文地质勘察是分阶段进行的。

10.4.2.1　规划阶段

（1）勘察内容包括[7]：①了解拟建隧洞或地下洞室所在区域的地形地貌、区域地质（地层岩性、地质构造）条件，特别是断裂的分布及其胶结情况；②了解隧洞或地下洞室所在区域的水文地质条件，特别是可溶岩区喀斯特发育情况和其他强透水岩土层的分布情况。

（2）勘察方法包括[7]：①收集区域地质资料，沿线进行调查；②在水文地质条件复杂的地段，可进行剖面水文地质工程地质综合测绘。

10.4.2.2　可行性研究阶段

1. 勘察内容[7]

（1）初步查明隧洞或地下洞室沿线地形地貌特征、物理地质现象和岩溶发育特征，初步评价其对地下工程建筑物的布置和对施工的影响[4]。

（2）初步查明隧洞及地下洞室区的地层岩性，重点是软化、崩解、膨胀、可溶岩等地层的分布。

（3）初步查明隧洞及地下洞室沿线的主要含水层、汇水构造和地下水溢出点的位置和高程，地下水补排关系，喀斯特通道、地表溪流、库塘或其他地下富水带（层）的分布及其对洞室的影响，预测施工中可能突水、突泥的部位。

2. 勘察方法[7]

（1）收集资料。分析已有的地形、地质和航（卫）片资料，分析工程区地形地貌、地层岩性和地质构造的特点，特别是断裂构造、软弱岩和富水带构造、喀斯特（洞穴）等和洞线的关系。

（2）水文地质测绘。比例尺可选用 1：5000～1：1000，范围包括隧道或地下洞室各比较方案及附属建筑物布置地段。

（3）钻探。结合地质勘察进行。沿地下洞室中心线应布置勘探剖面，对过沟浅埋段、地质条件复杂的隧洞进出口和地下厂房区，应布置平硐和钻孔，钻孔深度应进入设计洞底板高程以下不小于 1 倍洞径。

（4）水文地质试验。在钻探工程中，应收集钻进过程中的水文地质资料，进行压水试验，并根据需要进行地下水位长期观测。

10.4.2.3 初步设计阶段的勘察

1. 勘察内容[7]

（1）查明地下洞室及隧洞沿线地形地貌条件和物理地质现象。

（2）查明洞室地段地层岩性、产状、风化深度和分布情况，主要断层、破碎带、软弱夹层和其他软弱结构面的产状、延伸情况、形状及其组合关系。

（3）查明地下洞室区的地下水类型、水位、富集条件和地表水的关系及连通条件，水温和水化学成分，洞室外水压力形成条件，岩体高压渗透特征。

（4）查明喀斯特地区地表溶洞、洼地、漏斗充填情况和地下暗河分布规律，分析其深部延伸情况及对洞室围岩稳定的影响，预测施工开挖突水的可能性，对处理措施提出建议。

2. 勘察方法[7]

（1）水文地质测绘。对于水文地质条件复杂和重要的隧洞段宜进行水文地质工程地质综合测绘，比例尺可选 1：2000～1：500。

（2）物探。对于工作条件恶劣、难以进行勘探的地区，应充分利用航（卫）片解译成果，加强地质—水文地质测绘，结合区域地质资料，预测大断层破碎带、接触带、喀斯特地下暗河等的分布及其对地下工程的影响。

（3）勘探。结合地质勘探进行。地下厂房、隧洞进出口应布置平硐。隧洞进出口、地下厂房、洞室的交叉部位、调压井、闸门井应布置纵、横勘探剖面线；对于引水隧洞在过沟的鞍部，宜布置勘探工作；勘探剖面线上的钻孔数量可根据具体地质条件复杂程度和洞室规模确定，钻孔深度应进入洞室（井）底板以下至少 1 倍洞径。

（4）水文地质试验。在洞室顶板上下 5～15m 范围内的孔段，以及闸门、调压井部位，应作压（注）水试验。

10.4.2.4　深埋长隧洞的水文地质勘察

随着国民经济的发展需要，水利水电工程中的长洞越来越多，这对深埋超长隧洞的勘察提出了新的课题。由于长隧洞埋深往往很大，一般 300~400m，深者达 3000余 m[37]。线路所经地段又是山区，交通极为不便，勘察工作难以开展。特别是当深埋隧洞长度特大（如长须水库—恰给弄自流线路深埋长隧洞全长 131km[38]，高桥电站隧洞长 8.86km[39]），又距地表很深时，常规的地质勘察方法几乎都失效。为了适应新形势发展的需要，中国迫切需要总结出一套适合深埋长隧洞水文地质勘察的技术。

李光亮等（2005）通过对云南省昭通市高桥电站长隧洞的地质勘察实践，提出了对埋深长隧洞的勘察建议：在选线阶段要重视长隧洞线路方案的比选，勘察时应辅以遥感技术进行地质测绘；长隧洞以地表地质测绘为主，布置少量钻探；隧洞的进出口应采用平硐勘探方法；在定线阶段，对可能涌水段应测地下水位；在施工阶段，应分析有无大的破碎带及岩溶洞穴段、较大的涌水地段，并使用施工支洞等水平超前勘探，利用支洞的地质情况对主洞进行提前预报[40]。

陈奇等（2002）认为，对于深埋长隧洞的勘察技术，除了高精度解析遥感技术、物探方法、超前钻探外，还应采用超前探测装置，包括现代的计算机技术、数理分析方法、决策理论方法等[37]。

底青云等（2005）在南水北调西线工程玛柯河—贾曲深埋长隧洞勘察中，利用以可控源音频大地电磁法（CSAMT 法）为主，以甚低频法（VLF 法）、部分地段激发极化法（IP）和瞬变电磁法（TEM 法）为辅，对该长为 20km 的深埋长隧洞段进行了探测。具体做法是：利用 VLF 法对断层、破碎带等反应敏感、工作效率高的特点，先采用 VLF 法进行全测线的勘探，分析浅部异常反应后，再结合工程地质勘探的结果，在构造复杂地段使用 CSAMT 法加密测点并增加旁测。调查中虽 CSAMT 法是勘探的主要方法，但由于单一方法确定的电性参数不严谨，因此，在地形平缓的地段还采用 TEM 法对电性参数进行复核，以增加解释结果的可靠性。此外，由于 IP 法对水的反应较为敏感，因此在主要构造段还增加了 IP 法勘探。勘察结果是：东剖面发现断层 5 条、破碎带 5 个、异常区 1 个，其中 4 条断层被地表勘察所证实；西剖面发现了 3 条断层、2 个破碎带和 4 个异常区，其中 2 条断层被地表勘察所证实[41]。

10.4.3　隧洞的涌水量预测

当隧洞穿越松散含水层，或穿越饱水断层破碎带，或穿越含水的岩溶洞穴时，必须对隧洞进行涌水预测。在涌水预测中，不仅要预报出洞身的涌水量，而且要预报出集中涌水的准确地段、涌出的形式及方式，以便有效地设计排水方式，准备排水设备和选择正确的排水方法。

10.4.3.1　隧道衬砌前涌水量的预测

目前隧道涌水量的预测方法主要有确定性数学模型和随机性数学模型两大类[42]。

1. 确定性数学模型方法

隧道涌水量预测的确定性数学模型方法包括水文地质类比法、水均衡法、水力学法、地下水动力学法、数值法等。

（1）水文地质类比法。即通过对水文地质条件已知的地区与隧道所在的未知区对比，估算出隧道涌水量，即为水文地质类比法。常用的有两种：流量比拟法和径流模数法。

1）流量比拟法。当隧道所在的地区水文地质条件变化不大，含水层比较均匀时，涌水量计算采用以下公式[42]：

$$Q=q_0FS=\frac{Q_0FS}{F_0S_0} \tag{10-45}$$

式中：Q 为隧道的涌水量，m^3/d；Q_0 为导坑或已开挖的隧道中的涌水量，m^3/d；F 为正洞过水断面面积，即洞断面周长乘以洞长，m^2；F_0 为导坑的过水断面面积，m^2；S 为正洞的地下水水位降低值，m；S_0 为导坑的地下水水位降低值，m。

2）径流模数法。山区河流的枯水期流量，可作为地下水的补给量。因此隧道的涌水量可用下式计算[42]：

$$Q=hQ_cL/l \tag{10-46}$$

式中：Q 为隧道的涌水量，m^3/d；Q_c 为地表水枯水期流量，m^3/d；L 为隧道通过该汇水面积长度，m；l 为地表水干流长度，m；h 为干流系数（一般为 $0.5\sim0.6$）；其他符号同前。

（2）地下径流深度法[42-43]：

$$Q=2.74hA \tag{10-47}$$

其中

$$h=W-E-H-S_s \tag{10-48}$$

及

$$A=LB \tag{10-49}$$

式中：Q 为隧道通过含水体地段的正常涌水量，m^3/d；2.74 为换算系数；h 为年地下径流深度，mm；A 为隧道集水面积，km^2；W 为年降水量，mm；H 为年地表径流深度，mm；E 为年蒸发蒸腾量，mm；S_s 为年地表滞水深度，mm；L 为隧道通过含水体地段的长度，m；B 为隧道涌水地段 L 长度内对两侧的影响宽度，m。

（3）地下水动力学法。地下水动力学法估算隧道涌水量的公式很多（可详查文献[42-43]），此仅介绍其中常用的几个经验解析法公式。它们是根据施工前和施工初期的勘测资料来估算裂隙围岩型隧道初期最大涌水量 q_0、经常涌水量 q_s、递减涌水量 q_t 的。具体公式如下：

1）初期最大涌水量估算式[43-44]。

大岛洋志公式为：

$$q_0=\frac{2\pi mK(H-r_0)}{\ln\dfrac{4(H-r_0)}{d}} \tag{10-50}$$

铁路勘测规范中的经验公式为：

$$q_0=0.0255+1.9224KH \tag{10-51}$$

式中：q_0 为隧道通过含水裂隙岩体单位长度的可能最大涌水量，m^2/d；K 为岩体的渗透系数，m/d；H 为含水层中原始静水位至隧道底板的垂直距离，m；r_0 为隧道洞身横断面的等价圆半径，m；d 为隧道洞身横断面的等价圆直径，m；m 为转换系数，一般取 0.86。

2）递减涌水量 q_t 的估算。

在施工初期隧道最大涌水量 q_0 随着时间 t 的延长而逐渐减少，自 q_0 至比较稳定的经常涌水量 q_s 中间的流量过程称为递减涌水量 q_t。其计算式采用佐藤帮明公式[44]：

$$q_t = q_0 - \bar{\varepsilon}_0 \frac{K^2 t}{\lambda B} \frac{r_0}{q_0} K r_0 \qquad (10-52)$$

式中：$\bar{\varepsilon}_0$ 为试验系数，一般取 12.8；t 为 $t_0 \sim t_s$ 之间的递减时间，d；λ 为岩体裂隙率，一般可用面裂隙率 $\lambda = A_1/A_2$ 表示，其中 A_1 为所测量各裂隙面积之和，m^2；A_2 为所测量的岩体面积，m^2；B 为衬砌前隧道洞身净宽度，m；其余符号意义同前。

其中，稳定流量出现的时间为：

$$t_s = \frac{0.584 \lambda B q_0}{K^2 r_0} \qquad (10-53)$$

3）经常涌水量 q_s 的估算[44]。

落合敏郎公式为：

$$q_s = K \left[\frac{H^2 - h_0^2}{R - \dfrac{B}{2}} + \frac{\pi(H - h_0)}{\ln \dfrac{4R}{B}} \right] \qquad (10-54)$$

铁路勘测规范中的经验式为：

$$q_s = KH(0.676 - 0.06K) \qquad (10-55)$$

其中
$$R = 215.5 + 510.5K \qquad (10-56)$$

式中：q_s 为隧道洞身单位长度正常涌水量，m^2/d；h_0 为隧道内排水沟假设水深，m；R 为隧道涌水影响半径，m，可根据式（11-42）或式（10-56）求得；其余符号意义同前。

（4）同位素氚法。根据含水体的地下水流向，沿水平方向或垂直方向，在较短距离内采取水样测定氚的含量，求出相对时间差，据此算出地下水的实际运动速度和大概的涌水量。当隧道通过潜水含水体或富含裂隙的岩体时，可采取此法。估算式为[43,45]：

$$Q = \frac{LAn}{365t} \qquad (10-57)$$

其中
$$t = 40.727 \lg \frac{N_0}{N_t} \qquad (10-58)$$

式中：Q 为隧道通过含水体地段的正常涌水量，m^3/d；L 为 N_0 与 N_t 两样品间的距离，m；n 为含水体的孔隙度（裂隙度）；A 为隧道的集水面积，m^2；t 为雨水从入渗点渗流到隧道的时间，年；N_0 为入渗处雨水中氚的含量，TU；N_t 为渗入隧道的水样中地下水氚的实测含量，TU；40.727 为换算系数。

（5）数值法。在一些复杂的水文地质条件下，当隧道或地下工程无法运用解析法求预测涌水量时，可采用数值模拟法。其模拟的基本原理是，把地下水渗流微分方程的定解问题转化成系列线性方程组的求解问题。利用计算机进行反演计算，求水文地质参数（渗透系数和弹性储水系数），然后进行正演计算，预测突水量、水头压力和涌水时间等。

按数值计算方法，它可分为有限差分法、有限单元法和边界元法。

2. 非确定性数学模型方法

在隧道及地下工程涌水量预测中，由于地质和水文地质条件的复杂性和不定性，及施工方式的多样性，在运用确定性数学模型时，因为水文地质条件的一些基本要素难以详尽研究，使定解条件的概化失准，从而影响了计算的精度。但如果把隧道和地下工程的含水围岩视为一个集中参数系统，用系统理论和信息理论的方法，只需考虑该集中参数系数的输入信息（如具有补给关系的降雨量，具有水力联系的河流水位，系统外的地下水补给量等）以及输出信息（如隧道涌水量、泉流量、地下水位等），或仅考虑输出信息（如隧道涌水量、泉流量等）的变化规律，以此来建立隧道涌水量的某种定量关系式，从而预测其涌水量。目前，非确定性数学模型预测隧道涌水量的方法主要有"黑箱"理论、灰色系统理论、时间序列分析、频谱分析等[42]。

3. 各种预测方法的特点及适用条件

比拟法是应用类似的隧道水文地质资料来计算，它立足于勘探区与借以比拟的施工区条件一致。因此，这种方法的预测精度取决于试验段和施工段的相似性，两者越相似则精度越高，反之则越差。比拟法适用于已开工的隧道，它通过导坑开挖的实测涌水量来推算主坑涌水量，或用主坑已开挖地段的实测涌水量来推算未开挖地段的涌水量。因此，此法仅适用于地质条件比较均一，与比拟地段的水文地质条件相似，且涌水量与隧道体积成正比的条件。

水均衡法是根据水均衡原理，查明隧道施工期水均衡各收入、支出部分之间的关系，进而获得施工段的涌水量。当施工地段地下水的水文地质条件较简单（如分水岭地段、小型自流盆地等）时，采用水均衡法可取得良好的效果。但是，使用水均衡法计算时，由于天然水均衡场受到隧洞开挖等因素的影响，使渗入系数、均衡期、最大涌水量、起峰期等参数难于确定。这些问题长期妨碍着水均衡法在隧道涌水量预测方面的广泛应用。

解析法在隧道涌水量计算中应用较为普遍，常用稳定流（裘布依公式）或非稳定流理论（泰斯公式等）计算水文地质参数，再以水平集水建筑物的水量计算公式结合隧道的边界条件、含水层的特征等选用认为适合于隧道涌水量计算的公式。

水文地质数值计算法适用性较强，只要建立的定解问题能真实地反映客观地质及水文地质体，往往能取得较好结果。但它对勘探试验的要求高，因而勘探成本也高，此外其计算工作量大，不甚方便基层技术人员广泛采用。

随机性数学模型法适用于因水文地质条件复杂和不确定性致使一些基本要素（如含水层的非均质性、地下水径流特征、补排关系等）难以查清，定解条件又不易准确概化的隧道。所需数据一般较易获取，方便、快捷。它可以大致定量预测涌水量的大小，甚至在岩溶隧道的初测、定测阶段也可用之。

10.4.3.2　防渗后隧洞的涌（渗）水量的估算

如果隧洞在开挖时采用超前钻预注浆开挖方法，后期的应急加固进行了帷幕灌浆，帷幕超过了未来开挖隧洞的范围，隧洞开挖时的洞内渗（涌）水量则取决于帷幕范围内岩体的透水性，此时可选择防渗帷幕范围内岩体的渗透系数来计算隧洞洞内的涌（渗）水量。

隧洞涌（渗）水量，取决于围岩所处的地层岩性、构造、地下水的特征等三个主要地质条件。如隧洞埋藏于地下水含水层内，在诸多不利地质条件下隧洞的涌（渗）水难以预测，但如在形成隧洞开挖前做了防渗帷幕，有效限制了外水内渗后，隧洞开挖时的边界条件便如图 10 - 21 所示。其涌（渗）水量的计算便可采用水动力学法或水文地质比拟法等方法进行。

1. 水动力学法

依据帷幕范围内岩体渗透系数的大值平均值，进行隧洞相应洞段涌（渗）水量计算，选用《水文地质手册》计算公式[39]：

$$Q = BK \frac{H}{0.37 \lg \left(\frac{4h}{d} - 1 \right)} \tag{10-59}$$

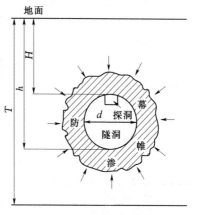

图 10 - 21　隧洞渗水量计算
示意图（单位：m）
（据 张怀军，2002）
H—上覆含水层厚度；h—隧洞埋深；
d—隧洞直径；T—含水层的厚度

式中：Q 为隧洞渗水量，m^3/d；B 为隧洞计算长度，m；K 为岩体渗透系数，m/d，按式（5 - 9）计算；H 为上覆含水层厚度，m；h 为隧洞埋深，m；d 为隧洞直径，m。

2. 水文地质比拟法

依据探洞应急加固后的洞内分段观测的渗水量，计算出单位面积渗水量，然后计算隧洞的不同地段渗水量，其计算公式为[39]：

$$Q_1 = q_0 F_1 = \frac{Q}{BL} F_1 \tag{10-60}$$

式中：Q_1 为隧洞渗水量，m^3/d；q_0 为探洞单位面积渗水量，m^3/d；F_1 为隧洞断面周长乘以隧洞计算长度，m^2；Q 为探洞应急加固后不同地段的渗水量，m^3/d；B 为探洞断面周长，m；L 为探洞的计算长度，m。

10.4.3.3　岩溶隧洞涌水量的估算

对于岩溶管道比较发育的隧洞，由于其地下水运动已不属于达西流，其涌水量的计算不能再用地下水动力学有关公式进行了。此时，对其涌水量的预测还可采用以下方法：

（1）水文地质类比。其预报的成功率主要取决于技术人员的实践经验。林玉山等（2007）在锦屏二级电站通过试验探洞、辅助洞的开凿，采用水文地质比拟法，类比试验探洞和辅助洞，对引水主隧洞可能的涌水量、涌水部位进行预测，结果证明该方法很有效[46]。

（2）水均衡法。水均衡法能给出任意条件下进入施工地段的总的"可能涌水量"，而不能用来计算单独隧道的涌水量。当施工地段地下水的形成条件较简单时，采用水均衡法有良好的效果，如分水岭地段、小型自流盆地等。水均衡法的关键是均衡式中各均衡要素的测定，而在岩溶山区要解决此问题比较困难，因为在天然条件下水均衡的关系在隧道施工中常常遭受强烈的破坏，如强烈的降压疏干使地下水运动的速度和水力坡降增大等。水均衡法虽然有种种不足，但它有一个最大的优点，就是能在查明有保证的根本补给来源的情况下，确定隧道的极限涌水量值。因此在补给源有限时，它可以作为核对其他方法计算结果的一种补充性计算方法。利用水均衡法预测隧道涌水量也有成功的例子，如：胜竟关隧道采用均衡法预测最大涌水量为 95510m³/d，实际涌水量为 92000m³/d；平关隧道采用此法预测最大涌水量为 113100m³/d，实际涌水量为 108600m³/d[36]。

（3）数理统计法。20 世纪 90 年代中期，国电公司华东院和中国地质科学院岩溶所联合组成研究组试用数理统计外推法进行岩溶隧道涌水量预测。其做法是通过 2 条 5km 勘探平硐的涌水资料，按涌水点最大涌水量分组，对各组的涌水量和涌水点个数进行回归分析，得出统计曲线，然后把曲线外推预测勘探洞单点的最大涌水量。施工证实，这两条辅助洞（A 洞、B 洞）的实际涌水量未突破这一预测量[46]。

（4）水文法计算法。欧阳孝忠（2005）认为，水工隧洞的最大岩溶涌水量多发生在连降暴雨之后，暴雨越大，涌水量也越大，这为用水文法计算水工隧洞的岩溶涌水量提供了前提条件。其计算式为[47]：

$$Q_y = Q_j I_{1-1} I_{1-2} I_{1-3} I_2 I_3 S \tag{10-61}$$

式中：Q_y 为隧洞涌水量，m³/s；Q_j 为最大径流模数，m³/(s·km²)，采用当地岩溶泉观测得到，或根据当地中、小河流实测得到，或根据当地常年暴雨量计算得到；I_{1-1} 为水工隧洞与岩溶管道水水平面上接触关系的折减系数（表 10-2）；I_{1-2} 为水工隧洞与岩溶管道水铅垂剖面上接触关系的折减系数（表 10-2）；I_{1-3} 为水工隧洞与所处岩溶管道水补给、径流、排泄不同区域的折减系数（表 10-2）；I_2 为岩溶管道水补给特征折减系数（表 10-2）；I_3 为岩溶管道水出流特征折减系数（表 10-2）；S 为岩溶管道水集雨面积，km²。

表 10-2　　　　　　　　折减系数表（据 欧阳孝忠，2005）

项　　　目	折减系数的代号	折 减 系 数 值
水工隧洞与岩溶管道水的接触关系	I_{1-1}	0~0.5（平行）；0.5~1.0（斜交）；1.0（垂直）
	I_{1-2}	0~0.5（隧洞在上）；0.5~1.0（隧洞在下）；1.0（相交）
	I_{1-3}	0~0.4（补给区）；0.4~0.8（径流区）；0.8~1.0（排泄区）
岩溶管道水补给特征	I_2	外源集中流：盲谷 0.5~1.0；海子（小湖泊）0.1~0.5 向心集中流：有滞积 0.2~0.6；无滞积 0.6~1.0 越流：弱岩溶 0.2~0.4；非岩溶 0~0.2
岩溶管道水出流特征	I_3	多湖泉 0~1.0；下降泉 0.5~1.0；上升泉 0.5~1.0

注　1. 外源集中流补给指来自非可溶岩或弱可溶岩区地表的补给，入口为盲谷者，补给畅通；入口为海子者，补给不畅通。

　　2. 向心集中流补给是指通过岩溶洼地或落水洞的垂直补给。洼地排水不畅，产生滞积现象。

　　3. 越流补给是指岩溶管道水与水工隧洞之间有弱可溶岩或非可溶岩间隔，通过裂隙补给。

　　4. 多湖泉的形成，表明岩溶管道具有独立性。

（5）隧道施工期地质超前预报[36]。隧道施工期地质超前预报由来已久，国外如英、法、日、德等国家均将此列为隧道工程建设的重要研究内容。在我国，隧道施工期地质超前预报研究始于 20 世纪 50 年代末，但真正应用于隧道工程建设（或其他地下工程）是在 20 世纪 70 年代，以我国工程地质界老前辈谷德振教授等根据矿巷施工进度和掌子面地质性状作出的矿巷前方将遇到断层并将引发塌方的成功预报为序，开始了我国隧道施工期地质超前预报的研究和应用，现在已取得了很大的进步。

纵观目前国内外隧道施工期地质超前预报技术，基本上有以下几种方法[36]：

1）地质分析法。主要包括地质素描法和超前平行导洞（坑）法。地质素描法主要是根据施工期掌子面地质条件，来预报隧道掌子面前方存在的断层、不同岩类间的接触界面、隧道前方围岩的稳定性及失稳破坏形式等。超前平行导坑（洞）法主要是利用施工前的平行导坑的地质资料推测隧道将遇到的地质情况从而进行预报。这两种方法都是以地质资料为基础，采用推测、对比等手段对隧道进行地质超前预报。它们的定量水平虽然不高，但其简单易行，且成本低廉、不占用施工时间，是目前隧道施工前期地质超前预报的一种常用方法，尤其是平行导洞法，该法比较直接，成本低，在岩溶发育极不均一的地区如与物探技术结合能收到较好的效果[36]。

2）钻探法。目前常用的钻探方法为水平钻速法。水平钻速法是根据台车水平钻速（一般指每钻进 20cm 所需的时间）的快慢和钻孔回水的颜色来判断前方掌子面围岩的岩性、构造及岩石的破碎程度。该方法简单可行，快速实用，不占施工时间，但也受到一些因素的影响，诸如钻机钻压的不稳定，钻孔的平行性，钻孔过程中卡钻现象等。

3）物探法。物探法是目前隧道地质超前预报较为先进的方法，主要有声波测井法、声波透射法和声波反射法。目前人们已根据这些方法研究出了许多先进的仪器设备，如声波探测仪、地震仪、红外线探测仪、地质雷达和目前最先进的 TSP 系统[36]。目前国外常用的系统是 TSP—202（203）。TSP 地质超前预报系统是目前利用物探方法进行施工地质超前预报诸多系统中较为有效的一种，它由四大部分组成，即人工震源、传感器单元、记录单元和分析处理解译单元。1996 年我国首次引进这一系统，它的预报距离为地质雷达的 4～12 倍，预报费用却仅为超前水平钻探的 1/20～1/10。迄今我国已用 TSP 202 预报系统进行过一次试验性预报和约 30 次生产性预报，经开挖施工验证，其预报结果与实际地质情况基本吻合[36]。

4）综合方法。综合方法主要是根据隧道的水文地质环境、地形地貌特征、岩溶发育特征等因素而采取多种方法结合对隧道进行地质超前预报的方法，在应用中讲究因地制宜，具体问题具体分析，因此需要作大量详尽的地质调查工作[36]。

10.4.4　堵水堵泥方法简介

10.4.4.1　堵水材料和堵水方式的选择

目前，建筑市场上防水堵水材料品种繁多，有刚性型的、柔性型的，还有刚柔结合型的，但不管形式有多少种，其堵水方式大体可分为三类，即外堵型、内堵型和内外堵结合型[53]。

外堵型就是通过处理表层来达到堵水的效果；内堵型就是将堵水材料注入岩体内

来达到堵水目的；内外结合型就是按先后顺序在洞内实施内外堵结合的办法[48]。

外堵型不适宜封堵地下隧洞中的涌水，因为隧洞裂隙发育，涌水丰富，封堵一处，水就从别处流出，况且表面封堵往往难以抵抗水压的强度而遭到破坏。内堵型是通过注浆设备将高分子化学材料注入岩体，通过与水发生固化反应后，在很短的时间内生成胶状弹性固体，并能与岩体固结在一起，形成一整体防水层，这样既达到了堵水目的，同时也固结了岩体，提高了围岩的自稳能力，减少了塌方。内外堵结合型堵水型式是内外结合，双管齐下，确保堵水效果的复合型堵水方法。后两种方式均适合封堵隧洞施工涌水[48]。

10.4.4.2　堵水技术

1. 含水岩层互层的洞段的堵水工艺

当洞穿越含水岩组时，地下水就喷涌而出，软岩遇水后，强度将急剧降低。地下水的存在既增加了施工的难度，又对洞室的安全构成了威胁，针对这种岩层特性和涌水型式，应在含水岩洞段选用"注浆一次封死"的堵水方法[48]。

这种堵水方法的施工程序是：将开挖成型的洞壁清理干净，在涌水较集中的各个部位钻孔安装导管，形成几个顺畅通道将水引出，而利用喷射混凝土来覆盖其他裸露岩面封堵余水。将余水堵住后，测试各导管处的水压力，根据水压力确定注浆压力，然后进行注浆堵水。注浆顺序是由低处向高处推移，将所有导管封死后，在内圈再喷5~8cm混凝土进行加固，以确保堵水层的强度和密实度。

2. 断层、断层破碎带以及节理密集带的堵水工艺

断层、断层破碎带以及节理密集带是隧洞开挖最复杂的洞段。无论是哪种断层类型，它们都具有结构碎裂、强度极低、稳定性极差等特点，再加上地下水来源复杂，涌水又集中，水量又丰富，水压又不稳定，水速忽缓忽急，严重地破坏了破碎带的整体稳定。针对这种岩性和涌水特征，应选用"封堵结合、刚柔并举、多道防线、彻底治理"的堵水方法。

这种方法的施工工序是：

（1）在掌子面涌水量较大的部位打深孔并安装导管将水引出，在其他部位打浅孔进行超前固结灌浆，深孔比浅孔深50cm以上。超前固结灌浆层不仅可以提高围岩的自承能力，而且还充当深孔注浆堵水的保护层。

（2）加固已成型的侧墙和拱顶。需要堵水时，可按照对堵含水岩层段的施工顺序进行处理，因为破碎带的地下水多出露在前进掌子面上。

（3）测试导管口的水压力，根据水压力确定注浆压力。

（4）沿导管逆水而上进行注浆堵水，并封死管口。为了确保洞室的稳定，应尽量减少对堵水层的扰动和破坏。在穿越已注浆堵水的洞段时，宜采用短进尺、强支护的施工方法，开挖时可选择人工配合风镐施工，最好不放炮或者放小炮，要及时对成型洞段进行加固处理，以确保堵水达到预期的效果[48]。

3. 涌泥涌沙的治理技术

当地下洞室位于松散含水层中，或地下洞室穿越饱水断层破碎带（或其他构造破碎带、充填型岩溶洞穴）时，都有可能出现突泥问题。对于涌泥沙的处理，一般可采取地下水降压疏干、注浆、注压缩空气、冻结地层等方法，目前工程上最为常用的是

超前预注浆方法。如京广线南岭隧道对于突泥灾害采用了超前注浆方案，处理后流状黏土被压实、脱水，强度显著提高，达到了设计效果[36]。

10.4.5　外水压力的确定

10.4.5.1　外水压力的概念

作用在隧洞衬砌外缘的水压力称之为外水压力。对于深埋的水工隧道，由于地下水位距隧洞中心线的水头已达数百米甚至 2000m 以上，外水压力值的大小对开挖工程的影响很大，因此如何合理分析并估算出作用在隧洞衬砌外表面的外水压力值是深埋隧洞工程地质勘察的重要任务之一[49]。

虽然表面上看来，外水压力是作用于衬砌外缘的面力，但由于混凝土衬砌是透水的，因此水对衬砌的作用是渗流体积力。当隧道衬砌和岩土介质紧密结合时，可以认为地下水的渗流运动是连续的，不仅存在于岩土体中，同时也存在于衬砌中，其力学作用可以理解为一种体积力，当衬砌不透水或渗透性极弱，并与岩土介质结合不紧密时，地下水从岩土介质中渗出，并以全部压力作用于衬砌的外表面时，体积力转化为边界力。在不少情况下，衬砌与岩土介质脱离，衬砌就成为承受外水压力的独立结构。正因如此，外水压力的大小，或外水压力的折减系数是水工隧洞设计中的一个重要参数[50]。

10.4.5.2　外水压力的估算

外水压力的计算方法首先是在水工隧道中提出和发展起来的。目前，外水压力的计算方法可以归结为以下五种[50]：①折减系数法；②理论解析法；③解析数值方法；④水文地球化学方法；⑤渗流理论分析方法。限于篇幅，本书仅介绍目前在水利工程中使用较多的折减系数法。

折减系数是指作用在衬砌上的外水压力水头与地下水位到隧道的水柱高之比为外水压力折减系数。地下水在隧洞上覆岩体渗流过程中会产生水力损失，相当于存在水头的折减，其折减系数（β_e）可称之为岩体渗透折减系数。

按照 SL 279—2002《水工隧洞设计规范》，作用在混凝土、钢筋混凝土和预应力混凝土衬砌结构上的外水压力为：

$$P_e = \beta_e \gamma_w H_e \qquad\qquad (10-62)$$

式中：P_e 为作用于衬砌结构外表面的地下水压力，kPa；β_e 为外水压力折减系数（即岩体渗透折减系数），可按表 10-3 取值；H_e 为地下水位线至隧洞中心的静水头值，m；内水外渗时取内水压力；γ_w 为水的重度，kN/m^3，一般采用 $9.81kN/m^3$。

隧道衬砌后，因衬砌与围岩渗透性的差异，使作用在衬砌外表面的水压力发生变化，其衬砌透水性折减系数可用 β_2 表示。若对围岩采取灌浆、排水等工程措施，其外水压力需再次折减，折减系数为 β_3。因此，作用于衬砌上的外水压力可表述为[49]：

$$P_e = \beta_e \beta_2 \beta_3 \gamma_w H_e \qquad\qquad (10-63)$$

式中：β_2、β_3 为采取工程措施后产生的外水压力折减；其余符号意义同前。

表 10-3 外水压力折减系数 β_e 值（据 SL 279—2002《水工隧洞设计规范》）

级别	地下水的活动状态	地下水对围岩稳定的影响	β_e 值
1	洞壁干燥或潮湿	无影响	0~0.20
2	沿结构面有渗水或滴水	风化结构面充填物质，地下水降低结构面的抗剪强度，对软弱岩体有软化作用	0.1~0.40
3	沿裂隙或软弱结构面有大量滴水、线状流水或喷水	泥化软弱结构面充填物质，地下水降低结构面的抗剪强度，对中硬岩体有软化作用	0.25~0.60
4	严重滴水，沿软弱结构面有小量涌水	地下水冲刷结构面中充填物质，加速岩体风化，对断层等软弱带软化泥化，并使其膨胀崩解以及产生机械管涌。有渗透压力，能鼓开较薄的软弱层	0.40~0.80
5	严重股状流水，断层等软弱带有大量涌水	地下水冲刷携带结构面充填物质，分离岩体，有渗透压力，能鼓开一定厚度的断层等软弱带，能导致围岩塌方	0.65~1.00

注 当有内水组合时，β_e 应取较小值；无内水组合时，β_e 应取较大值。

按式（10-63）知，作用于衬砌外缘的水压力（P_e）应恒小于地下水位到隧道轴线静水头值（H_e），但事实上，在不少情况下，外水荷载能远远超过山岩的压力[50]。

由于规范所推荐的取值方法存在许多不足，这主要是[49]：①在工程的前期勘察设计阶段，隧洞尚未开挖，无法取得地下水活动状态的资料，难以按表 10-3 中的地下水活动状态确定外水压力折减系数（β_e）值；②表 10-3 中的 β_e 值变化区间过大，且相邻级别的 β_e 相互重叠，不尽合理，取值困难；③表 10-3 中没有阐明外水压力与工程、水文地质条件的关系，特别是与岩体渗透性的关系，不利于通过工程地质勘察确定 β_e 值。为此许多学者对外水压力的折减系数进行更深入的研究，并提出了一些确定方法的建议。

宋岳等（2007）认为影响岩体渗透性的因素很多，包括地层岩性、地质构造、岩体结构类型、岩体结构面性状、地应力等。因此他认为以这些因素或条件建立与外水压力折减系数的关系比较全面合理，但过于复杂，难以在实际工程中应用。而岩体渗透性的强弱是岩体特性的综合反映，它涵盖了上述几种地质因素或条件，因而能较全面地反映出地下水可能的活动状态，也便于与外水压力折减系数建立相关关系。据此，宋岳等（2007）根据多个工程的实测资料，提出在隧洞的前期勘察阶段，外水压力折减系数（β_e）可根据上覆岩土体的渗透性进行判定，其取值方法可查表 10-4。此值在施工开挖阶段还要根据地下水的实际溢出状态再进行修正和验证（施工阶段确定 β_e 可查表 10-3)[49]。

表 10-4 岩体渗透性与外水压力折减系数的关系（据 宋岳，2007）

渗透性等级	渗透系数 $K/(cm/s)$	透水率 q/Lu	外水压力折减系数 β_e
极微透水	$K<10^{-6}$	$q<0.1$	$0\leqslant\beta_e<0.1$
微透水	$10^{-6}\leqslant K<10^{-5}$	$0.1\leqslant q<1$	$0.1\leqslant\beta_e<0.2$
弱透水	$10^{-5}\leqslant K<10^{-4}$	$1\leqslant q<10$	$0.2\leqslant\beta_e<0.4$
中等透水	$10^{-4}\leqslant K<10^{-2}$	$10\leqslant q<100$	$0.4\leqslant\beta_e<0.8$
强透水	$10^{-2}\leqslant K<10^{0}$	$q\geqslant100$	$0.8\leqslant\beta_e\leqslant1.0$
极强透水	$K\geqslant1$	$q\geqslant100$	$0.8\leqslant\beta_e\leqslant1.0$

此外，董国贤（1984）也根据前人的实践经验总结出折减系数 β_e 的四种经验取值法[51]：①根据水文地质情况选取；②根据天生桥二级电站经验选取；③按围岩的渗透系数和混凝土衬砌渗透系数的比值确定；④按地下水运动损失系数（α）和衬砌外表面的实际作用面积系数（α_1）的乘积确定。

国外对外水压力的取值也极不统一，目前大致有以下三种情况[50]：①折减系数法，即根据不同工程统计，折减值约在 0.15～0.9，澳大利亚、美国及日本有时用此法；②全水头法（$\beta_e = 1$），美国及法国常用；③可能的最大水头值，美国、加拿大及巴西等国常将隧洞衬砌所承受的静水头计算到地表面。

由上可见，迄今用于确定隧洞外水压力作用系数的方法仍是经验性的或半经验性的。

10.5　渠道渗漏的水文地质勘察

渠道的工程地质问题主要有渠道渗漏、渠道边坡稳定性等。但渠道的水文地质勘察，主要还是围绕渠道的渗漏问题进行。

10.5.1　渠道渗漏的原因分析

目前中国灌区渠道渗漏的原因主要有以下几方面：

（1）地质因素引起。渠道线路长，一般经过不同的地质区。当渠水流经风化层、裂隙发育的页岩地带时，就会发生渗漏；或渠道运行后，渠道基础受压发生变形，引起渠道开裂，也会出现漏水。

（2）防渗体老化所致。防渗体的渗漏，往往是温度缝未能适应温度变化所致。高温时，防渗体膨胀，在渠道迎水面上部，往往出现防渗板拱起或龟裂现象；低温时，防渗体收缩，温度缝和裂纹则成为渗漏水流的入口。

（3）渠道未进行防渗处理。在长期受水流冲刷侵蚀下，渠道的临水坡面崩塌严重，加上长期的日晒、雨淋和冻融作用下，表层泥皮逐渐分离脱落，致使渠堤土壤层孔隙暴露，渠水渗漏严重。傍山半挖半填的渠道，外坝脚临空，渗水压力大，渠底与渠堤相交处往往成为渗漏的主要部位。

（4）施工质量不合格导致。如浆砌石砂浆不饱和，砂浆达不到设计要求，砂浆防水抹灰脱落，沉降缝、温度缝未处理好，施工次序不对等。尤其是在"文革"时代修建的渠道，往往施工质量较差，在渠道的清基、土料的选择、夯压、新老土的结合方面存在很多质量问题。

（5）生物因素引起。渠道周围生长的植物如根系较为发达，或植物种植时离边墙太近，植物根系就会侵入渠道内。当植物死亡后，根系腐烂，渠水就会从植物根系遗留下来的空隙中漏出；或植物根系损坏浆砌石边墙、底板等水工设施，使这些水工设施出现渗漏。

（6）设计不当引起。如果在设计中遗漏了渠道边墙和底板的防渗加强，渠道就很容易出现渗漏。

（7）管理不善。当地老百姓常在渠坡上种菜、取土、烧砖、建房等，或鼠蚁破坏未及时修补，使渗漏加剧。

10.5.2　渠道渗漏的基本特征

10.5.2.1　渠道的渗漏过程

渠道的渗漏一般可分为自由渗漏和顶托渗漏两个过程。当地下水峰未上升至渠底，渠道内的水流与地下水不形成连续的水流，渠水的渗漏不受地下水的影响，此时的渠水渗漏称为自由渗漏；而当地下水峰上升至渠底，渠道的渗漏受到地下水顶托影响时，称为顶托渗漏[52]。

10.5.2.2　入渗强度与时间的关系

渠道渗漏的试验发现，渠道在充水初期的入渗强度比较大，一天之后入渗强度略有减小，然后逐渐接近稳定的入渗状态。这是因为渠道行水初期，要湿润干燥的渠床土壤，随着湿润层的加深，渠道渗漏量逐渐减少，直至渗漏水到达地下水面，以后渠道渗水只是缓缓地较稳定地向地下含水层补给。

根据多年测试的结果显示，一般初渗强度较稳渗强度大 5%～25%，如某干（支）土渠初渗强度为 $15.3L/(m^2 \cdot h)$，其稳渗强度为 $13.50L/(m^2 \cdot h)$；其全断面混凝土衬砌渠段的初渗强度为 $6.28L/(m^2 \cdot h)$，稳渗强度为 $4.97L/(m^2 \cdot h)$。

入渗强度与入渗时间 t 的变化过程可用以下式子表示[53]：

$$Q_r = AB^{1/t^k} \tag{10-64}$$

式中：Q_r 为渠道断面平均入渗强度，$L/(m^2 \cdot h)$；t 为渠水入渗时间，h；A、B 分别为回归经验系数；k 为常数，其值变化范围为 0.2～1。

分析上式可以发现，随着入渗时段 t 的增大，$1/t^k \rightarrow 0$，Q_r 将趋近于系数 A。因此系数 A 可以看作是渠道正常过水深度的稳定入渗强度。

10.5.2.3　入渗强度与防渗形式

赵东辉等（1997）的试验结果表明，采取防渗措施后的渠段漏水减少很明显。塑膜衬底土坡渠段入渗强度是土渠的入渗强度的 65%，半断面塑膜衬砌渠段和混凝土板护坡土底渠段的入渗情况也基本如此；全断面混凝土板渠段渗漏强度是土渠的 1/8；而全断面混凝土板与塑膜复合衬砌渠段的渗漏强度最小，仅为土渠的 1/24。单用塑膜衬砌渠段渗漏量也很小，只是这种渠道抗冲能力差，使用寿命短，易受到损坏。可见，半衬（只衬底或只衬坡）渠段较原始土渠渗漏量虽有所减小，但入渗强度还是较大的，因此渠道防渗要尽可能进行全断面衬砌[53]。

10.5.2.4　入渗强度随水深的变化关系

由于水深越大，水压力也越大，渠水的渗透量也越大。水深变化所引起的平均稳渗强度的变化可用下面的回归方程式表示[53]：

$$Q_i = CH^m \tag{10-65}$$

式中：Q_i 为随水深 H 变化的断面平均稳渗强度，$L/(m^2 \cdot h)$；H 为渠段水深，m；C、m 分别为回归系数。

10.5.3　渠道水文地质勘察

10.5.3.1　已建的渗漏渠道防渗加固水文地质勘察

为已建渠道的防渗加固进行水文地质勘察时，应从以下几方面着手：

（1）地形、地貌调查。地形和地貌是地下水流向的主要控制因素，是了解渠水渗漏方向的主要信息。

（2）渠道所在地的地质条件。包括渠道周围、渠底、坡面的地层及其透水性；渠道所在区域的地质构造（尤其要注意断裂构造）等。

（3）渠道的原采取的防渗措施、渠道周围植物根系发育情况、鼠蚁破坏情况等。

（4）进行渠道的渗漏实验及对渠道周围地下水位的观测。

（5）对渠道的渗漏原因进行分析。

（6）估算渗漏量。

（7）提出可行的防渗措施。

10.5.3.2　拟建渠道的水文地质勘察

根据 SL 373—2007《水利水电工程水文地质勘察规范》的规定，拟建渠道水文地质勘察的目的、任务和内容如下[54]。

1. 勘察目的和任务

查明渠道沿线的水文地质条件；分析和评价渠道渗漏、浸没等水文地质问题，提出预防建议。

2. 勘察内容

（1）渠道沿线地形、地貌，地层岩性，岩土体的渗透性，可溶岩地区喀斯特赋水特征。

（2）傍山渠道沿线岩土体和构造赋水特征及其对边坡稳定的不利影响。

（3）渠道沿线和建筑物场地的水文地质条件，地下水类型、地下水位及动态变化，地下水与地表水的水力联系，环境水对混凝土的腐蚀性等。

（4）查明强透水、易崩解、易溶的岩土层、湿陷性黄土、膨胀土和喀斯特的分布及其对渗漏和稳定的影响。

（5）对渠道的渗漏、渗漏引起的浸没及湿陷、盐渍化、液化、渠道开挖涌水等问题进行分析和评价，预测渠道运行期间两侧水文地质条件的变化及其对工程和环境的影响。

3. 勘察方法[54]

（1）水文地质测绘。测绘的范围以渠道为中心线向两侧延展，范围包括渠道两侧宽度各 200～1500m；各勘察阶段采用的比例尺有所不同，在初步设计阶段可选用 1∶10000～1∶1000。对可能渗漏、浸没的地段，可适当扩大测绘范围。

（2）物探。结合工程地质勘察进行，在可能出现的渗漏、浸没、涌水渠段布置纵横勘探剖面。

（3）钻探。沿渠道中心线及各工程地质分段均应布置代表性勘探剖面线；勘探坑、孔的间距与深度可根据需要确定。在靠近渠道边缘应有钻孔控制，钻孔的深度应达到渠底 5～10m 或地下水位以下 5～10m，控制性钻孔应达到相对隔水层。钻探时应观测初见水位和静止水位。

（4）水文地质试验。宜采用现场试验与室内试验相结合。室内试验应主要包括岩土的渗透系数、饱和度、土的毛细管水上升高度、土壤含盐量和水化学成分等，主要岩土层的试验组累计应不少于 5 组。对与渠道渗漏相关的主要含水层宜进行抽水试验，对位于地下水位以上的透水层或透水性较小的含水层，可视具体情况进行渗水试验或钻孔注水试验；必要时，可布置地下水长期观测工作。

10.5.4　渠道渗漏量的估算

当渠基为可透水层、渠道的设计水位高于地下水位时，渠道就存在渗漏问题。此时，需要对渠道的漏水量进行计算。

10.5.4.1　类比法

类比法就是选择地质条件相似的邻区老渠道，根据它在未防渗前的多年实测渗漏资料，推算新建渠道的渗漏量[7]。

例如陕西宝鸡峡塬边渠道，1971 年竣工。根据其邻近土质相近的泾、洛、渭三个老灌区多年的实测资料，未防渗前，三个老灌区渠道的"每公里渗漏损失率"（即渠水从首端流至末端，因渗漏而减少的流量百分数再除以渠长）为 0.4%～0.5%，因此可按 0.4% 来估算新建的塬边渠道的渗漏损失量。具体算法如下[7]：

塬边渠道设计流量为 $50 \text{m}^3/\text{s}$，干渠长 89.5km，则其每公里渗漏损失量为：

$$50 \times 0.4\% = 0.2 \ (\text{m}^3/\text{s})$$

故该渠道总损失流量为：　　$0.2 \times 89.5 = 17.9 \ (\text{m}^3/\text{s})$

渠道的利用系数为：　　　　$(50 - 17.9) \div 50 = 0.64$

10.5.4.2　根据规范法计算渠道渗漏量

据 SL 373—2007《水利水电工程水文地质勘察规范》附录 I，可按照下面情况选择相应的公式计算渠道的渗漏量。

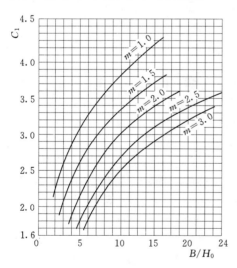

图 10-22　C_1 与 B/H_0 关系曲线图
（据 SL 373—2007《水利水电工程水文地质勘察规范》）

（1）当地层均质、厚度大，深部无潜水时，渠道的渗漏量为[54]：

$$q = K(B + C_1 H_0) \qquad (10-66)$$

式中：q 为渠道单位长度的渗流量，m^3/d；K 为地层的渗透系数，m/d；B 为梯形断面渠道的水面宽度，m；H_0 为渠道内水深，m；C_1 为系数，根据 B/H_0 和边坡 m 值查图 10-22 求得。

（2）当渠道下深处埋藏有透水性好的地层，且地下水位于此层，未造成壅水（图 10-23）。此时，渠道的渗漏量为[54]：

$$q = K(B + C_2 H_0) \qquad (10-67)$$

式中：C_2 为系数，根据 H/H_0 查图 10-24 求得；其他符号意义同式（10-66）。

（3）按每公里渠道损失率计算法[54]：

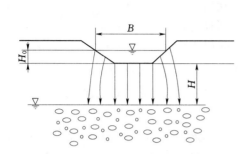

图 10-23　地下水埋深较大的渠道渗漏示意图
（SL 373—2007《水利水电工程
水文地质勘察规范》附录Ⅰ）

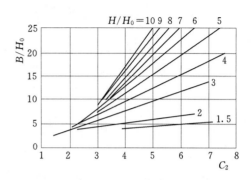

图 10-24　C_2 与 B/H_0 关系曲线图
（SL 373—2007《水利水电工程
水文地质勘察规范》附录Ⅰ）

$$\sigma = \frac{A}{Q_{净}^m} \tag{10-68}$$

式中：$Q_{净}$ 为渠道的净流量，m^3/s；A、m 分别为系数和指数，根据相似地区实测资料选用。无实测资料时，可近似地采用表 10-5 的数值[54]。

表 10-5　　　A、m 的值（据 SL 373—2007《水利水电工程水文地质勘察规范》）

土壤类别	重黏土及黏土	重黏壤土	中黏壤土	轻黏壤土	砂壤土及轻砂壤土
A	0.70	1.30	1.90	2.65	3.40
m	0.30	0.35	0.40	0.45	0.50

或[54]

$$\sigma = \frac{6.3K}{Q_{净}} \tag{10-69}$$

式中：K 为地层的渗透系数，m/d；$Q_{净}$ 的意义同式（10-68）。

10.5.4.3　根据测流法计算渗漏量和渗漏强度

选择渠道顺直、出入口相对较少的渠段，利用测流仪分别测定出上、下两个断面的流速，再根据渠道流水断面的面积分别计算出上、下断面的流量。根据测流计算结果，按最小二乘法原理，作上、下断面流量的关系图。

则上、下断面流量 $Q_上 - Q_下$ 的相关直线在纵轴上的截距为上下断面间的渗漏量 ΔQ；而 ΔQ 与上下断面间的距离之比即可得到渠道单位长度的渗漏强度 q_0[7]。

10.5.4.4　利用动态观测法计算渗漏量

选取井水位变化与渠水关联性好的水井或钻孔的水位动态进行历时观测。若含水层均质，各向同性，隔水底板水平，则渠水的一次涨水过程，含水层中的水位变化可近似视为一维非稳定渗透。

令与渠道距离为 x 处地下水位在 t 时刻的变化量为：$u(x,t) = h_{x,t} - h_{0,0}$。据图 10-25，河渠附近地下水位的变化可用微分方程表示[55]：

$$\frac{\partial u}{\partial t}=a\,\frac{\partial^{2} u}{\partial x^{2}}\quad(0<x<\infty,t>0)\qquad(10-70)$$

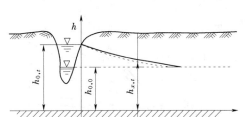

初始条件：$u(x,0)=0$　　　$(0<x<\infty)$

河渠边界：$u(0,t)=\Delta h_{0,t}$　$(t>0)$

无限边界：$u(\infty,t)=0$　　$(t>0)$

其中　　　　　　　$a=Kh_{m}/\mu$

$$h_{m}=(h_{x,t}+h_{x,0})/2$$

图 10-25　渠道一维非稳定渗漏数学
模型示意图（据 薛禹群，1986）

式（10-70）中，a 为压力传导系数。

当渠水位迅速上升 $\Delta h_{0,t}=h_{0,t}-h_{0,0}$ 并基本不变时，式（10-70）的解为[55]：

$$u(x,t)=\Delta h_{0,t}F(\lambda)\qquad(10-71)$$

即　　　　　　　　　$h_{x,t}=h_{0,0}+h_{0,t}F(\lambda)$

其中：　　　　　　　　$F(\lambda)=\mathrm{erfc}(\lambda)\qquad(10-72)$

而　　　　　　　　　$\lambda=\dfrac{x}{2\sqrt{at}}$

故　　　　　　　　　$a=\dfrac{x^{2}}{4t}\dfrac{1}{\lambda^{2}}\qquad(10-73)$

据式（10-71），有：

$$\Delta h_{x,t}=h_{x,t}-h_{0,0}=u(x,t)=\Delta h_{0,t}F(\lambda)$$

两边取对数后得：

$$\lg\frac{\Delta h_{x,t}}{\Delta h_{0,t}}=\lg F(\lambda)\qquad(10-74)$$

把式（10-73）两边取对数得：

$$\lg t=\lg\frac{1}{\lambda^{2}}+\lg\frac{x^{2}}{4a}\qquad(10-75)$$

对同一钻孔而言，上式中的 $\lg\dfrac{x^{2}}{4a}$ 为常数。式（10-74）和式（10-75）表明在双对数坐标纸上，$\dfrac{\Delta h_{x,t}}{\Delta h_{0,t}}-t$ 曲线和 $F(\lambda)-\dfrac{1}{\lambda^{2}}$ 曲线的图形是相同的，只是坐标平移了 $\dfrac{x^{2}}{4a}$ 而已。因此可利用实际资料曲线 $\dfrac{\Delta h_{x,t}}{\Delta h_{0,t}}-t$ 与标准曲线 $F(\lambda)-\dfrac{1}{\lambda^{2}}$ 进行配线，求出相关参数[55]。

以黄河下游冲积平原渠村引黄主干渠之一的丰收渠为例，选取其中的典型河段。其渗漏量计算步骤如下[56]：

（1）绘制 $F(\lambda)-1/\lambda^{2}$ 标准曲线。根据式（10-72）绘制，或根据 λ 与 $F(\lambda)$ 的关系表绘制（可查薛禹群主编《地下水动力学》中表 2-1）[55]。

（2）绘制 $\Delta h_{x,t}/\Delta h_{x,0}-t$ 曲线。$\Delta h_{x,t}$ 是水井的水位升幅，$\Delta h_{0,t}$ 是渠道的水位升幅（恒定不变）。再使 $\Delta h_{x,t}/\Delta h_{0,t}-t$ 曲线与标准曲线拟合，取任一点 A（图 10-26），可得到如下数据[56]：

$1/\lambda^2 = 4$, $t = 900\text{min}$

利用式（10-73）可计算出丰收渠的压力传导系数为[56]：$a = 38440\text{m}^2/\text{d}$。

（3）计算渠道单宽渗漏量。渠道单宽渗漏量（q_0）可利用式（10-76）计算[55]：

$$q_0 = \sum_{i}^{n} \frac{T \Delta h_{0,t}}{1.77 \sqrt{a(t-t_{i-1})}}$$

(10-76)

式中：T 为导水系数（事先已用多孔抽水试验求取），$T = Kh_m 1451\text{m}^2/\text{d}$；$\Delta h_{0,t}$ 为河水位变幅；a 为压力传导系数（前面已求得）；t_{i-1} 为计算时段。

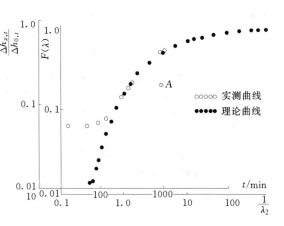

图 10-26 根据水位动态配线法计算
压力传导系数（据 张连胜，2005）

利用式（10-76）求得丰收渠单侧单宽的渗漏水量为[56]：$q_0 = 0.0345\text{m}^3/(\text{s} \cdot \text{km})$。

（4）渠道总的渗漏量的计算。丰收渠道两侧地形平坦，且渠水位高于地面，可近似认为渠水向两侧均匀补给地下水，渠道总的渗漏量（Q）应为两倍的单侧渗漏量。即为 $0.069\text{m}^3/(\text{s} \cdot \text{km})$。

丰收渠用测流法和动态观测法求取渠道的渗漏强度分别为 $0.083\text{m}^3/(\text{s} \cdot \text{km})$ 和 $0.069\text{m}^3/(\text{s} \cdot \text{km})$。两种方法结果较相近，但动态观测法具有人员投入少、设备简单、工作周期短、工作量少、经济等优点[56]。

10.5.4.5 利用入渗强度与入渗时间的关系式计算渠道单位湿润面积的入渗量

根据式（10-64），采用数值计算法就可算出渠道单位湿润面积的入渗量 Q_T[53]：

$$Q_T = \sum_{i=1}^{n} Q_{ri} \Delta t_i = \sum_{i=1}^{n} AB^{1/t_i^k} \Delta t_i$$

(10-77)

式中：Q_T 为渠道单位湿润面积的入渗量，L/m^2；其余符号意义同式（10-64）。

另外也可用一种较粗略较简便的方法估算[53]：

$$Q_T = 1.05AT$$

(10-78)

式中：T 为渠道的入渗时间，h；A 为回归经验系数，由式（10-64）求得；其余符号同前。

在计算时，T 的取值可按渠道行水初期的入渗时间为 0.5 小时、中期为 1 小时、终期为 2.0 小时，然后利用上式分别求出各时期相应的 Q_T 值。

对于渠长 L（m）、湿周 X（m）的渠道在时间 T 内的入渗总量 W_T（L）为[53]：

$$W_T = Q_T LX$$

(10-79)

10.5.4.6 对有防渗层渠道的渗漏量计算

对具有土质防渗层的渠道，其渗漏量的计算式为[52,57,58]：

$$q_s = \frac{K(B+C_1 H_0)}{1 + \dfrac{C_1 \delta_1}{B}\left(\dfrac{K}{K_1} - 1\right)}$$

(10-80)

式中：q_s 为渠道防渗后单位渠长的渗漏流量，m^3/s；C_1 为系数，由渠道过水断面参数 B/H_0 和 m 查图 10-22 求得；K 为原渠床土壤的渗透系数，m/s；K_1 为土质防渗层的渗透系数，m/s；B 为渠道水面宽度，m；δ_1 为黏土质防渗层的厚度，m；H_0 为渠道水深，m；m 为渠道边坡系数，$m=\cot\alpha$，α 为边坡角。

该公式的适用条件为：整个过水断面都铺设防渗层，且防渗层为土质防渗层，渗流状态为自由渗漏。若为顶托渗漏，则先按自由渗漏计算公式计算渗漏量，再乘以 γ_2（校正系数）。

若防渗层为土工膜或混凝土等非土质防渗层，可按照渗漏量相等的原则，先把非土质防渗层的厚度换算成相应厚度的黏土防渗层，再用式（10-80）计算渠水的渗漏量，换算式为[58]：

$$\delta_1 = \frac{K_1}{K_2}\delta_2 \tag{10-81}$$

式中：δ_1 为等效黏土质防渗层的厚度，m；K_1 为等效黏土质防渗层的渗透系数，m/s；δ_2 为非土质防渗层的厚度，m；K_2 为非土质防渗层的渗透系数，m/s。

如聚乙烯（PE）土工膜的渗透系数为 $1\times10^{-13}\,m/s$，膜的厚度为 $3\times10^{-4}\,m$，可将其换算成渗透系数为 $1\times10^{-8}\,m/s$ 的黏土层厚度为 $30m$[58]。

10.5.5　渠道的渗漏试验

目前，常用的渠道渗漏测试方法有动水法、静水法及点测渗仪法[59]。

（1）动水法。是通过测量渠道上下游两个测流断面间的流量差来计算渠道的渗漏水量。具体方法见本节 10.5.4.3。该法对于渗漏量小的渠道测试的精度较差，难以得到满意的结果。

（2）静水法。是通过恒水位和变水位法实测静水渠段的渗漏量及渗漏的变化过程，如静水入渗试验、双环法入渗试验等。与动水法相比，静水法测量精度较高[59]。

（3）点测渗仪法。是将定水头渗透仪加以改进后用于水下的一种测渗装置，其装置简单，操作容易。但误差大，仅适宜于规模小、渠床杂草少的渠道[59]。

10.5.5.1　渠道静水入渗试验

静水入渗试验是在渠水不流动、渠水位保持不变的情况下，观测渠水的入渗量随时间的变化过程。以王少丽等的试验（1998）为例：选某一平直的渠段长 10m，两端用土坝围住，土坝外侧各设一段长约 5m 的保护区，同样用土坝围起。渠段一侧设 3 眼观测井，距渠段中心分别为 5m、15m 和 55m，如图 10-27 所示。渠段供水量来自 50m 远的试验小区内、容积为 $4m^3$ 的储水池，通过抽水向渠段间断供水，始终保持渠水位变化幅度在 ±2cm 之内。记录每次供水量、供水开始和终止时间、供水前后渠段水深及观测井水位。实验期间渠段水深平均保持在 80cm 左右，持续时间约 64h。在此后，由于渗漏量已基本保持稳定，就停止供水，让渠中的水位自由下降，观测水深随时间的变化[59]。

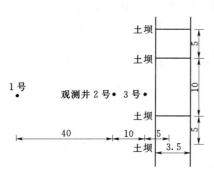

图 10-27　静水入渗试验平面示意图
（单位：m）（据 王少丽等，1998）

定水深条件下观测的累积入渗量随时间的变化呈直线关系，如图 10 - 28 所示。该图显示，试验开始后该渠道就很快处于稳定入渗条件，拟合所得的直线方程为 $V=0.012t$，其中 V 以 m^3 计，t 以分钟计。则该拟合直线的斜率就是水深为 0.8m 时的稳定入渗率。经换算，该渠道每米长的日渗漏量为 $1.57m^2/d$[59]。

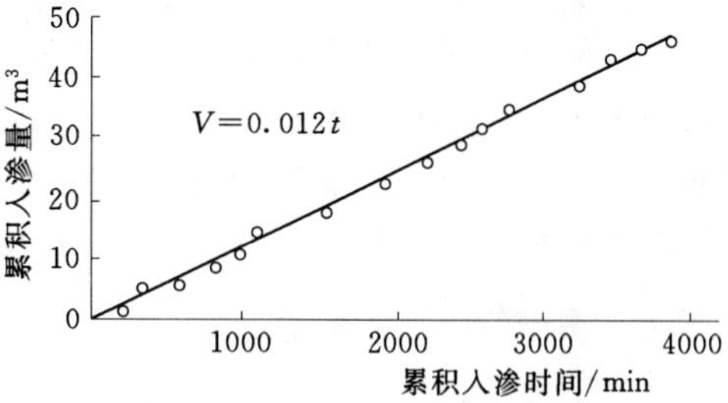

图 10 - 28　累积渗漏量与累积入渗时间的
关系（据 王少丽等，1998）

10.5.5.2　双环入渗试验

在渠底进行双环入渗试验，获得渠床渗透系数后，利用式（10 - 66）或式（10 -67）计算渠道的渗漏量[59]：

为了与静水入渗试验的结果对比，王少丽等（1998）把双环入渗试验的 1 处试验点选在已进行过静水入渗试验渠段的底部，试验时间约 4 小时。在试验后期，每半小时所观测的渗漏量已基本不变，取最后三次观测的平均值作为试验的稳定入渗率。王少丽等对观测结果进行分析发现，由双环入渗试验所求得的稳定入渗率与静水入渗试验的数值很接近，这就意味着利用双环入渗试验法估算渠道的渗漏量是一种既简单而又可行的方法[59]。

10.5.5.3　点测渗仪试验

点测渗仪是将定水头渗透仪加以改进后用于水下的一种测渗装置，如图 10 - 29 所示。它由两部分组成：①测定部分，由无底测渗筒构成；②读数部分，由读数管和漂浮板构成。两部分之间用软管连接。施测时，首先打开测筒的排气口和橡皮塞连接口，将测筒均匀压入土中 5~8cm，然后封闭排气口，并将充满水的连接管端的橡皮塞与测筒顶口塞紧后，开始按定时段（1min 或 5min）记录标尺板上测定管内水面移动的读数，测定时段始、末读数之差值即为该测点的渗漏量（mm/d）。测渗筒上方可设有手柄，便于把环刀压入土中[60]。

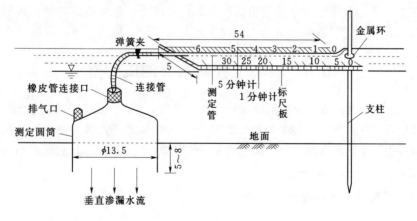

图 10 - 29　点测渗仪示意图（单位：mm）
（据 SL/T 4—1999《农田排水工程技术规范》附录 C）

王少丽等（1998）曾在某干渠内用点测渗仪进行了两个断面的渗漏率观测，每个断面重复观测两次。测渗筒等距布置在渠底，各筒顶部通过软管连到同一浮板上，同时进行各点观测。从仅有的两次重复测试结果看，测试结果数据变异性较大，其原因可能是渠道中杂草多，测渗筒与土壤接触差，筒内外可能产生少量的水量交换；其次是筒的直径小，筒面积与筒周长比也相应小，测量误差大[59]。

10.5.6　渠道的防渗漏措施

常规的防渗措施主要有[61]：

（1）抹面防渗。即在渠道内坡或浆砌石防渗层的表面进行抹面。不过，对局部渠段进行抹面，对防渗效果并不太显著，大面积的抹面效果虽好，但受运行时间的限制又很难实施。

（2）混凝土面板防渗。即将基础创刮规整后，直接在土基上铺衬竹筋混凝土板。实践证明，混凝土面板的防渗效果要优于浆砌石衬砌防渗层。多年的维护发现，在靠近病患渠流道底部的位置，普遍存在着漏水侵蚀的痕迹，这是渗漏水经裂隙流向堤外发生管涌的泄水通道的前兆，需要在病患部位浇注一整体的混凝土防渗面板。

（3）砌体防渗。包括浆砌铺衬、浆砌护坡和浆砌挡土墙。浆砌挡土墙起到维持渠堤的稳定性和防渗两种效果。通常将渠槽边墙的迎水面以浆砌石衬砌，勾缝面层，作为防渗层。砌体的施工特点是投资大，一般要求尽量就地取材。多年的维护经验证明，此类防渗漏水效果最佳。

（4）大开膛防渗。为了减少渠道向堤外渗漏，在条件允许的情况下，在靠近渠堤的边坡处，深挖至基岩，砌筑截水墙，拦截水流。深挖的优点是能发现漏水通道，防渗漏水效果很好。但大开膛不仅造价较高，而且危险性大，比较少用。

（5）静压灌浆工艺。是利用一套设备能同时完成充填灌浆和劈裂灌浆两个步骤的工艺。它是在原有灌浆法基础上发展起来的新技术，其主要特点是灌注压力较常规的灌浆法要低很多，而且施工更简便、防渗效果更好，在不具备覆盖压力的场所被广泛应用。该工艺是在渠堤轴线上，向基岩、堤体内部缝隙、松软层和正常渠堤，按适宜的距离布置钻孔，利用灌注浆液的重力或稍加的外压力，先将缝隙填满；再利用外加压力，通过挤压、劈裂将浆液挤到人为提供的裂缝空间，提高坝体内部的防渗性能。

10.6　堤防工程的水文地质勘察

中国目前许多江河水系洪水的防御还主要靠堤防工程。因此，堤防建设的质量直接关系到数以百万计的百姓的生命和财产的安全。1998 年的特大洪水使中国长江中下游堤防险象环生，暴露出许多问题，其中绝大多数险情与堤基的地质结构条件有关。

10.6.1　堤防的工程地质问题

10.6.1.1　堤防的工程地质问题

1. 岸坡稳定问题

岸坡稳定问题是堤防主要工程地质问题之一。失稳的原因是[62]：

（1）第四系土层组成的岸坡结构松散、岩性软弱、抗冲能力低。

（2）外动力地质作用，防洪大堤一般临江湖兴建，它改变了河势和水流状态，水动能不断侧蚀和底蚀岸坡与河床，使岸坡逐渐变陡，直至失去平衡而失稳破坏；另外，如果湖面宽阔，风大浪高，波浪长期直接拍击堤岸，也会使松软的岸坡土体不断坍塌。

（3）渗流作用。汛期外河湖水位上涨，且持续时间较长，使原本处于自然状态的岸坡土体（包括堤身），将呈浸水的饱和状态，不仅改变了土体的物理力学性质（降低抗剪强度，增加土体自重），而且退水时，如果速度过快，岸坡土体内的水不能排出，产生反向渗透力，亦可导致岸坡失稳。

2. 渗漏及渗透破坏

渗漏及渗透破坏现象，在堤防工程中普遍可见。只要堤内、堤外存在水头差，堤基浅部存在相对透水层，堤防就有渗流产生。汛期时水位提高，当背水侧堤基的渗透出逸比降超过堤基土的抗渗临界比降时，土体就会产生渗透破坏，尤其是当堤内表土较薄或坑塘处更易发生。渗透破坏类型主要有流土、管涌和接触冲刷[62]。

3. 滑动和沉降破坏问题

如果堤基上部存在较厚的软弱土层，如淤泥质土或淤泥，由于其含水量高，处于软塑及流塑状态，土的抗剪强度极低，压缩性大，极易发生滑动和沉降破坏。有时滑动和沉降破坏也会随着崩岸险情而产生，此类险情危害大，抢险也很困难。此外，堤基内外可能存在陡坎或堤坡太陡，或堤身填筑施工速度太快，都可能出现类似破坏[63]。

4. 砂土液化问题

砂土液化可导致堤防强度失效而滑移、堤防的不均匀沉降、堤身开裂等，使堤防受到破坏。因此在地震烈度较高区，如果堤基浅部存在厚度不等的饱和粉细砂层，应研究砂土的液化问题[63]。

堤防以上的这些工程地质问题都或多或少地与地下水的存在及地下水的活动有关。

10.6.1.2　中国堤防的现状

中国现有江河湖海的堤防 26 万 km。综观这些堤防的情况，主要问题是[64]：

（1）大多数重点堤防是历史上长期形成的，堤身质量不均匀，隐患多。

（2）许多堤防地基是细砂、砾质砂、砂质砾，多数未做防渗处理。虽然有的堤段补填了水平铺盖或堤外坡脚排水，但由于在设计、施工、维修时存在许多问题，这些堤防在高水位行洪时，堤外常发生砂沸、管涌。

（3）许多老堤如黄河大堤、荆江大堤，历史上多次决口，复堤后深槽处理不当，堤外有深坑、深塘，是管涌的危险地段。

（4）老险情很多，又因流势变化，新险情又不断发生。

（5）长江三角洲、珠江三角洲、辽河三角洲、洞庭湖、鄱阳湖等多属软土地基，有淤泥以及灵敏性软土。辽河三角洲还有易液化细砂，遇到高低潮位反复升降、地震、爆破震动等荷载，容易发生滑塌，以致堤身迅速消失。因建堤时勘探不足，以致有的堤段在加固处理时因扰动了灵敏性软土地基而导致堤身大量塌滑陷落。

（6）风雨淋蚀，动物洞穴等缺陷险情。堤防工程的病险事故，有不少事例是由于勘探不足及设计不当而造成的。例如1998年长江大洪水时，九江混凝土防洪墙决口，发生特大事故，经勘察发现，事故的原因是因为该混凝土防洪墙直接建在砂质的地基上，没有垂直防渗措施截断砂基渗流。在高水位行洪时，砂层内渗透比降或混凝土防洪墙基底与砂层接触面渗透比降大于临界渗透比降，以致发生管涌，防洪墙基底因砂层的流失而悬空塌陷，导致混凝土防洪墙倒塌决口。

据统计，在1998年大洪水中，中国的堤防事故或险情发生的主要原因是堤身堤基管涌及堤外趾部流土。

10.6.2　堤防工程水文地质勘察的任务和内容

根据SL 373—2007《水利水电工程水文地质勘察规范》，其勘察的目的和任务是：①查明堤防工程区的水文地质条件，为堤防工程设计提供水文地质资料；②对可能产生的水文地质问题作出评价，提出预防及处理的地质建议[54]。

堤防工程的水文地质勘察是堤防工程地质勘察中的重要组成部分，按SL/T 188—96《堤防工程地质勘察规程》，堤防工程的水文地质勘察也应分不同阶段来进行；拟建堤防的水文地质勘察分为规划、可行性研究、初步设计和施工图设计四个勘察阶段，而已建堤防除险加固的水文地质勘察分为可行性研究和初步设计两个阶段[65]。

对于水文地质条件简单或勘察目的单一的堤防工程，经勘察设计主管或审批单位同意，勘察阶段可适当简化[65]。

10.6.2.1　拟建堤防工程的水文地质勘察的任务和内容

1. 规划阶段的勘察

（1）勘察任务。搜集各堤线方案地区的区域水文地质资料[65]。

（2）勘察内容。①了解堤防工程区的地形地貌特征、微地貌类型，特别是岸坡形态、冲淤变化、水系特点和淹没范围等，注意古河道、古冲沟、渊、潭、塘的埋藏分布情况；②了解堤线附近主要地层成因类型、岩土性质、产状与分布概况，含水层和隔水层的分布；③了解是否存在冻土层、易崩解土层、盐渍土层、软化土层或喀斯特发育的岩层；④了解地下水类型和分布情况。

2. 可行性研究阶段的勘察

（1）勘察的任务。调查区域地质构造情况，查明堤防工程方案涉及的各水文地质单元的堤基及邻近区的水文地质条件，对地下水引发的主要工程地质问题作出初步评价[65]。

（2）勘察内容如下：

1）基本查明透水层的性质和渗透特性，地下水类型、水位（水头）变化规律、补排条件、与地表水体的关系，堤基相对隔水层的埋藏条件和特性。

2）基本查明喀斯特发育特征，论证其对堤基渗漏的影响程度[65]。

3. 初步设计阶段的勘察

（1）勘察的任务包括：

1）查明堤防沿线各工程地质单元（段）的水文地质条件，并对地下水影响堤基稳定性、堤基渗透稳定性和抗冲能力等工程地质问题作出评价。

2）预测堤防挡水后堤基及堤内相关地段水文地质工程地质条件的变化，并提出相应处理措施的建议[65]。

（2）勘察内容包括：

1）查明堤基地层结构、各层分布深度、厚度及垂直、水平方向的变化规律。

2）查明堤基相对隔水层和透水层的埋深、厚度和特性，注意与江、河、湖、海相通的堤基透水层。

3）分析地下水对砂土的震动液化、软土的稳定性的影响。

4）查明堤基喀斯特发育的一般规律和分布位置，论证其对堤基渗漏的影响。

5）查明工程区内埋藏的古河道、古冲沟、渊、潭、塘、古墓、土洞、喀斯特洞穴等的特性、分布范围，危及堤线的滑坡、崩塌、砂丘、岸边冲刷等不良地质现象的分布位置、规模和发育程度。

6）调查沿线泉、井分布位置及水位、流量变化规律，查明地下水的物理性质和化学成分[65]。

4. 施工图设计阶段

对初步设计审批中要求补充的论证和施工开挖中出现的重大专门水文地质问题进行补充勘察，为优化堤防工程设计提供水文地质资料[65]。

10.6.2.2　已建堤防水文地质勘察的任务和内容

1. 可行性研究阶段的勘察

为堤身、堤基的稳定现状评价及加固方案的选定，需完成的勘察任务是：搜集分析堤段的水文地质、隐患情况（管涌、漏洞、滑坡和陷坑、堤身裂缝和渗水点等堤害）等资料；基本查明拟加固堤段的工程地质水文地质条件及挡水后的变化[65]。

2. 初步设计阶段的勘察

（1）勘察任务。查明拟加固堤段的工程地质水文地质条件；查明堤身、堤基隐患的类型、规模、分布范围，分析地下水对隐患堤基的影响和危害程度。

（2）勘察内容包括：

1）查明拟加固堤基的地层结构、各地层的渗透特性、渗透稳定特性，有无强透水层与堤外水体相通。

2）查明埋藏的古冲沟、淤塘、决口、洞穴、临时堵体等的分布位置、特征及其规律，查明因出险而引起的堤基水文地质条件变化情况。

3）查明拟加固堤段堤基隔水层、含水层层位及特性。

4）调查堤线附近泉、井水位，流量变化情况，手摇机井穿过地层情况、沿堤水塘蓄水及渗漏特点、海潮情况及已有的长期观测资料。

（3）对于出现渗漏及渗透稳定问题的堤防，在进行勘探和分析评价时应：

1）加强水文地质条件的调查研究，包括已产生渗透破坏的各种表征现象，如土体鼓胀隆起、泉眼、砂堆、塌陷；收集管涌形成过程中现场记录的涌水高度、流量、外河水位、出险地点；垸内渊塘、鱼池、沟渠等表土破坏区和垸外边滩分布情况及其宽窄。

2）通过钻探，划分堤基地质结构类型，取原状土样研究各土层颗粒组成特点，物理力学特性，室内和现场相结合渗透系数测定，并特别强调同一土层各参数的平行测定。

3）为查明堤基土体渗透变形特征及破坏原因，需要确定表层土体临界和允许破坏比降；在典型的渗流勘探剖面上，应现场采取除耕植土外的盖层原状土样进行渗透变形试验。通过综合分析，既要论证已产生渗透破坏的原因、形成机制，找出控制和影响因素，又要预测和评价汛期可能发生渗透变形的堤段及其发展趋势，并根据渗流控制原则和堤基具体的工程地质条件，优选除险措施[65]。

（4）对于出现沉陷变形与稳定问题的提防，应立足查明淤泥质土的形成年代、成因类型、分布范围和厚度、埋藏深度以及上覆与下卧土层的物理力学性质、有机质含量和固结系数，并进行适量的现场静力触探，标准贯入试验等。在掌握了软土宏观地质特征和物理力学特性的基础上，充分考虑堤防特点，对加固和新建堤防区别对待，作出正确评价。

（5）对于出现岸坡稳定问题的堤防，要通过第四系土层的变形、外动力地质作用的趋势、渗流作用的大小等破坏机制进行深入分析，对坍塌的发展趋势进行预测[65]。

3. 应该注意的问题

在对已建堤防加固工程的水文地质勘察时，要注意观察堤防工程的活动是否与周边水文地质环境（如水环境、土壤环境和岩石环境）的相互作用和相互制约后引起的工程及地质环境的变化[65,66]。比如，处理险情时所采取的垂直截渗墙处理后是否会截断堤内外地下水的补排通道，造成堤内地下水位抬高，可能引起内涝，使土地沼泽化或盐碱化。又如对堤内大面积的渊塘进行吹填处理后是否会引起土壤沙化而对环境产生影响；抛石护岸措施是否会引起河势变化，是否使原冲刷岸变为淤积岸和影响港口效益发挥等。

10.6.3 堤防工程水文地质勘察方法及相关要求

1. 准备工作

（1）搜集整理堤防工程的前期勘察成果、工程运行档案资料及区域水文地质资料。

（2）了解堤防历年险情资料，包括管涌、漏水洞、散浸、堤身开裂与崩岸、塌陷、溃口等位置、范围、特征、成因、抢险措施与效果等。

（3）进行现场踏勘与调查。

（4）制定勘察计划与勘察工作大纲。

（5）准备各种勘察设备、测试仪器与其他勘察器材等[65,66]。

2. 水文地质测绘

水文地质测绘的比例尺应符合表10-6的规定[54]。

水文地质测绘的范围应以能满足水文地质评价为原则，一般情况下以堤内500～1000m、堤外500m为宜。对水文地质条件复杂且可能影响水文地质评价的地段以及控导、护岸等距堤防一定距离的工程地段，应适当扩大测绘范围[54]。

表 10-6　　　　　　　　　　堤防水文地质测绘比例尺的选择

（据 SL 373—2007《水利水电工程水文地质勘察规范》）

规划阶段	可行性研究阶段	初步设计阶段	技施设计
1：50000～1：25000	1：25000～1：10000	1：10000～1：2000	—

3. 水文地质物探

根据工程区水文地质条件和探测的目的选择合适的方法进行[54]。

水文地质物探主要用于探测堤基、岸坡和穿堤建筑物的地基结构，特别是软土、砂土、杂填土的分布、厚度；探测含水层及相对隔水层分布及厚度、地下水流向、流速及渗透系数和潜水水面位置；探测已建堤防的洞穴、裂缝、决口口门、古河道、古冲积扇、滑面、渗漏段等隐患病害部位。当基岩埋藏浅时，亦可探测基岩面的形态、断裂带或岩溶洞穴等[65,66]。

4. 水文地质钻探

除揭示地层结构及岩性，查明含水层和隔水层的分布、厚度，堤身的隐患情况外，还应按要求进行原状样的采取及孔内地下水位观测。

在下列位置应布置水文地质钻孔：①砂基管涌、流土等险情段；②历史决口地段或堤后有决口冲刷坑地段；③堤身有渗水、漏水、裂缝、滑坡、塌陷、跌窝等险情段；④古河道、古冲沟、渊、潭、塘地区；⑤弯道、堤外无滩或窄滩崩岸段；⑥可能扒口分洪或其他险情隐患的堤段。在堤身浸润线应设置水文地质观测孔。

钻孔深度要求：一般应满足 1.5～2.0 倍堤身高度的要求[66]。当隔水层或软土层埋藏较浅时，应深入相对隔水层内 3～5m。当遇砂、卵石等强透水层时，宜深入相对隔水层内 3～5m。在堤外滩地狭窄、堤基受冲刷段，孔深应深入堤外深泓河床以下5～10m 或河段最大深度 1.5～2 倍，当遇有较厚软土、松散砂层时，宜钻入抗冲层2～5m。试验孔的孔深，应根据含水层层位确定[65]。

钻孔孔径应与钻孔类型及孔内测试项目相适应，并能满足取样、原位测试和水文地质试验的要求，一般鉴别孔终孔孔径不宜小于 75mm，技术孔不宜小于 110mm[65,66]。

5. 水文地质试验

水文地质试验是堤防勘察的重要内容，应根据不同的水文地质条件确定采用钻孔抽水试验、钻孔注水试验、试坑注水试验、渗透变形（管涌）试验等不同的试验方法。各种水文地质试验的部位、数量在现行规范中未作明确规定，应在勘察任务中根据场地具体的情况予以明确。一般勘探孔都进行钻孔抽水试验，在地下水位以上的孔段，可进行钻孔注水试验。

钻孔的抽水试验的目的是求算土（岩）层的渗透系数。抽水试验孔一般在地下水位以下有砂层的勘探深孔中布置，孔径一般不小于 168mm[66]。抽水试验应按 SLJ 1—81《水利水电工程钻孔抽水试验规程（试行）》进行。

为测定地下水位以上土层（包括堤身）的渗透系数，需进行试坑注水试验。注水试验孔，按每个工程地质单元堤基的每个主要土层及堤身各不少于 6 段布置分层注水试验孔，孔径一般不小于 110mm。也可采用试坑注水试验等方法测试堤身、堤基土的渗透特性[66]。

　　土层的抗渗比降与土层的渗透系数一样，是评价土层渗透稳定性的重要参数。渗透变形试验可取土样在室内进行试验，必要时宜进行现场渗透变形试验。但测定这些参数的室内和室外试验方法都有各自的局限性。因此，一般情况下可以取土样在室内进行试验，但因土样规格较小，且经扰动后难以代表现场实际情况，因此对一些重要堤防或重点堤段，宜进行现场渗透变形试验[65]。

　　为评价环境水对混凝土的腐蚀性，应选取堤防建筑物附近地下水和地表水进行水质分析。

　　6. 水文地质观测

　　包括简易观测和长期观测两个方面。

　　(1) 简易水文地质观测包括：①钻进时按要求观测地下水的初见水位和稳定水位，确定含水层的顶、底板位置；②钻进过程中应记录冲洗液明显漏失处的孔深、漏失程度，如发现孔内涌水，应及时停钻并记录孔深、涌水量、水温及水头高度；③在钻进时，如发现有两层或两层以上的含水层时，应按要求分层测定水位[66]。

　　(2) 水文地质长期观测。对已建堤防加固工程可根据堤防管理部门意见建立地下水位长期观测系统。观测剖面选在重要堤防的典型地段，宜垂直或平行堤线布置。每条观测剖面应以钻孔或以泉、井为观测点。项目内容有：地下水位、涌水量、携出物与河（湖）水位的相互关系，水温水质的变化，主要溢出点情况变化，渗透变形特征及其与河（湖）水位的关系，堤身浸润线的变化，减压井的流量与水位关系等[65,66]。

10.6.4   堤坝的渗流计算

　　堤坝是否发生管涌和流土，仍然需要用式（10-40）、式（10-43）和式（10-44）进行判定。但要知道各部位的渗流水头或渗流比降，就需要进行渗流计算了。一般情况下，由于含水层的结构复杂，需要利用数值法进行渗流分析与计算，但在含水层等厚，隔水层水平，含水介质为均质各向同性条件下，以下问题可用解析法进行渗流计算。

　　1. 无限深透水地基、不透水土坝的渗流计算

　　透水是相对的，不透水土堤是不存在的。但是如果土堤的渗透系数小于或等于地基渗透系数的1/10000，则在进行地基的渗流计算时可以把土堤土坝当作不透水的。

　　如图10-30所示，坐标原点选在坝底中点。设坝底的半宽为 l，上下游水头差为 H。则：

　　(1) 沿堤坝底面的水头分布为[64]：

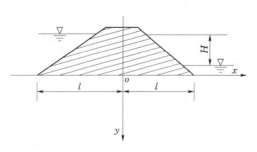

$$h = \frac{H}{\pi}\arccos\frac{x}{l} \quad (-l \leqslant x \leqslant l)$$

$$(10-82)$$

　　(2) 坝趾下游地面的出渗比降为[64]：

$$J = \frac{H}{\pi\sqrt{x^2-l^2}} \quad (l \leqslant x \leqslant \infty)$$

$$(10-83)$$

　　由式（10-83）可见，当 $x=l$（坝址点）时，$J=\infty$，则该点会发生管涌。

图10-30   不透水堤坝下面无限深透水地基[64]

如该处地面已有黏壤土覆盖，则将发生流土，需要用不透水的覆盖层或设反滤层排水。

（3）单宽渗流量[64]：

上游河床的入渗流量：
$$q = \frac{kH}{x}\text{arcch}\left(-\frac{x}{l}\right) \quad (-\infty < x < -l) \qquad (10-84)$$

下游河床的出渗流量：
$$q = \frac{kH}{x}\text{arcch}\left(\frac{x}{l}\right) \quad (l \leqslant x < \infty) \qquad (10-85)$$

其中　　　　　　　　　　　　$\text{ch}x = (e^x + e^{-x})/2$

式中：k 为地基的渗透系数。

2. 无限深透水地基、不透水土坝底下有一道防渗板墙时

如图 10-31 所示，设板墙的贯入深度为 s，板墙上游堤坝的底宽为 l_1，下游堤坝底宽为 l_2。则：

（1）沿堤坝底面的水头分布为[64]：

$$h = \frac{H}{\pi}\arccos\left\{\frac{1}{a}\left[b \mp \sqrt{1+\left(\frac{x}{s}\right)^2}\right]\right\} \qquad (10-86)$$

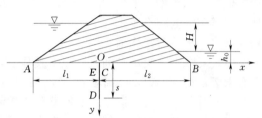

其中：

$$a = \frac{1}{2}\left[\sqrt{1+\left(\frac{l_1}{s}\right)^2} + \sqrt{1+\left(\frac{l_2}{s}\right)^2}\right] \qquad (10-87)$$

$$b = \frac{1}{2}\left[\sqrt{1+\left(\frac{l_1}{s}\right)^2} - \sqrt{1+\left(\frac{l_2}{s}\right)^2}\right] \qquad (10-88)$$

图 10-31　不透水堤坝下面有防渗墙，
无限深透水地基（白永年，2001）

式（10-86）中，根号前的负号用于计算坝底面上游段（$-l_1 \leqslant x \leqslant 0$）和板墙的上游面；正号用于计算坝底面下游段（$0 \leqslant x \leqslant l_2$）和板墙的下游面。

（2）沿板墙上下游面的水头分布为[64]：

$$h = \frac{H}{\pi}\arccos\left\{\frac{1}{a}\left[b \mp \sqrt{1-\left(\frac{y}{s}\right)^2}\right]\right\} \qquad (10-89)$$

式中，a、b 符号的表达与式（10-86）相同。根号前的正负号的适用情况也与式（10-86）相同。

（3）三个关键点 C、D、E 的水头[64]：

$$h_E = \frac{H}{\pi}\arccos\left(\frac{b-1}{a}\right) \qquad (10-90)$$

$$h_C = \frac{H}{\pi}\arccos\left(\frac{b+1}{a}\right) \qquad (10-91)$$

$$h_D = \frac{H}{\pi}\arccos\left(\frac{b}{a}\right) \qquad (10-92)$$

根据 $A \sim E$ 这 5 个特征点的水头值，可初步判断地基中是否将发生流土或管涌。

（4）沿下游河床的出渗比降为[64]：

$$J = \frac{H}{\pi s} \frac{x}{\sqrt{s^2 + x^2} \sqrt{\left[\sqrt{1 + \left(\frac{x}{s}\right)^2} - a\right]^2 - b^2}} \qquad (l_2 \leqslant x < \infty) \quad (10 - 93)$$

在下游坝趾处，$x = l_2$，$J = \infty$，需要加不透水的覆盖层或反滤层排水。

（5）单宽流量为[64]：

$$q = \frac{kH}{\pi} \text{arcch} \left\{ \frac{1}{a} \left[\sqrt{1 + \left(\frac{x}{s}\right)^2} \mp b \right] \right\} \qquad (10 - 94)$$

式中，b前的负号用于计算从上游河床面入渗的流量，$-\infty < x \leqslant -l_1$；正号用于计算沿下游河床面出渗的流量，$l_2 \leqslant x < \infty$。

3. 无限深透水地基的渗流计算

此情况解析法的表达式比较复杂，一般采用数值法计算。此外，还可用流网图来粗略估算，详见本书附录4。

10.6.5   堤防的防渗技术

10.6.5.1   水平防渗技术

（1）复合土工膜水平铺盖。土工膜是由高聚合物制成的人工合成材料，其基本材料有聚氯乙烯（PVC）、高密度聚乙烯（HDPE）、氯丁橡胶（CR）、氯化聚乙烯（CPE）、沥青、环氧树脂等几十种类型。复合土工膜是用两种以上的人工合成材料经人工组合形成的复合体，如在工厂将土工织物通过喷涂或滚压或压延等工艺粘合一层高聚合物薄膜（采用一布一膜或二布一膜等形式复合，以增强其抗拉、抗撕裂或抗擦伤的能力）。复合土工膜或土工膜的渗透系数为 $(1 \times 10^{-12} \sim 1 \times 10^{-11})$cm/s，考虑接缝的影响一般取 $(1 \times 10^{-11} \sim 1 \times 10^{-8})$cm/s。用这种材料做铺盖称为不透水铺盖。如果铺在砂土上并用砂土覆盖保护时，可用土工膜；但如有尖锐颗粒和卵石，则应铺设复合土工膜。

（2）弱透水黏性土水平铺盖。水平铺盖黏土并经压实以后，其渗透系数能达到 1×10^{-5}cm/s 以下，小于地基透水层渗透系数的 1/1000。弱透水黏土铺盖在垂直于坝轴线的剖面可以是等厚（矩形）的、也可以是梯形的（起端薄，末端厚）。通常采用的铺盖是梯形剖面，因等厚的剖面土方量大，不经济，只用于很低的坝[64]。

10.6.5.2   垂直防渗技术

（1）振动沉拔的钢板桩或沉拔空腹钢模水泥砂浆板墙。该工法有单板工艺、双板工艺和多板工艺。单板工艺是将工字型钢板桩振动下沉，拔出时向遗留的空间灌注水泥砂浆或水泥膨润土，这种水泥板墙厚7.5cm。双板工艺是将两块横断面为长方形的钢模相继振动下沉，拔出时向钢模内部空间灌注水泥砂浆或水泥膨润土浆，水泥板墙厚一般为 $12 \sim 20$cm。振动沉拔板墙只能在砂土及稍含小砾石的砂土打入，其深度可达 20 余 m。此技术适用于堤防和平原水库围坝防渗[64]。

（2）高压喷射灌浆板墙。该工法既可用于加固地基，又可用于营造防渗墙。因为它可以不经过开挖，就在地基下一定深度营造一定几何形状的混凝土凝结体，因此具有很好的发展前景[64]。

（3）混凝土防渗墙。也称地下连续墙。先在泥浆的保护下造槽，然后在泥浆中用导管输送混凝土入槽成混凝土墙，分段长 $5 \sim 10$m。第一期先造各间隔段的槽并浇混凝土，第二期造其余段的槽并浇混凝土，使各段相连成墙。由于这种防渗墙的造价高，一般只用于较高的大坝，堤防工程的防渗很少采用[64]。

参 考 文 献

[1] 张咸恭，李智毅，送达辉，等. 专门工程地质学 [M]. 北京：地质出版社，1988.

[2] 张咸恭. 工程地质学 [M]. 北京：地质出版社，1983.

[3] 天津大学. 水利工程地质 [M]. 北京：水利电力出版社，1982.

[4] 赵永川. 东川坝塘水库渗漏分析 [J]. 人民长江，2005，36 (9)：14-17.

[5] 邓安利. 病险水库渗漏渗透变形特征及勘察要点分析 [J]. 山西水利，2003，(2)：41-42.

[6] 郭见扬，谭周地. 中小型水利水电工程地质 [M]. 北京：中国水利水电出版社，1995.

[7] 中华人民共和国水利行业标准. SL 55—2005 中小型水利水电工程地质勘察规范 [S]. 北京：中国水利水电出版社，2005.

[8] 赵万科，杨月菊，麻守忠，等. 南门峡水库渗漏原因分析 [J]. 青海农林科技，2006，(2)：82.

[9] 刘文超，刘安冬. 板石沟水库渗漏原因及治理措施 [J]. 水利天地，2003，(1)：38.

[10] 陈波，苏维词. 马官喀斯特地下水库的渗漏分析 [J]. 地球与环境，2005，33 (5)：237-241.

[11] 孙党生，李洪涛，任晨虹. 井间地震波 CT 技术在水库渗漏勘察中的应用 [J]. 勘察科学技术，2000，(5)：57-59.

[12] 卓淳，沈英伟，吴英隆. 充电瞬变电磁法在官庄水库渗漏勘察中的应用 [J]. 岩土工程界，2007，10 (5)：67-70.

[13] 贾秀梅，刘满杰，孙继朝，等. 万家寨水库右岸岩溶渗漏试验研究 [J]. 地球学报，2005，26 (2)：179-182.

[14] 梅正星. 中国喀斯特地下水示踪概况 [J]. 中国岩溶，1988，7 (4)：371-376.

[15] 王建强，陈汉宝，朱纳显. 连通试验在岩溶地区水库渗漏调查分析中的应用 [J]. 资源环境与工程，2007，21 (1)：30-34.

[16] 南京大学水文地质工程地质教研室. 工程地质学 [M]. 北京：地质出版社，1982.

[17] 毛昶熙. 渗流计算分析与控制 [M]. 北京：中国水利水电出版社，2003.

[18] 陈光祥. 渔洞水库渗漏问题研究 [J]. 云南水力发电，2004，(1)：39-41.

[19] 付彦，王颖，张静秋. 红兴水库渗漏原因分析及防渗措施研究 [J]. 黑龙江水专学报，2006，33 (4)：55-58.

[20] 郑志切，叶仙荣，胡永东. 军民水库大坝渗漏原因分析及防渗处理 [J]. 防渗技术，1999，5 (3)：25-27.

[21] 王仁龙，杨晋营，李丽华. 董封水库渗漏原因分析及防渗措施 [J]. 山西水利科技，2004，(2)：12-13.

[22] 冀建疆. 官厅水库的浸没评价和范围预测 [J]. 水利水电技术卷，2005，36 (2)：18-21.

[23] GB 50287—99 水利水电工程地质勘察规范 [S]. 北京：中国计划出版社，1999.

[24] 彭樊源. 广东河槽型水库浸没预测方法探讨 [J]. 人民珠江，2006 (5)：59-60.

[25] 光耀华. 岩滩水电站水库岩溶浸没性内涝的研究 [J]. 水力发电，1997 (4)：10-14.

[26] 光耀华. 水库周边地区"岩溶浸没—内涝"灾害研究 [J]. 人民珠江，1997 (2)：10-15.

[27] 李松涛，张定邦. 岩溶区坝址工程地质评价方法的探讨 [J]. 吉林水利，2004，(7)：

38-41.

[28] 张家发，许春敏，王满兴，等. 三峡坝址区花岗岩全风化带渗流系数研究 [J]. 岩石电力学与工程学报，2001，20 (5)：705-709.

[29] 宋汉周，吕民康. 图示法及饱和指数法在坝址环境水质分析中的应用 [J]. 勘察科学技术，1997 (5)：27-31.

[30] 刘丕新，商高峰，杨建新. 三门峡苍龙大坝闸坝坝址场地勘察与液化评价 [J]. 西部探矿工程，2005：(115).

[31] 工程地质手册编写委员会. 工程地质手册 [M]. 北京：中国建筑工业出版社，1992.

[32] 余素萍，彭汉兴. 大坝坝址环境水化学潜蚀作用与防治对策 [J]. 四川水力发电，2003，22 (1)：12-14.

[33] 宋汉周. 大坝坝址地下水析出物检测方法 [J]. 水电能源科学，2004，22 (4)：43-46.

[34] 宋汉周，施希京. 大坝坝址析出物及其对岩体渗透稳定性的影响 [J]. 岩土工程学报，1997，19 (5)：14-19.

[35] 杨德军. 羊湖电站引水隧洞中地下水引起的地质问题分析 [J]. 水电站设计，2003，19 (3)：70-72.

[36] 蒙彦，雷明堂. 岩溶区隧道涌水研究现状及建议 [J]. 中国岩溶，2003，22 (4)：287-292.

[37] 陈奇，李广诚. 南水北调西线隧洞工程地质勘察评价方法讨论 [J]. 成都理工学院学报，2002，29 (3)：334-339.

[38] 郑恒祥，金栋，黄海江，等. 长-恰线深埋长隧洞涌水预测及处理 [J]. 人民黄河，2002，24 (7)：40-41.

[39] 张怀军，侯庆生，王彦峡，等. 南水北调东线穿黄河隧洞涌水量预测 [J]. 水利水电工程设计，2002，21 (4)：31-34.

[40] 李光亮，陈光祥. 由高桥电站隧洞的勘察浅议长隧洞的勘察方法 [J]. 人民长江，2005，36 (9)：9-10.

[41] 底青云，伍法权，王光杰，等. 地球物理综合勘探技术在南水北调西线工程深埋长隧洞勘察中的应用 [J]. 岩石力学与工程学报，2005，24 (20)：3631-3637.

[42] 陶玉敬，彭金田，陶炳勋. 隧道涌水量预测方法及其分析 [J]. 四川建筑，2007，27 (6)：109-110.

[43] 朱大力，李秋枫. 预测隧道涌水量的地下水动力学方法. 铁道部第一勘察设计院《规则》编写组，1994.

[44] 黄涛，杨立中. 山区隧道涌水量计算中的双场耦合作用研究 [M]. 成都：西南交通大学出版社，2002.

[45] 雒浩. 隧道涌水量的预测 [J]. 山西建筑，2007，33 (32)：343.

[46] 林玉山，张之淦，李术才，等. 锦屏二级水电站引水隧洞岩溶水防治思想的演变 [J]. 水文地质工程地质，2007 (6)：19-23.

[47] 欧阳孝忠. 水工隧洞岩溶涌水的水文法计算 [J]. 地球与环境，2005，33 (5)：27-31.

[48] 赵才顺. 草峪岭隧洞涌水段堵水方法探讨 [J]. 山西建筑，2004，30 (1)：44-45.

[49] 宋岳，贾国臣，滕杰. 隧洞外水压力折减系数工程地质研究 [J]. 水利水电工程设计，2007，26 (3)：38-40.

[50] 阚二林，郭云英. 隧道衬砌外水压力的研究进展 [J]. 西部探矿工程，2006 (5)：280-281.

[51] 董国贤. 水下公路隧道 [M]. 北京：人民交通出版社，1984.

[52]　武汉水利电力学院水力学教研室．水利计算手册 [M]．北京：水利电力出版社，1983．

[53]　赵东辉．静水法渠道渗漏测试分析 [J]．防渗技术，1997，3（2）：17-20．

[54]　中华人民共和国水利行业标准．SL 373—2007 水利水电工程水文地质勘察规范 [S]．北京：中国水利水电出版社，2007．

[55]　薛禹群．地下水动力学原理 [M]．北京：地质出版社，1987．

[56]　张连胜．黄河下游平原引黄渠道渗漏强度测定方法研究 [J]．人民黄河，2005，27（7）：31-32．

[57]　吕建远，刘伟生，郎书尧，等．对渠道渗漏量计算方法的探讨 [J]．山东水利，2005，（12）：31-32．

[58]　江崇安，高华，范守伟，等．对渠道渗漏量计算方法的探讨 [J]．节水灌溉，2005（5）：28-32．

[59]　王少丽，R. Thielen，李福祥，等．渠道渗漏量的试验及分析方法 [J]．灌溉排水，1998，17（2）：39-42．

[60]　中华人民共和国水利部发布．SL/T 4—1999 农田排水工程技术规范 [S]．北京：中国水利水电出版社，1999．

[61]　黄江深．渠道渗漏老化的灌浆处理 [J]．水利科技，1998（3）：31-34．

[62]　刘明寿．堤防工程地质评价刍议——以洞庭湖堤防勘察为例 [J]．水利技术监督，2003（1）：28-30．

[63]　曹云，肖武．长江堤防工程地质勘察 [J]．西部探矿工程，2005，（8）：186-188．

[64]　白永年．中国堤坝防渗加固新技术 [M]．北京：中国水利水电出版社，2001．

[65]　SL/T 188—96 堤防工程地质勘察规程 [S]．北京：中国水利水电出版社，1996．

[66]　李广诚，司富安，杜忠信．堤防工程地质勘察与评价 [M]．北京：中国水利水电出版社，2004．

第 **11** 章

矿区水文地质勘察

　　矿床是在地壳中由地质作用形成的，具有开采和实用价值的地质体，它是矿体自然分布和排列的总和。矿床水文地质条件是指矿床所处地段地下水的分布、埋藏、补给、径流和排泄、水质和水量及其动态等方面的特征，以及决定这些特征的自然的与人为的环境。矿床水文地质学的研究对象是非易溶固体矿床（不包括气、液体矿床和易溶的盐类矿床）分布地段的地下水及周围环境与采矿活动之间的相互关系[1,2]。

　　在本章，将分别就中国岩溶充水矿床、裂隙充水矿床、孔隙充水矿床的水文地质特征、勘察重点及方法，结合矿床的充水条件、矿坑涌水量的计算、井巷突水及其预测、矿井防水与矿床疏干和矿床环境水文地质调查等诸多内容进行系统地介绍。

11.1　矿床水文地质的研究对象及研究方法

　　矿床水文地质勘察是地质工作的重要组成部分，也是矿山建设和矿床开发不可缺少的组成部分，它直接关系到矿产资源的经济合理开发和采矿的安全生产。矿床水文地质勘察目的是为矿山开采设计提供依据，其任务可以归纳为：

　　（1）查明矿区水文地质条件、矿床充水因素，预测矿坑涌水量。

　　（2）分析矿床开采的主要水文地质问题并提出防治措施。

　　（3）指出充水水源方向，提出有关排供结合方案及对矿区地下水综合利用的合理性建议。

　　在本节，首先介绍矿床充水来源、矿床充水途径及中国固体矿床水文地质条件的分类等，以及一些矿床水文地质研究的基础问题。

11.1.1　矿床的充水来源

　　在自然状态下，矿体（尤其是围岩中）通常充满一定数量和含有某种成分的地下水，人们把这种现象称为矿床充水。在矿产开采时，这些地下水和某些地表水，可持续地流入采矿井巷，通常谓之矿井涌水，也称矿坑涌水。其水量的大小称为充水（或涌水）强度。

采矿时可进入矿坑的水源主要有大气降水、地表水、地下水和老窖积水等，统称为矿床充水水源（表 11 - 1）。正确查明矿床充水的水源，对计算矿坑涌水量，拟定矿床防治水措施和预测矿坑突水等都具有重要意义。

表 11 - 1　　　　　　　　　　　矿床充水来源特征表

充水水源	影响因素	充 水 特 征	评 价 方 法
大气降水水源	矿区地形地貌；降水量及降水过程	矿床充水程度随大气降水量增多而增加，且具有明显的季节性、多年周期性的变化规律，同时涌水高峰值出现延后的现象	方法常以均衡法为主。降水入渗系数的获取，山区可通过小流域均衡试验实测或选用宏观经验值；平原地区一般根据降水量与地下水位的长期观测资料计算取得；在泉域地区还可采用描述地下水排泄量（泉流量）与降雨量关系的集中参数系统模型[4]
地表水水源	地表水体的性质和规模；地表水体与矿体之间岩层的透水性能；矿体距地表水体的水平和垂直距离；采矿方式等	因采用不适当的采矿方法，造成沟通地表水渗入的人工通道，也可使矿坑涌水，甚至造成突水事故	对地表水源的评价，应从补给方式的基本条件入手，分析地表水通过导水通道进入矿坑的可能性。此外，应利用一切技术手段掌握地表水与充水围岩之间的水力联系程度，如抽水试验、地下水动态成因分析、实测河段入渗量、或用数值法反演计算不同河段的入渗量等
地下水水源	充水岩层的空隙性质；含水层分布的面积和厚度等	松散孔隙含水层涌水特点是全层出水且均匀，且随地层孔隙加大而水量增加；裂隙含水层的涌水特点是水压大、水量小；岩溶含水层涌水特点是水大、来势猛、水压高、涌水量稳定、不易排干	评价地下水水源最有效的技术方法是抽水试验。通过一至数个典型地段的抽水试验，查清典型地段含水层的水文地质条件，获取充水含水层的代表性水动力参数及涌水量与水位降的统计关系，作为评价其富水性及补给径流条件的依据，并为解析法和数理统计方法等矿坑涌水量预测方法提供基本数据
老窖水水源	老窖的分布；老窖水水体的规模；采矿方式等	短时间有大量来水涌入矿井，具有很大的破坏性，有些多金属硫化矿及煤矿床的老窖水，多属于酸性的强腐蚀水，能破坏矿山设备。当老窖水与其他水源无联系时，短期内即可排干，若有联系时，就可造成大量而稳定的涌水，危害性更大[5]	对老窖水水源的评价，应以查明老窖的分布为重点，利用物探、水文地球化学调查等多种方法研究

由表 11 - 1 可知，各种水源在某一具体的矿床充水或矿坑突水中，往往是以某一种水源为主，也可能是多种水源的混合。这就要求对每个矿床充水水源进行具体地分析，不仅要研究开采前的充水水源，还要研究开采后新增的水源和老水源的变化情况。

11.1.2　矿坑的涌水途径

对矿床充水水源及其特征的正确认识，只是解决了矿坑涌水形成条件的一个方面，另一个重要方面则是要查明矿坑涌水途径。就是说矿床充水水源只表明矿坑涌水的可能性，要使这种可能性变为涌水的现实，则须有矿坑涌水途径（通道）。从这个意义上讲，矿坑涌水途径是决定矿床充水的主要方面。根据矿坑涌水途径类型和地下水流进矿坑的水力特征及危害性，可将这种通道分为渗入性通道和溃入性通道两类。

11.1.2.1　渗入性通道

渗入性通道指的是细小的和分散性的孔隙，各种来源水能以渗流的形式长时间地通过它进入矿坑。渗入量的大小，显然主要与岩石的渗透性和过水断面的大小有关。

1. 地层中的孔隙

这种通道是松散岩石所具有的。如淄博市某铁矿区，它沿河呈带状分布，上覆有 10～15m 厚的第四纪砂砾石含水层，该层透水性良好，含水丰富。据抽水试验，$K=2.24～17.63m/h$，$Q=5.7～30.3L/(s\cdot m)$，构成了矿坑充水的主要来源和通道[1]。

2. 地层中的裂隙

岩石的各种裂隙都能构成矿坑涌水通道，而属于渗入性通道的主要为风化裂隙。风化裂隙集中分布于近地表处，分布无定向，且随深度的增加而迅速减少。风化裂隙分布深度一般为 30～50m，少数地段可超过 100m，贮存水量一般较小，渗透性能较差。这种通道一般对矿坑的涌水量影响不大。

11.1.2.2　溃入性通道

能导致矿床及附近水源，在短时间大量地涌入矿坑的通道，称为溃入性通道。溃入性通道包括以下几类。

1. 构造断裂带

根据构造断裂带的导水特性及对矿床涌水的影响，可将其分为以下两个亚类：

（1）隔水断层。一般为压性断层或断裂带被黏土质充填。隔水断层分布在充水含水层内时，常分割含水层的水力联系，但强烈的采矿活动可使其转化为导水断裂带。

（2）导水断层。矿区内导水断层与地表水连通时，就成为地表水溃入矿坑的导水通道。位于含水层内的导水断层，在井巷穿过时涌水量增大，也可产生溃水。

对于不同规模的断层（不管它们是导水的，还是阻水的），在矿床充水和矿坑涌水中的意义是：规模大的断层一般组成矿区的天然边界或井田的人为边界，控制矿床或矿坑的水源补给径流条件，影响矿坑涌水量大小；分布在矿区内的中小断层或区域性构造裂隙带，往往是矿坑顶底突水中最多见的突水通道[5]。

对断裂带空间分布的调查研究，是矿床水文地质工作的重点。应从断裂带自身水文地质特征入手，查清断层不同部位的导水性及其力学性质，在此基础上根据断层的分布位置，结合开采条件评价其充水作用，并判断它是作为沟通含水层与其他水源之间联系的间接充水作用，还是导致矿坑大量突然涌水的直接通道作用[6]。调查时还需投入大量勘探（钻探、坑探、物探）与试验工作（如抽水试验），并利用各种技术方法（如观测地下水水位、水化学分析、动态变化特征等的对比分析）综合评价其导水控水作用。

2. 岩溶通道

中国许多矿床产于岩溶发育地区或其附近地段，采矿时常因遇岩溶通道而造成严重的突水事故。在矿区各种岩溶地质现象中，对于矿坑涌水影响最大的是岩溶塌陷和岩溶"天窗"的导水作用。

在有一定厚度松散层覆盖的岩溶矿区，如矿井排水可导致地下水位下降过大，当地下水位低于岩溶空洞时，可导致井下突水、涌砂和地表塌陷。岩溶塌陷不仅造成突发性矿坑溃水，同时破坏地面多种设施，导致河水断流，破坏水资源。岩溶"天窗"是指岩溶充水含水层与上覆冲积层之间的未胶结、半胶结地层，因沉积相变或河谷下切而变薄甚至消失，导致含水层与上覆第四系含水层直接接触，形成导水"天窗"。

预测岩溶塌陷最有效的方法，是利用抽、排水和暴雨过程，观测岩溶塌陷的分布规律和形成发展过程及与抽水、排水、暴雨的流场变化关系，并根据塌陷形成三要素建立预测模型，预测发展趋势[8]。预测方法有地质分析法、多元逐步回归分析法和经验公式法三种。

3. 岩溶陷落柱

岩溶陷落柱是指石炭二叠煤系地层下伏中奥陶碳酸盐岩中的古洞、塌陷的柱体[10]。它与现代岩溶塌陷不同，是石膏岩溶产物，是灰岩中的硬石膏因水解膨胀，致使上覆坚硬岩层受挤压破碎塌落充填而成。多数岩溶陷落柱无水也不导水，只有少数因塌落物疏松，或在地震力的影响下，其充填物与围岩产生相对位移，成为导水通道[5]。

4. 采空区上空冒裂带

当采矿形成大面积采空区后，原岩应力平衡受破坏，采空区顶板在集中应力的作用下，岩层破裂冒落，在采空区上方依次产生无规则冒落带、导水裂隙带和变化微弱的整体移动带，并在地面形成塌陷。冒落带和导水裂隙带统称为冒裂带，当冒裂带达到上覆地面水源时，将造成突水。冒裂带最大高度经验公式见表 11 - 2。

表 11 - 2　　　　　　冒落带导水裂隙带最大高度经验公式表
（据 GB 12719—91《矿区水文地质工程地质勘探规范》）

煤层倾角 /(°)	岩石抗压强度 /MPa	岩 石 名 称	顶板管理方法	冒落带最大高度 /m	导水裂隙带（包括冒落带最大高度）/m
0～54	40～60	辉绿岩、石灰岩、硅质石英岩、砾岩、砂砾岩、砂质页岩等	全部陷落	$H_c = (4 \sim 5) M$	$H_f = \dfrac{100M}{2.4n+2.1} + 11.2$
	20～40	砂质页岩，泥质砂岩，页岩等	全部陷落	$H_c = (3 \sim 4) M$	$H_f = \dfrac{100M}{3.3n+3.8} + 5.1$
	<20	风化岩石、页岩、泥质砂岩、黏土岩、第四系和第三系松散层等	全部陷落	$H_c = (1 \sim 2) M$	$H_f = \dfrac{100M}{5.1n+5.2} + 5.1$

续表

煤层倾角 /(°)	岩石抗压强度 /MPa	岩石名称	顶板管理方法	冒落带最大高度 /m	导水裂隙带（包括冒落带最大高度）/m
55～85	40～60	辉绿岩，石灰岩硅质石英岩、砾岩、砂砾岩、砂质页岩等	全部陷落		$H_f = \dfrac{100mh}{4.1h+133} + 8.4$
	<40	砂质页岩、泥质砂岩，页岩、黏土岩、风化岩石、第三系和第四系松散层等	全部陷落	$H_c = 0.5M$	$H_f = \dfrac{100mh}{7.5h+293} + 7.3$

注　M 为累计采厚，m；n 为煤分层层数；M 为煤层厚度，m；h 为采煤工作面小阶段垂高，m。

5. 人工通道

（1）采矿造成的裂隙。当采矿工作面上部有含水层、含水断层以及地表水体时，如随意使用崩落法采矿，可使顶（底）板岩层产生人工裂隙，甚至引起地面开裂和沉陷，沟通某些水源，造成突水灾害。

（2）废旧钻孔造成的通道。由于矿区的部分钻孔，未能按照要求进行封孔或封孔的质量不高，巷道挖到或接近它们时，会成为沟通顶底板各种水源的通道，造成突水事故。

6. 隔水底板与突水通道

当采空区位于高压富水的岩溶含水层上方时，在矿山压力和底板承压水水头压力的作用下，岩溶水会突破采空区底板隔水层的薄弱地段涌入矿坑。

11.1.3　中国矿床水文地质类型的划分

在矿床水文地质类型划分中，重点突出的是矿坑涌水及开采后所产生的水文地质工程地质问题。考虑的主要因素有气候、主要充水岩层的性质、矿床与含水层的接触组合关系。

11.1.3.1　区的划分

根据现代气候因素，可把中国矿床分为两大区，即干旱区与非干旱区[24]。

中国干旱区包括新疆、宁夏大部、青海大部、西藏大部及甘肃的一部分。干旱区之外均为非干旱区，非干旱区的矿区一般都有地下水问题，有的甚至水量很大，一般要做专门的水文地质勘察工作。

11.1.3.2　类的划分

根据矿床充水的主要含水层类型，矿床水文地质可分为三大类[11]：①以孔隙含水层充水为主的矿床，简称孔隙充水矿床；②以裂隙含水层充水为主的矿床，简称裂隙充水矿床；③以岩溶含水层充水为主的矿床，简称岩溶充水矿床。

11.1.3.3　亚类的划分

亚类划分的主要根据是充水岩层的空隙空间形态[6,13,14]。

1. 裂隙充水矿床

(1) 层状裂隙充水矿床。矿床充水岩层的含水介质空隙空间主要是层状或似层状裂隙，如徐州煤矿。

(2) 脉状裂隙充水矿床。矿床充水岩层的含水介质空隙空间主要是较大的构造断裂、构造破碎带以及侵入岩体与围岩接触破碎带，如南京梅山铁矿。

2. 岩溶充水矿床

(1) 溶隙充水矿床。矿床充水岩层的含水介质空隙空间主要是溶隙，即以溶隙为主组成的溶隙网络系统[16]。地下水在溶隙网络中赋存、运移，一般形成统一的水位（压）面，地下水流基本上具渗流性质。

(2) 溶洞充水矿床。矿床充水岩层的含水介质空隙空间主要是以溶洞为主组成的网络系统。地下水主要在溶洞发育带富集，溶洞之间由溶隙沟通，地下水在大小不等的溶洞—溶隙系统中运动，宏观上仍为渗流，一般具有统一的地下水面。

(3) 岩溶地下河（管道）充水矿床。岩溶地下河或岩溶管道分布区域也不一定均属于岩溶地下河（管道）充水矿床，必须是具有岩溶管道水的特征，并且是开采矿床的主要充水水源才属于这类充水矿床。矿床充水岩层的含水介质空隙空间，主要是岩溶管道水系统，岩溶地下水在岩溶管道中汇集，其运动基本上具有管流水力特征，而岩溶管道以外虽然也有些分散的裂隙水，但岩层富水性及水力连通性极弱，充水岩层常常没有统一的地下水位。

3. 孔隙充水矿床

关于孔隙充水矿床目前研究程度不够，暂不作亚类的划分。

11.1.3.4　型的划分

根据充水岩层与矿层的接触组合关系来划分型。

当矿层（体）与充水岩层直接接触，开采时充水岩层地下水将直接向矿坑涌水，作为防治水措施，一般需要直接对含水层进行疏干或先截水源后疏干，在水文地质勘探阶段主要是查明充水岩层的水文地质特征[14-15]。

当矿层（体）与充水岩层为间接接触时有以下两种情况：①矿层（体）顶板与充水岩层间接接触；②矿层（体）底板与充水岩层间接接触。

据此，按主要充水岩层与矿层（体）的接触组合关系可把矿床分成以下四型：①顶板直接接触的矿床；②底板直接接触的矿床；③顶板间接接触的矿床；④底板间接接触的矿床。

最后，可把中国固体矿床的水文地质类型划分归纳成表 11-3[14]。

11.1.4　矿床水文地质条件复杂程度的划分

对矿床水文地质条件复杂程度的评价主要是为勘探服务。经过普查、详查阶段，在对矿区水文地质条件有了一定的资料和认识后，即可对其复杂程度作出评价，从而为水文地质勘探工作量的布置和工作方法的选择打下基础。矿床水文地质条件影响因素极其划分见表 11-4。

表 11 - 3　　　　　　　　中国固体矿床的水文地质类型划分表[14]

区	类	亚 类	型
非干旱区	岩溶水充水矿床	溶隙充水矿床	
		溶洞充水矿床	顶板直接接触的矿床
		岩溶地下河管道充水矿床	底板直接接触的矿床
	裂隙水充水矿床	层状裂隙充水矿床	顶板间接接触的矿床
		脉状裂隙充水矿床	底板间接接触的矿床
	孔隙水充水矿床		
干旱区	裂隙水充水矿床	层状裂隙充水矿床	顶板间接接触的矿床
		脉状裂隙充水矿床	底板间接接触的矿床
	孔隙水充水矿床		

表 11 - 4　　　　　　　矿床水文地质条件复杂程度的划分及其影响因素

影响因素	（1）矿床（体）与当地侵蚀基准面及地下水位的关系。 （2）矿区地表水体对矿床开采的影响。 （3）矿区充水岩层（带）的富水程度及其区域补给条件。 （4）矿区构造断裂的发育程度。 （5）矿区地质灾害		
矿床水文地质条件复杂程度的划分	干旱区矿床		（1）水文地质条件复杂：矿床位于当地侵蚀基准面以下，近地表水体，对开采影响大。 （2）水文地质条件中等：矿床位于冲洪积扇地带，当地侵蚀基准面以下，充水岩层具有较大的静储量。 （3）水文地质条件简单：除上述地区之外的矿床
	非干旱区矿床	水文地质条件简单	（1）矿床位于地下水位以上。 （2）矿床位于地下水位以下，充水岩层富水性弱
		水文地质条件中等	（1）矿床位于当地侵蚀基准面以下，充水岩层（带）富水性中等，构造断裂发育。 （2）矿床位于当地侵蚀基准面以下，充水岩层（带）富水性强，但区域补给条件差。 （3）矿床位于当地侵蚀基准面以下，存在近地表水体，但对开采影响较小。 （4）矿床位于当地侵蚀基准面以下，有地质灾害问题，但不严重。 （5）矿床属岩溶地下河或岩溶管道充水类型，位于地下水位以下，于当地侵蚀基准面以上，补给条件差，岩溶水储存量不大
		水文地质条件复杂	（1）矿床位于当地侵蚀基准面以下，充水岩层（带）富水性强，构造断裂发育，区域补给条件好。 （2）矿床位于地表水体附近，地表水对开采影响大。 （3）矿床位于当地侵蚀基准面以下，有严重地质灾害。 （4）矿床属岩溶地下河或岩溶管道涌水类型，位于地下水位以下，补给条件良好，或岩溶水储存量大

11.2　岩溶充水矿床水文地质勘察

11.2.1　中国岩溶充水矿床水文地质特征

矿床开采时以岩溶水为主要充水来源的矿床称为岩溶充水矿床。这类矿床几乎遍及中国非干旱地区，分布最多的是在中国东部。

11.2.1.1　溶隙充水矿床

溶隙充水矿床主要分布于中国秦岭—大别山—淮河以北，中朝准地台大地构造单元的大部地区，属于半干旱亚湿润气候。这类矿床主要有华北石炭纪煤田及铝土矿，部分二叠系煤田，矽卡岩型铁矿，还有一些地区的非金属矿等。与矿床有关的岩溶含水层有前元古界、元古界中上统、寒武系中上统、奥陶系中下统和石炭系中上统，其中以奥陶系中下统为最重要的岩溶含水层。

1. 主要水文地质特征

（1）岩溶水系统以规模巨大的泉域为主，具有巨大的天然资源和储存资源[18]。

（2）岩溶含水介质空隙空间以溶隙为主，形成溶隙网络系统。

（3）岩溶水系统之中强径流带广泛发育。

（4）断层的水文地质作用特征明显。

（5）岩溶陷落柱发育。

2. 矿坑涌水量的控制因素

溶隙充水矿床矿坑涌水量的大小取决于以下几个方面：

（1）矿床所在的岩溶水系统的大小。

（2）矿床所在岩溶水系统中的部位。

（3）矿床开采过程中岩溶水位降低的程度。

（4）岩溶含水层的岩溶发育及富水程度。

（5）矿床与区域岩溶水的关系，即矿床在开采过程中，矿坑涌水是否会得到区域性岩溶水的补给。

3. 矿床开采中的水文地质问题

（1）矿坑涌水量大，突然发生大面积涌水。在中国北方石炭二叠纪煤田中，约有149.71 亿 t 受岩溶水威胁而不能开采，其中水量最大的是太行山东麓、南麓及鲁中地区。受岩溶水威胁而未列入建设规划的铁矿储量约有 8.5 亿 t，其中不少为储量超过 5000 万 t 的大型富铁矿[20]。对于此类矿床开采，矿坑突然涌水则是最严重的问题。自新中国成立以来至 1988 年，北方已发生岩溶水灾害性突水事故 130 次，淹没矿井 50 次，局部淹井 70 次，直接经济损失达 30 亿元以上[20]。

（2）底板突水严重。底板突水除小部分是由于隔水底板太薄，不能承受水压和矿压而造成突水外，大部分与断裂有关。底板突水一般经过三个阶段：首先，坑道底板鼓起，有时甚至堵住坑道；随后，水流从裂隙中小股流出，水一般呈黄色混浊状；最后，水从鼓破底板大量涌出，有时还伴随着底板的爆破声。突水过程有的时间很短，几小时就完成，有的经过几十小时、几天，甚至个别的经过几年时间才完成这个过程。例如开滦赵各庄九水平一石门岩石风道开拓 12 年没有突水迹象，1972 年 3 月 3 日东Ⅲ断层出现淋水现象，5 日开始涌水水量 $64.8m^3/d$，随水流冲出矸石 $175m^3$，7 日凌晨水量增至 $220.2m^3/d$，又喷出矸石 $1000m^3$，至 3 月 15 日突水量达最大值 $3162.0m^3/d$，突水大时伴有冲击地压[4]。

（3）矿山排水与供水矛盾突出。此类矿床矿坑涌水量普遍较大，甚至难以开采，而另一方面矿区及附近村镇城市供水问题却日趋紧张。一方面缺水，而另一方面排出来的矿坑水没有得到充分利用。

（4）华北东部地区岩溶塌陷问题严重。唐山开滦矿区多次发生矿坑突水，岩溶水位下降引起岩溶塌陷。早在1914年6月2日唐山矿西北井矿坑突水曾引起雷庄陡河河床塌陷，1920年矿坑突水重复塌陷。1954年12月5日林西矿突水引起塌陷两处。1984年6月2日范各庄矿突水，水量最大时达12.32万 m^3/d。突水点水位由＋7m降到－310m，降深317m，引起周围岩溶水位大幅下降，向北距12.5km的开平二中观测孔水位下降51.44m，向南影响到钱家营以南，水位下降了22m，影响范围南北达25km，面积约84km^2；第四系含水层水位由突水前的－17.2m下降到－34.9m，在突水点以北3～7km范围内奥陶系灰岩隐伏露头区地面彭家塔坨至林西机厂一带出现地面塌陷坑17个，其直径一般10m左右，坑深一般3～10m不等，以后有几个塌陷坑连成一片[22]。

11.2.1.2　溶洞充水矿床

溶洞充水矿床主要分布于秦岭—大别山—淮河以南广大地区，在大地构造上处于华南褶皱系及扬子准地台的东北部。中国南方的晚二叠世煤田和部分早三叠世煤田，长江中、下游的铜、铁矿床，广东、广西、福建、浙江的热液及接触交代型铁矿、铅锌矿，西南许多地方的铝土矿，云南部分第三系褐煤田很多属于这种类型[17]。

与矿床充水有关的含水层有震旦、寒武、奥陶、泥盆、石炭、二叠、三叠系等，一般水文地质条件较简单。泥盆系和石炭系碳酸盐岩岩溶很发育，对矿床影响最大。

1．主要的水文地质特征

（1）以小型岩溶水系统为主，其水量补给和贮存一般都比较小，但是降水强度较大，入渗强烈，加上岩溶塌陷，地表水灌入，成为某些矿区水患的主要原因。

（2）岩溶含水介质形态组合特征以地下溶洞、溶隙、溶孔等为主，局部存在岩溶管道，并以溶洞为主，形成溶洞网络系统。

（3）溶洞充填现象普遍，特别是浅部的较大溶洞，多半被松散物质充填或半充填。

2．矿坑涌水量的控制因素

本类矿床的矿坑涌水量一般以小和中等为主，超过5万 m^3/d 的较少，最大威胁来自雨季地表水沿塌陷坑的灌入。同时，大水矿床的形成还需要两个条件，即矿床开采后形成的地面塌陷及塌陷所沟通的地表水体的规模。

3．矿床开采中的水文地质问题

（1）岩溶塌陷。岩溶塌陷是本亚类矿床中既普遍又严重的问题。在溶隙充水矿床及岩溶地下河或岩溶管道充水矿床中虽然也有岩溶塌陷问题，但那是局部发生的，且规模也较小，与此类矿床是无可比拟的。本类矿床水文地质条件一般较简单，但如遇岩溶塌陷沟通地表水体，往往造成涌水量剧增，甚至淹井。

（2）地表水灌入。由于岩溶塌陷，在雨季时地表水的大量灌入，大大增加排水量，尤其是河床中的塌陷经常会引起淹井等严重事故。

（3）溃水及泥沙等充填物。岩溶充填物在矿床水文地质作用中极其重要，一方面大量充填物的阻塞，可以使岩层渗透系数减少，从而减少矿坑涌水量；另一方面由于长期排水或岩溶突（溃）水，在强烈的水动力作用下，充填物可以造成巷道堵塞，影响生产，甚至危及工人生命安全。同时，大量的泥沙可以使水仓淤塞，加重排水水泵磨损，减少机器寿命。

广东凡口铅锌矿排出的岩溶水中，最大的含砂量达到 69.55％，根据 1973～1979 年统计，每年由泵房排出的泥沙达 7000～20000m³，总共约 151840m³，由于泥沙涌入巷道，使水沟淤塞，水仓体积变小。夹带泥沙的地下水不但给排水工作带来许多困难，而且污染了环境，影响了农田，为处理泥沙，该矿在后期施工的－40 m 疏干工程中补充了沉泥工程，多耗资 285 万元[16,24]。

11.2.1.3　岩溶地下河或岩溶管道充水矿床

该类的矿床主要分布在中国西南的岩溶山区及岩溶丘陵区，气候属热带—亚热带湿润气候区。该类型充水矿床在地质时代上从寒武系到三叠系均有分布，其中主要是煤与硫铁矿。

1. 矿坑涌水量的控制因素

造成此类矿坑涌水的原因是各式各样的，有时虽然仅是一种因素诱发，但其往往受多种因素的影响，主要有：

（1）岩溶作用。岩溶地下河或岩溶管道水多集中于排泄段，致使排泄段内矿坑最易发生溃水。

（2）构造。许多岩溶地下河或岩溶管道溃水多发生在向斜轴部、背斜倾没端，断层带等处，尤其是向斜近轴部。地质构造不单是易于引起岩溶地下河或岩溶管道溃水，而且有可能使岩溶地下河或岩溶管道水溃入到隔水层中去，或者促使岩溶地下河或岩溶管道水的深循环。

（3）大（暴）雨。岩溶地下河或岩溶管道充水矿区的溃水多发生在大（暴）雨期间。

（4）静水压力。在强大静水压力作用下，矿层底板有可能发生底鼓，使岩溶水溃入到矿坑之中。

（5）采动裂隙。若采矿场上覆岩石中有岩溶管道，采动裂隙又触及到它们时，易使岩溶地下河或岩溶管道水溃入矿坑之中。

2. 矿床开采中的水文地质问题

岩溶地下河或岩溶管道充水矿床的矿坑内溃水等问题，与其他类型矿区均有较大差异，现主要论述以下两个主要问题：

（1）溃水。此类矿床正常矿坑涌水量在枯季时是较小的，但到雨季时涌水量猛增，尤其是暴雨后的水量大幅度增加，滞后期一般为几个小时，最长的也只有几天。洪峰延续时间较短，雨停后不久矿坑水即开始衰减，且具有较大的衰减系数，以后逐渐减小至趋于稳定[25]，如图 11-1

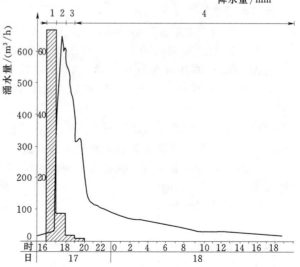

图 11-1　香花岭矿区 537 段单旋回降雨量涌水量曲线图

1—后退阶段；2—增值阶段；3—峰期阶段；4—减值阶段

所示。

（2）突泥。几乎所有的岩溶地下河或岩溶管道矿区都发生过突泥，轻则淹井、淤井，重则造成井下人员伤亡致使矿井报废，因此突泥也是岩溶地下河或岩溶管道充水矿区水害的主要表现形式。

11.2.2　岩溶充水矿床水文地质勘察的要点

11.2.2.1　溶隙充水矿床勘察要点

针对本类矿床特点，在水文地质勘察工作中要把重点放在以下几个方面：

（1）要做好岩溶形成演化规律的调查研究工作，查明岩溶水系统的边界及其补、径、蓄、排条件。

（2）重点查明岩溶强径流带的分布，特别重要的是要查明矿区岩溶水与区域岩溶水系统的关系，以及矿区涌水是否会得到区域的大量补给。同时，查明断裂与岩体的水文地质性质（隔水、相对隔水、导水）。

（3）对华北地区石炭、二叠系煤田要查明底板岩溶水突水的可能性和突水的地段。

（4）对浅覆盖的溶隙充水矿床要调查岩溶塌陷的问题。

最后，分析本类矿床岩溶水排供结合的可能性，提出排供结合的可选方案。

在水文地质勘察中，对上述各类问题要作出论证。尤其重要的是要对水文地质条件复杂程度为中等至复杂的矿床要进行大降深、大流量、较长时间的群孔抽水试验（或井下放水试验）。这是因为溶隙充水矿床一般水量大、补给充沛，所以当抽水量较小、抽水时间短、降深小时，其地下水的流场仍然是天然流场，不能获得符合实际情况的水文地质参数，也不能了解边界条件，更不能暴露矿床在疏干条件下可诱发的水文地质工程地质问题。

由于地下水运动基本上为渗流运动，呈分散流状态，一般可用地下水动力学法以及其他各种方法计算矿坑涌水量。

11.2.2.2　溶洞充水矿床勘察要点

本类矿床水文地质勘察，最主要的是要查清岩溶的分布规律，查明溶洞及充填情况及充填物的性状和分布。进而，研究岩溶塌陷的形成及预测岩溶塌陷的分布区，尤其要注意地表水沿塌坑灌入的可能性。此外，还要研究排供结合的可能性。

对水文地质条件复杂的矿床也要进行大降深、大流量、较长时间抽水（或放水）的试验。抽水试验不仅要获取水文地质参数，进一步了解边界条件，最重要的任务之一是尽量达到暴露岩溶塌陷带的要求，因此在抽水时应尽量把水位降低到松散覆盖层的底板。

岩溶水运动宏观上为渗流，基本可用地下水动力学或其他计算方法计算矿坑涌水量。

11.2.2.3　岩溶地下河（管道）充水矿床勘察要点

本类矿床水文地质勘察的要点，是要重点查明岩溶地下河或岩溶管道的空间分布及汇水区的面积，掌握地下水及降雨动态特征，预测岩溶地下河或岩溶管道溃水的可能性，以及研究排供结合的可行性方案。

　　根据本类矿床水文地质的特点，不能应用常规的勘察方法。主要依据地表、地下水水文地质调查，依靠连通试验及其他方法查明岩溶地下河或岩溶管道的数量和分布情况；有些矿床可结合坑道及井下钻探查明。

　　本类矿床矿坑涌水量预测不适用以渗流理论为基础的地下水动力学计算方法。抽水试验只能作为探查岩溶地下河或岩溶管道的连通情况，不能作为预测涌水量的根据。其涌水量的预测可用水均衡法、水文分析法、随机模拟法和物理模拟法等方法。

11.2.3　岩溶充水矿床专门问题研究

11.2.3.1　岩溶的分布与发育规律

　　岩溶的分布与发育规律的研究是岩溶充水矿床的基础和首要问题。在岩溶分布与发育专门勘察中应侧重以下几点：

　　(1) 研究要在整个岩溶水系统内进行，并以矿区为重点。

　　(2) 重点放在岩溶与矿床的关系。

　　(3) 注重岩溶分布与相对隔水层的关系。

　　(4) 提取岩溶充填物，并作专项分析。

　　(5) 探查现代岩溶及古岩溶的分布情况。

　　(6) 查明岩溶发育程度在平面上的分区及岩溶发育在垂向上的分带等。

11.2.3.2　底板突水的勘探与预测

　　底板突水是中国北方各省石炭、二叠系煤田开采中主要遇到的岩溶水文地质问题。如前所述，突水是发生在矿层底板有高压富水的岩溶含水层，岩溶水克服隔水层的阻力而突入矿坑，并将巨大的位能转化为动能，对通道不断地冲刷扩大，水量由小变大[30]。因此对底板突水问题的勘察，应注意以下几个方面的问题：

　　(1) 查明底板之下是否存在高压的岩溶含水层；查明岩溶水的水头分布及对底板的压力大小；分析矿区的富水区、强径流带。

　　(2) 分析矿层底板至岩溶含水层间的岩层岩性、厚度、裂隙发育情况，钻进中的漏水情况；天然情况下相对隔水层的真实厚度、隔水情况以及在开采条件下岩层性质与状态的变化及突水的可能性。

　　(3) 探查可能的突水通道。中国北方煤矿底板突水 50% 以上都与断层有关，特别是断层密集带、断层交叉点、帚状构造的收敛处、背斜轴部的张性断裂等[30]。

　　底板突水预测是一个十分复杂的问题，现在还没有一个经得起考验的成功的预测公式。在勘探时期可利用突水系数法结合岩溶富水区分析预测可能的突水地段，是一个比较可行的有效的办法。在 GB 12719—91《矿区水文地质工程地质勘探规范》中规定，底板突水预测可参考以下两种公式：

　　安全隔水厚度经验公式[11]：

$$t = \frac{L \sqrt{\gamma^2 L^2 - 8K_p H} - \gamma L}{4K_p} \tag{11-1}$$

式中：t 为安全隔水厚度，m；L 为采掘工作面底板最大宽度，m；γ 为隔水层岩石的容重，t/m³；K_p 为隔水层岩石的抗张强度，Pa；H 为隔水层底板承受的水头压力，Pa。

突水系数经验公式[11]：

$$T_S = \frac{P}{M - C_p} \qquad (11-2)$$

式中：T_S 为突水系数，MPa/m；P 为隔水层承受的水压，MPa；M 为底板隔水层厚度，m；C_p 为采矿对底板隔水层的扰动破坏厚度，m。

按式（11-1）计算，如底板隔水层实际厚度小于计算值时，就是不安全的。按式（11-2）计算，就全国实际资料看，底板受构造破坏块段突水系数一般不大于0.06，正常块段不大于0.15。

考虑到隔水层岩性与强度因素，计算时 M 应采用等效厚度，即以砂岩每米所能承受的水压力 0.1MPa 为强度单位，砂质页岩为 0.07MPa，黏土质页岩为 0.05MPa，断层为 0.035MPa，计算时将不同岩性隔水层换算成同等的等效隔水层厚度。根据焦作、淄博等六矿区的统计，突水系数（即突水相对临界值）一般为 0.66~0.72，超过此值就可能发生突水。

在勘探阶段对可能突水地段的预测也可以按编制矿区等比水压线图的方法进行，其步骤如下[31,39]：

（1）统计附近矿区或条件相似矿区突水系数值或按照相似矿区经验数值。

（2）编制矿区隔水层底板等高线图。

（3）编制矿床底板岩溶含水层等水压线图。

（4）编制矿区隔水层水压等值线图（即从上述两图数值相减而得）。

（5）编制矿区隔水层厚度等值线图。

（6）矿区隔水层比水压等值线图，即每米隔水层所承受的水压等值线。可用隔水层水压等值线图上的数值与隔水层厚度等值线图上的数值相除而得。

（7）从隔水层比水压等值线图上确定出突水系数，进而圈出可能的突水区段。

11.2.3.3　岩溶塌陷的勘察与预测

岩溶塌陷的研究重点是矿区，但是必须在整个岩溶水系统中进行。只有从整个系统出发，才能了解岩溶的分布规律和岩溶水的补、径、蓄、排关系，水动力场的变化规律。矿区岩溶塌陷勘察研究的内容有以下几点：

（1）首先要研究岩溶含水介质空隙空间形态组合及岩溶分布规律，岩溶含水介质空隙空间充填情况等，作出相关地区岩溶发育程度分区。

（2）研究盖层的物理力学性质、结构类型，及其与岩溶含水层的接触关系等。

（3）确定覆盖层地下水及岩溶含水层水文地质特征。针对覆盖层与岩溶含水层的水力联系，对地下水的抽、排水等对地下水动力场的影响进行重点勘察。

（4）岩溶塌陷的历史及现状资料收集、整理与信息提取。

（5）综合历史及现今，分析研究岩溶塌陷形成的条件、内外动力因素，建立岩溶塌陷预测模型，进行危险性区划及发展趋势预测。预测方法主要有地质分析法、统计预测法、经验公式法、灰色理论法等[33]。

11.3 裂隙充水矿床水文地质勘察

11.3.1 中国裂隙充水矿床的水文地质特征

裂隙充水矿床是指埋藏于非可溶岩类坚硬或半坚硬岩层中，主要为裂隙含水层或裂隙含水带充水的矿床。此外，某些岩溶不发育或发育程度微弱，地下水赋存条件和水力特征与一般非可溶岩基岩裂隙水相同的岩溶充水矿床，也划归为裂隙充水矿床之中。

岩层中的多种裂隙是地下水赖以贮存的场所和运移的通道，裂隙的大小、数量和裂隙发育程度及分布规律，都直接控制着裂隙含水层的含水性和富水性，影响到区域或矿床水文地质条件的评价[41,12]。

11.3.1.1 中国裂隙充水矿床的充水特征

裂隙水的赋存条件比较复杂，裂隙含水体的形态多种各样，按含水裂隙系统的形态或裂隙含水体在空间上的分布及埋藏特征来划分裂隙水的类型是比较恰当的，它能够在最大程度上反映和表征基岩裂隙水的埋藏条件、分布规律与运动特点。据此，将裂隙水划分为层状裂隙水和脉状裂隙水两种类型[42]，如图 11-2 所示。

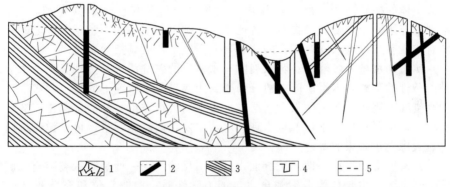

图 11-2 裂隙含水类型示意图（据 刘光亚，1979）

1—层状裂隙水；2—脉状裂隙水；3—柔性隔水层；4—干井；5—潜水位或承压水位

裂隙充水矿床的充水特征主要表现在矿坑涌水量比较小、突然涌水及矿床充水的不均一性等方面。

11.3.1.2 层状裂隙充水矿床充水特征

层状裂隙充水矿床在中国的分布比较广泛，从成矿时代和赋矿地层看，自前震旦纪古老变质岩系至中新生界地层都有分布。从矿床成因可分为沉积矿床、火山沉积矿床及沉积变质矿床。此三类囊括了中国大部分煤矿床和非金属、金属矿床。在层状裂隙水为主要充水因素的裂隙充水矿床中，其充水特征可归纳为以下几点：

（1）一般矿坑涌水量较小。由于受到裂隙发育程度、大小、补给条件等限制，一般矿坑涌水量都比较小，除砂岩裂隙富水带或玄武岩裂隙及孔洞层外，一般的矿坑涌水量为 $n \times 10^1 \sim n \times 10^2 \, \mathrm{m^3/d}$。

（2）砂岩裂隙富水层常造成溃水。中国北方地区的二叠系煤矿床，时常出现砂岩构造裂隙含水层溃水[30]。如安徽淮南煤矿、江苏徐州煤矿、河南焦作煤矿及河北开滦煤矿等均发生过砂岩裂隙含水层的溃水事故。裂隙含水层的形成和分布主要受地质构造和地层岩性的制约，其溃水特点及其危害程度随含水层的规模大小和补给条件而异，一般是以水的来势凶猛、水量消减或消失得快为特点。

（3）顶板直接充水。顶板直接充水是当矿层顶板与主要含水层直接接触，由于井巷的掘进，揭露了上覆充水岩层而引起的矿坑涌水。此类涌水一般规律是：溃水初始时涌水量达最大值，然后，随着时间的延长，涌水量递减，直至稳定。

（4）玄武岩裂隙及孔洞层充水水量很大。以河北坝上地区张北煤矿为典型，该区在第三系湖沼相含煤岩层之上广泛分布着玄武岩，最大厚度 190m。赋存于该层的玄武岩裂隙及孔洞水，涌水量较大，成为张北煤矿井巷开拓的主要危害。该矿三年内共发生大小溃水或淹井事故多达 32 次，严重影响采掘工作的正常进行。据调查资料，矿坑点涌水量一般为 1320～1392m³/d，矿坑层涌水量为 3240～10560m³/d，一对斜井总涌水量达 21216m³/d，占整个井筒涌水量的 90％以上[49]。

11.3.1.3　脉状裂隙充水矿床的充水特征

（1）直接充水，有矿就有水。在脉状裂隙充水矿床中，各种裂隙相互穿插相互联通，形成包括矿体在内并依附于矿体面存在的裂隙含水带，构成矿脉、控矿断裂和含水带三位一体的格局[45,46]。所以，脉状裂隙含水带与脉状矿体的共存和相互依托，是脉状裂隙充水矿床主要的水文地质特征之一。矿山井下工人积多年采矿之经验总结出了"有矿就有水，有水就有矿"的认识，在实践中，极具指导意义。

（2）矿坑涌水量一般较小。脉状裂隙充水矿床的矿坑涌水量受到裂隙含水带的规模和补给条件的制约，本类矿床一般分布于封闭或半封闭状况下的裂隙含水带，因其自身含水空间限制，又无其他强含水层或地表水的大量补给，补给水源比较贫乏，富水性较弱，矿坑涌水量较小，一旦出现涌水，主要是消耗储存量，可以说矿坑涌水量小是脉状裂隙充水矿床的普遍规律。

（3）具有明显的不均一性。矿坑涌水具有明显的不均一性是脉状裂隙充水矿床的又一重要特征。它主要与构造裂隙含水带的力学性质、构造部位和充填胶结情况有关。同时，由于井下巷道开拓方向与构造含水带延伸方向两者展布关系的不同（平行或垂直等），也会影响到巷道揭露充水裂隙的数目、涌水点数和涌水量的大小和变化。

11.3.2　裂隙充水矿床水文地质勘察的重点及方法

针对裂隙充水矿床的特点，在水文地质勘探中要着重查明以下几个方面的内容与问题：

（1）裂隙充水矿床的类型（层状裂隙或脉状裂隙充水）。

（2）裂隙的成因、性质、大小、密度、连续性、发育及分布规律、含水及充填情况。

（3）构造断裂带（及含矿破碎带）的性质、规模、两盘岩性、充填胶结情况、导水、富水性与各含水层和地表水的水力联系等。

（4）对于玄武岩裂隙及孔洞层，主要是查明裂隙、孔洞的分布规律、联通情况、充填及含水情况。

（5）岩体风化带的风化深度及风化程度。

　　本类矿床可采用常规的水文地质勘探方法。对于当地侵蚀基准面以上的、水文地质条件简单的矿床，可根据矿区的地形、地质资料，简易水文地质资料及邻近矿山的排水资料作出评价，无需布置专门的水文地质孔。对于位于当地侵蚀基准面以下的简单类型矿床，除了上述工作外，可做些简易抽水试验。

　　对本类型矿坑涌水量预测，可用比拟法或地下水动力学方法进行。

11.3.3　裂隙充水矿床专门问题研究

11.3.3.1　砂岩裂隙富水层

　　中国北方二叠系、三叠系和侏罗系煤矿区，煤层顶板或底板往往分布着砂岩裂隙含水层，其中砂岩裂隙富水层的涌水量大，常造成冲垮或淹没工作面，甚至发生人身伤亡事故，成为这类矿区危害生产的主要因素。例如徐州、两淮、焦作和开滦等矿区，均发生过数次至数十次煤层顶板砂岩裂隙富水层溃水或淹井，最大涌水量 $12960 \sim 15840 \mathrm{m}^3/\mathrm{d}$[12]。因此研究砂岩裂隙富水层分布、埋藏条件和勘探评价方法具有重要意义，主要的研究内容如下。

　　1. 岩相古地理分析

　　在矿床水文地质勘探研究阶段，应充分搜集地质勘察资料和煤层鉴定资料，研究煤系地层（主要是砂岩）岩相古地理特点，划分出那些易于产生脆性破裂变形的砂岩层位和层数，然后结合构造分析和裂隙统计资料，确定出砂岩裂隙富水层可能赋存部位[50]。

　　2. 构造分析

　　首先，从区域构造上来看，不同构造体系或不同方向的构造线复合或相交的部位，是形成砂岩裂隙富水层的有利地段[51]。

　　其次，也是最重要的工作，就是对矿区或井田次级褶皱和断裂构造的分布、形态、性质等进行详细的调查。这些构造部位常常是形成构造裂隙发育带或砂岩富水层的有利地段。

　　3. 富水层预测

　　在上述工作的基础上，依据区域综合性图件，结合钻孔简易水文地质观测资料、水文观测井资料、抽水试验和矿山砂岩富水带涌水资料等的综合研究分析，勾画出砂岩裂隙富水层的规模、分布埋藏条件及空间分布规律，并对其富水性作出定量评价，作为矿山防治水的依据。

11.3.3.2　玄武岩裂隙及孔洞含水层

　　对玄武岩裂隙及孔洞含水层，应对其形成条件、分布规律及富水性进行研究。其矿床水文地质工作主要有以下几个方面[51,53]。

　　1. 综合地质及水文地质调查

　　在前人工作的基础上，进行更高精度的地质—水文地质综合调查，重点是查清玄武岩地下水的特征，并对矿床的充水关系作出评价[54]。

　　具体调查内容包括玄武岩的喷发方式、喷发期次、结构构造、岩性岩相变化、厚度、喷发间断性质、玄武岩区地貌与不同时代玄武岩的关系。重点对玄武岩裂隙—孔洞水赋存条件、分布规律及水量和水质变化作专项调查研究。

2. 航空遥感和物探方法

利用航卫片解译分析玄武岩的分布，岩性岩相变化、玄武岩区地貌和新构造运动的特点，确定塌陷坑、隧道口、熔岩大泉和富水带的位置等，以提高地面地质调查的精度。

从实践应用结果来看，物探中的重力法和地面电法勘探的效果较好。重力最为直观，对大洞、埋藏浅的溶洞有明显的异常反映；而地面电法中的联合剖面法灵敏度较高，分辨能力强，应广泛运用。

3. 试验和测试工作

为查明玄武岩裂隙—孔洞水的分布、富水程度及相互水力联系，并为矿坑涌水量预测提供参数，在综合分析简易水文地质观测资料的基础上，选择对矿床充水影响大的含水层进行单孔或多孔抽水试验。

有时为了查清玄武岩熔岩隧道、熔岩管道和大型张裂隙的延伸、联通情况及地下水流速度，可利用塌陷坑、天窗、天然井及熔岩大泉等进行连通试验。

4. 动态观测

选择玄武岩地区熔岩大泉、水井等自然或人工水点，进行水位、水量和水质定期监测，以研究玄武岩地下水的动态变化规律、补给条件、地下水与地表水的联系，进而对矿床充水的关系和危害程度作出评价。

11.3.3.3　矿区充水断裂

断层的充水程度差异很大，这主要是取决于断层的规模、力学性质、岩石破碎带的胶结程度及地下水的补给条件。因此，通过一定的勘探手段和研究方法来评价断层含水带对矿山开采的影响是矿床水文地质勘探工作的重要任务之一[4-6]。

1. 应查明的几个主要问题

（1）断层破碎带的特征。断层的性质、规模、破碎程度和胶结程度的不同，以及断层的导水性、富水性的差异均对矿坑的涌水产生影响。如南京梅山铁矿在矿体和近矿围岩中发育十几条 NE 和 NEE 向张扭性断裂，基本未充填，断层裂隙宽度一般 1～3m，最宽处 6～8m，延伸长度在几百至几千米以上，如图 11－3 所示，开拓巷道时遇到该断裂均发生大量涌水淹井。从 1967～1976 年，－200m 巷道共发生较大涌水 10 次，其中最大一次瞬时涌水量 1.2 万 m^3/d[12]。

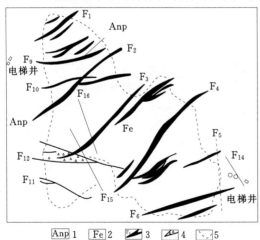

图 11－3　南京梅山铁矿－125m 巷道构造地质图
（据 刘启仁，1995）

1—辉石安山岩；2—矿体；3—断层和宽裂缝；
4—破碎带；5—地质界线

张性和张扭性断裂带，由于张裂隙发育，张开度大，充填程度不好，往往是富水断裂；而压性和压扭性断裂，由于其断裂带多由糜棱岩、断层泥等组成，结构密实，充填程度高，一般为含水微弱的断裂或阻水断裂。

（2）断层带地下水的补给条件。地下水的补给条件包括补给水源、补给途径和补给量，只有补给源水量丰沛、补给量大，断层含水带才会对矿山开采产生较大危害。

2. 应进行的水文地质工作

为了正确评价断裂含水带对矿山开采的影响，一般需进行以下调查工作：

（1）地质及水文地质测绘。

（2）钻孔和生产坑道水文地质调查编录。

（3）航片卫片解译，地面物探和水文测井、钻孔无线电波透视。

（4）单孔和多孔抽水试验。

（5）地下水动态观测。

（6）实验测试，包括水质、环境同位素及破碎带岩石物理力学性质测定及分析等。

11.3.3.4　地表水体附近矿床的水文地质工作

当矿体位于地表水体附近时，地表水能否进入矿坑决定于两个方面：①地表水体与矿坑之间是否有透水层造成地表水与地下水的水力联系；②导水断裂或开采造成的采动裂隙、顶板塌陷是否造成地表水进入矿坑[5]。因此，当矿床位于地表水体附近时，需要查明以下内容：

（1）矿体与地表水体的水平与垂直距离。

（2）矿体与地表水体间岩层的岩性、结构、厚度、裂隙发育及充填情况；岩层含水性、导水性。其中要特别注意有无隔水岩层，隔水层的厚度及稳定性。

（3）有无通向地表水体的断裂，断裂的性质，破碎、充填情况及导水性能。

（4）矿床开采会不会产生导水裂隙或塌陷，进而引起地表水渗入。

（5）地表水的流量、水位、蓄水量及年内、年际的变化，洪水淹没的范围。

（6）地表水与地下水的联系程度及其对矿床开采的影响，计算下渗补给量。

（7）采取合理的采矿方法及顶板保护方法或留保安矿柱等，是否可以阻止或减少地表水体的入渗。

例如新疆阿尔泰山可可托海伟晶岩矿（图11-4）。该矿本来位于干旱区有裂隙而无水的矿床，一般说来这类矿床

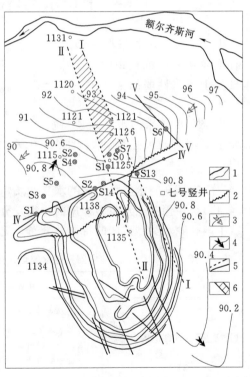

图 11-4　阿尔泰山可可托海矿区水文地质简图
（据 宁重华，1980）

1—最终采场范围及平台；2—含水岩组分界线；
3—砂砾含水组等水位线及流场；4—角伟岩
含水组等水位线及流场；5—实测、推测
断面；6—强下渗段

的涌水量是很小的，但由于该矿床位于地表水体附近，且矿体大部分位于当地侵蚀基准面——额尔齐斯河河床之下，地表水通过第四系冲积层和角伟岩含水岩组进入了矿坑，1956年10月，曾经发生溃水淹井。

该矿涉及露天采场北部边界并距额尔齐斯河400m。伟晶岩矿和围岩中发育着网络状裂隙系统，形成整体上有密切水力联系而透水性不均一的"角伟岩含水岩组"。在矿脉和顶板内广泛发育一组NW向张性构造裂隙强透水带，钻孔单位涌水量为2～7L/(s·m)，渗透系数为1～30m/d。矿区北部分布有第四系冲积砂砾层，厚度40～75m，单位涌水量为1.41～2.09L/(s·m)，渗透系数为3.90m/d。砂砾含水层与下伏角伟岩含水岩组存在密切联系，对角伟岩含水岩组进行抽水疏干时，上覆砂砾石含水层也形成明显的降落漏斗，漏斗中心的水位降低为30m（疏干排水量为1.2万～1.5万m³/d）。降落漏斗在Ⅰ、Ⅱ两条大构造裂隙带之间的狭长地带尤为明显，成为河水通过砂砾石层垂直下渗补给角伟岩含水岩组的通道。经计算，第四系砂砾石层水和河水垂直下渗补给量为12760m³/d。

11.4　孔隙水类型矿山水文地质勘察

孔隙充水矿床是指矿坑涌水以孔隙水为主的矿床。在中国属于孔隙充水的矿床有第四系松散沉积物中的矿床，第三系以前的疏松半成岩层中的矿床，以及矿体虽产于富水性弱的基岩中，但上覆有第四系孔隙含水层，开采时受其充水影响的矿床。

孔隙充水矿床的水文地质特征、矿床开采后产生的水文地质问题与其他类型的充水矿床有较大差异，因此在矿床水文地质勘探与评价方法上具有其独特的一面。

11.4.1　中国孔隙水类型矿床的水文地质特征

11.4.1.1　中国孔隙水类型矿床的特征及分布

中国孔隙水类型矿床的特征及分布，见表11-5。

表11-5　　　　　　　　　中国孔隙水类型矿床的特征分类简表

矿床类型	分　布	矿床及矿体特征	代表矿床
冲积砂矿床	遍布全国各省（自治区、直辖市）	一般分布于山区、丘陵地带，沿河谷延伸，多呈带状。矿体为层状或透镜状，同一矿体，含矿层可由一层至数层，一般分布于每个沉积旋回的下部或底部	主要有东北和西北的砂金矿，沿海及中南地区的砂锡矿，山东、辽宁及湖南的金刚石砂矿等
坡、残积矿床	南方诸省广泛分布	矿床分布位置较高，多在山顶、缓坡及山麓地带。矿体呈似层状或其他不规则形状，夹于残积、坡积黏土层或混杂于碎石层中，矿物颗粒为棱角状，分选较差或无分选性，无明显的层理	湖南省春陵水两岸锰矿，广东省云浮县鸟石岭、狮子岭铁矿等

矿床类型	分 布	矿床及矿体特征	代 表 矿 床
第三系矿床	东北、内蒙古及广东等地	矿床多位于丘陵及大型盆地内。矿体呈层状，赋存于第三系半胶结岩层中，顶、底板为黏土层岩、砂岩，部分矿区矿层间接顶板或底板为火成岩及碎屑岩，有的夹有泥灰岩	主要为煤和油页岩矿床
第四系覆盖下的基岩矿床	内蒙古、辽宁、河北、安徽等省（自治区、直辖市）	矿床一般位于河谷、河谷平原和山前冲洪积平原，第四系沉积发育。矿体围岩为非可溶性岩石，成层状或块状，部分矿区构造运动强烈，断裂、节理裂隙发育	内蒙古赤峰元宝山煤矿，河北滦县司家营铁矿及马城铁矿，安徽当涂姑山铁矿等

11.4.1.2 矿坑涌水特征

1. 矿坑水动态与降水密切相关

孔隙充水矿床矿坑涌水量受降水的影响十分明显，旱季矿坑涌水量较小，雨季时矿坑涌水量明显增加。如广东茂名露天油页岩矿在干旱季节时坑底排水量很小，但在最大暴雨日时，坑底排水量猛增到824757m³/d[5]。

2. 地表水对矿坑涌水往往有直接影响

孔隙充水矿床一般分布在位置较低，附近常有地表水体的区域（如河谷、盆地及山前倾斜平原等）。有的矿床位于当地侵蚀基准面以下，甚至直接埋藏于地表水体以下，地表水往往成为这类矿床的主要充水水源之一。

3. 矿坑涌水量与地下含水层的储水量有关

第三系矿床矿体以上一般覆盖厚度巨大的砂、泥质岩层，其内地下水的储量较为稳定。巷道揭露含水层或巷道溃水后，开始时涌水量较大，以后水量逐渐减少，最后涌水消失或稳定到一个较小的流量。如丰广煤矿三井右二路反石门1967年发生溃水，最大涌水量为1560m³/h（3.96万m³/d），两天后涌水量迅速减小，10d以后降至100m³/h（2400m³/d）左右，20d后减少到6m³/h（144m³/d）[12]，如图11-5所示。

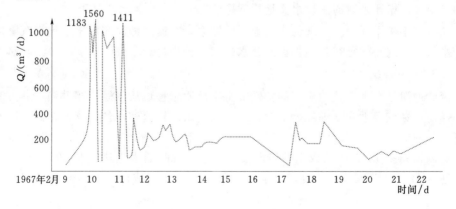

图11-5 丰广煤矿三井-170m反石门流砂冲溃涌水量曲线（据 王少然，1980）

4. 山区河谷地带及冲积扇顶部的孔隙充水矿床往往水量极大

山区河谷地带及冲积扇顶部的孔隙含水层一般由砾石、卵石、砂层组成，透水性好，且常由地表河流补给。孔隙充水矿床的矿坑涌水量往往极大，甚至达到难以开采的地步。

如内蒙古元宝山露天煤矿就是山区河谷地带孔隙充水矿床的一个典型。元宝山煤田位于老哈河与英金河冲积、洪积形成的山间河谷长条形平原之下[12]，如图 11-6所示。矿坑涌水来源主要有第四系孔隙潜水、英金河河水、老哈河河水、降水直接补给等。预计矿坑涌水量可达 33 万～34 万 m³/d，露天范围内要疏干的第四系含水层储存量达 2.7 亿 m³。

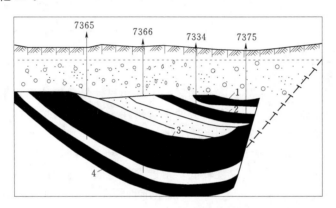

图 11-6   元宝山煤田地质剖面示意图（据 曹剑峰等，2006）
1，2，3，4—煤层

5. 矿坑涌水较为均匀

孔隙充水矿床含水介质较为均一，除了井下开采因流砂层溃水或砂层水头过高造成溃水，在溃水口周围形成集中水流外，一般矿坑涌水较为均匀。地下水沿揭露面渗出，无集中水流或涌水量的急剧变化。

11.4.1.3   矿床开采时的主要水文地质问题

孔隙充水矿床开采时出现的水文地质问题主要有流砂冲溃、塌陷、地面沉降以及残余水头等，这些问题在其他类型的充水矿床比较少见。

1. 流砂冲溃及塌陷

流砂冲溃是发生在孔隙矿床的特殊的水文地质工程地质问题。当井筒、巷道和回采工作面揭穿或接近含水细粒砂层时，易引发突水。水流速度快，含砂量高，瞬时埋没巷道，冲毁设施，造成停产和伤亡事故。如吉林舒兰煤田丰广三井+170m 水平施工中，因揭露第 13 层煤底板细砂岩而发生溃水，瞬时涌水量达 3.96 万 m³/d，含砂率高达 50%。砂随水进入巷道，总溃砂量为 8 万 m³，造成停产[12]。流砂冲溃的特征如下：

（1）流砂冲溃时，一般在溃砂前出现少量的涌水，而后水量突然增加，水流速度很大。以后逐渐减少，最后稳定到较小的流量，或者断流。

（2）流砂冲溃具有间歇性和反复性。流砂冲溃后，水头降低，此后砂层又获得地下水补给，再次充水饱和，水头抬高，发生溃水溃砂。

（3）因流砂冲溃引起塌陷。因流砂冲溃而产生的塌陷，有的发生在地下，有的发生在地面，与采空区的位置和规模没有明显的关系，并且多出现在河谷地带，其规模一般较小，直径多在 10m 以下，深度仅数米[56]。

如吉林舒兰煤矿的四井＋116m 水平二层运输巷道 1977 年钻孔出水，引起溃水溃砂，之后在二层煤顶板砂岩露头处，产生直径 5m、深 2m 的塌陷坑。该矿二井＋167m 水平一层煤底板砂岩 1967 年发生溃水溃砂，65 天后地面产中塌陷，塌陷坑直径 15m、深 4m。又如丰广煤矿三井＋170m 掘进时底板砂岩溃水溃砂，在该层砂岩露头带产生多个塌陷坑，形成沿露头带塌陷区，如图 11-7 所示。

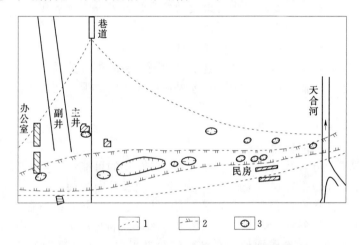

图 11-7　丰广煤矿三井＋170m 反石门流砂冲溃
地面塌陷平面图（据　王少然，1980）
1—地面裂隙；2—沉陷区；3—塌陷坑

2. 残余水头及其引起的工程地质问题

残余水头是指矿区疏干排水后，疏干地层中仍然保留一定高度的水柱的现象。这种现象主要存在于细粒的孔隙含水层中，在孔隙充水矿床中相当普遍。

残余水头在矿床开采中是经常可以遇到的，但是，并非所有矿区都因残余水头引发严重的工程地质问题，只有在露天矿的土质边坡、半坚硬岩和强风化基岩边坡，残余水头才对边坡的稳定性产生较大的影响。归纳起来，因残余水头的存在引起的工程地质问题如下：

（1）流砂。因含水砂层疏干后有残余水头，残余水头所在的砂层部分处于饱水状态，工程施工遇到这部分砂层即产生流砂。

（2）滑动。基坑开挖后，由于残余水头的影响，残余水头以下的黏性土等软弱层保持较高的含水量或处于饱水状态，在上覆地层自重压力下，边坡土体沿黏性土层或沿砂层和黏性土的接触面发生滑动。

（3）崩塌。残余水头引起的崩塌规模较小，主要发生在土质边坡。含水层在残余水头以下部分，地下水仍然产生渗流，水对砂层的潜蚀作用和机械振动引起的砂层液化，使砂层掏空，造成上覆地层垮落。

3. 地面沉降

孔隙充水矿床，如从第四系含水层或者从基岩含水层中排水，就会引起第四系含水层的疏干，往往使地面产生下沉，形成以排水点为中心的地面沉降漏斗。如姑山铁矿露天采场，利用疏干巷道对第四系含水层进行疏干，在疏干过程中，采场周围地面发生下沉，采场中心下沉量为 30～60cm，形成以矿坑为中心的地面沉降漏斗，影响半径达 2km[5]。

11.4.2　孔隙充水矿床水文地质勘察的重点及方法

针对孔隙充水矿床的特点，水文地质勘察时要着重查明以下几个方面的问题：

（1）松散层的成因及其分布范围。

（2）松散层的岩性、结构、粒度比、富水性和透水性。

（3）松散层和矿层的组合关系，含水层和隔水层的组合关系。

（4）地表水体对矿床充水的影响，地表水最大淹没范围、地表水与地下水的水力联系。

（5）降水对矿坑涌水的影响。

（6）含水层之间的组合关系。

（7）流砂层的分布及其溃入矿坑的可能性、疏干的可能性。

（8）黏土层（包括夹层、透镜体）的厚度变化及分布规律。

此类矿床水文地质勘察要大力应用地面电法及水文测井，以节省勘探工作量并提高勘探质量。对于河谷地带，冲—洪积扇地区水量大的充水矿床，要用大降深、大流量、较长时间的抽水试验作评价。在抽水试验过程中要注意流砂冲溃、地面沉陷等问题。

矿坑涌水量预测一般可用基于达西定律的各种计算方法。

11.4.3　孔隙充水矿床的专门问题研究

11.4.3.1　流砂冲溃

在勘探阶段，要详细查明矿区的地质条件，分析产生流砂冲溃的因素，预测矿床开采时流砂冲溃的可能性、规模、发展趋势及其危害，提出流砂冲溃防治的措施。

1. 流砂冲溃的水文地质勘察

流砂冲溃勘察应注意下列问题：

（1）水文地质测绘范围应包括完整的水文地质单元，沿河谷地带应适当地扩大测绘范围，调查河谷第四系地层岩性、厚度、富水性及其切割流砂层的情况，收集矿区已采矿井流砂冲溃资料。

（2）在钻进中应详细记录漏水、涌水、涌砂、埋钻等现象，观测钻孔中水位变化及砂层的静止水位。

（3）抽水试验主要是查明流砂层的富水性、渗透性；流砂层和其他含水层、地表水体的水力联系；断裂的水文地质特征；取得计算参数，为流砂冲溃的预测提供依据。抽水试验孔应布置在对矿床开采影响较大的流砂层、断裂带及地表水体附近。

（4）对流砂层，矿层顶底板及断裂破碎带岩石应采样进行测试，对砂层样品应进行粒度分析；对矿层顶底板及断裂带岩石应进行抗压与抗剪试验。

2. 流砂冲溃的预测方法

在勘探阶段一般采用下列方法：

（1）综合分析方法。在详细查明矿区水文地质工程地质条件的基础上，采用各种分析方法，研究流砂冲溃形成因素，结合以往勘探与开采中流砂冲溃的经验，预测矿床开采时流砂冲溃可能发生的地段、规模及产生地面塌陷的地区。在预测流砂冲溃时通常进行下列三项分析[1]：

1）地层分析。主要对矿区地层岩性、结构、胶结程度、厚度和地层组合关系等进行分析，研究可能发生流砂冲溃的层位，矿层和流砂层间的接触关系。

2）地质构造分析。界定因断裂引起的矿层、流砂层和含水层等接触关系的变化，研究断裂充填物、两侧岩石破碎风化程度；分析断裂带对流砂冲溃的影响。

3）水文地质分析。依据流砂层的产状、渗透性、富水性、地下水补给条件，流砂层与第四系含水层、地表水体间的水力联系，隔水层的阻水作用，断裂的水文地质作用，综合评判这些因素对流砂冲溃的影响。

（2）水文地质比拟法。在充分调查和收集已有矿区（或开采地段）资料的基础上，对比分析勘探矿区和拟采地段的水文地质工程地质条件，预测矿床开采时可能产生流砂冲溃的地段及其规模。

（3）突水系数法。突水系数法在岩溶充水矿床专门问题中已有详述，在此不再重复。突水系数可从本矿或类似条件的邻近矿床统计或取经验数值，运用相关公式计算比水压值，如超过突水系数即可能发生突水，从而引发流砂冲溃。

11.4.3.2　残余水头的分析

主要目的是分析残余水头的形成因素，预测矿床开采时残余水头产生的层位、大小及其对开采场边坡的影响，为矿床开采和疏干设计提供依据。

1. 残余水头的研究应侧重的方面

（1）查明第四系地层岩性和结构，特别是要区分粗粒含水层、细粒含水层和隔水层。

（2）第四系和基岩含水层的渗透性、富水性，补、径、蓄、排特征及各含水层间的水力联系。

（3）土层的物理力学性质。

（4）大气降水、地表水对地下水的补给。

（5）含水层的水文地质参数及疏干效应。

研究工作应紧密结合矿床水文地质勘探工作进行。研究范围应包括矿区在内的第四系地下水系统，如系统太大（如冲积平原、洪积扇）则要包括矿山未来开采影响到的地方。

在详查和勘探阶段，应尽量利用地质钻孔，配合物探测井来查明第四系地层的岩性、厚度及分布情况。勘探阶段应在地质勘探网以外的研究范围内，布置第四系钻孔，以了解其水文地质结构。在钻探工作中，应提高岩芯的采取率，做好钻孔简易的水文观测，记录钻孔中水位、埋钻、缩孔等现象，分层采样并进行物理力学试验。

2. 抽水试验

通过抽水试验，获取含水层水文地质参数及疏干效应，确定含水层间的水力联系及水文地质边界等，为矿床开采和疏干设计提供依据。

特别要注意的是，以往的矿区水文地质工作较侧重强含水层（粗颗粒含水层），而忽略了对弱含水层（细颗粒含水层）的调查分析，未注重提取其参数，未计算其对矿坑的涌水量，也未研究其疏干效应。露天矿涌水量固然重要，而地下水能否被疏干，能否因残留水头引起严重后果，也应给予足够的重视。因此在布置对强含水层抽水时，对弱含水层也要布置有一定数量的观测孔进行分层观测；对弱含水层也要有一定数量的抽水孔，便于了解其水文地质参数及疏干效果。有些大型、重要的露采孔隙充水矿床，涌水量过大，一般抽水水位降不大，可以把抽水与疏干试验结合起来进行。

11.4.3.3　地面沉降

分析地面沉降机制，以预测地面沉降发展的趋势，提出防治措施。地面沉降勘察应包括以下内容：

(1) 第四系地层岩性、结构、厚度、分布及地层组合关系。

(2) 第四系地层富水性、渗透性，各含水层间的水力联系，地表水体对含水层的补排关系。

(3) 采取第四系土层土样，测定土层的物理力学性质。

(4) 分析地面沉降形成机制。

(5) 对地面沉降进行预测。

11.5　矿床水文地质勘察的主要方法

11.5.1　矿区水文地质测绘

11.5.1.1　矿区水文地质测绘的意义和目的

矿区水文地质测绘是查明矿区水文地质条件必不可少的手段，其目的是调查与矿坑涌水有关的各种水文地质要素，如含水层与隔水层的分布情况、埋藏条件、富水性及边界条件；地质构造对矿床充水的控制作用及其导水或阻水性能；地下水的补给、径流、调蓄及排泄条件等[5,6]。这些均是分析矿床充水因素、布置水文地质勘探及选择矿坑涌水量预测方法所需的基础资料。

11.5.1.2　水文地质测绘的内容和要求

矿区水文地质测绘与区域水文地质测绘工作方法相近，但又具有其自身特点，见表 11 - 6。

表 11 - 6　　　　　　　　　　　**矿区水文地质测绘的内容及方法**

类型		测绘内容及侧重点	测绘目的
地质点	岩性	岩石结构和构造、产状、岩相变化、成因类型、厚度、地层年代和接触关系等。应分别对岩石性质和含水介质空隙空间类型有侧重	分析地质现象对矿区地下水形成、运移及储存的影响与控制
	地质构造	褶皱、断裂的位置、规模，沿走向的变化规律，形态特征、类型，组成岩层的相变、时代和特征，岩层厚度变化及低序次构造特征。重点分析褶皱对矿区地下水的形成、运移及储存的影响	
	第四系	岩性、岩相、结构与构造、特殊夹层、各层间的接触关系、所含化石及露头点所处的地貌部位等。重点分析第四系含水层对下伏各含水层的补给关系及对矿坑涌水的影响	
	地貌	地貌单元的划分、分布特征及成因类型，矿区所处的地貌部位及矿区内微地貌形态组合特征。重点分析地貌、地质构造与地下水形成之间的相互制约或依存关系，及这些因素对矿区地下水形成和分布的影响	
	地质灾害	调查各种地质灾害的分布范围、形态特征、规模大小、发生的地层层位和破坏情况以及对矿床开采产生的影响	了解矿区内地质灾害对矿床开采及地下水系统的影响及控制
水文地质点	水井	水井钻孔所处地貌部位、深度、结构与口径，水井、钻孔的地层剖面、含水层位置、岩性、厚度及富水性等。重点调查开采井开采资料，调查在开采过程中水位、水量、水温及水质的变化情况	研究矿区地下水系统特征及其与矿床开采的相互关系
	泉	泉水的名称、位置、出露的地形地貌部位，泉的出露处的地质构造条件和泉水的成因类型。测量泉水的水温、流量，采取水样作水质分析，尽早开始动态观测	
	岩溶地下河	岩溶地下河的标高及所处的地貌单元位置和特征，出露的地层及其与附近构造的关系；观测其水位、水温、流量、气温和洞温，采取水样作化学分析。重点查清地下岩溶地下河与邻近水点及整个地下水系统的关系，必要时进行追索或做连通试验查清地下水的"来龙去脉"	
矿点	矿坑	矿井井口标高及附近地形地貌特征，开采水平标高，生产工作面长度，采矿方法，采空区范围、面积及深度，排水设备能力；矿床主要充水岩层的特征，及其与矿层的关系，断层、裂隙、岩溶现象的描述，矿井涌水量、水位及水质动态变化，井下突水点的位置、层位、与构造的关系，突水来源、突水时间、突水量、突水后水量随时间的变化情况，有无淹井历史，调查淹井原因及过程；采矿引起的顶板破坏、地面塌陷、地面沉降和裂隙发展情况，隔水层厚度、隔水作用及其静水压力	分析矿床及其开采过程对区域地下水系统的影响方式
	老窑	重点调查老窑的分布范围，开采深度、窑内积水情况，了解老窑所处的地形条件、地质条件、开采方法、排水设施及排水能力，涌水量的大小及停采原因	查明老窑水对矿床开采的影响
地表水体		地表水体的位置及周围地形特征，地表水的形态、分布面积、积水深度，地表水体所处地貌、地质构造、地层岩性情况，距矿点的远近，分析地表水体对矿床充水的影响；测量地表水体的水位、水温、流量，取水样进行化验分析，收集水文站有关资料，了解水量、水位动态变化规律；实测河流上、下游断面流量及支流水量，了解河流沿途水量变化的情况，分析它与地下水和矿床充水的关系	分析地表水体对矿床开采的影响

11.5.1.3　实例

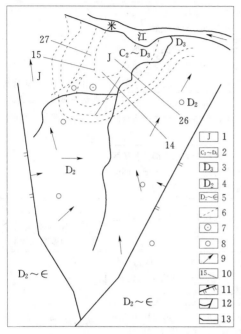

图 11-8　茶陵排前铁矿区域水文地质图
（据 孙孝文，1980）

1—侏罗系石英长石砂岩；2—下石炭至上泥盆
系灰岩、砂质页岩；3—上泥盆砂质页岩；
4—中泥盆白云质灰岩；5—赤铁矿层；
6—中泥盆系至寒武系石英砂岩和板岩；
7—放水试验中心；8—观测孔；9—地
下水流向；10—勘探界线及编号；
11—断层；12—河流；13—地层界线

湖南茶陵排前铁矿矿区的东、南、西三面被中高山环绕，北面临米江，地貌上构成一个向北开阔的箕形盆地。矿区的主体构造为一倾伏向斜，向斜西南端翘起收敛，东北瑞倾伏张开。矿体产于上泥盆统翻下组底部[12]，如图 11-8 所示。

在进行矿区水文地质勘探过程中，由于没有作区域水文地质测绘，仅根据矿体产出露部位的地质情况，错误地把矿层顶部的下石炭统灰岩当作主要的充水岩层进行勘察，布置了七组的群孔抽水试验和其他专门性的水文地质勘探工作。根据抽水试验资料，预测 14—15 线范围内矿坑涌水量为 14496m³/d。在矿山基建时发现，矿层底部的上泥盆统灰岩的涌水量远远超过了矿层顶部下石炭统灰岩的涌水量，于是又进行了水文地质补充勘探，并在矿区及外围展开水文地质测绘，以了解与矿区充水有关的区域水文地质因素。

通过测绘最终查明：矿层顶部的下石炭统灰岩是矿区的次要含水层，而矿层底部的上泥盆统灰岩才是矿区的主要含水层。分布在矿区南部的大面积中泥盆统的灰岩岩溶较为发育，含水丰富，是构成区域的主要含水层，也是矿层底部上泥盆统灰岩及矿层顶部下石炭统灰岩岩溶水的补给来源。分布在上泥盆统的灰岩与中泥盆统灰岩之间的中泥盆统砂岩厚度较薄，受到扭性断层 F_5 和 F_9 的破坏，沟通了区域中泥盆统灰岩含水层、矿区上泥盆统灰岩和下石炭统灰岩内含水层，使矿区内的灰岩含水层受到区域含水层的补给。向斜两翼的 F_4 和 F_7 断层是阻水压性逆断层，米江水不会通过该断层向矿区倒灌。

经过矿区及区域水文地质测绘工作，对矿区水文地质条件有了新的较符合实际的认识，在此基础上结合补勘过程中取得的试验成果，重新预测了矿坑涌水量为 45960m³/d，此值与区域预报结果较为接近。

11.5.2　矿区钻孔简易水文地质观测

11.5.2.1　矿区钻孔简易水文地质观测的意义

钻孔简易水文地质观测是结合地质钻孔取得水文地质资料的一项重要基础工作。在勘探矿区内，系统而全面的钻孔简易水文地质资料，可以帮助了解含水层的分布、埋藏情况及富水性；也有助于了解岩溶和裂隙发育的程度及分布规律，为合理布置矿区水地质勘探及试验工作提供依据，并为评价矿区水文地质条件提供基础资料。

11.5.2.2 矿区钻孔简易水文地质观测内容

1. 钻孔编录

要求详细记录钻进过程中发生的涌水、涌砂、漏水、逸气、掉块、塌孔、缩径、钻具下落等现象及其出现的深度及层位，涌水钻孔应测量水头高度、涌水量和水温等，视水头高出地面的高度可做 1～2 次自然水头降低的放水试验，漏水钻孔要测量静止水位，大致确定冲洗液的漏失量，必要时可通过简单的注水试验了解漏水量。

2. 岩芯水文地质编录

做好岩芯水文地质编录工作，并与其他项目的观测结果进行综合分析，以提高钻孔简易水文地质观测的应用效果。岩芯水文地质编录的内容除了对岩芯的岩性、结构构造、岩石风化程度及深度进行描述，对岩芯采取率、岩芯的破碎程度及裂隙岩溶率进行数学统计外，还应着重研究含水介质空隙空间的类型（孔隙、裂隙、溶隙、孔洞、溶洞）、发育程度、分布特征，并分析它们的富水性[12]。

11.5.2.3 实例

这里介绍以溶洞充水为主的四川大坪子井田，通过简易水文地质资料的综合分析所取得的效果[12]。

大坪子井田为一组平缓褶皱构造，煤系地层顶板为长兴灰岩含溶洞水，构成了矿体的主要含水层，厚 50m。勘探过程中选择了 27 个钻孔作简易水文地质观测，重点了解长兴灰岩的富水规律。观测的内容有冲洗液消耗量和准静止水位，并对漏水钻孔作了简易注水试验。

根据所获得的资料，作出了长兴灰岩含水性的分区图，如图 11-9 所示。按照含水性的强弱划分出三个区：强含水区，位于羊叉滩背斜的隐伏部位，由于背斜轴部构造裂隙与正断层破坏了长兴灰岩与其上覆五龙山灰岩之间的泥岩隔水作用，使长兴灰岩获得上覆灰岩含水层的补给；在羊叉滩背斜西翼沿羊叉河自南向北有元塘、苦竹滩和大塘口三个泉群排泄点，它们与强富水区构成了井田地下水的强径流带，是今后矿坑顶板突水的地段。后经回访调查证实了这一推断的正确性。当二井南盘区回采到 33 号钻孔附近，即苦竹滩径流段时，顶板来水突然增大[16]。

大坪子井田的实例说明，在面积达 33km^2 且含水不均一的岩溶充水矿区内，如果只靠几个钻孔的抽水试验，而无大量简易水文地质观测资料的借助，是难于查明矿区的水文地质条件的。

11.5.3 矿区抽（放）水实验

11.5.3.1 矿区抽水试验的目的与任务

矿区抽水实验的目的与任务概括起来有以下几点：

（1）查明矿区水文地质条件，主要包括岩层的富水性，地下水补给来源、途径、强度，及边界的透水性等。

（2）取得水文地质参数，为预测矿坑涌水量或计算矿区的水资源提供依据。

（3）暴露矿区水文地质工程地质问题，如岩溶塌陷、地面沉降等。

（4）研究矿床疏干的可能性。

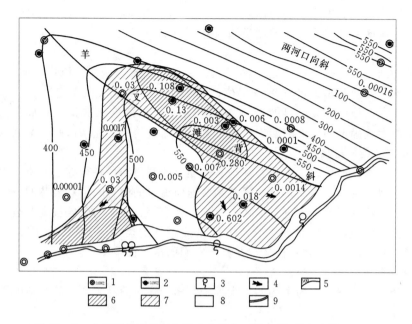

图 11-9　大坪子井田长兴灰岩含水性分区图（据 董文兴等，1980）

1—简易水文地质钻孔（单位涌水量），L/（s·m）；2—抽水试验钻孔（单位涌水量），
L/（s·m）；3—泉（泉群）；4—地下水流向；5—长兴组灰岩顶板等高线；6—灰岩
富水性强区，≥0.1 L/（s·m）；7—灰岩富水性中等区，0.001～0.1 L/（s·m）；
8—灰岩富水性弱区，＜0.001 L/（s·m）；9—河流

11.5.3.2　矿区抽水试验的种类及其适用范围

在矿区中会进行各种类型的抽水试验，其特点和适用范围可见表 11-7。

表 11-7　　　　　　　　　　矿区抽水试验类型及主要应用

抽水试验种类		在矿区水文地质勘察中的主要应用
按流态分类	稳定流抽水试验	可计算含水层的渗透系数或导水系数，研究单位涌水量在平面上的分布规律，主要应用于水文地质条件特别简单的矿床，或者其他类型抽水试验的补充
	非稳定流抽水试验	除计算含水层的渗透系数外，可求贮水系数和压力传导系数，对潜水还可求出给水度，并可研究这些参数的分布规律，适用于水文地质条件较简单的矿床
按抽水孔数量分类	单孔抽水试验	可取得含水层的钻孔出水量与水位下降关系，及粗略计算含水层渗透系数（或导水系数）、贮水系数、给水度等。在矿床水文地质普查和勘探工作中作为取得岩层的透水性，初步确定含水层富水性的重要手段。在水文地质条件很简单的地区，也可按单孔抽水试验计算矿坑涌水量
	多孔抽水试验	可获得试验段内含水层不同方向上的渗透系数，影响半径的大小，下降漏斗的形态及其扩展情况，含水层间水力联系、断层的连通性、地表水地下水的关系、水文地质边界性质等多种资料，具有较高的精度，在矿床水文地质勘探阶段普遍应用
	群孔抽水试验	对于确定水文地质条件，含水层参数以及了解矿床疏干的可能性都比较接近实际。适用于含水层富水性较强的地区，特别是大水矿床

抽水试验种类		在矿床水文地质勘察中的主要应用
按含水层数分类	分层抽水试验	在矿区中有多层含水层时，一般要求分层抽水，以便得到各含水层的水文地质参数资料，如水文地质条件简单，水量较小，也可以用井中测流方法进行一次混合抽水，分层求文地质参数
	混合抽水试验	
井下放水试验		暴露矿区主要的水文地质工程地质问题；本试验取得的水文地质参数比较可靠。特别是大水矿区勘探时，地表抽水往往降深很小，达不到抽水目的。尤其是当地下水位埋藏很深时，井下放水试验更显示出其优越性。同时，还可以模拟疏干过程，对疏干流场的发展情况，疏干水量与疏干降深的关系掌握的比较清楚，使疏干设计比较可靠、科学

11.5.3.3　矿区抽水试验孔（抽水孔、观测孔）的布置原则

抽水孔与观测孔的布置是否合理，将直接影响到抽水试验成果的质量，因此在布置勘探工作之前，就需要对矿区和区域的水文地质条件有比较清晰的认识。对拟查明的主要问题界定，做到有的放矢，抽水孔和观测孔布置才能得当。矿区抽水试验水文地质勘探的布置，关键点在于：①针对主要含水岩层；②控制全区流场；③揭示拟查明矿区的水文地质工程地质问题。

为达到以上目的，必须进行区域及矿区水文地质测绘，矿区钻孔简易水文地质观测、钻孔岩芯编录，水文物探等各项工作完成后，综合分析，确定水文地质条件和主要问题，抽水试验才能收到良好的效果。此外，还应掌握：①设计开采部门对未来矿床开采的初步设想，包括开采方式、开采方案、首期开采段或第一开采水平；②考虑矿坑涌水量的计算方法（如比拟法、解析法、数值法和模拟试验等）方案，在此基础上确定抽水孔、观测孔的布置及抽水试验的设计方案。

11.5.4　矿区地下水的动态观测

11.5.4.1　矿区地下水动态研究的目的、意义和任务

矿区地下水动态的观测是认识矿区水文地质条件的有效方法，是求取矿坑涌水量评价所需各种参数的重要手段，并且为检验矿床疏干效果和制定疏干总体方案提出科学依据[70-72]。

（1）查明矿区地下水的补排关系和含水体空间分布形态等。

（2）查明矿区断裂构造导水性质。

（3）查明矿区范围内地表水体与地下水的水力联系。

（4）查明大气降水对矿坑涌水影响程度。

（5）为矿坑涌水量计算与评价提供一定时限的观测资料。

（6）为矿山制定疏干总体规划和防治水技术措施提供依据。

11.5.4.2　观测资料的整理与研究

矿区地下水动态观测资料的技术处理，主要是根据不同矿床水文地质类型的地下水动态特征和观测内容进行整理与分析，以便对各个不同类型的地下水动态进行识别，为矿坑排水疏干设计提供依据[72]。

一般来说，用制图的方法来处理观测资料。除单项图外，还应在一个综合图中绘

出地下水的水位、温度和化学成分在时间上的变化，以及影响地下水动态的主要因素，如大气降水对地下水位、温度和化学成分的影响等。这样，在综合成果图上进行分析、对比后就可以把动态要素与主要影响因素随时间变化的相互关系以及地下水动态的规律性很清楚地显示出来。如鄂东地区的封三洞铜钼矿床[73]，如图 11 - 10 所示，在其地下水动态观测成果中，较好地显示出大气降水与地下水动态的关系，并可考虑其对矿床充水的影响。

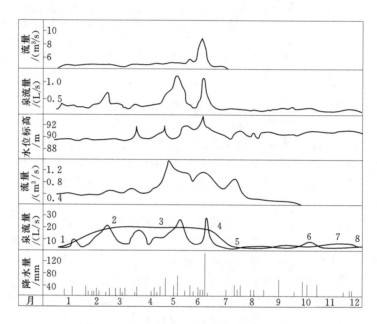

图 11 - 10 封三洞地下水动态图（1964 年）

（据 鄂东铜钼矿床矿坑涌水量计算的实践科研专题报告，1982）

11.5.5 地球物理和地球化学方法在矿床水文地质勘察中的应用

11.5.5.1 物探方法

在矿床水文地质勘察中，常使用物探方法探测矿区地下水。虽然物探工作在矿区水文地质工作中的应用目前尚有局限性，但从发展的观点看，随着物探技术的发展和仪器精度的提高，它能较快、较省地查明矿床水文地质条件，是一种很有前途的探测手段，在矿床水文地质勘察工作中应用效果比较好，物探方法在矿区水文地质勘察中的应用见表 11 - 8。

11.5.5.2 遥感技术

遥感是采用多种测量技术获得信息的方法，如卫星照片、航空摄影、多光谱扫描、微波辐射、航空测试雷达等的利用，一般适用于面积较大的调查。

矿区水文地质勘察一般调查面积较小，故以往应用遥感技术较少，但近几年的工作发现，遥感技术在矿床水文地质勘察中应用，不仅能大大加快矿区水文地质测绘速度，而且还能判别一些对矿床充水影响较大，在地表又难以察觉的一些导水断裂、裂隙密集带或者其他导水隐伏构造。对于矿区水文地质条件的分析，矿床的充水水源补

表 11-8　　　　　　　　　　　物探方法在矿区水文地质勘察中的应用

种　类		解决的主要矿区水文地质问题及应用
水文测井	自然扩散法	用于查明含水层的数目、位置、厚度、渗透速度等问题。其优点是：适应性强，各个区域不同的岩石（包括第四系松散层），不同的出水条件（裂隙、孔隙、岩溶地下河）都可以施测，一般均能取得较好的效果
	注入、提捞法	在多含水层且又有纵横向扩散的情况下，查明部分含水层的顶底界、相互间的补给关系等。顶界不清，注入法效果好；底界不清或存在多个含水层时，提捞法效果较好
	电测井	在岩溶充水矿区可以用来划分岩性、确定溶隙、溶洞及岩溶地下河或者岩溶管道的位置与厚度，分出已被充填、半充填的洞穴和岩溶管道。 在裂隙充水矿区确定裂隙的发育部位和裂隙的发育程度。 确定地下水的矿化度，判别不同层位、不同深度的矿化度变化，划分盐水、淡水、卤水的界面
	放射性测井	自然伽玛测井主要用来划分岩层、研究厚层石灰岩中的相对隔水层、岩性变比规律、溶洞（岩溶管道），中充填物的性质等。 $\gamma-\gamma$ 测井主要用于判别岩层密度的变化，配合视电阻率自然扩散曲线，可以确定岩溶、裂隙及断层的位置，这种方法在测量含水性较弱的裂隙效果较佳
	声波测井	划分强弱风化带，研究地层的致密程度、松散层与基岩的接触界面、基岩内裂隙分布（包括采动裂隙），求取矿区工程地质物性参数。适用各种类型的充水矿床，适用方法简便、效果良好
	超声成像	能直观地反映岩石结构、层理、节理、破碎带、裂隙、溶洞、岩溶管道发育规模、采动裂隙分布带等水文地质现象
	流量测井	划分出含（隔）水层的位置与厚度，求出它们各自的流量，流量沿钻孔垂直方向的变化；若是单个裂隙或者是岩溶管道出水，更能有效地判别它的性质、位置及流量。可在各类充水矿区中均可使用[80]
钻孔无线电波透视		主要用来探测钻孔之间（或钻孔与坑道、或坑道之间）的充水的地下洞穴、岩溶地下河或岩溶管道、裂隙及古岩溶密集带、断层破碎带等，对于那些钻、坑探难以控制住的非层状含水体有较大的作用
直流电法		(1) 利用等视电阻率平面图划分岩溶发育区。 (2) 利用五极电剖面法确定岩溶发育的大体位置。 (3) 利用电测深曲线大致推断岩溶发育深度。 (4) 利用计算异常大小的方法推断岩溶发育程度。 (5) 利用环形电测深法推断岩溶发育的主导方向。 (6) 利用导电纸进行模拟实验来确定异常的性质。 除以上外，还可以解释岩溶裂隙带主导发育方向、地下水流向。此种方法的应用效果较明显的是溶洞亚类充水矿床，在部分溶隙亚类充水矿床、孔隙充水矿床中也能取得较好的成果

给途径或突水预测，岩溶陷落柱的研究，防治水方案选择等均能起到有效的作用。遥感技术应用主要有以下几点：

（1）探测矿区的主要导水构造（包括隐伏的导水构造）。

（2）运用卫星相片对区域水文地质工程地质条件作进一步的评价，详细界定各级水文地质单元划分的可靠性，补充、修改已有的水文地质图。

（3）判断浅层地下水分布、径流特征、与地表水体互补关系，判断地表水体的渗漏段。

（4）研究地热异常带的位置。

（5）显示各种构造形迹、研究含水与阻水断层带。

由于遥感技术在矿区水文地质工作中的作用已日趋明显，故有关地质勘探部门已制定了今后的主攻方向，主要是在总结以往工作的基础上建立一套切合矿区水文地质工作的遥感水文地质探测方法[87]。

11.5.5.3　水文地球化学勘探

地下水由于所处环境，含水介质、补给、径流、排泄条件各式各样，水质差异较大，在矿床水文地质研究中，可根据钻孔、泉井、矿坑及地面河流的水化学特征，判断地下水的循环部位、补给来源、补给方式、径流方向等[88,89]。

矿区水文地质勘察中应用水化学勘测查明水文地质条件的实例较多，现说明如下。

1. 地下水水质的常规分析

利用水质对比方法确定矿坑水的补给水源时，除需大规模取样对各个水点进行普查以外，还需作各水点丰、枯两季水质对比，重要的水点还应进行水质动态长期观测。只有在掌握大量资料的情况下，评判的可靠程度才能提高[89]。

山东枣庄柴里矿井田位于微山湖畔，地势平坦，第四系冲、湖积沉积物厚 80～120m，其地层分布情况和地下水化学分带特征分别见图 11-11 和表 11-9。该矿在 1971 年 7 月在 304 工作面采三分层煤时的涌水，经分析水质类型是 HCO_3-SO_4-Ca -Na -Mg 型，总矿化度 0.47g/L，显示出 $Q_下$ 含水层的水质特征。以后几次突水后水质显示的情况也相类似，说明了采动裂隙仅能波及 $Q_下$ 含水层，浅部煤层开采对 $Q_上$ 含水层没有波及。实践证明在浅采区留有一定的安全煤柱情况下，虽然采动后地面沉降而在地表形成了大片水域（局部深达 9m），$Q_上$ 含水层及地表水对采矿均没有造成影响，从而确定了补给边界。各地层水均在矿坑试采过程中发生多次涌水（表 11-9、图 11-11）。

2. 水中硫酸根等值线图

老窖区（废旧矿坑）积存水常含有大量的 SO_4^{2-}，多具强酸性，对井下设备、矿山环境会造成严重

表 11-9　山东枣庄柴里煤矿地下水水化学分带特征（据 刘启仁，1995）

地下水循环带	含水层名称	总矿化度 /(g/L)
浅部积极循环带	第四系上部含水层	0.27～0.45
	第四系下部含水层	0.39～0.56
中部循环带	上石炭统三煤顶板砂岩	2.36～2.86
	上石炭统第三层石灰岩	0.71～2.58
深部缓慢循环带	上石炭统第八、九、十层石灰岩	3.1～4.23
	上石炭统第十四层石灰岩	
	中奥陶统灰岩	

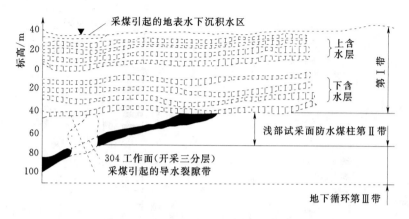

图 11-11　柴里矿水文地质分带剖面图
(据 刘启仁，1995)

的腐蚀或污染，影响较大。若将地面及矿坑内水点硫酸根含量绘制等值线图，根据等值线图合理布置坑道可使矿山开拓少受强酸性的老窑水威胁。

山西霍县矿务局曹村煤矿浅部有 110 处老窑，大都积水，又居高临下，随时都给矿山开采带来威胁。煤矿根据水文地质调查资料编制了四盘矿井 SO_4^{2-} 等值线图 (图 11-12)，成功地解决了矿山老窑区突水预测问题。

3. 地下水中溶解氧含量

氧在水溶液中有较大的溶解度。其溶解量多少除与压力、温度等因素有关外，还与地下水循环交替条件关系密切，某些矿区明显地反映出随水量增大，含氧量增大，而水量增大又往往与径流条件畅通、补给良好、积极循环等相关。

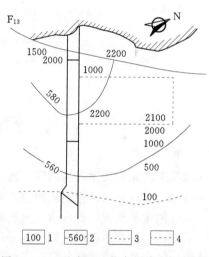

图 11-12　四盘区矿井水 SO_4^{2-} 等值线图
(据 张正浩，1984)
1—SO_4^{2-} 等值线；2—煤层底板等值线；
3—实际探水线；4—老窑边界

河北峰峰矿区下三煤层 (约占总储量的 47%)，因受地下水的严重威胁而难以开采[90]。为开采这一煤层，峰峰一矿对石炭系大青石灰岩含水层 (以下简称大青水) 做试验性放水试验，目的是为了解其与奥陶系石灰岩含水层 (以下简称奥灰水) 的联系及补给强度，在放水期间分别对矿坑出水点、钻孔、泉井等 41 处水点进行溶解氧测定，研究溶解氧含量变化与矿坑水的关系。

成果中反映的特征是：大青水个别孔溶解氧含量较高 (4.4~5.8ppm)，其余各孔在 1~2.2ppm 之间，而毗邻二矿和黑龙泉奥灰水溶解氧含量均在 5~8ppm 之间，说明此区大青水的径流远远不如奥灰水，如图 11-13 所示。

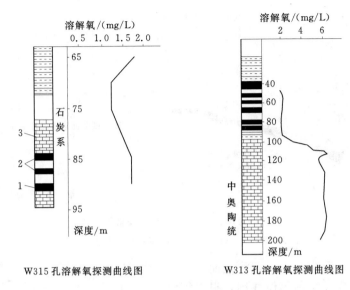

图 11-13　峰峰煤矿大青水溶解氧探测曲线图

（据 梁仲华等，1983）

1—下架煤；2—大青煤；3—大青灰岩

11.6　矿山坑道涌水量预测

11.6.1　矿坑涌水量预测的内容、方法、步骤与特点

11.6.1.1　矿坑涌水量预测的内容及要求

矿坑涌水量预测是矿床水文地质勘察的重要组成部分。

矿坑涌水量是指矿山开拓与开采过程中，单位时间内涌入矿坑（包括井、巷和开采系统）的水量，通常以 m^3/d 表示。它是确定矿床水文地质条件复杂程度的重要指标之一，关系到矿山的生产条件与成本，对矿床的经济技术评价有很大的影响，并且也是设计与开采部门选择开采方案、开采方法，制定防治水及疏干措施，设计水仓、排水系统与设备的主要依据。因此，在矿床水文地质勘察中，要求正确评价未来矿山开发各个阶段的涌水量。其内容与要求可概括为以下四个方面：

（1）矿坑正常涌水量。指开采系统达到某一标高（水平或中段）时，正常状态下保持相对稳定的总涌水量，通常是指平水年的涌水量，即有变化规律的充水因素（不含井巷突水、地表水倒灌等）所形成的矿坑涌水量的常见值[11]。

（2）矿坑最大涌水量。指正常状态下开采系统在丰水年雨季时的最大涌水量，即有变化规律的充水因素（不含井巷突水，地表水倒灌等）所形成矿坑涌水量的最高峰值，计算方法依矿区的气象和水文地质条件具体情况确定[11]。

（3）开拓井巷涌水量。指井筒（立井、斜井）和巷道（平硐、平巷、斜巷、石门）在开拓过程中的涌水量。

（4）疏干工程的排水量。指在规定的疏干时间内，将一定范围内的水位降到某一规定标高时，所需的疏干排水强度。

11.6.1.2　矿坑涌水量预测的方法及步骤

矿坑涌水量预测是在查明矿床的充水因素及水文地质条件的基础上进行的，它是一项贯穿矿区水文地质勘察全过程的工作。一个正确预测方案的建立，是随着对水文地质条件认识的不断深化、不断修正、完善而逐渐形成的，一般应包括如下三个基本步骤[91]。

1. 水文地质条件概化

矿坑涌水量预测数学模型，是对水文地质条件进行量化，预测精度主要取决于对矿床充水因素与水文地质条件判断的准确性，由于不同类型的数学模型对水文地质条件的刻画形式与功能各异，必须按数学模型的特点表述水文地质，称水文地质条件概化[91,92]。概化后的水文地质模型称水文地质概念模型，它在地质实体与数学模型之间起桥梁作用。其工作主要包括以下几个部分：①概化已知状态下的水文地质条件；②给出未来开采状态下的内边界条件；③预测未来开采状态下的外边界条件。

随着数学模型研究的不断进展，现代水文地质计算对水文地质模型的要求越来越高。目前对复杂的大水矿床来说，一个可靠的水文地质模型的建立，必须贯穿整个勘探过程，并大致经历三个阶段[92]。

第一阶段：通过对以往资料的整理，提出水文地质模型的"雏型"，作为下一步勘探设计的依据。

第二阶段：根据进一步勘探提供的各种信息数据，特别是大型抽（放）水资料，通过流场分析或数值模拟，完成对"雏型"模型的调整，建立水文地质模型的"校正型"。

第三阶段：在"校正型"的基础上，按开采方案给出疏干工程的内边界条件，根据勘探资料预测不同疏干条件下的外边界条件，建立水文地质概化模型的"预测型"。

2. 选择计算方法与相应的数学模型

根据当前矿床水文地质计算中，常用的数学模型的地质背景特征，及其对水文地质模型概化的要求，可将其作如下类型的划分，如图 11-14 所示。

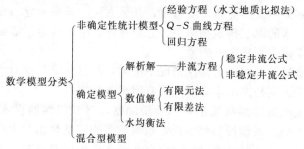

图 11-14　水文地质计算数学模型类型划分

详勘阶段要求选择两个或两个以上的计算方法，以相互检验、印证。选择时必须考虑三个基本要素：

（1）矿床充水因素及水文地质条件复杂程度。如：位于当地侵蚀基准面之上，以降水入渗补给的矿床，应采用水均衡法；水文地质条件简单或中等的矿床，可采用解析法或比拟法；水文地质条件复杂的大水矿床，要求采用数值方法。

（2）勘探阶段对矿坑涌水量预测的精度要求。

（3）勘探方法、勘探工程的控制程度与信息量。如：水均衡法，要求不少于一个水文年的完整均衡域的补给与排泄项的动态资料；Q - S 曲线方程外推法，要求其抽水试验的水位降到预测标高水柱高度的 $1/3\sim1/2$；数值法，要求勘探工程全面控制含水层的非均质各向异性、非等厚的结构特征及其边界条件与补给、径流与排泄，并提供数值模型的建立、识别、预测所需的完整信息和数据，这些数据的获取，只有采用大型抽、放水试验对渗流场进行整体控制与揭露才可能做到。

因此，计算方法与相应数学模型类型的选择，与矿床充水因素、水文地质条件复杂程度、勘探方法、勘探工程的控制程度及信息量是相互关联的。数学模型类型选择是否合理，可以用以下标准衡量[93]：

（1）对矿床水文地质条件的适应性。指能否正确刻画出水文地质条件的基本特征。

（2）对勘探方法、勘探工程控制程度的适应性。指是否最充分地利用勘探工程提供的各种信息，即信息的利用率；同时，也可理解为所选数学模型要求的勘探信息是否有保证，即信息的保障率。

3. 计算数学模型，评价预测结果

应该指出，不能把数学模型的解仅仅看作是一个单纯的数学计算，而应看作是对水文地质模型和数学模型进行全面验证识别过程，也是对矿区水文地质条件从定性到定量，再回到定性和定量的不断深化的认识过程。

11.6.1.3 矿坑涌水量预测的特点

虽然矿坑涌水量预测的原理方法与供水水资源评价类同，但其预测条件、预测要求与思路各有不同。其主要区别如下：

（1）供水水资源评价，以持续稳定开采，确保枯水期安全开采量为目标，而矿坑涌水量的预测则是以疏干丰水期的最大涌水量为目标。

（2）矿床大多分布于基岩山区。含水层的非均质性突出，参数代表性不易控制，边界条件复杂、非确定性因素多，常出现紊流、非连续流与管道流，定量化难度大。

（3）矿山井巷类型及其分布千变万化，开采方法、开采速度与规模等生产条件复杂且不稳定，与供水的取水构筑物简单、分布有序、生产稳定形成鲜明的对比，给矿坑涌水量预测带来诸多不确定性因素。

（4）矿坑涌水量预测多在大降深情况下推测，此时开采条件对水文地质条件的改变难以预料和量化，这与供水小降深开采有明显差异。

（5）矿床水文地质勘察从属于矿产地质勘察，与专门性的供水水文地质勘察对比，前者一般投入小、工程控制程度低，预测所需的信息量相对少而不完整。

以上特点，决定了矿坑涌水量预测中存在诸多产生误差的客观条件，因此属于评价性计算，主要为矿山设计及采取进一步专门性补充勘探工作提供依据。

11.6.1.4 中国矿坑涌水量预测的现状与存在问题

中国矿坑涌水量预测发展迅速，经历了 20 世纪 50 年代的解析法、水均衡法与比拟外推法为主的时期；60 年代后期，非稳定流解析法与相关分析法开始应用在少量矿区；70 年代，数学模型技术进入了矿坑涌水量预测领域，数值模拟与电网模拟方法在矿坑涌水量预测中得到迅速发展。同时，衰减分析法与系统理论（黑箱）等集中参数系统模型也开始应用于矿坑涌水量预测[38]；80 年代以来，拟三维流、三维流、双重介质等数值模型在矿坑涌水量预测中得到不断开拓[95]。与此同时，出现各种形式的耦合模型、边界元和灰色系统等新方法也开始受到重视，使模型技术在中国矿坑涌水量预测中得到进一步发展[38]。

当前，中国矿坑涌水量预测的发展，也存在着发展不平衡的问题。一方面，在国家重点项目中，运用当代先进理论与方法，进行着具有国际水平的预测工作；另一方面，多数生产单位仍停留在传统方法的水平上，存在许多问题，难以满足矿山建设发展的要求。

11.6.2　Q-S 曲线外推法

11.6.2.1　原理与应用条件

指用稳定井流条件下抽水试验的 $Q = f(S)$ 方程，外推未来疏干水位降深水平的涌水量。实质上也是一种相似条件下的比拟法。其应用的前提条件如下：

（1）抽水试验建立 $Q = f(S)$，应符合稳定井流条件。

（2）抽水试验的各种条件应与预测对象的疏干条件接近。

Q-S 曲线方程法的优点是：回避各种水文地质参数求参过程中的失真，计算简单易行。适用于建井初期的井筒涌水量预测；上水平疏干资料外推下水平的涌水量；以及矿床规模小、矿体分布集中、边界条件和含水结构复杂的涌水量预测。

11.6.2.2　计算方法

采用涌水量曲线方程法进行外推计算时，其主要步骤如下：

（1）建立各种类型涌水量曲线方程。

（2）鉴别曲线类型。

（3）测定曲线方程参数。

（4）修正井径对涌水量的干扰影响等。

现分述如下。

1. 各种类型 Q-S 曲线方程

Q-S 曲线的类型，可以归纳为五种：直线、抛物线、指数曲线、对数曲线以及不正确曲线等，如图 11 - 15 所示。对每一种正确的 Q-S 曲线类型，均可建立一个相对应的数学方程：

（1）直线型：

$$Q = qS \qquad (11-3)$$

（2）抛物线型：

$$S = aQ + bQ^2$$

或者

$$Q = \frac{-a \pm \sqrt{a^2 + 4bS}}{2a} \qquad (11-4)$$

（3）指数（幂）曲线型：

$$Q = aS^b \qquad (11-5)$$

（4）对数曲线型：

$$Q = a + b\lg S \qquad (11-6)$$

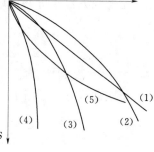

图 11 - 15　Q-S 曲线示意图
Q—涌水量；S—水位降深

（5）抽水资料不可靠。

2. Q-S 曲线类型鉴别

（1）伸直法。它是将曲线方程以直线关系式表示，并以直线关系式中两个相对应的函数建立坐标系，如图 11-16 所示。

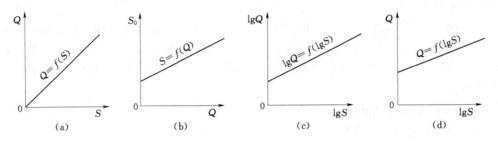

图 11-16　Q-S 曲线类型示意图

把抽水试验取得的涌水量和相对应的水位降资料，放到表征各直线关系式的不同直角坐标系中，进行伸直判别。如其在 Q-$\lg S$ 直角坐标中伸直了，则表明抽水试验结果的涌水量与水位降深的关系，符合对数曲线类型，余者同理类推。

（2）曲度法。用曲度 n 值进行鉴别。其表示形式如下：

$$n = \frac{\lg S_2 - \lg S_1}{\lg Q_2 - \lg Q_1} \tag{11-7}$$

当 $n=1$ 时为直线；$1<n<2$ 时为指数曲线；$n=2$ 时为抛物线；$n>2$ 时为对数曲线；如果 $n<1$ 则抽水资料有误。

3. 方程参数 a、b 的确定

（1）图解法。它是利用相对应的直角坐标系图解进行测定的。参数 a 可看成是各直角坐标系图解中直线在纵坐标上所切的截距线段，而从各图解中直接量得（图 11-16）。参数 b 是各直角坐标系图解中直线对水平线倾角的正切。

（2）均衡误差法。是根据二次不同降深的抽水资料，作联立方程求得：

直线方程［图 11-16（a）］：

$$q = \frac{\sum Q}{\sum S} \tag{11-8}$$

抛物线方程［图 11-16（b）］：

$$\left.\begin{aligned} a &= \frac{S_1 Q_2^2 - S_2 Q_1^2}{Q_1 Q_2^2 - Q_2 Q_1^2} \\ b &= \frac{S_1 Q_2 - S_2 Q_1}{Q_1 Q_1^2 - Q_2 Q_2^2} \end{aligned}\right\} \tag{11-9}$$

指数曲线方程［图 11-16（c）］：

$$\left.\begin{aligned} a &= \frac{\lg Q_1 \lg S_2 - \lg Q_2 \lg S_1}{\lg S_2 - \lg S_1} \\ b &= \frac{\lg Q_2 - \lg Q_1}{\lg S_2 - \lg S_1} \end{aligned}\right\} \tag{11-10}$$

对数曲线方程［图 11-16（d）］：

$$a = \frac{Q_2 \lg S_1 - Q_2 \lg S_1}{\lg S_1 - \lg S_2} \left.\begin{array}{c} \\ \\ \end{array}\right\}$$
$$b = \frac{Q_2 - Q_1}{\lg S_2 - \lg S_1} \qquad (11-11)$$

（3）均衡误差。精度要求较高时，通常采用最小二乘法。利用最小二乘法求参数 a、b 的表达式详见附录 3。

（4）井径的换算。由于抽水试验时钻孔的井径远比开采井井径小，需消除井径对涌水量的影响，进行井径的换算。现有换算公式，是以地下水流向集水井的水动力条件为依据的。

当地下水呈层流时：
$$Q_井 = Q_孔 \frac{\lg R_孔 - \lg r_孔}{\lg R_井 - \lg r_井} \qquad (11-12)$$

当地下水呈紊流时：
$$Q_井 = Q_孔 \sqrt{\frac{r_井}{r_孔}} \qquad (11-13)$$

11.6.2.3　涌水量预测实例

某煤矿设计竖井井深 118m，预计将揭穿煤系地层 30m，灰岩 86m，勘探阶段需在建井地段布置一水文地质孔，进行分层抽水试验。抽水结果表明，煤系地层含水微弱，计算时可以忽略，竖井的总涌水为其揭露灰岩含水层时的涌水量[97]。

计算步骤如下：

（1）分析整理灰岩含水层的抽水资料，见表 11-10。

表 11-10　　某矿岩溶含水层抽水资料整理表（据 李正根，1980)

原 始 资 料			r	S_0	$\lg S$	$\lg Q$	$(\lg S)^2$	$Q \lg S$
H/m	S/m	$Q/(L/s)$						
	10.33	0.578	0.055	18.30	1.01449	−0.2381	1.0292	0.5864
118	20.33	0.680	0.033	29.75	1.30660	−0.1675	1.9056	0.8881
	26.44	0.741	0.029	34.34	1.40546	−0.1302	1.9753	1.0414
		$\sum 1.999$			$\sum 3.72595$		$\sum 4.7101$	$\sum 2.5159$

注　$r_孔 = 0.055m$，$r_井 = 2m$，$R_孔 = 500m$。

（2）鉴别曲线类型、选择计算公式。根据伸直法和曲度法的鉴别，均为对数曲线类型。如曲度法：
$$n = \frac{\lg S_3 - \lg S_1}{\lg Q_3 - \lg Q_1} = \frac{1.40546 - 1.01449}{-0.1302 - (-0.2381)} > 2$$

故选择对数曲线方程为计算公式：
$$Q = a + b \lg S$$

（3）确定参数，进行设计降深的涌水量计算：
$$b = \frac{N \sum Q \lg S - \sum Q \sum \lg S}{N \sum (\lg S)^2 - (\sum \lg S)^2} = \frac{3 \times 2.5159 - 1.999 \times 3.72595}{3 \times 4.7101 - 3.72595^2} = 0.4019$$

$$a = \frac{\sum Q - b \sum \lg S}{N} = \frac{1.999 - 0.4019 \times 3.72595}{3} = 0.3292$$

$$S = 118 \text{（m）}$$

$$Q_孔 = a + b\lg S = 0.3292 + 0.4019\lg 118 = 1.1619 (\text{L/s}) = 100.39 (\text{m}^3/\text{d})$$

（4）井径的换算。因：$R_井 = R_孔 + R_井 = 500 + 1 = 501\text{m}$

$$Q_井 = Q_孔 \frac{\lg R_孔 - \lg r_孔}{\lg R_井 - \lg r_井} = 100.39 \times \frac{\lg 500 - \lg 0.055}{\lg 501 - \lg 1} = 147.2 (\text{m}^3/\text{d})$$

11.6.3　比拟法

11.6.3.1　水文地质比拟法

1. 原理和应用条件

采用水文地质条件相似矿区资料，作为勘探矿区涌水量预测的依据，可以获得一定的结果。但是，水文地质条件完全相似的矿区是少见的，加上生产条件的差异，该方法只是一种近似的计算方法。

2. 计算方法

水文地质比拟法，一般是在整理生产矿井排水资料的基础上，求得某些真实的矿山水文地质指标的算术平均值，作为计算的依据，如富水系数、单位涌水量等。现简述如下：

（1）富水系数比拟法。是根据矿坑涌水量随开采量的增长而增大的规律建立的。富水系数通常是指一定时期内从矿山排出的总水量（Q_0）与同时期内的开采量（P_0）之比，以 K_p 表示：

$$K_p = \frac{Q_0}{P_0} \qquad (11-14)$$

预测时，将生产矿山的 K_p 值乘同时期新矿山的设计开采量 P，即得新矿山设计开采时的涌水量（Q）：

$$Q = K_p P \qquad (11-15)$$

不同矿山的富水系数值变化范围很大，小者可以接近零，大者可达几百，富水系数不仅取决于矿区的自然条件，并且与开采条件有关，在高速开掘的矿山中，K_p 值可以显著变小，故用此法时，还要充分考虑生产条件。

（2）单位涌水量比拟法。疏干面积（F_0）和水位降深（S_0）通常是矿山涌水量（Q_0）增大的两个主要因素。根据相似矿山有关资料求得的单位涌水量平均值（q_0），常作为计算新矿山在某个 F 和 S 条件下的涌水量 Q 的依据。单位涌水量（q_0）的计算公式，是根据两种典型条件建立的。

当地下水符合层流规律时，以裘布依公式的形式表示：

$$q_0 = \frac{Q_0}{F_0 S_0} \qquad (11-16)$$

其比拟公式为：

$$Q = q_0 FS = \frac{Q_0 FS}{F_0 S_0} \qquad (11-17)$$

当地下水处于紊流状态时，以哲才-克拉斯诺泼里斯基公式的形式表示：

$$q_0 = \frac{Q_0}{F_0 \sqrt{S_0}} \qquad (11-18)$$

其比拟公式为：

$$Q = q_0 F\sqrt{S} = \frac{Q_0 F}{F_0} \sqrt{\frac{S}{S_0}} \qquad (11-19)$$

预测时，根据地质剖面的岩性特征或经验选择公式。由于式（11 - 17）和式（11 - 19）中涌水量与水位降深呈直线关系，涌水量与开采面积成正比关系，故往往得出偏大的结果。

（3）函数关系比拟法。为了克服上述比拟法的种种缺点，近年来，中国许多矿区，根据矿坑涌水量随生产条件变化的实际增长规律，建立相应的函数关系，作为比拟的依据。其方法的实质与涌水量曲线方程法无异。

11. 6. 3. 2　相关比拟法

1. 原理和应用条件

相关分析在于能从大量的矿山水文地质资料中找出涌水量与影响因素之间的相互关系，从而建立简单易行的比拟公式。根据经验，在矿坑涌水预测中，多元复相关计算远比相关计算效果明显。

2. 计算方法及实例

（1）利用抽水资料的外推计算。通常在勘探阶段，利用群孔抽水试验的成果，通过数理统计的方法，建立涌水量（Q）与降深（S）和井径（r）的回归方程，即可用于推算未来开采水平（或开采地段）的涌水量[5]。

如广东沙洋矿通过在勘探阶段设计相距 6m 的两个抽水孔和十余个不同距离的观测孔组成的群孔抽水试验，取得了复相关计算所需的涌水量 Q 与井径 r（将距抽水孔不同距离观测孔的位置概化为疏干状态下的坑道系统不同面积的作用半径）、水位降深 S（即不同作用半径的水位降，以模拟疏干水位降深）有关资料，通过求参建立了复相关幂函数预测方程（表 11 - 11）：

$$Q = 11.89 r^{\frac{1}{3.8543}} S^{\frac{1}{1.536}} \tag{11-20}$$

表 11 - 11　　　　广东沙洋矿涌水量相关计算表（据 梅国培，1979）

s/m ＼ r/m / $Q/(L/s)$	50.53	54.76	125.50	127.90	150.90	202.20	216.50
34.491	1.147	1.705					
55.168	2.053	2.033	1.567	1.784	1.427	1.393	
69.145	2.984	2.902	2.116	2.474	2.005	1.861	1.308

其复相关系数达 0.9468，完全可用于未来矿山各设计水平与面积的矿坑涌水量预测。经实际排水资料检验，预测量偏小（38%～56%），这主要与开采导致大量地面岩溶塌陷有关。

（2）利用矿山资料的比拟计算。利用相关分析的比拟计算，可以充分考虑矿坑涌水量的增长和各生产因素之间的相互关系，并根据其密切程度建立涌水量方程，可以提高涌水量预测的精度[5]。

在苏联顿巴斯煤矿的某些涌水量预测中，在 30 个矿井中建立了 320 个观测点，获得了涌水量（Q_0）与各生产因素（包括矿产量 P_0、开采深度 H_0、开采面积 F_0、生产时间 T_0 等）之间的相关关系及其密切程度，见表 11 - 12。

表 11-12　苏联顿巴斯煤矿涌水量预测复相关计算表（据 房佩贤等，1987）

复相关系数　生产因素 生产因素	$\lg Q_0$	$\lg P_0$	$\lg H_0$	$\lg F_0$	$\lg T_0$
$\lg Q_0$	—	0.664	0.451	0.593	0.175
$\lg P_0$	0.664	—	0.340	0.680	0.323
$\lg H_0$	0.451	0.340	—	0.559	0.523
$\lg F_0$	0.593	0.680	0.559	—	0.778
$\lg T_0$	0.175	0.323	0.523	0.778	—

根据判别得知，生产时间 T_0 对的影响不大（相关系数为 0.175）。用多元复相关计算，求得四元复相关曲线回归方程为：

$$Q_0 = 0.72 P_0^{0.51} H_0^{0.24} F_0^{0.11} \tag{11-21}$$

其复相关系数 $r_0 = 0.706$。在此基础上建立了比拟公式：

$$Q = Q_0 \left(\frac{P}{P_0}\right)^{0.51} \left(\frac{H}{H_0}\right)^{0.24} \left(\frac{F}{F_0}\right)^{0.11} \tag{11-22}$$

预测结果与传统的单位涌水量法相比，使误差减少 1.4 倍（式中 P、H、F 为设计值）。

在此应当指出，使用相关比拟法时，应重视原始数据的选择，要求参数与相关计算的原始数据，必须具备以下几点：①一致性，要求与预测时的条件一致；②独立性，所有原始数据应当互不影响，或者影响甚微，能真实反映涌水量与影响因素的关系；③代表性，原始数据系列时间越长，其代表性越好，越短，则越差。

11.6.4　水均衡法

11.6.4.1　应用条件

水均衡法仅用于地下水运动为非达西流且水均衡条件简单的充水矿床，主要包括以下两种类型的矿床[12]：

（1）位于分水岭地段，地下水位以上的矿床。

（2）岩溶地下河或岩溶管道充水矿床。

很明显，上述两种类型的矿床，无法用抽水试验求参，难以根据地下水动力学原理进行矿坑涌水量预测，同时，岩溶管道形状多变，组合复杂，也不适应管渠水力学的应用条件，因此，上述充水矿床一般只能采用水均衡法解决实际问题。

11.6.4.2　计算方法

由于岩溶地下河或岩溶管道位于分水岭地段的充水矿床的坑道涌水量与降水直接相关，因此降水量及其入渗条件必然成为预测模型的主要均衡要素；实际中，可以从不同角度评价降水的入渗条件，因此水均衡公式繁多。

1. 正常涌水量预测

（1）降水入渗系数法：

$$Q = \frac{10^3 X F \alpha}{365} \tag{11-23}$$

式中：Q 为矿坑正常涌水量，m^3/d；X 为年均降水量，mm/a；F 为矿坑汇水补给面积，km²；α 为降雨入渗系数。

（2）地下径流模数法：

$$Q = 86.4MF \qquad (11-24)$$

式中：Q 为矿坑正常涌水量，m³/d；M 为地下水径流模数，L/(s·km²)；F 为地下水汇水补给面积，km²。

（3）泉水流量法：当地下水以泉的形式集中排泄于地表，流出矿区时，泉水流量表征矿区范围内岩溶水水平循环带与季节变动带的动储量，故矿坑涌水量即等于矿区泉水总流量。

$$Q = \sum_{i=1}^{n} q_i \qquad (11-25)$$

应用泉水流量法的前提，必须是矿区地下水以泉水作为主要排泄形式。因此，必须调查泉水的形成机理及其补给范围，其径流深度与矿坑的开采范围开采深度是否一致，当不完全一致时，可采用以泉水流量法为主的综合评价法，即对泉水循环带以下的地下径流补给量的估算，必须结合其他方法（如解析法）进行，以弥补泉水流量法的不完整性。

2. 最大涌水量预测方法

（1）暴雨峰期系数法。矿坑最大涌水量受多年一遇的暴雨强度及其补给条件控制，因此最大涌水量的预测，常以多年一遇的最大暴雨强度的补给量作为依据。暴雨峰期系数法计算公式为：

$$Q_{\max} = \frac{10^3 FXf\psi}{t} \qquad (11-26)$$

式中：$Q_{\max}$ 为多年最大涌水量，m³/h；F 为补给区汇水面积，km²；X 为峰期旋回降水量，mm；f 为入渗系数，%；t 为峰期持续时间，h；ψ 为峰期系数，%，是指峰期涌水量占矿坑涌水量的百分数，与最大降水旋回的选择与该降水旋回峰期时间的确定有关；10^3 为换算系数。

（2）岩溶地下河或岩溶管道充水系数法：

$$Q_{\max} = 10^3 FXf\psi \qquad (11-27)$$

式中：$Q_{\max}$ 为矿坑最大涌水量，m³/h；F 为岩溶地下河或岩溶管道汇水面积，km²；X 为暴雨强度，mm/h；f 为入渗系数，%；ψ 为岩溶地下河或岩溶管道充水系数，%；10^3 为换算系数。

岩溶地下河或岩溶管道充水系数 ψ 为灌入矿坑涌水量（$Q_{充}$）与岩溶地下河流量（$Q_{暗}$）的比值，即 $\psi = Q_{充}/Q_{暗}$。ψ 可根据老窑或邻近水文地质条件相似的生产矿井观测资料分析确定，一般为 $20\% \sim 50\%$。也可通过岩溶地下河或岩溶管道储存量的测定，结合对充水条件的分析得到：

$$\psi = \frac{Q_{进} - Q_{出}}{Q_{进}} \qquad (11-28)$$

式中：$Q_{进}$ 为岩溶地下河进口处流量，m³/d；$Q_{出}$ 为岩溶地下河或岩溶管道出口处流量，m³/d。

此外，水均衡法还常用于小型封闭集水盆地、第四系堆积物覆盖下的露天矿坑涌水量预测。这类矿区的地下水形成条件极为简单，其单位时间内进入未来采矿场的地下水主要由两部分组成，即由采矿场及其疏干漏斗范围内消耗储存量（Q_1）和采矿场内降水量、集水面积内降水的渗入补给量（Q_2）组成。因此，采矿场疏干条件下的总均衡式可写成：

$$Q_{总} = Q_1 + Q_2 \tag{11-29}$$

最后必须指出，由于水均衡法能在查明有保证的补给源情况下确定出矿床充水的极限涌水量，因此可作为论证其他计算方法成果质量的一种依据。这种论证性的计算有时是非常有意义的。

11.6.4.3 实例

湖南某金属矿位于珠江和湘江流域分水岭地段的大型溶蚀洼地分布区。矿体赋存于上泥盆系灰岩中。境内地下岩溶地下河或岩溶管道分布在当地侵蚀基准面（455m标高）以上的 550m、535m、480m 三个高程上，构成矿床充水的主要通道。为高位岩溶地下河或岩溶管道顶板直接充水[97]。

矿床充水的主要特点是：在枯水期与平水期，岩溶地下河或岩溶管道一般排泄地下水，具明渠流态的特点。在洪水期，岩溶地下河或岩溶管道补给地下水，具管道流态特征，但其水的动态受大气降水量和降水强度影响，具明渠流动态特征。矿坑涌水量以瞬时涌水为主，雨后数小时内矿坑涌水暴涨暴落。矿坑涌水强度主要与岩溶地下河或岩溶管道的汇水面积、降水强度、岩溶地下河或岩溶管道的断面及连通性有关。该矿运用式（11-27）计算出多年（10～20 年出现一次）最大和年内最大涌水量，见表 11-13。

表 11-13　　湖南某矿涌水量特征表（据 李正根，1980）

F/km^2	涌水量类型	$X/(\mathrm{mm/h})$	$\alpha/\%$	$\psi/\%$	$Q_{\max}/(\mathrm{m}^3/\mathrm{h})$
0.9225	多年最大	80	90	50	33210
	年内最大	45			18680

11.6.5 解析法

11.6.5.1 解析法的原理

解析法是根据地下水动力学原理，利用各种理想化数学模型的解析公式，解决矿坑涌水量预测中的各种实际问题。它既能为疏干设计提供参考数值与指标，又具适应能力强、快速、简便、经济等优点，是最常用的基本方法。

解析法预测矿坑涌水量时，以井流理论和等效原则构造的"大井"为主。"大井"指将各种形态的井巷与坑道系统，以具有等效性的"大井"表示，亦称"大井"法[12]。因此说矿坑涌水量计算的最大特点是"大井"法与等效原则的应用（而供水则以干扰井的计算为主）[5]。其应用范围可分为两个方面。

1. 稳定井流解析法

在矿区疏干过程中，当矿坑涌水量及附近水位降深仅随季节变化在一定范围内波动外，均呈相对稳定状态时，即可认为以矿坑为中心形成的地下水渗流场基本符合稳定井流条件。应用于矿坑疏干流场处于相对稳定状态的流量预测，其计算主要包括以下两个方面：

（1）在已知某开采水平最大水位降深条件下的矿坑总涌水量。

（2）在给定某开采水平疏干排水能力的前提下，计算地下水位降深值。

2. 非稳定解析法

用于矿床疏干过程中地下水位不断下降，疏干漏斗持续不断扩展的，非稳定状态下的涌水量预测。其计算主要包括以下三个方面：

（1）已知开采水平水位降深（S）、疏干时间（t），求涌水量（Q）。

（2）已知 Q、S，求疏干某水平或漏斗扩展到某处的时间（t）。

（3）已知 Q、t，求 S，以确定漏斗发展的速度和漏斗范围内各点水头值随时间的变化规律，用于规划各项开采措施。

11.6.5.2 应用条件

在解决实际问题时，存在适合解析法的情形常常是不多的，因为描述它的方程式简单，计算区的几何形状规则，定解条件单纯。从地质条件看，这等于对含水层的物理性质与几何特征及其水文地质条件提出了极其苛刻的要求。通常把完全满足这些条件的模型称为理想化模型，但实际问题不可能如此理想。因此，采用解析法预测矿坑涌水时，不可避免地会把复杂的实际问题简化纳入各种理想化的特定模式中。当实际问题与某一理想化模型甚为近似，则解析法的应用既经济又简易快速，但大多数情况下，实际问题与理想化模型之间的差异甚大，因此这种按解析解要求作出的严格理想化处理，常常难免导致失真。

多数情况下，矿坑涌水量预测并不苛求对疏干全过程的定量描述，而只求其正常涌水量与最大涌水量，这就使稳定井流解析公式的应用仍然，具有广泛的实用价值。

11.6.5.3 计算方法

如上所述，应用解析法预测矿坑涌水量时，关键是如何在查清水文地质条件的前提下，将复杂的实际问题按解析公式的"建模"条件理想化，这就是通常所称的矿区水文地质条件的概化。它也是把各种复杂的实际问题，通过建立物理模型（即水文地质模型）抽象为数学问题的过程。它可概括为如下三个重要方面。

1. 分析疏干流场的水力特征

矿区的疏干流场是在天然背景条件下，叠加了开采因素演变而成的，分析时，应以天然状态为基础，结合开采条件作出合理概化。其主要任务包括以下几个方面：

（1）区分稳定流与非稳定流。矿山基建阶段，疏干流场的内外边界为受开拓井巷，以消耗含水层储量为主，属非稳定流。进入回采阶段后，井巷轮廓大体已定，疏干流场主要受外边界的补给条件控制，当存在定水头（侧向或越流）补给条件时，矿坑涌水量被侧向补给量或越流量所平衡，流场特征除受气候的季节变化影响外，呈现相对稳定状态。基本符合稳定的"建模"条件，或可以认为两者具等效性，反之，均属非稳定流范畴[98-100]。

在某些矿区的疏干过程中，不仅存在着疏干流场的相对稳定阶段，而且地下水运动的稳定状态与非稳定状态，是随着矿山工程的进展而不断相互转化的，并非彼此无关。

因此，在选用稳定流解析法时要慎重，必须进行水量均衡论证，判断疏干区是否真正存在定水头供水边界或定水头的越流系统。

（2）区分达西流与非达西流。在矿坑涌水量计算时，常遇到非达西流问题，它涉及解析法的应用条件，在宏观上可概括有两种情况：

1）岩溶地下河或岩溶管道岩溶充水矿床，地下水运动为压力管道流与明渠流，此外，分水岭地段的充水矿床，矿坑涌水量直接受垂向入渗降雨强度控制，与水位降深无关。这两情况均与解析法的"建模"条件相距甚大，此时对矿坑涌水量的预测应选择水均衡法或各种随机统计方法。

2）局部状态的非达西流，常发生在大降深疏干井巷附近与某些特殊构造部位，它只对参数计算与参数的代表性产生影响。

（3）区分平面流与空间流。严格讲，在大降深疏干条件下，地下水的垂向运动速度分量是不能忽略的，应为三维空间流（包括非完整井巷的地下水运动），但其分布范围仅限于井巷附近，一般为含水层厚度的 1.5～4.75 倍。因此，在矿坑涌水量预测中，大多将其纳入二维平面流范畴，在宏观上不影响预测精度。计算时应根据井巷类型作出不同的概化。

如竖井的涌水量计算，可概化为平面径向流问题，以井流公式表达。计算水平巷道涌水时，以剖面平面流近似，采用单宽流量解析公式，但其两端上往往也产生辐射流（图11－17），需要考虑它的存在，并采用平面径向流公式补充计算巷道端部的进水口[6]。

坑道系统则复杂得多，根据"大井"法原理，一般以近似的径向流概化，但当坑道系统近于带状的狭长条形时，也可概化为剖面流问题。

对于倾斜坑道，根据阿勃拉莫夫有关电模拟法的研究，证明坑道的倾斜对涌水量影响不大。可根据坑道的倾斜度，分别按竖井或水平巷道近似，若坑道倾斜度大于45°时，视其与竖井近似，用井流公式计算；若坑道倾斜度小于45°时，则视其与水平巷道近似，用单宽流量公式计算。

根据解析解的存在条件，一些简单的非完整井巷涌水量计算，可以运用三维空间流问题予以解决，此时，可根据非完整井的特点，运用地下水动力学中映射法与分段法的原理来求解。通常用平面分段法解决完整竖井的涌水量计算，用剖面分段法解决非完整平巷的涌水量计算。

（4）区分潜水与承压水。与供水不同，在降压疏干时，往往出现承压水转化为潜水或承压及无压水。此外，在陡倾斜含水层分布的矿区，还可能出现坑道一侧保持原始承压水状态，而另一侧却由承压水转化为无压水或承压及无压水的现象[6]（图11－18）。

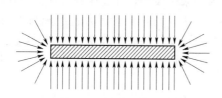

图 11－17　水平巷道周围地下水流态图
（据 房佩贤等，1987）

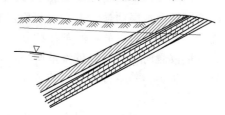

图 11－18　某矿区疏干漏斗示意图
（据 房佩贤等，1987）

概化时，需从宏观角度作等效的近似处理。

2. 边界条件的概化

边界条件概化的失误常常是导致解析解失真的主要原因之一。由于理想化常与实际条件相差甚远，成为解析法应用中的难点，也是解析法预测矿坑涌水量的重要环节。

（1）侧向边界的概化。解析法要求将复杂的边界补给条件概化为隔水与供水两种进水类型，同时，将不规则的边界形态，简化为规则的形态。但实际问题中一般难以具有上述理想条件，其进水条件常常既不完全隔水，又不具有无限补给能力，它的分布也极不规则。须通过合理的概化，缩小理论与实际的差距，满足近似的计算要求。其要点如下：

1）边界条件的概化应从分析解析解的存在条件与矿区水文地质条件入手，立足于矿区水文地质条件概化的整体效果，而不拘泥于局部边界概化的优劣。

2）边界条件概化应从宏观的等效原则出发，通过相对概念寻求近似的途径，达到理论与实际的统一。

3）进水边界类型与几何形态，是边界概化中两个相互制约、不可分割的基本要素，进水类型的概化虽然是关键，但几何形态的概化也需认真对待。如湖北录山铜矿的露天矿涌水量预测。矿坑充水来自围岩大理岩，其与东西两侧岩浆岩隔水层呈 30°交角，向南敞开，如图 11 - 19、图 11 - 20 所示。20 世纪 60 年代勘探时，概化为东侧直线隔水的环状供水边界，采用非完整井稳定井流法预测矿坑涌水量为 5958～7985m³/d，而实际涌水量仅 3790m³/d，误差为 57%～111%；70 年代回访调查验证计算时，采用 30°扇形补给边界的稳定流近似计算，得涌水量 3685m³/d，实际涌水量为 3416m³/d，误差仅 7.8%[16]，证明边界形态概化的重要性。

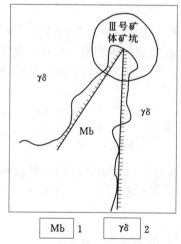

图 11 - 19　录山铜矿大理岩边界示意图
（据 录山铜矿，1979）
1—大理岩；2—岩浆岩

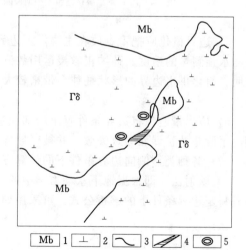

图 11 - 20　录山铜矿矿区边界概化图
（据 录山铜矿，1979）
1—大理岩；2—岩浆岩；3—大理岩投影界限；
4—65m 中段坑道；5—竖井

4）边界条件概化，必须从遵循区域水均衡条件，分析不同疏干条件下边界位置及其进水条件的变化规律。疏干流场始终处于补给量与疏干量不断变化的动平衡状态，随着开采条件的变化，边界的位置及其进水条件常发生转化。如湖南恩口煤矿的东部边界[63]，如图 11-21 所示，在 Ⅰ 水平疏干时东部壶天河不起作用；开采延伸至 Ⅱ 水平时，因排水量增大，使漏斗扩展到壶天河，成为茅口灰岩的定水头供水边界；当疏干达到 Ⅲ 水平时，排水量随降深继续增加，当壶天河的补给能力无法与其平衡时，其定水头供水边界已不复存在，漏斗扩展至由隔水层构造的隔水边界，但壶天河仍以变水头集中补给形式平衡疏干漏斗的发展。

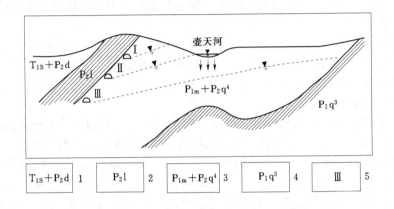

图 11-21   恩口矿区边界条件转化示意图（据 曹剑峰等，2006）

1—$T_{1}s+P_{2}d$ 下叠大冶组；2—$P_{2}l$ 上叠龙潭组隔水层；

3—$P_{1}m+P_{2}q^{4}$ 下二叠茅口组与栖霞组岩溶含水层；

4—$P_{1}q^{3}$ 下二叠栖霞组李子塘段隔水层；5—Ⅰ、Ⅱ、Ⅲ 疏干水平

5）边界概化应把重点放在主要供水边界上，因为它控制着矿区的水量均衡条件与涌水预测量的精度。孙纳正教授运用数值法与解析法对理想化模型的对比验证计算表明：简化供水边界的形状往往会带来较大的误差，但简化隔水边界的形状影响一般不大[93]。

6）应尽量避免将边界条件置于局部构造部位，这些由局部构造组成的边界，常因疏干漏斗的扩展而导致失效，并被区域均衡边界所替代。

（2）各种类型侧向边界条件下的计算方法。

1）映射法。即根据地下水动力学中的映射叠加原理，获得矿坑涌水量预测所需各种特定边界条件下的解析公式。可采用如下一般形式表示。

稳定流：
$$Q = \frac{2\pi(\phi_R - \phi_{r_0})}{R_\Lambda} \tag{11-30}$$

非稳定流：
$$Q = \frac{4\pi KU}{R_r} \tag{11-31}$$

式中：R_Λ 与 R_r 分别为稳定流与非稳定流的边界类型条件系数。基本的理想化的边界条件系数见表 11-14。

2）分区法。也称卡明斯基辐射流法。它是从研究稳定状态下的流网入手，根据疏干流场的边界条件与含水层的非均质性，沿流面和等水压面将其分割为若干条件不

表 11－14　　　　　　　　　　　解析法理想化的边界条件系数表

边界类型	图　　示	R_Λ	R_r
		$Q=2\pi\,(\Phi_R-\Phi_{r0})\,/R_\Lambda$	$Q=4\pi KU/R_r$
直线隔水		$\ln\dfrac{R^2}{2br_0}$	$2\ln\dfrac{1.12at}{r_0 b}$
直线供水		$\ln\dfrac{2b}{r_0}$	$2\ln\dfrac{2b}{r_0}$
直交隔水		$\ln\dfrac{R^4}{8r_0 b_1 b_2\,\sqrt{b_1^2+b_2^2}}$	$2\ln\dfrac{(2.25at)^2}{8r_0 b_1 b_2\,\sqrt{b_1^2+b_2^2}}$
直交供水		$\ln\dfrac{2b_1 b_2}{r_0\,\sqrt{b_1^2+b_2^2}}$	$2\ln\dfrac{2b_1 b_2}{r_0\,\sqrt{b_1^2+b_2^2}}$
直交隔水供水		$\ln\dfrac{2b_2\,\sqrt{b_1^2+b_2^2}}{r_0 b_1}$	$2\ln\dfrac{2b_2\,\sqrt{b_1^2+b_2^2}}{r_0 b_1}$
平行隔水		$\ln\left(\dfrac{b}{\pi r_0}+\dfrac{\pi R}{2B}\right)$	$\dfrac{7.1\sqrt{at}}{B}+2\ln\dfrac{0.16B}{r_0\sin\frac{\pi b}{B}}$
平行供水		$\ln\left(\dfrac{2B}{\pi r_0}\sin\dfrac{\pi b}{B}\right)$	$2\ln\left(\dfrac{2B}{\pi r_0}\sin\dfrac{\pi b}{B}\right)$
平行隔水供水		$\ln\left(\dfrac{4B}{\pi r_0}\cot\dfrac{\pi b}{B}\right)$	$2\ln\left(\dfrac{4B}{\pi r_0}\cot\dfrac{\pi b}{B}\right)$

同的扇形分流区[5]，如图 11－22 所示。每个扇形分流区内地下水流都呈辐射流，沿水流面分割所得的各扇形区边界为阻水边界，而沿等水压面分割所得的扇形区边界为等水头边界。用卡明斯基平面辐射流公式分别计算各扇形区的涌水量 Q_i。

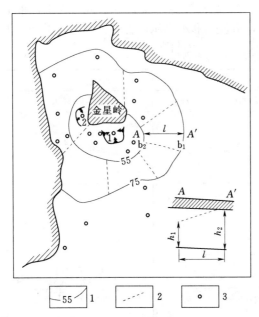

图 11-22 某矿区辐射流计算图
（据 曹剑峰等，2006）

潜水：$Q_i = \dfrac{(b_1-b_2)}{\ln b_1 - \ln b_2} \dfrac{h_1^2 - h_2^2}{2L}$

$$(11-32)$$

承压水：

$$Q_i = \frac{(b_1-b_2)}{\ln b_1 - \ln b_2} \frac{M(h_1-h_2)}{L} \qquad (11-33)$$

式中：b_1 与 b_2 分别为流区辐射状水流上下游断面的宽度，m；h_1 与 h_2 分别为 b_1 与 b_2 断面隔水底板上的水头高度，m；L 为 b_1 与 b_2 断面的间距，m。

然后，按下式求各分区流量的总和：

$$Q = \sum_{i=1}^{n} Q_i = Q_1 + Q_2 + \cdots + Q_n$$

$$(11-34)$$

每个扇形区内的下游断面，是以直接靠近井巷的疏干漏斗等水头线的一部分为准；而上游断面则以远离井巷的供水边界上等水头线面一部分为准。

（3）垂向越流补给边界类型的确定及其计算。当疏干含水层的顶底板为弱透水层时，其垂向相邻含水层就会通过弱透水层对疏干层产生越流补给，出现所谓的越流补给边界。越流补给边界分定水头和变水头二类，解析法对变水头的研究还尚待解决[91]。

产生定水头垂向越流补给。此时的矿坑涌水量计算，可用增加了越流因数 B 的形式来表示：

稳定流：$\qquad Q = \dfrac{2\pi KMS}{K_0}\left(\dfrac{r_0}{B}\right) \qquad (11-35)$

非稳定流：$\qquad Q = \dfrac{4\pi TS}{W}\left(u, \dfrac{r_0}{B}\right) \qquad (11-36)$

式中：B 为越流因数，其表达式可见式（6-19）；K_0 为零阶第二类虚宗量 Bessel 函数。

3. 参数确定

（1）渗透系数的确定。渗透系数是解析公式中的主要参数。中国矿山大多分布于基岩山区的裂隙、岩溶充水矿床，充水含水层的渗透性具明显不均匀性，根据解析计算要求，应作均值概化，同时这也是保证渗透系数具有代表性的措施之一。矿坑涌水量预测中常用的方法有两种。

1）加权平均值法，又可分为厚度平均、面积平均、方向平均法等。如厚度平均法，其公式为：

$$K_{cp} = \frac{\displaystyle\sum_{i=1}^{n} M_i K_i}{\displaystyle\sum_{i=1}^{n} M_i} \text{（承压水）} \qquad (11-37)$$

或
$$K_{cp} = \frac{\sum\limits_{i=1}^{n} H_i K_i}{\sum\limits_{i=1}^{n} H_i} \quad （潜水）$$

(11-38)

式中：K_{cp} 为渗透系数的加权平均值，m/d；M_i、H_i 分别为承压、潜水含水层各垂向分段厚度，m；K_i 为相应分段的渗透系数，m/d。

2）流场分析法，有等水位线图时，可采用闭合等值线法：

$$K_{cp} = -\frac{2Q\Delta r}{M_{cp}(L_1 + L_2)\Delta h}$$

(11-39)

或据流场特征，采用分区法：

$$K_{cp} = \frac{Q}{\sum\limits_{i=1}^{n}\left[\dfrac{(b_1 - b_2)}{\ln b_1 - \ln b_2}\dfrac{h_1^2 - h_2^2}{2L}\right]}$$

(11-40)

式中：K_{cp} 为渗透系数的加权平均值，m/d；L_1、L_2 为任意两条（上、下游）闭合等水位线的长度，m；Δr 为两条闭合等水位线的平均距离，m；Δh 为两条闭合等水位线的水位差，m；M_{cp} 为含水层的平均厚度，m；Q 为涌水量，m^3/d；b_1、b_2 为辐射状水流上、下游断面上的宽度，m；h_1、h_2 为 b_1 和 b_2 断面隔水底板以上的水头高度，m；L 为 b_1 和 b_2 断面之间的距离，m。

（2）大井引用半径 r_0 的确定。矿坑的形状极不规则，尤其是坑道（井巷）系统，分布范围大，形状千变万化，构成了复杂的内边界。根据解析法计算模型的特点，要求将它理想化。经观测，坑道系统排水时，其周边逐渐形成了一个统一的降落漏斗。因此，在理论上可将形状复杂的坑道系统看成是一个理想"大井"在工作，此时整个坑道面积，看成是相当于该"大井"的面积。整个坑道系统的涌水量，就相当于"大井"的涌水量。这样就使一般的井流公式，能适应于坑道系统的涌水量计算。这种方法，在矿坑涌水量预测中称为"大井"法。"大井"的引用半径 r_0，在一般情况下用下式表示：

$$r_0 = \sqrt{\frac{F}{\pi}} = 0.565\sqrt{F}$$

(11-41)

式中：r_0 为"大井"引用半径，m；F 为坑道系统分布范围所圈定的面积，km^2。

如果开采面积近于圆形、方形时，采用上式较准确，对于形状特别的面积，可采用其他专门公式计算。

（3）引用影响半径 R_0 的确定。从稳定井流理论的实际应用出发，即根据等效原则，将疏干量与补给量相平衡时出现的稳定流场，其边界引用一个圆形的等效外边界进行概化，其与"大井"中心的水平距离称为"引用影响半径"，也称为补给半径。则

引用影响半径（R_0）＝"大井"引用半径（r_0）＋ 排水影响半径（R）

矿山疏干实际表明，矿坑排水的影响范围，总是随时间的延长、排水量的增加以及坑道的推进而不断扩大，直至天然边界为止，它不可能被限制在一个不是边界的理想"半径"之内。此外，对比计算表明，若确定影响半径的误差为 2～3 倍，则矿坑

涌水量的计算误差可达 $30\% \sim 60\%$，若取偏低值其误差远比取偏高值要大[12]。因此，对开拓井巷的涌水量预测，最好采用抽水试验外推法，即根据多落程的抽水试验，确定降深与影响半径或流量与影响半径的线性关系，以外推某疏干水位或某疏干量的相应疏干半径值。如：

$$R = 2S\sqrt{HK} \qquad (11-42)$$

式中：R 为疏干半径，即排水影响半径，m；S 为疏干降深，m；H 为含水层厚度，m；K 为含水层渗透系数，m/d，此式系经验公式，无需量纲检验。

4. 最大疏干水位降深 S_{max} 的确定

在理论上，目前解析解还无法处理承压区与无压区同时并存或大降深的潜水问题，实际问题则是矿床疏干时最大可能水位降深是多少，如何近似确定最大疏干水位降深 S_{max} 值。

爱尔别尔格尔在实验中取得的潜水最大水位降深等于潜水含水层一半的结论，即 $S_{max} = 1/2H$（扩大应用到承压含水层时，为 $S_{max} = H-1/2H$），一直是水文地质计算中所遵循的概念。近年来，中国通过渗流槽及野外抽水试验，证明这一结论是保守的[91,92]。S_{max} 可以超过 $0.8H$，在矿坑涌水量计算中，通常不考虑这一概念。据观测，在长期疏干条件下的大截面井巷系统外缘，动水位（h）一般不超过 $1 \sim 2$m，它所引起的涌水量计算偏大值一般为 $0.5\% \sim 1\%$。因此，矿坑涌水量预测时，最大疏干水位降一般取 $S_{max} = H$。

11.6.5.4　实例

1. 实例 1

某煤矿的煤层埋藏在二叠系砂岩承压含水层之下，煤系地层被断层切割，断层透水但富水性不强。巷道系统面积 $1.09m^2$，其轮廓为

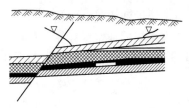

图 11-23　某矿区剖面示意图
（据 房佩贤等，1987）

不规则的圆形，砂岩含水层平均水头为 100m，含水层厚度 30m，渗透系数为 0.2m/d，巷道系统布置在隔水层底板（图 11-23），地层倾角为 13°。试预测矿坑涌水量。

根据已知条件，断层能透水则说明其不是隔水边界，但其富水性不强说明其也不是供水边界，因此可视为无限边界。地层倾角 13°，可视为水平含水层，含水层的厚度和渗透系数已经概化过。由图可以看出，矿井排水时水位已降至隔水顶板以下，属承压及无压水，因此应选用无限边界承压及无压公式计算矿井涌水量。即

$$Q = 1.366K \frac{(2H-M)M-h^2}{\lg R_0 - \lg r_0} \qquad (11-43)$$

$$r_0 = \sqrt{\frac{F}{\pi}} = 590(\text{m}) \qquad (11-44)$$

$$R_0 = R + r_0 = 2S\sqrt{HK} + r_0 = 1500(\text{m}) \qquad (11-45)$$

$$h = 0(\text{取 } S_{max} = H) \qquad (11-46)$$

将有关参数代入公式可得：

$$Q = 3666\text{m}^3/\text{d}$$

实际开采中，矿坑涌水量为 $3600\text{m}^3/\text{d}$，与预测结果接近。

2. 实例 2

某铁矿地处灰岩区，岩溶裂隙发育较均匀，地下水运动符合达西定律，矿区内有部分地下水动态长期观测资料，其他地质条件略[6]。

(1) 要求。

1) 当疏干水平（或中段）的水位降深（S）确定后，则疏干量（Q）是时间（t）的函数。该水平的正常疏干量，应是该水平预测的矿坑涌水量值。设计部门要在一组具不同疏干强度 Q 及与其相应的时间 t 的对比中，选出最佳疏干方案，即选择排水能力要求不过大，而疏干时间又不长的方案。

2) 疏干时间通常要求控制在两个雨季之间，否则 Q 的计算则无意义。

(2) 任务。给定的条件是：①疏干中段水位降（S）确定为 0m 标高；②疏干时间要求在两个雨季间完成。

(3) 最佳疏干量的计算与分析。

第一步：初选疏干时间段 t。根据第二项任务，在现有地下水动态曲线（图 11 - 24）上初选 3 个时间段，即 270d、210d、150d，供计算分析。

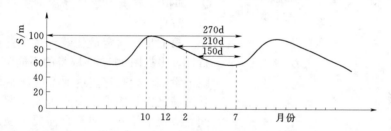

图 11 - 24　某矿区地下水水位动态曲线图（据 曹剑峰等，2006）

第二步：确定相应的 Q 值。根据给定的 0m 标高，从动态曲线图上确定出各时间段相对应的 S 值（表 11 - 15）。

第三步：求相应的 Q 值。利用下面公式（符号为常用地下水动力学符号）：

$$Q = \cfrac{4\pi TS}{W\left(\cfrac{\mu r^2}{4Tt}\right)} \qquad (11 - 47)$$

表 11 - 15　不同时间段 S 与 t 的对应关系（据 曹剑峰等，2006）

t/d	$t_3 = 270$	$t_2 = 210$	$t_1 = 150$
S/m	$S_3 = 100$	$S_2 = 90$	$S_1 = 80$

在已知 t_1、S_1、t_2、S_2、t_3、S_3 的条件下，求得相应的 Q_1、Q_2、Q_3，作为第四步分析的初值。

第四步：绘制不同疏干强度 Q 条件下的 $S = f(t)$ 曲线（图 11 - 25）。在初值 Q_1、Q_2、Q_3 的范围内，通过内插给出一组供进一步分析的疏干量数据。其公式为：

$$S = \cfrac{Q}{4\pi T} W\left(\cfrac{\mu r^2}{4Tt}\right) \qquad (11 - 48)$$

分析不同疏干量时 S 随 t 的变化规律。

第五步：绘制不同定降深 S 条件下的 $S = f(t)$ 曲线。根据图作出不同降深 S 条

件下的疏干量 Q 与时间 t 的关系曲线 $Q=f(t)$（图 11-26），进行不同 S 条件下，疏干量 Q 与疏干时间的对比分析。

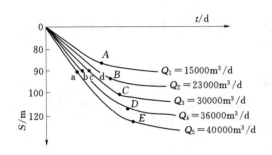

图 11-25　不同疏干量条件下 $S=f(t)$ 曲线
（据 曹剑峰等，2006）

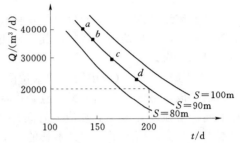

图 11-26　不同降深条件下 $Q=f(t)$ 曲线
（据 曹剑峰等，2006）

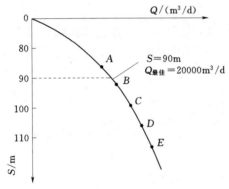

图 11-27　拟稳定疏干量与降深的关系曲线
（据 房佩贤等，1987）

第六步：绘制降深 S 与最佳疏干量 Q 的关系曲线。根据图中各 $S=f(t)$ 曲线的拐点，求出不同降深 S 条件下的最佳疏干强度 Q，即拟稳定疏干量与降深的关系曲线（图 11-27）。

第七步：确定最佳疏干量，并检验其可行性。根据图 11-27 取得的不同降深的最佳疏干量 Q_{max} 检验它们达到 S 时所需的时间 t，是否满足任务要求，即是否能在两个雨季之间完成疏干任务。如符合需要，预测就算完成；如不符合，则还要重复进行，直至所选取的最佳疏干量满足任务要求的 S 与 t 时为止。

从图 11-26 取 $S=90\mathrm{m}$，则 $Q_{最佳}=20000\mathrm{m^3/d}$；从图 11-26 中求得 $t=200$ 天；可行性检验：200 天 < 210 天，符合技术要求。

继之，求雨季最大疏干量 Q_{max}：雨季地下水位上升，如以 t 表示雨季的时段长，以 S 表示水位上升幅度。为保证开采水平（中段）的正常生产，必须将雨季（特别是丰水年雨季）抬高的水头 S 降下去。因此，雨季的最大疏干量应为开采水平正常疏干量 Q（即正常涌水量），亦即在前面所确定的最佳疏干量，再加雨季 t 时段抬高 S 所增加的疏干量，称疏干增量，即

$$Q_{max}=Q_{最佳}+Q_{雨增}$$

上述 Q_{max} 计算，关键是雨季 t 及其时段内地下水位上升幅度的确定。一般按动态观测资料会给出抬高 S 的平均值，较为可靠。将所得 t、S 代入式（11-47），则可计算出雨季增加的疏干量 $Q_{雨增}$。

3. 实例 3

广东曲塘多金属矿位于一个构造盆地边缘，地势平缓，雨量充沛，地表水系发

育。矿体位于当地侵蚀基准面以下，赋存于含水性差的上泥盆统天子岭组泥灰岩中。由于地层缺失，在某些地段使强烈岩溶化的中上石炭统壶天群灰岩直接覆盖其上，构成矿区主要充水含水层。此外，地表分布有弱含水的第四系冲积黏土夹砾石[5]。矿区北、西有隔水层，东、南开阔，有地下水与地表水联系密切。根据边界的概化（图11-28）选择直交隔水边界的稳定流"大井"公式，计算各开采中段稳定涌水量，即

$$Q=\frac{\pi K\left[(2H-M)M-h^{2}\right]}{R_{\Lambda}}$$

(11-49)

$$R_{\Lambda}=\ln\frac{R^{4}}{8rb_{1}b_{2}\sqrt{b_{1}^{2}+b_{2}^{2}}}$$

(11-50)

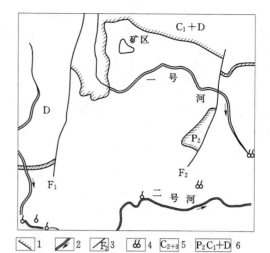

图 11-28 广东曲塘矿区水文地质示意图
（据 房佩贤等，1987）

1—相对隔水边界；2—河流；3—断层；4—上升泉；
5—强烈岩溶化灰岩；6—砂页岩、泥灰岩

将-40m 中段的矿坑涌水量计算的参数和结果列入表11-16和表1-17中。

表 11-16　曲塘矿-40m 中段矿坑涌水量计算所用参数（据 房佩贤等，1987）

M /m	H /m	h /m	K /(m/d)	R /m	r_0 /m	b_1 /m	b_2 /m
149.77	151.59	47.80	2.374	4345	455	391.50	578.50

表 11-17　曲塘矿-40m 中段矿坑涌水量预测计算表（据 房佩贤等，1987）

预计矿坑涌水量 /(m³/d)				实际排水量 /(m³/d)	误差 /%
壶天群	天子岭组	第四系	总计		
28120	4620	910	33650	39250	16.6

表 11-16 中的 $R=\alpha Q$，其中 α 为比例系数，根据多次水位落程的抽水试验求得。

11.6.6 数值法

11.6.6.1 应用条件

随着电子计算机的出现，在解决复杂水文地质问题时，可以借助数值模拟方法，在电子计算机上用离散化方法求解数学模型的数值解，用数值的集合达到近似的"仿真"[102]。

矿坑涌水量数值计算，其原理方法虽与供水水资源评价完全一致，但由于矿床所处自然环境复杂，开采条件变化大，不确定因素多，又要求作大降深下推预测。因

此，矿坑涌水量数值计算的最大特点是：模型识别的条件差、任务重、难度大。不仅要为原始状态下水文地质模型的各项未知条件与不确定因素通过定量化过程得到识别与校正，同时，还要为大降深数值预测建立内边界的互动识别。

11.6.6.2 计算方法与步骤

1. 数学模型的选择

数学模型的建立，既要考虑需要，又要分析实际问题的复杂程度是否具有所选模型相应的资料。一般来说，平面二维数学模型已能满足解决实际问题的基本要求，对于在垂向上具明显非均质特征的巨厚含水层，在较大降深的开采量和水位预报时，为避免失真最好采用三维流数学模型[104]。

2. 水文地质条件的概化

水文地质条件概化是数值计算中的一个重要环节，要求根据勘探资料，按数值方法对实际问题的特点进行概化。它反映了勘探信息的利用率和保证率，以及对水文地质条件的研究程度直接关系计算精度。数值计算的水文地质条件概化，可概化为结构、边界、流态和初始条件等几大问题[104]。

（1）概化的原则。自然界中含水层的分布组合极其复杂，水文地质条件的概化有较大难度，确定时应遵循三个基本原则：①实用性：所建立的水文地质概念模型必须与一定时期的科学技术以及水文地质调查研究程度相适应，并能用于解决矿坑涌水量预测这一实际课题；②完整性：概念模型要尽可能真实地反映实体系统的内部结构与动态特征，这就要求专业人员既要到现场进行调查，又要广泛地收集与矿山相关的各种信息，必要时还要补充部分现场调查（包括观测、试验等）工作，以达到对真实系统全面深入的掌握，保证模型在理论上的完整性；③正确处理好简单与精度的矛盾，若一味追求简单，那就以牺牲精神度为代价，若一味追求精度，则将导致模型复杂化，将需花更多的时间和勘察成本，故应根据需要将二者协调好。

（2）含水层结构的概化。含水层结构的概化包括含水层的空间形态与结构参数分区的概化。含水层的空间形态的概化，是利用含水层顶、底板标高等值线图，给出每一剖分节点（离散点）坐标 (x, y) 上的含水层顶、底板标高，由模型自动识别含水层的厚度，完成几何形态的概化。含水层的非均质结构参数分区的概化，是在水文地质分区的基础上，按水文地质条件的宏观规律和渗流运动的特点，在空间上渐变地进行参数分区及参数分级，给出各分区参数的平均值及其上、下限，作为模型调试的依据[96]。对取水含水层与相邻含水层相互作用概化，一般要求地质模型给出与相邻含水层的连接位置与坐标，其连接方式可以是断层、"天窗"或通过弱透水层的越流补给。

（3）地下水流态的概化。流态问题的概化，一般认为在矿区局部存在的一些复杂水流状态但分布范围不大时，因此在宏观上仍可考虑用二维达西流进行概化，也可以根据实际情况概化为"三维流"。

（4）边界条件的概化。边界条件概化时，要求根据边界分布的空间形态，给出边界的坐标，确定边界作用的性质，有无水量交换及其交换方式，并根据动态观测或抽水试验资料，用数理统计方法概化水位或流量的变化规律，按不同时段给出边界节点的水位或单宽流量。

（5）初始条件的概化。按初始时刻各控制节点实测水位资料绘制的等水位线图，给出各节点的水位作为初始条件。由于控制节点的数量有限，等水位线图的制作难免存在一定的随意性，在含水层结构或边界条件较复杂的情况下，最好利用模型的小步长运行，进行校正[104]。

3. 计算区域和时间的离散

数值法根据分割近似原理，将一个反映实际渗流场的光滑连续的水头曲面，用一个由若干彼此无缝衔接且不重叠的三角形（有限元法）或方形、矩形（有限差分法）拼凑成的连续但不光滑的水头折面代替，将非线性问题简化为线性问题求解。

时间的离散是根据地下水位降（升）变化的特点，选好合适的时间步长控制水头变化规律，既保证计算精度，又节约运算时间。如模拟抽水试验时，抽水初水位下降迅速，必须用以"分"为单位的小步长才能控制；随着水位降速的变慢，逐渐延长至以"时""日"为单位的步长；模拟稳定开采时，可用月、季、甚至年为单位的大步长。

4. 模型的识别与检验

模型识别是用实测水头值及其他已知条件校正模型方程、结构参数、边界条件中的某些不确切的成分（数学运算中称解逆问题）。根据详勘要求的一个水文年动态观测资料，提供枯、平、丰水季节的天然流场资料和抽水实验的人工流场资料，选用或自编相应的程序软件进行的。模型识别的方法有直接解法和间接解法两种。

5. 矿坑涌水量数值预测

模型的预测，通常是在水文地质模型定量化的基础上，按开采方案（即已知疏干工程的内边界条件）预测未来开采条件下外边界的变化规律，从而达到预测的目的。

用数值法预测矿坑涌水量，其优势是极明显的，它除了能较真实地刻画矿区的水文地质条件外，还能反映出各种复杂的开采条件与各种类型及强度的疏干工程，模拟疏干过程，反映预报区内疏干条件下各种水文地质条件的变化（如局部范围内含水层由承压转无压到疏干），以及疏干对天然排泄点和供水水源地的水量袭夺，疏干矿井之间的相互袭夺过程等，因此它能根据不同水文地质条件和不同生产要求作出相应的预报，实现包括解析法在内的传统计算方法难以实现的目的。

11.6.6.3　实例

三维数值模型在双阳煤矿巨厚多层含水层矿坑涌水量预测中的应用[12]。

1. 区域水文地质条件概述

双阳煤矿位于双鸭山盆地的东侧，基底为元古界麻山群变质岩。四周相对封闭，西部有一条河（七星河），整个煤系地层为一单斜构造（图11-29）。

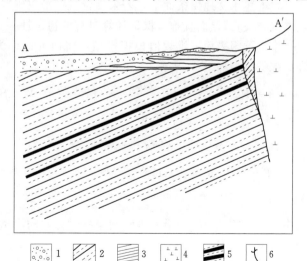

图11-29　双阳煤矿水文地质剖面图（据 刘启仁，1995）

1—砂砾岩；2—砂岩；3—黏土；4—花岗片麻岩；

5—煤层；6—断层

矿区上覆第四厚层（平均厚度 50m）孔隙含水层，下覆侏罗系巨厚（约 650m）裂隙含水层，自上而下，裂隙发育由强至弱，具明显非均质性，中间夹有非连续黏土层（厚度为 0～25m）（图 11-30）。因此，确定侏罗系裂隙含水介质在垂向上的不均匀性及其与上覆第四系孔隙含水层的水力联系，是保证预测精度的关键。

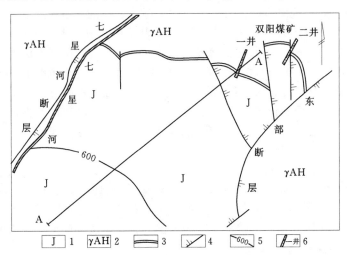

图 11-30　双阳煤矿水文地质简图（据 刘启仁，1995 修改）
1—侏罗系；2—麻山群花岗片麻岩；3—地层界线；4—断层；
5—侏罗系地层－600m 等值线；6—矿井位置及编号

2. 数学模型的选择

在上述水文地质条件下，若采用常规"准三维"数值模拟模型，不仅会使模型产生严重"失真"，而且难以保证计算过程的稳定性。

本次预报采用三维数值模拟模型，将研究区作为一个统一的地下水含水系统处理。数学模型如下：

$$\begin{cases} \dfrac{\partial}{\partial x}\left(K_x \dfrac{\partial h}{\partial x}\right)+\dfrac{\partial}{\partial y}\left(K_y \dfrac{\partial h}{\partial y}\right)-\dfrac{\partial}{\partial z}\left(K_z \dfrac{\partial h}{\partial z}\right)+W=S\dfrac{\partial h}{\partial t} & (t>0)(x,y,z\in\Omega) \\ h(x,y,z)=h_0(x,y,z) & (t=0)(x,y,z\in\Omega) \\ h(x,y,z,t)\big|_{\Gamma_1}=\Psi(x,y,z,t) & (t\geq0)(x,y,z\in\Gamma_1) \\ T\dfrac{\partial h}{\partial n}\Big|_{\Gamma_2}=q(x,y,z,t) & (t\geq0)(x,y,z\in\Gamma_2) \end{cases}$$

$$(11-51)$$

式中：K_x、K_y、K_z 为沿三维空间坐标轴方向的渗透系数，[L/T]；W 为源汇项；S 为储水率，[1/L]。

3. 水文地质条件的概化

（1）含水层结构概化。根据侏罗系裂隙含水层的非均质性，将其划分为四个含水段。因而，整个区域在剖面上概化为由第四系孔隙含水层和侏罗系裂隙含水层（段）组成的统一的地下水含水系统（图 11-29）。

（2）地下水流态的概化：三维达西流。

（3）边界条件概化。平面上：第一层，西部河流为常水头边界，其余均为隔水边界；第二至五层，四周均为隔水边界。垂向上：上部为垂向面状流量边界；底部（侏罗系）为隔水边界。

（4）初始条件。采用 1992 年 6 月实测流场数值。求参拟合时间为 12 年。预测计算时间为 10 年。时间步长为 1 年。

4．计算过程（略）

5．计算结果及稳定性分析

（1）计算结果。矿坑涌水量预测结果见表 11 - 18，未来疏干区流场情况如图 11 - 31 所示。

表 11 - 18　　　　各疏干区（段）矿坑涌水量预测结果（据 刘启仁，1995 修改）

开采顺号	疏干区（段）	Ⅰ、Ⅱ井疏干条件下矿坑涌水量 /(m³/h)				
		单独疏干涌水量	各开采阶段矿坑干扰疏干总涌水量			
1	三开采区 -50～+10m	1480	1317			
2	三开采区 -150～-50m	1320		2285		
3	3 线以西 -50～0m	2530			4083	
4	3 线以西 -150～-50m	2100				5111
5	3 线以西 -600～-150m	2190					6012

（2）稳定性分析。未来井巷开拓或掘进过程的不确定性将给整个预测过程带来一定的不可预测性。这是否会影响到计算结果？程度如何？

分析结果：图 11 - 32 中表示的是两种疏干过程处理方式，A 和 B 的涌水量计算

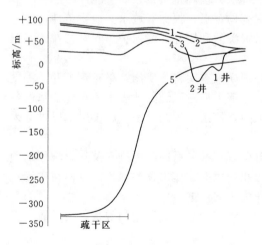

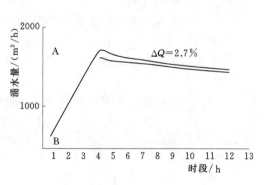

图 11 - 31　3 线以西 -600～-150m 预测疏干流场剖面示意图（剖面Ⅵ）（据 刘启仁，1995）

（注：图中标 1、2、…为计算序号；

1 井、2 井表示开采井）

图 11 - 32　三采区 -50～+10m 对比预测矿坑涌水量历时曲线（据 刘启仁，1995）

A—疏干水位在所有时段均为疏平水平；

B—疏干水位分三个时段达到疏干水平

结果表明：疏干过程处理的人为性对 A 点以后的计算结果影响很小；自第 6 时段以后预测涌水量值渐趋稳定。因此所得预测结果具有较高的稳定性。

11.7 矿床疏干排水与供水结合的水文地质勘察

由于矿山大规模的开采，深度越采越深，面积也越采越大，矿床疏干排水量也越来越大，降落漏斗发展愈来愈远。这样不但在矿区附近，并且在矿山所在的水文地质分区造成地下水位持续下降，从而破坏了全区的地下水资源，甚至使全地区地下水枯竭。在水资源已经十分短缺的情况下，矿坑疏干排水对工农业甚至城市生活供水的影响十分巨大，排水与供水的矛盾日益突出[112]。但所排出的矿坑水却由于含有各种不同污染物，不能利用而白白地流失，同时还造成环境污染，如果在矿床勘探和开采设计时都把排水与供水综合利用，则可以采用矿床预先疏干的措施排出大量的洁净的地下水，有偿地供给工农业用水和生活饮用水。甚至从矿井排出的少量不洁矿坑水也可以净化处理后使用。这样，不但可以降低排水费用和采矿成本，还可以解决因水大而不能开采的矿藏，对能源基地建设，变水害为水利，一举多得，从而使其发挥综合的经济效益[113,114]。

11.7.1 矿床疏干排水与供水结合水文地质勘察的要点

能否在矿床开采时进行排供结合，首先在矿床水文地质勘探时就认真调查，搜集有关资料，进行可行性研究，以便在布置矿床文地质勘探工作量时加以考虑，需要研究的问题有以下几个方面：

（1）首先在详查阶段按矿区水文地质条件，矿床主要充水因素和水质、估算矿坑涌水量以后，即初步考虑矿床开采时的疏干排水方法和排供结合的可能性[114]。

（2）如认为有可能进行排供结合，要有全局观点，根据区域水文地质条件，统一考虑地区或完整的水文地质单元内的地下水资源的利用和环境保护等问题，在此基础上再进行矿床水文地质勘探。

（3）在矿床水文地质勘探的过程中，必须详细查明将来矿床开采时各个开采深度的矿坑主要涌水因素，包括水量和水质，矿床疏干后对区域的地表水体和地下水的各个含水层的影响以及向深部开采时的影响范围，提出排供结合模式的设想，以供开采设计的参考。

（4）经过矿床水文地质勘察以后，除对矿区在开采后的疏干排水及其影响作出预测评价以外，还应对地区供水的地下水资源和环境保护作出预测评价，以便在矿床开采设计时作为排供结合的综合研究、对比和优化的依据。

（5）要调查研究矿床附近已开采矿井的排供结合与综合利用的现状以及矛盾，以便在勘探时提前布置勘探工作量。

（6）在矿床水文地质勘探时，除为矿床疏干排水布置的地表水和地下水的观测网以外，必要时还应为排供结合补充布置一定数量的观测孔。

矿区地下水供水与排水是一对很大的矛盾，但可以妥善解决。如何供？如何排？矿山排水与供水结合的模式可以是多种多样的，主要应该依据当地的地质和水文地质条件，工农业和生活用水的需水情况以及对当地的水源地、泉水等的影响与环境保护而定[113,116]。

目前，矿山排水与供水结合的模式主要有以下几种。

1. 利用矿坑排水的排供结合模式

这种模式在中国应用得最早，排供结合的矿井也比较多。这种模式一般是在勘探和开采设计时都没有考虑排供结合，而主要是根据矿山的排水量和水质，来考虑供水目的的净化处理方法和设施。一般为农业灌溉用水，如水中不含特殊有毒物质，常常是不经处理或简单处理后即作为农业供水水源，如作为工业用水和生活用水则必须进行严格的处理。

如河南焦作市的焦东水厂、焦西水厂、中马村水厂、化工三厂以及电厂的用水水源很多来自焦作煤矿排出的水[117]。唐山开滦矿务局吕家坨矿排出的矿井水，也作为工业用水的水源，范各庄矿用矿井水灌溉农田几万亩。

2. 矿床预先疏干的排供结合模式

这种模式是根据矿床水文地质条件和矿床开采的需要和供水的要求而采取的。预先疏干主要有两种方式：一种是利用地表深井排水疏干；另一种是在井下巷道、洞室和放水孔放水疏干。

如广东石录铜矿是露天开采的矿山，采用地表深井疏干，降低矿体底板黄龙灰岩强径流带承压含水层的地下水位，使采矿工作不受地下水的威胁。露天采场始建于 1966 年，1970 年末挖到地下水位以下，开始大量排水，到 1990 年日排水量约 99000m³，排出的水除满足本矿采选冶炼所需的工业用水和全矿生活用水外，尚将多余的水供给农田灌溉用水[101]。

3. 矿床帷幕注浆的排供结合模式

利用帷幕灌浆控制矿坑疏干排水范围，这不仅使排水量大为减少，同时还可使周围的水环境得到较好的保护。如山东济南市郊区张马屯铁矿（图 11-33），是济南铁矿区中规模较大的矽卡岩磁铁矿富铁矿床之一[118]，该矿离市区仅 5km，根据该矿水文地质条件分析，张马屯铁矿如果采用预先疏干地下水，地下水位需要降至采矿最终水平的 430m 深度，不仅形成 10km 以上的庞大漏斗，而且对周围水源地直接破坏，同时对济南市内的景观（泉）也将是一个重大威胁。

考虑到济南市城乡工农业生产需水以及环境保护，并考虑矿山安全、经济效益和矿床水文地质条件等，遂采用了帷幕注浆的开采方法与排供水结合的模式，并于 1983 年 10 月经国家技术鉴定，效果已达到 80%，超过 50% 的要求，每年节约排水费用 219 万元，节约电能 1900 万 kW·h 以上。在 6 年开采后，帷幕内外的水头差已达到 200m 以上，证实了矿床开采对济南市东郊地下水水源地没有产生破坏性影响，保护了环境和东郊各工厂水源地的正常供水与农业灌溉的地

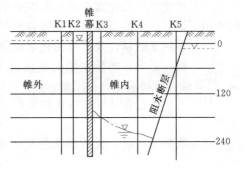

图 11-33　帷幕堵水后漏斗剖面
（据 姜玉玺，1979）

下水资源。

4. 利用双层水条件的排供结合模式

这种模式是在特定的水文地质条件下采取的，这种特定的水文地质条件是在山东金岭铁矿区中奥陶统石灰岩含水层中发现的[120]。

金岭铁矿为矽卡岩型铁矿，底板为闪长岩，顶板为中奥陶统石灰岩，其富水性普遍具有上强下弱的特点，两者之间有相对隔水层。天然条件下，上下具有统一水位，个别分层设置的长期观测孔，当上层抽水或停抽时，下层水位虽有反映，但影响值及其敏感度有显著的减少和滞后现象。矿床开采的设计是利用井下巷道、洞室和放水孔进行全面疏干，自＋16m、－7m、－47m、－107m、－165m、…逐层水平布置了疏干工程，当采至－165m 水平，深度为 200m，疏干效果良好，但发现灰岩下部弱含水层被疏干，而上部强含水层仍保持着近似原来的水位，将该层灰岩含水层作为生活和生产的水源地未受影响，水位彼此脱离形成上下两个独立的水位和降落漏斗，构成独特的双层水模式的排供结合模式。

5. 岩溶地下河引流的供排结合模式

这种模式主要是将矿区内岩溶地下河内的地下水，以采取筑坝、凿洞、引水平井等引水工程措施，加以疏导后利用。

如湖南香花岭多金属矿床，矿区内分布有 12 条岩溶地下河，在查明岩溶地下河分布的基础上，用洞探确定岩溶地下河引流段的空间坐标，开掘引流处坑道上游的岩溶地下河水，灌溉农田 3100 亩，解决了 4000 多农民的生活饮水，同时减少矿坑涌水量 98.85%[25]。

从以上几种成功的排供结合模式可以看出，由于矿区水文地质结构和矿床开采与供水的要求的不同，排供结合模式也不同，其他大水矿床可以根据实际情况加以考虑。

11.7.2　矿区地下水污染调查

11.7.2.1　矿区地下水的污染类型

矿区地下水污染类型多种多样，其主要污染情况有以下几种[121,122]：

(1) 开采硫化矿床疏干排出的酸性矿坑水，如未经处理就排入矿区附近的地表水中，造成严重的环境污染。

(2) 矿坑水中往往富含矿体及围岩中的多种元素组分，尤其是硫化矿床在酸性水的作用下，岩矿中的金属组分和微量元素转入水中富集、迁移，形成污染源。

(3) 矿坑水的碱性及矿物的化学成分，往往引发地下水污染事件。

(4) 酸性矿坑水的排水引起矿区及附近土壤物理、化学性质的改变，使土壤的 pH 值降低，金属离子含量增加。

(5) 铀矿床分布地区往往造成放射性污染，使矿区附近地下水中放射性元素含量显著增高。

(6) 临海采矿时，长期排水使疏干降落漏斗扩展到海边，引起海水入侵污染含水层。

11.7.2.2　矿区地下水污染源及污染途径

矿区地下水水质受原生和次生环境水文地质条件的制约。次生环境水文地质是指地下水在运动过程中与矿体及围岩等发生水—岩作用，引起水质变化。在采矿疏干过程中，原生和次生环境水文地质条件都会通过不同的途径对矿区地下水造成污染[121,122]。

1. 矿区地下水污染源

（1）矿体水。直接循环在矿体内的水称之为矿体水，其组成矿体的矿物被破坏并溶解于水中使得地下水的水质发生明显变化。其对矿区地下水的污染取决于矿体化学元素的组成。

（2）矿山固体废物。废渣堆、尾矿库是矿山生产过程中的固体废弃物，也是矿区地下水的主要污染源。它们对矿区地下水的污染取决于矿床的矿物岩石性质、化学成分、选矿工艺流程、浮选药剂、矿山废水治理措施以及矿区的自然地理和水文地质条件等多方面的因素。

（3）选矿废水。选矿废水是从选矿厂排出的废液，它对环境的污染程度取决于矿石矿物的化学成分、浮选药剂的成分及废水处理效果。

（4）入侵海水。在沿海地区开采地下水或采矿疏干均可能引起海水倒灌。它的污染作用一方面是海水入侵直接污染地下水源，另一方面促使了采矿疏干已排出的盐水又经过重新渗入并污染地下水。

2. 矿区地下水的污染途径

矿区地下水污染途径是复杂多样的，包括矿坑自身地下水的污染和矿山排出的废渣废液经过各种途径，又重新渗入地下造成的污染。在污染过程中，大部分污染物都是随着对地下水的补给过程进入地下水中的。因此，地下水的污染途径与地下水的补给来源有着密切的联系（图 11-34）。

（1）通过包气带渗入型。污染物从上而下经过包气带渗入，污染对象主要是潜水，又可分为间歇入渗和连续渗入两种类型。

（2）越流型。污染物通过层间越流的形式进行转移。采矿疏干过程中，由于被疏干含水层水位大幅度下降，与顶板、底板相邻近含水层形成很大的水头差，使相邻含水层与疏干含水层产生越流补给，将污染物带入。

（3）径流型。其特点是污染物通过地下水径流的方式进入含水层。污染物通过废弃的旧矿坑、岩溶通道或海水入侵引起含水层的污染。

11.7.2.3　矿区地下水污染的调查

勘探阶段矿区地下水污染的调查工作可分为两种：勘探矿区地下水污染调查和扩大延伸矿区专门地下水污染调查。

1. 勘探矿区地下水污染调查

在矿床勘探阶段，环境水文地质问题尚未出现，应着重调查研究第一环境，即天然水文地质条件。查明其水文地球化学规律。在此基础上，研究矿区地下水水质在人为因素影响下可能发生的变化及其对环境的影响，开展必要的监测与试验工作，为矿山开采设计提供依据。在此阶段，要调查的内容主要如下：

（1）矿区天然水（包括地表水和地下水）的循环条件和分布规律。

（2）天然水（地下水、地表水）的环境背景值（污染起始值）或对照值，水化学元素的迁移、聚集和分布规律。

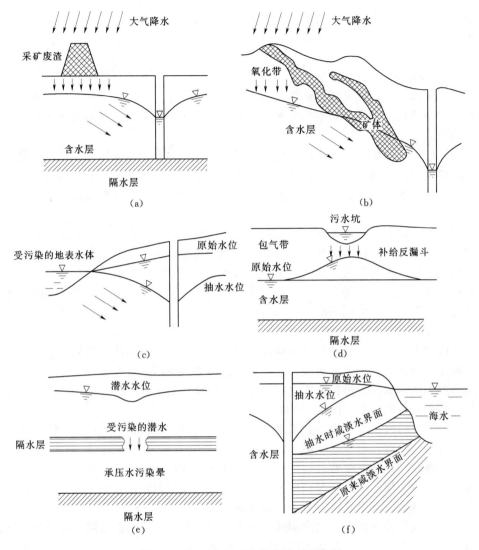

图 11-34　矿区地下水污染途径示意图

（3）与矿床充水有关的含水层的岩石性质，主要组成矿物及其化学成分。

（4）矿体及围岩的成分和化学特性。

（5）矿区开发可能引起的污染问题，包括污染源、污染范围、污染程度。提出防治污染的措施及建议。

2. 扩大延伸矿区专门地下水污染的调查

已经开采矿区往往存在地下水污染问题，特别是硫化矿床、高硫煤矿床、放射性、汞等矿床污染较严重。因此，当扩大延深勘探矿区已发现污染较重时，应作专门的地下水污染调查，以便查明污染源，对污染程度作出确切评价，并为治理污染采取可靠的措施。专门性地下水污染的调查的内容包括以下几个方面：

（1）污染源及污染途径的调查。在矿区进行地下水污染调查时，首先调查从矿山排出的废液及固体废弃物，如矿坑水的特征、选矿厂的工艺流程及废水特征。重点对污水排放渠道进行详细调查。矿山固体废物堆放地点、占地面积、废渣数量、矿物岩石成分及其化学组成、可溶性等。重点调查有无淋滤污染地下水的迹象。

调查可能造成地下水污染的人为通道，例如封闭不良的钻孔、废弃的旧矿坑等。

（2）自然地理及水文地质条件调查。调查矿区及区域的地形地貌条件，收集有关气象资料，水文资料。研究自然地理因素对地下水污染的影响。

（3）水化学调查。调查内容包括对大气降水、地表水、地下水、矿坑排水、选矿废水等化学成分的测定。水质分析除常规项以外，还要根据矿床类别与选矿工艺流程的不同增加分析项目。多金属硫化矿床要增加对所含主要金属元素及伴生矿物元素的分析。放射性矿床增加对放射性元素射线能量的测试。

（4）勘探及试验工作。污染水文地质条件调查中，为查明地下水污染带的分布范围，往住需要物探及钻探的手段。勘探范围要达到污染带的边界，勘探线应垂直调查区内被污染含水层（或污染带）的延伸方向，钻孔的深度要达到污染含水层的底板；钻孔的线距、孔距与孔数视研究区水文地质条件复杂程度和研究程度而定。污染水文地质试验包括弥散试验和介质自净能力试验。弥散试验主要是在野外进行，其目的是求取弥散系数，为进行地下水水质数学模型预测提供参数。介质自净能力试验也主要是在野外土壤表层进行，用来了解污染物在土壤层中的自净规律以及土壤层对污染物的净化吸附能力。

（5）地下水污染的监测。地下水的污染监测实质上是对地下水及地表水水质的长期监测，其目的是查明地下水污染组分含量随时间的变化规律，为预测污染的发展趋势和防治地下水污染提供依据。水质监测工作是在污染水文地质调查的基础上，根据区域水文地质条件与环境水文地球化学特征，结合已掌握的污染情况，定时定点采样分析并进行资料的综合分析研究。

11.7.3　矿床热害的环境水文地质勘察

由于矿井内存在各种热源致使井下空气温度增高，当矿井内工作面的空气温度超过 30℃，相对湿度达到 90%～100% 时，就呈现高温、高湿的特点，称为高温工作面。矿井内出现终年持续的高温工作面，会影响工作人员的身体健康和采矿工作的正常进行，被称为矿井热害[128]。

1978 年煤炭工业部地质局颁发的《煤炭资源勘探地温测量的若干规定》中规定，井下工作的气象标准为 26℃，并规定井下原始岩温 31～32℃ 的地区为一级热害区；原始岩温高于 37℃ 的地区为二级热害区。原煤炭工业部 1980 年颁布的《煤矿安全规程》第 107 条规定井厂矿掘工作面的空气温度不得超过 26℃；原冶金工业部规定采掘工作面空气温度不得超过 28℃；原核工业部规定采掘工作面的空气温度不得超过 26℃，机械洞室的温度不得超过 30℃。

11.7.3.1　矿井热源分析

矿井内气温的变化是受各种因素的影响，其中有自然因素，也有人为因素。自然因素主要是地质和水文地质因素，如地下热水和近期的岩浆活动等。而人为因素有矿井通风机电设备散热，人体散热，通风后易氧化物质氧化时散发的氧化热，采掘时的爆破散热，深矿井中空气的自然压缩散热、顶板岩石下沉过程的散热等（表 11-19）。

表 11-19　广西合山矿务局里兰矿 3224 工作面热源考察（据 黄翰文，1981）

项　目		热　量 /(kcal/h)	比　例 /%	备　注
风流吸热总量		324000	100	
其中	围岩散热	174670	54	该工作面标高为 −170m，埋深大约 300m，地温为 30.5℃
	热水散热	91200	28	
	自然压缩热	27500	8.5	
	机电设备散热	21050	6.5	
	人体散热	9580	3.0	

这些自然因素和人为因素都随着矿井开采深度、广度的不断改变而变换着，人为因素主要是矿井开采时的问题，在这里仅讨论中国矿山类型中较普遍的两种自然因素。

1. 地温

地下的岩温是影响矿井内气温升高的最主要原因之一。因为在恒温带以下就是增温带，增温带内地温的变化主要受地球的内热所制约，因此矿井内的气温势必随着采掘深度增加而增高[127]。

2. 深循环地下热水

地下热水的活动对地热的影响很大，因为地下水是最活跃的地质因素，其在地壳浅部广泛分布、易于流动，且容量大，所以地下水与围岩温度场的相互关系十分密切。如围岩温度场的温度很高，而大气降水或其他含水层的冷水进入的流量小、流速慢时，水的流动不足以把此高温带的热量带走，且将此冷水加热成热水，并在有利的地质构造条件下，沿着断层裂隙带上涌而形成局部地热异常带，这种现象在中国矿床勘探和开采的过程中经常遇到[129]。

11.7.3.2　中国矿井热害类型划分

矿井地温主要取决于该地区的地质构造、地层岩性、岩浆活动、地下水的补给、径流、调蓄、排泄以及矿体（层）埋藏的深度。但矿床地区的地质和水文地质条件是多种多样的，从目前中国出现矿井热害的地质、水文地质条件以及埋藏的深度来看，基本上可划分为以下四种类型[131]。

1. 热水地热异常型

这种类型的矿井热害主要是由地下热水所造成。大气降水渗入地下深部被加热，然后在适当的地质条件下上升至浅部或地表，构成地下热水或温泉。但是如果热水温度很高，富水含水层大量冷水混入后水温仍然很高，则会给开采造成严重威胁，甚至被迫停止开采。因为在目前技术条件下，如进行庞大的疏干和降温措施，不但毫无经济利益可言，甚至会造成大量亏损。

2. 正常地热增温型

这种类型的矿井随着开拓深度增加，地温也逐步升高。近些年来，中国采矿业迅速发展，开采的深度越来越深，不但煤炭，其他金属和非金属矿井也将会越来越多地出现这种类型的矿井热害。

3. 岩温地热异常型

这种类型主要是地质条件特殊，地温梯度大，开采浅部矿层也可出现矿井热害。随着开采深度的增加，热害还会更加严重。这种特殊的地质条件多为岩浆活动地区、构造断裂地带上及因基底高抬而处于断裂封闭地区等。所以在矿床地质勘探时，对地质构造、火成岩的分布和时代应特别注意。地下涌出的热水更加重热害的危害。

4. 硫化物氧化热型

这种类型的矿井热害主要是由于含硫化物的矿床在开采过程中，由于含硫化物矿石与空气接触而发生氧化，释放出大量的反应热。在封闭空间内热量聚集导致高温甚至自燃，造成矿井热害。

11.7.3.3 在矿床普查勘探时对矿床地温的评价方法

矿床地温的调查研究应与矿床的地质、水文地质、工程地质的普查勘探的各个阶段紧密结合，同时进行，以便对一些勘探工程共同利用，节约投资，以达到对矿床综合评价的目的。

1. 普查阶段

首先在确定成矿远景的普查勘探时，就应该从地质构造、岩浆活动、温泉分布、矿体的埋藏深度以及所收集的相邻区的有关气温、湿度和地温等资料，对矿床地温进行预测评价，并初步划分其类型。为了初步验证预测的情况，就必须在此阶段选择最适宜位置的、一定数量的钻孔进行系统测温，以便为下一步的工作提供依据。

2. 详查阶段

在普查阶段如已确定该矿床的地温较高，就应该在此阶段的地质、水文地质、工程地质勘探的同时，初步开展系统的矿床地质调查研究，确定将来能否构成地下开采的矿井热害，并评价其热害程度，以便确定该矿床在目前是否有必要进行详细勘探。其技术工作主要如下：

（1）初步查明恒温带深度、温度、平均地温梯度及其变化。

（2）对普查阶段发现的高温区及可能出现热害的地区，要选择一定数量的钻孔进行简易测温，以便基本确定勘探区内地温正常区和地温异常区的分布以及有无热害区及其热害程度。

（3）对热水型的矿床还应对地热进行专项调查，为勘探提供依据。

参 考 文 献

［1］ 沈继芳，于青春，胡泽喜. 矿床水文地质学 ［M］. 北京：中国地质出版社，1992.

［2］ 卡门斯基，克力门托夫. 矿床水文地质学 ［M］. 北京：地质出版社，1954.

［3］ 曹剑峰，迟宝明，王文科，等. 专门水文地质学 ［M］. 北京：科学出版社，2006.

［4］ 武汉地质学院. 水文地质学 ［M］. 武汉：武汉地质学院出版社，1981.

［5］ 房佩贤，卫中鼎，廖资生. 专门水文地质学（修订版）［M］. 北京：地质出版社，1996.

［6］ 房佩贤，卫中鼎，廖资生. 专门水文地质学 ［M］. 北京：地质出版社，1987.

［7］ 国家地质总局水文地质局. 岩溶类型矿床水文地质选辑 ［M］. 北京：地质出版社，1978.

［8］ 徐卫国. 岩溶矿区地面塌陷的形成及防治探讨 ［J］. 矿山技术，1978（1）.

［9］ 刘启仁，林蓬琪，余需. 全国岩溶充水矿山水文地质回访调查评述 ［J］. 水文地质工程地

质，1979 (1).

[10] 中国科学院地质研究所岩溶研究组. 中国岩溶研究 [M]. 北京：科学出版社，1979.

[11] 国家技术监督局. GB 12719—91 矿区水文地质工程地质勘探规范 [R]. 北京：地质出版社，1991，2.

[12] 刘启仁. 中国固体矿床的水文地质特征与勘探评述方法 [M]. 北京：石油工业出版社，1995.

[13] Л. φ. 阿加比耶夫. 中国矿床地质分类原则 [J]. 水文地质工程地质，1957 (8).

[14] 地质部水文地质工程地质局，地质部水文地质工程地质研究所. 中国国体矿床水文地质分类 [M]. 北京：地质出版社，1959.

[15] 地质部，冶金部. 矿区水文地质工程地质工作规范 [R]. 北京：地质出版社，1959.

[16] 地质矿产部矿山水文地质工程地质回访调查组. 岩溶充水矿山回访报告选辑 [C]. 北京：地质出版社，1986.

[17] 袁道先. 中国岩溶学 [M]. 北京：地质出版社，1994.

[18] 中国地质学会岩溶专业委员会编. 中国北方岩溶和岩溶水 [M]. 北京：地质出版社，1982.

[19] 王 锐. 论华北地区岩溶塌陷柱的形成 [J]. 水文地质工程地质，1982 (2).

[20] 中国地质学会. 中国地质学会第一届全国水文地质工程地质学术论文汇编 [C]. 北京：地质出版社，1965.

[21] 《全国矿床水文地质学术讨论会议论文选》编辑组. 全国矿床水文地质学术讨论会议论文选 [C]. 北京：地质出版社，1988.

[22] 王 锐. 对松散岩层覆盖的石灰岩岩溶地区地表塌陷机理的讨论 [J]. 煤田地质与勘探，1985 (4).

[23] 杨远贤. 恩口煤矿区深部岩溶水文地质勘探方法探讨 [J]. 中国岩溶，1986 (3).

[24] 广东省地质局. 隐伏岩溶类型矿区水文地质特征及勘探方法 [M]. 北京：地质出版社，1973.

[25] 陈任良. 香花岭岩溶暗河特征及其利用问题 [J]. 中国岩溶，1985 (3).

[26] 牟平占. 川东南岩溶充水矿床初步分类 [A]，四川水文地质专辑 [C]. 成都：四川人民出版社，1981.

[27] 郭纯青. 中国岩溶地下河系及其水资源 [M]. 桂林：广西师范大学出版社，2004.

[28] 刘启仁. 中国岩溶充水矿床基本水文地质特征及岩溶水的防治与利用 [J]. 中国岩溶，1988 (4).

[29] 牟平占，熊昌荃. 川东南煤矿底板突水初探 [A] //四川省水文地质工程地质学术会议论文集 [C]. 1982.

[30] 董玉良. 中国北方二叠纪煤田充水特征及主要水文地质问题研究 [A] //水文地质工程地质研究所所刊 [C]，第 5 号. 北京：地质出版社，1989.

[31] 李金凯. 矿井岩溶水的防治 [M]. 北京：煤炭工业出版社，1990.

[32] 卢耀如. 地质-生态环境可持续发展——中国西南及临近岩溶区发展途径 [M]. 南京：河海大学出版社，2003.

[33] 康彦仁，项式匀. 中国南方岩溶塌陷 [M]. 南宁：广西科学技术出版社，1999.

[34] 张英骏，缪钟灵，毛健全，等. 应用岩溶学及洞穴学 [M]. 贵阳：贵州人民出版社，1986.

[35] 卢耀如. 中国岩溶：景观 类型 规律 [M]. 北京：地质出版社，1986.

[36] 任美锷，刘振中. 岩溶学概论 [M]. 北京：商务印书馆，1983：323 - 329.

[37] 陈国亮. 岩溶地面塌陷的成因与防治 [M]. 北京：中国铁道出版社，1994.

[38]　陈梦熊. 中国水文地质工程地质的成就与发展：从事地质工作 50 年的回顾与思考 [M]. 北京：地震出版社，2003.

[39]　邵爱军，刘唐生，邵太升，等. 煤矿地下水与底板突水 [M]. 北京：地震出版社，2001.

[40]　刘启仁，董玉良，马谭. 略论中国矿床水文地质勘探的几个问题 [A] //中国地质学会全国矿床水文地质学术讨论会论文选 [C]. 北京：地质出版社，1983.

[41]　杨成田. 专门水文地质学 [M]. 北京：地质出版社，1981.

[42]　刘光亚. 基岩地下水 [M]. 北京：地质出版社，1979.

[43]　刘正峰. 水文地质手册 [M]. 银声音像出版社，2006.

[44]　冶金部，煤炭部，国家地质总局综合治理地下水办公室. 综合治理和利用大面积地下水经验汇编 [M]. 北京：煤炭工业出版社，1979.

[45]　廖资生. 基岩裂隙水的富集规律 [J]. 长春地质学院学报，1976 (2).

[46]　廖资生. 基岩裂隙水的一些基本理论问题 [J]. 长春地质学院学报，1978 (3).

[47]　庞渭舟，刘维舟. 煤矿水文地质学 [M]. 北京：煤炭工业出版社，1980.

[48]　河北省地质局水文地质四队. 水文地质手册 [M]. 北京：地质出版社，1978.

[49]　谭绩文，刘亚民. 汉诺坝玄武岩次生洞穴形成条件及水文地质特征 [J]. 河北地质学院学报，1983 (3).

[50]　中国地质科学院地质研究所，武汉地质学院. 中国古地理图集 [M]. 北京：地图出版社，1985.

[51]　肖楠森. 新构造分析及其在地下水勘察中的应用 [M]. 南京：南京大学出版社，1986.

[52]　吴同昌. 内蒙古变质岩、火成岩矿床水文地质类型的初步划分 [J]. 水文地质工程地质，1979 (4).

[53]　郭纯青. 地下水系统模型勘探理论与方法 [M]. 桂林：广西师范大学出版社，1997.

[54]　杨基广. 玉山县羊山地区东部玄武岩地貌及其水文地质特征 [J]. 水文地质工程地质，1978 (6).

[55]　沈照理. 水文地质学 [M]. 北京：科学出版社，1985.

[56]　张卓元，王士天，王兰生. 工程地质分析原理 [M]. 北京：中国建筑工业出版社，1982.

[57]　林学钰，廖资生，赵勇胜. 现代水文地质学 [M]. 北京：地质出版社，2005.

[58]　水文地质工程地质选辑第三辑《选辑》编写小组. 矿区水文地质·工程地质 [M]. 北京：地质出版社，1974.

[59]　淮南煤炭学校，焦作矿业学校编. 矿井地质及矿井水文地质 [M]. 北京：煤炭工业出版社，1979.

[60]　孙保吉. 关于简易水文地质观测的一些问题 [J]. 水文地质工程地质，1980 (3).

[61]　董兴文，卢义周. 岩溶矿区钻孔简易水文地质资料的分析与应用 [J]. 水文地质工程地质，1980 (3).

[62]　曹剑峰，迟宝明，王文科，等. 专门水文地质学 [M]. 北京：科学出版社，2007.

[63]　刘启仁，伍兆聪，贾秀梅. 司家营铁矿南区露天开采矿床涌水量预测方法 [A] //水文地质工程地质研究所所刊（第 1 号）[C]. 北京：地质出版社，1985.

[64]　G. P. 可鲁斯曼，N. A. 德立德. 抽水资料的分析与评价 [M]. 北京：地质出版社，1980.

[65]　陈雨村，颜志明. 抽水实验的原理与参数测定 [M]. 北京：水利电力出版社，1986.

[66]　薛禹群. 地下水动力学原理 [M]. 北京：地质出版社，1983.

[67]　陈崇希. 地下水不稳定井流计算方法 [M]. 北京：地质出版社，1983.

[68]　杜开荣. 从放水实验剖析西石门铁矿的水文地质特征 [J]. 水文地质工程地质，1984 (3).

［69］　陈葆仁，王福析，地下水动态及其预测［M］. 北京：科学出版社，1988.

［70］　伍章琨. 对矿区地下水动态观测工作的一些认识［J］. 水文地质工程地质，1981（3）.

［71］　陈葆仁. 中国地下水动态观测研究面临的任务［J］. 水文地质工程地质，1986（2）.

［72］　M. E. 阿里托福斯基，A. A. 康诺波梁采夫. 地下水动态研究方法指南［A］//全国煤田水文地质经验交流会论文选编［C］. 北京：地质出版社，1987.

［73］　廖汉意. 利用多个生产煤矿井长期观测资料进行水文地质计算方法的探讨［A］//全国煤田水文地质经验交流会论文选编［C］. 北京：地质出版社，1987.

［74］　丁绪荣. 普通物探教程［M］. 北京：地质出版社，1984.

［75］　刘栋梁. 水文测井在昭通地区的初步尝试［J］. 煤田物探，1987（1）.

［76］　智辉，陈耀参. 煤田地球物理测井［C］. 武汉：武汉地质学院出版社，1986.

［77］　中国石油天然气集团公司测井重点实验室. 测井新技术培训教材［M］. 北京：石油工业出版社，2004.

［78］　王锦祥. 现代煤田地质勘探、煤矿矿井物探及测井新技术新方法实用手册［M］. 北京：中国煤炭出版社，2006.

［79］　王群. 矿场地球物理测井. 矿场地球物理测井［M］. 北京：石油工业出版社，2002.

［80］　葛亮涛. 多含水层混合井流理论及流量测井法［M］. 北京：地质出版社，1984.

［81］　煤炭部地质勘探研究所水文物探组. 钻孔无线电透视方法在勘探工作中的应用［C］//水文地质工程地质物探技术报告. 北京：地质出版社，1981.

［82］　山东煤炭公司勘探队测井组. 声波测井在煤田地质勘探中的应用［J］. 测井技术，1984（6）.

［83］　黄炳杨. 点法在奥陶纪灰岩地下水工作中的应用［A］//全国煤田水文地质经验交流会论文选编［C］. 北京：地质出版社，1987.

［84］　乔夫. 声频大地电场法探测岩溶水的效果［J］. 煤田地质与勘探，1983（5）.

［85］　楼性满. 遥感找矿预测方法［M］. 北京：地质出版社，1994.

［86］　匡鸿海. 锦屏岩溶地区遥感图像处理系统初步研究［R］. 重庆：西南师范大学硕士学位论文，2002，5.

［87］　曾澜. 煤田地质遥感勘探研究［J］. 遥感信息，1986（6）.

［88］　闫志为. 水环境化学［M］. 桂林工学院内部教材，2003.

［89］　地矿部水文地质工程地质研究所. 天然水分析方法［M］. 北京：中国工业出版社，1965.

［90］　周俊业，孙继朝，张发旺. 稳定氢氧同位素在平顶山矿区水文地质中应用［A］//水文地质工程地质研究所所刊（第 7 号）［C］. 北京：地质出版社，1977.

［91］　余国光. 专门水文地质学［M］. 北京：地质出版社，1987.

［92］　余国光. 水文地质概念模型及其流场分析［J］. 长春地质学院学报，1986.

［93］　孙纳正. 地下水数值模型与数值方法［M］. 北京：地质出版社，1981.

［94］　钱孝星. 水文地质计算［M］. 北京：中国水利水电出版社，1995.

［95］　张宏仁. 地下水水力学的发展［M］. 北京：地质出版社，1992.

［96］　李俊亭. 地下水流数值模拟［M］. 北京：地质出版社，1989.

［97］　李正根. 水文地质学（地质专业用）［M］. 武汉：武汉地质学院出版社，1980.

［98］　施普德. 井水量计算的理论与实践［M］. 北京：地质出版社，1977.

［99］　顾慰慈. 渗流计算的理论与实践［M］. 北京：中国建材工业出版社，1977.

［100］　张尉榛. 地下水非稳定流计算和地下水资源评价［M］. 北京：科学出版社，1983.

［101］　石录铜矿. 石录铜矿疏干经验［A］//综合治理和利用大面积地下水经验汇编［C］. 北京：

煤炭工业出版社，1979.

[102] I.雷姆森，G.M.霍恩博格，F.J.莫尔茨著．地下水的数值法［M］．罗涣森，译．南京：
南京大学出版社，1977.

[103] 薛禹群，朱学愚．地下水动力学［M］．南京：南京大学出版社，1979.

[104] 孙纳正．地下水流数学模型与数值方法［M］．北京：地质出版社，1981.

[105] 朱学愚．地下水资源评价［M］．南京：南京大学出版社，1988.

[106] 郭文雅．石人沟铁矿露天转地下开采地下涌水量预测研究［R］．唐山：河北理工大学硕士
学位论文，2005.3.

[107] 尹尚先．煤矿区涌（突）水系统分析模拟应用［R］．北京：中国矿业大学（北京校区）博
士学位论文，2002.

[108] R.E.威廉斯．矿井水文学［M］．孙茂远，译．北京：煤炭工业出版社，1991.

[109] 普洛霍洛夫著．矿井水文地质研究要求［M］．业与煌，译．北京：地质出版社，1954.

[110] G.N.舍维随夫著．贾旺煤矿水文地质和矿区疏干问题［M］．煤炭部专家工作室，译．北
京：地质出版社，1958.

[111] 潘尚银．矿床帷幕堵水与地下水资源保护［J］．水文地质工程地质，1985（1）.

[112] 田永生．关于矿山水的供排结合综合利用问题［J］．水文地质工程地质，1985（5）.

[113] 田永生，迟安堂．关于矿山地质勘探的几个问题［J］．水文地质工程地质，1983（3）.

[114] 塔林会议文件．矿床疏干工艺与水资源保护［A］//水文地质工程地质译丛［C］．北京：
地质出版社，1987.

[115] 王锐．当前中国矿山排水与供水结合的几种模式及勘探与开采中应注意的几个问题［J］.
水文地质工程地质，1990（3）.

[116] 焦作矿务局基建处．焦作煤田地下水防治与利用［A］//全国煤田水文地质经验交流会论文
选编．北京：地质出版社，1987.

[117] 姜玉玺．略论张五屯铁矿帷幕堵水［J］．矿山技术，1979（5）.

[118] 辛德奎，余需．试论中国北方奥陶系岩溶大水矿床的排供结合［J］．水文地质工程地质，
1986（3）.

[119] 田开铭．对深部疏干巨厚基岩含水层时双层水位的形成条件初步分析［J］．中国岩溶，1985
（10）.

[120] 吴耀国．采煤活动对地下水化学环境影响及污染防治技术［M］．北京：气象出版社，
2002.

[121] B.M.福明，等．在生产活动中影响地下水文地质条件变化的评价［M］．北京：地质出版
社，1982.

[122] 沈照理．水文地球化学基础［M］．武汉：武汉地质学院出版社，1983.

[123] 陈梦熊．中国水文地质环境地质问题［M］．北京：地震出版社，1998.

[124] 林振耀．海水入侵的防治研究［M］．北京：气象出版社，1991.

[125] 郑克棪．中国地热勘察开发100例［M］．北京：地质出版社，2005.

[126] 王维勇．地热理论基础［M］．北京：地质出版社，1982.

[127] 王安政．矿床地下热水分布特征及热害综合治理［A］//全国地热学术会议论文选集［C］.
北京：地质出版社．1981.

[128] 邓孝，余恒温．矿区地热状况研究与深部地温测量［A］//全国地热学术会议论文选集．北
京：地质出版社，1981.

[129] 中国地质科学院地质研究所地热室．矿山的热概论［M］．北京：煤炭工业出版社，1978.

[130]　中国地质科学院地质研究所地热室. 地热研究论文集 [M]. 北京：科学出版社，1978.

[131]　黄翰文，常业均. 合山里兰井综合降温研究 [A] //全国地热学术会议论文选集 [C]. 北京：地质出版社，1981.

附　　录

附录1　非稳定流抽水试验资料的整理——降深比值法

利用非稳定抽水试验资料求水文地质参数，可用（泰斯标准曲线）配线法、雅柯布半对数直线图解法、降深比值法等。其中前两者基本上都是利用作图法来求解参数，其方法在相关教材中（地下水动力学或地下水文学）已作详细的介绍，不再赘述。这里仅介绍降深比值法。该方法简单易行，在资料严重不足时（仅需两个时刻的降深数据即可）就能估求参数。

1. 降深方法的原理

在做非稳定流抽水试验时，同一观测孔中两个不同时刻 t_1、t_2 所观测的水位降深分别为 S_1、S_2，相应时刻的积分参数为 u_1、u_2。

根据泰斯式可分别列出以下两式[1]：

$$S_1 = \frac{Q}{4\pi T}W(u_1), u_1 = \frac{\mu^* r^2}{4Tt_1}（承压水）或 u_1 = \frac{\mu r^2}{4Tt_1}（潜水） \qquad （附1-1）$$

$$S_2 = \frac{Q}{4\pi T}W(u_2), u_2 = \frac{\mu^* r^2}{4Tt_2}（承压水）或 u_1 = \frac{\mu r^2}{4Tt_1}（潜水） \qquad （附1-2）$$

上两式中：μ 为给水度；μ^* 为储水系数。

设以上两式的比值为 α，则

$$\alpha = \frac{S_1}{S_2} = \frac{W(u_1)}{W(u_2)} \qquad （附1-3）$$

若规定 $S_1 < S_2$，则

$$\alpha < 1, W(u_1) < W(u_2)$$

由井函数的性质可推知

$$u_1 > u_2$$

假设 $u_1/u_2 = A$（$A > 1$），则

$$u_1 = Au_2 \qquad （附1-4）$$

所以

$$A = \frac{u_1}{u_2} = \frac{\mu r^2/4Tt_1}{\mu r^2/4Tt_2} = \frac{t_2}{t_1}（潜水，用1个观测孔计算时） \qquad （附1-5a）$$

或

$$A = \frac{u_1}{u_2} = \frac{\mu^* r^2/4Tt_1}{\mu^* r^2/4Tt_2} = \frac{t_2}{t_1}（承压水，用1个观测孔计算时） \qquad （附1-5b）$$

如利用两个观测孔的资料，则

$$A = \frac{u_1}{u_2} = \frac{\mu r_1^2/4Tt_1}{\mu r_2^2/4Tt_2} = \frac{t_2 r_1^2}{t_1 r_2^2}（潜水，用2个观测孔计算时） \qquad （附1-6a）$$

或 $A = \dfrac{u_1}{u_2} = \dfrac{\mu^* r_1^2 / 4 T t_1}{\mu^* r_2^2 / 4 T t_2} = \dfrac{t_2 r_1^2}{t_1 r_2^2}$（承压水，用 2 个观测孔计算时）　　　（附 1 - 6b）

将式（附 1 - 4）代入式（附 1 - 3），得：

$$\alpha = \dfrac{W(A u_2)}{W(u_2)} \qquad \text{（附 1 - 7）}$$

2. 资料整理的步骤[1]

（1）根据选定的两个时刻 t_1、t_2 的抽水试验资料，利用式（附 1 - 5）或式（附 1 - 6）、式（附 1 - 3）计算出相应的 A 值和 α 值。

（2）根据算出的 A、α 值，利用 α - u_2 的关系曲线（或试算法）反查出 u_2 值。再按式（附 1 - 4）求出 u_1 值。

（3）将 u_1、u_2 值分别代入泰斯公式 [式（附 1 - 1）、式（附 1 - 2）]，即可计算参数。

导水系数：　　　　$T_1 = \dfrac{Q}{4\pi S_1} W(u_1)$,　　$T_2 = \dfrac{Q}{4\pi S_2} W(u_2)$　　　（附 1 - 8）

如含水层为潜水，则给水度：

$$\mu_1 = \dfrac{4 T t_1 u_1}{r^2}, \qquad \mu_2 = \dfrac{4 T t_2 u_2}{r^2} \qquad \text{（附 1 - 9）}$$

如含水层为承压水，则储水系数：

$$\mu_1^* = \dfrac{4 T t_1 u_1}{r^2}, \qquad \mu_2^* = \dfrac{4 T t_2 u_2}{r^2} \qquad \text{（附 1 - 10）}$$

最后取平均值：

$$T = (T_1 + T_2) / 2$$
$$\mu = (\mu_1 + \mu_2) / 2 \text{ 或 } \mu^* = (\mu_1^* + \mu_2^*) / 2$$

3. 计算实例

现有非稳定流抽水试验资料（附表 1 - 3），潜水井的抽水量为 2718m³/d。观测孔 2 个，编号分别为 B_1、B_2。试根据该抽水资料求水文地质参数。

解： 先用同一孔不同时刻的降深求解。

（1）选用 B_1 孔资料计算[2]。现选用 $t_1 = 60$min，$t_2 = 120$min。据附表 1 - 3，与这两个时刻对应的 B_1 孔的降深分别为：

$$S_1 = 0.878\text{m}，S_2 = 1.000\text{m}$$

由式（附 1 - 5）得：　　　　　$A = t_2 / t_1 = 120 / 60 = 2$

由式（附 1 - 3）得：　　　　　$\alpha = S_1 / S_2 = 0.878 / 1.00 = 0.878$

根据 A、α 值，由试算表（附表 1 - 2）求得 u_2 值。

在试算中，先假定 $u_2 = 0.01$ 和 0.001，查附表 1 - 1 分别得到 $W(A u_2)$ 和 $W(u_2)$ 的值，发现其比值 $\alpha = W(A u_2) / W(u_2)$ 随着 u_2 的增大而变小。由于真实的 α 值（0.878）在这两个比值之间，可以断定，所要求的 u_2 值应在 $0.01 \sim 0.001$ 之间。为此，再次假定 $u_2 = 0.005$，经试算后再次断定，真实的 u_2 应在 $0.001 \sim 0.005$ 之间。如此经过反复试算发现，当 $u_2 = 0.0019$ 时，$\alpha = W(A u_2) / W(u_2)$ 的比值很接近真实值（0.878）。

附表 1-1 　　　　　　　　　　与 u 对应的 $W(u)$ 的值

u	$W(u)$	u	$W(u)$	u	$W(u)$	u	$W(u)$	u	$W(u)$
0.050	2.4679	0.038	2.7306	0.026	3.0983	0.014	3.7054	2.0 E-3	5.6394
0.049	2.4871	0.037	2.7563	0.025	3.1365	0.013	3.7785	1.9 E-3	5.6906
0.048	2.5068	0.036	2.7827	0.024	3.1763	0.012	3.8576	1.8 E-3	5.7446
0.047	2.5268	0.035	2.8099	0.023	3.2179	0.011	3.9436	1.7 E-3	5.8016
0.046	2.5474	0.034	2.8379	0.022	3.2614	0.010	4.0379	1.6 E-3	5.8621
0.045	2.5684	0.033	2.8668	0.021	3.3069	9.0 E-3	4.1423	1.5 E-3	5.9266
0.044	2.5899	0.032	2.8965	0.020	3.3547	8.0 E-3	4.2591	1.4 E-3	5.9955
0.043	2.6119	0.031	2.9273	0.019	3.4050	7.0 E-3	4.3916	1.3 E-3	6.0695
0.042	2.6344	0.030	2.9591	0.018	3.4581	6.0 E-3	4.5448	1.2 E-3	6.1494
0.041	2.6576	0.029	2.9920	0.017	3.5143	5.0 E-3	4.7261	1.1 E-3	6.2363
0.040	2.6813	0.028	3.0261	0.016	3.5739	4.0 E-3	4.9482	1.0 E-3	6.3315
0.039	2.7056	0.027	3.0615	0.015	3.6374	3.0 E-3	5.2349	9.0 E-4	6.4368

注　本表范围以外的数据可据文献 [3]，利用表达式 $W(u)=18.109u^{0.256}-31.370u^{0.16}+13.482$ 近似求出。

附表 1-2 　　　　　　　　　　试　算　过　程　表

u_2	0.01	0.001	0.005	0.002	0.0019	0.0018
$W(u_2)$	4.0379	6.3315	4.7261	5.6394	5.6906	5.7446
$W(Au_2)$	3.3547	5.6394	4.0379	4.9482	4.9993	5.0532
$W(Au_2)/W(u_2)$	0.8308	0.8907	0.8543	0.8774	0.8785	0.8796

附表 1-3 　　　　　　　抽水试验资料（摘自 李炳森，2005）

抽水历时 /min	B_1 孔降深 /m ($r_1=60.96$m)	B_2 孔降深 /m ($r_2=243.8$m)	抽水历时 /min	B_1 孔降深 /m ($r_1=60.96$m)	B_2 孔降深 /m ($r_2=243.8$m)
1.0	0.201	0.001	14.0	0.633	0.180
1.5	0.265	0.006	18.0	0.671	0.219
2.0	0.302	0.012	24.0	0.719	0.265
2.5	0.338	0.021	30.0	0.759	0.290
3.0	0.369	0.027	40.0	0.808	0.341
4.0	0.415	0.049	50.0	0.847	0.375
5.0	0.454	0.067	60.0	0.878	0.402
6.0	0.485	0.082	80.0	0.927	0.454
8.0	0.533	0.113	100.0	0.963	0.494
10.0	0.567	0.140	120.0	1.000	0.518
12.0	0.600	0.162			

因此得：$u_2=0.0019$。由式（附 1-4）求得：

$$u_1=Au_2=2\times0.0019=0.0038$$

由试算表（附表1-2）得：
$$W(u_1)=4.9993;W(u_2)=5.6906$$

由式（附1-4）求出：
$$u_1=Au_2=2\times0.0019=0.0038$$

于是，由式（附1-8）可求出导水系数为[2]：
$$T_1=\frac{Q}{4\pi S_1}W(u_1)=\frac{27.18}{4\times3.14\times0.878}\times4.9993=1231.56(\text{m}^2/\text{d})$$
$$T_2=\frac{Q}{4\pi S_2}W(u_2)=\frac{27.18}{4\times3.14\times1.00}\times5.6906=1230.83(\text{m}^2/\text{d})$$

所以
$$T=(T_1+T_2)/2=(1231.56+1230.83)/2=1231.20(\text{m}^2/\text{d})$$

由式（附1-9）又求得给水度[2]：
$$\mu_1=\frac{4Tt_1u_1}{r^2}=\frac{4\times1231.2\times(60/1440)\times0.0038}{60.96^2}=2.098\times10^{-4}$$
$$\mu_2=\frac{4Tt_2u_2}{r^2}=\frac{4\times1231.2\times(120/1440)\times0.0019}{60.96^2}=2.098\times10^{-4}$$

则
$$\mu=(\mu_1+\mu_2)/2=2.098\times10^{-4}$$

（2）若用 B_2 孔的资料求参。选 $t_1=60$min，$t_2=120$min；则相应的降深为：
$$S_1=0.402\text{m}, \quad S_2=0.518\text{m}$$

仿照以上步骤分别求得[2]：
$$A=2, \ \alpha=0.7761, \ u_2=0.03, \ u_1=0.06;$$
$$W(u_1)=2.2953, W(u_2)=2.9591$$
$$T_1=1234.96\text{m}^2/\text{d}, \ T_2=1234.58\text{m}^2/\text{d}$$
$$\mu_1=2.077\times10^{-4}, \ \mu_2=2.078\times10^{-4}$$

（3）如同时用 B_1 和 B_2 孔的资料求参。方法如下：

选 B_1 孔：$t_1=1$min，$S_1=0.201$m

选 B_2 孔：$t_2=80$min，$S_2=0.454$m

由式（附1-6b）得[2]：
$$A=\frac{u_1}{u_2}=\frac{\mu r_1^2/4Tt_1}{\mu r_2^2/4Tt_2}=\frac{t_2r_1^2}{t_1r_2^2}=\frac{80\times60.96^2}{1\times243.8^2}=5.00$$

由式（附1-3）得：
$$\alpha=\frac{S_1}{S_2}=\frac{0.201}{0.54}=0.4427$$

利用两个观测孔资料时的计算过程见附表1-4。

附表 1-4　　　　　　　利用两个观测孔资料时的试算过程表

u_2	0.01	0.001	0.02	0.03	0.04	0.05	0.045	0.044
$W(u_2)$	4.0379	6.3315	3.3547	2.9591	2.6813	2.4679	2.5684	2.5899
$W(Au_2)$	2.4679	4.7261	1.8229	1.4645	1.2227	1.0443	1.1276	1.1454
$W(Au_2)/W(u_2)$	0.6112	0.7464	0.5434	0.4949	0.4560	0.4231	0.4390	0.4423

由附表 1-4 可见，当 $u_2 = 0.044$ 时，可使 $\alpha = W(Au_2)/W(u_2) = 0.442$，故取 $u_2 = 0.044$。再由式（附 1-4）求出：

$$u_1 = Au_2 = 5 \times 0.044 = 0.22$$

据试算表查得，当 $u_2 = 0.044$ 时，$W(u_1) = 1.1454$，$W(u_2) = 2.5899$。由式（附 1-8）得导水系数 T 为：$T_1 = 1234.54\text{m}^2/\text{d}$，$T_2 = 1233.86\text{m}^2/\text{d}$。由式（附 1-9）得：$\mu_1 = 2.027 \times 10^{-4}$，$\mu_2 = 2.029 \times 10^{-4}$。

根据以上三次计算结果[2]：

导水系数 $T = 1230.83 \sim 1235.58\text{m}^2/\text{d}$，平均值为 $1233.21\text{m}^2/\text{d}$。

给水度 $\mu = 2.027 \times 10^{-4} \sim 2.098 \times 10^{-4}$，平均值为 2.063×10^{-4}。

此结果与用泰斯标准曲线配线法得计算的结果（$T = 1272.77\text{m}^2/\text{d}$，$\mu = 2.063 \times 10^{-4}$）基本一致[2]。

练习题

从附表 1-3 中随机挑出另两个时段数据，按照文中介绍的步骤和公式，再次计算该含水层的导水系数 T 和给水度 μ。

附录 2　稳定流抽水试验中水文地质参数的计算公式

1. 渗透系数的计算

计算公式见附表 2-1～附表 2-3。

2. 影响半径的计算

计算公式见附表 2-4。

附表 2-1　　　　　潜水非完整井（非淹没过滤器，井壁进水）
（据《工程地质手册》第四版）

图　形	计　算　公　式	适用条件
	$$k = \frac{0.73Q}{s_w\left[\frac{l+s_w}{\lg\frac{R}{r_w}} + \frac{l}{\lg\frac{0.66l}{r_w}}\right]}$$	1. 过滤器安装在含水层上部 2. $l < 0.3H$ 3. 含水层厚度很大
	$k = \frac{0.16Q}{l'(s_w-s_1)}\left(2.3\lg\frac{1.6l'}{r_w} - \operatorname{arsh}\frac{l'}{r_1}\right)$ 式中：$l' = l_0 - 0.5(s_w+s_1)$	1. 过滤器安装在含水层上部 2. $l < 0.3H$ 3. $s_w < 0.3l_0$ 4. 一个观测孔 $r_1 < 0.3H$

续表

图　　形	计　算　公　式	适用条件
	$$k=\dfrac{0.73Q}{s_w\left[\dfrac{l+s_w}{\lg\dfrac{R}{r_w}}+\dfrac{2m}{\dfrac{1}{2a}\left(2\lg\dfrac{4m}{r_w}-A\right)-\lg\dfrac{4m}{R}}\right]}$$ 式中：m 为抽水时过滤器（进水部分）长度的中点至含水层底的距离；A 取决于 $\alpha=\dfrac{l}{m}$，由本表表注的附录图 2-1 确定	1. 过滤器安装在含水层上部 2. $l>0.3H$ 3. 单孔
	$$k=\dfrac{0.366Q\,(\lg R-\lg r_w)}{H_1 s_w}$$ 式中：H_1 为至过滤器底部的含水层深度	单孔
	$$k=\dfrac{0.366Q}{l s_w}\lg\dfrac{0.66l}{r_w}$$	1. 河床下抽水 2. 过滤器安装在含水层上部或中部 3. $c>\dfrac{l}{\ln\dfrac{l}{r_w}}$（一般 $c<3$m） 4. $H_1<0.5H$

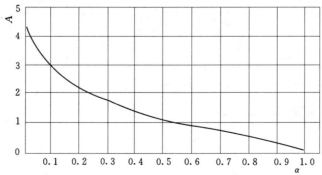

附图 2-1　系数 A-α 曲线图

附表 2－2　　　　　　　　潜水非完整井（淹没过滤器，井壁进水）
（据《工程地质手册》第四版）

图　　形	计　算　公　式	适　用　条　件
	$$k=\frac{0.336Q}{ls_w}\lg\frac{0.66l}{r_w}$$	1. 过滤器安装在含水层中部 2. $l<0.3H$ 3. $c\approx0.3H\sim0.4H$ 4. 单孔
	$$k=\frac{0.16Q}{l\,(s_w-s_1)}\left(2.3\lg\frac{0.66l}{r_w}-\text{arsh}\frac{l}{2r_1}\right)$$	1. 过滤器安装在含水层中部 2. $l<0.3H$ 3. $c\approx0.3H\sim0.4H$ 4. 有 1 个观测孔
	$$K=\frac{0.336Q\,(\lg R-\lg r_w)}{(s_w+l)\,s}$$	1. 过滤器安装在含水层中部； 2. 单孔
	$$k=\frac{0.336Q\,(\lg r_1-\lg r_w)}{(s_w-s_1)\,(s_w-s_1+l)}$$	1. 过滤器安装在含水层中部； 2. 有 1 观测孔
	$$k=\frac{0.73Q\,(\lg R-\lg r_w)}{s_w\,(H+l)}$$	1. 过滤器安装在含水层下部； 2. 单孔

附表 2-3　　　　　**根据水位恢复速度计算含水层的渗透系数**

(据《工程地质手册》第四版)

图　形	计算公式	适用条件	说　明
	$K=\dfrac{1.57r_w(h_2-h_1)}{t(s_1+s_2)}$	1. 承压含水层 2. 大口径平底井 （或试坑）	求得一系列与水位恢复有关的数值 K 后，可做 $K=f(t)$ 曲线，根据此曲线，可确定近于常数的渗透系数值，如下图。
	$K=\dfrac{r_w(h_2-h_1)}{t(s_1+s_2)}$	1. 承压含水层； 2. 大口径半球状井底（或试坑）	
	$K=\dfrac{3.5r_w^2}{(H+2r)\,t}\ln\dfrac{s_1}{s_2}$	潜水完整井	
	$K=\dfrac{\pi r_w}{4t}\ln\dfrac{H-h_1}{H-h_2}$	1. 潜水完整井； 2. 大口径井底进水井壁不进水	左列公式均作近似计算

附表 2-4　　　　　**影响半径计算公式(据《工程地质手册》第四版)**

计　算　公　式		适　用　条　件
潜　水	承压水	
$\lg R=\dfrac{s_1\,(2H-s_1)\,\lg r_2-s_2\,(2H-s_2)\,\lg r_1}{(s_1-s_2)\,(2H-s_1-s_2)}$	$\lg R=\dfrac{s_1\lg r_2-s_2\lg r_1}{s_1-s_2}$	有两个观测孔、完整井抽水时
$\lg R=\dfrac{s_w\,(2H-s_w)\,\lg r_1-s_1\,(2H-s_1)\,\lg r_w}{(s_w-s_1)\,(2H-s_w-s_1)}$	$\lg R=\dfrac{s_w\lg r_1-s_1\lg r_w}{s_w-s_1}$	有一个观测孔、完整井抽水时
$\lg R=\dfrac{1.366K\,(2H-s_w)\,s_w}{Q}+\lg r_w$	$\lg R=\dfrac{2.73KMs_w}{Q}+\lg r_w$	无观测孔完整井抽水时
$R=2d$		近地表水体单孔抽水时
$R=2S\sqrt{HK}$		计算松散含水层井群或基坑矿山巷道抽水初期的 R 值
	$R=10S\sqrt{K}$	计算承压水抽水初期的 R 值
$R=\sqrt{\dfrac{K}{W}\,(H^2-h^2)}$		计算泄水沟和排水渠的影响宽度

注　S 为水位降深，m；H 为潜水含水层厚度，m；R 为影响半径，m；s_w 为抽水井的水位降深，m；r_w 为抽水井半径，m；K 为含水层渗透系数，m/d；M 为承压含水层厚度，m；d 为地表水距抽水井的距离，m；W 为大气降雨对潜水含水层的补给强度，m/d。

附录3　利用开采试验资料推求地下水的允许开采量

地下水的允许开采量是指在水源地设计的开采时期内，以合理的技术经济开采方案，在不引起开采条件恶化和环境地质问题的前提下，单位时间内可以从含水层中取出的最大水量。

1. 开采抽水法

开采抽水法就是在水源地内，按开采条件（开采降深和开采量）进行较长时期（几个月，最好在旱季）的抽水试验。然后根据抽水试验的结果来确定允许开采量。

抽水试验的结果可能出现两种情况：稳定状态和非稳定状态。

（1）稳定状态。按设计需水量进行长时间抽水，最终主井和观测井内的动水位都能在允许的降深范围内保持稳定$\left(即后期\frac{\Delta S}{\Delta t}=0\right)$，停抽后各井水位又都能较快地恢复到原始水位。根据（GB 50027—2001）《供水水文地质勘察规范》第 9.4.6 条的规定，当需水量不大，且地下水有充足补给时，可把取水构筑物的总出水量当作允许出水量。因此，当抽水试验的结果为稳定状态，抽水井又已达到极限抽水能力（即达到水井的允许抽水量）时，$Q_{允}=Q_{抽}$。

（2）非稳定状态。按设计需水量长时间进行抽水，但最终井水位达不到稳定，特别是观测孔中的水位一直在持续下降$\left(即后期\frac{\Delta S}{\Delta t}\neq 0\right)$；停抽后水位虽有所恢复，但始终达不到原始水位。说明所抽的水量已大于补给量，消耗了含水层的储存量，按这样的抽水量开采是没有保证的。因此，在非稳定状态的抽水情况下，可把开采条件下的补给量作为允许开采量，即 $Q_{允}=Q_{补}$[8]。

在非稳定抽水状态下，抽水初期主井的水位下降很快，随即趋于稳定，而观测井中水位仍持续下降，降落漏斗仍在扩展。在抽水后期，出现主井与观测井的水位同步等幅下降。这时设任一时段 Δt 的抽水所产生水位下降为 ΔS，这时据水均衡关系[8]有：

潜水：　　　　　　　　　　$(Q_{抽}-Q_{补})\Delta t=\mu F\Delta S$

承压水：　　　　　　　　　$(Q_{抽}-Q_{补})\Delta t=\mu^* F\Delta S$

则　　　　　　　$Q_{抽}=Q_{补}+\mu F\dfrac{\Delta S}{\Delta t}（潜水）$　　　　　　（附 3-1a）

或　　　　　　　$Q_{抽}=Q_{补}+\mu^* F\dfrac{\Delta S}{\Delta t}（承压水）$　　　　　（附 3-1b）

式中：$Q_{抽}$ 为抽水量，m^3/d；$Q_{补}$ 为开采条件下的补给量，m^3/d；ΔS 为在 Δt 时段中的水位下降值（正值），m；μF（或 $\mu^* F$）为潜水（或承压水）水位下降 1m 时消耗的储存量，m^2；μ 和 μ^* 分别为潜水含水层的给水度或储水系数；F 为降落漏斗的面积，m^2。

可把抽水试验中不同的抽水量和相应的水位降深分别代入式（附 3-1），得到系列方程式，然后联立求解，求出 μF（或 $\mu^* F$），再利用式（附 3-1）求得补给量 $Q_{补}$。

【实例】 某水源地位于基岩裂隙水的富水地段（潜水）。在水源地的 3 个孔中进行四个月的抽水实验（各井之间距离超过 300m），观测数据见附表 3-1。求该水源地的允许开采量 $Q_允$。

附表 3-1　　　　　　抽水试验观测资料（据 房佩贤，1987）

时段/（月·日）	5.1—5.25	5.26—6.2	6.7—6.10	6.11—6.19	6.20—6.30
平均抽水量/（m³/d）	3169	2773	3262	3071	2804
水位平均降速/（m/d）	0.47	0.09	0.94	0.54	0.19

解： 表中数据显示，抽水试验分两个阶段进行。第一阶段为 5 月 1 日—6 月 2 日；在暂停 4 天后，进行第二阶段抽水（6 月 7 日—6 月 30 日）。虽然每个阶段的抽水量均逐步减小，但水位降深都在增大，表明在抽水试验过程中降落漏斗都随抽水时间的延长逐步扩大，抽水呈不稳定状态。

把表中数据代入式（附 3-1）得下面 5 个方程式[8]：

①$3169=Q_补+0.47\mu F$；②$2773=Q_补+0.09\mu F$；③$3262=Q_补+0.94\mu F$；
④$3071=Q_补+0.54\mu F$；⑤$2804=Q_补+0.19\mu F$。

为了减少误差，把 5 个方程搭配联解，分别求出 $Q_补$ 和 μF。结果见附表 3-2。

附表 3-2　　　　　　方程搭配联解结果（据 房佩贤，1987）

联立方程号	①和②	③和④	③和⑤	④和⑤	平均值
$Q_补$/（m³/d）	2679	2813	2688	2659	2710
μF/m²	1042	473	611	763	723

从计算结果看，不同时段组合所求出的补给量相差不大，但 μF 值变化较大，可能是裂隙发育不均匀（各段 μ 差异大），降落漏斗扩展速度不均匀（各抽水期 F 增速不等）所致。

2. 水位恢复法

当抽水完全停止或只进行少量抽水（即当 $Q_抽=0$，或 $Q_抽<Q_补$）时，地下水位在获得外围的补给后得以缓慢上升。根据质量守恒，有[8]：

$$Q_补=Q_抽+\mu F\frac{\Delta S}{\Delta t}\quad（潜水）\qquad（附 3-2a）$$

$$Q_补=Q_抽+\mu^* F\frac{\Delta S}{\Delta t}\quad（承压水）\qquad（附 3-2b）$$

即

$$补给量＝抽水量＋含水层储蓄量的变化$$

式（附 3-2）中，ΔS 为含水层在 Δt 时段内的水位升幅（正值）；其他各项意义同前。

据此，可以求出水源地的允许开采量 $Q_允$（非稳定状态下的补给量就是允许开采量）。

如上述实例中，根据其水位恢复资料也可求出该水源地的补给量，见附表 3-3。

附表 3-3　　　　　　　　　　水位恢复观测资料（据 房佩贤，1987）

时段/（月．日）	水位恢复值/m	$\dfrac{\Delta S}{\Delta t}$/(m/d)	平均抽水量/(m³/d)	计算式	补给量 $Q_补$/(m³/d)	
7.2—7.6	19.36	3.87	0	$Q_补 = \mu F \dfrac{\Delta S}{\Delta t}$	2798	平均值 2656
7.21—7.26	19.96	3.33	107	$Q_补 = Q_抽 + \mu F \dfrac{\Delta S}{\Delta t}$	2514	

3. 相关曲线外推法

相关曲线外推法就是先建立开采量 Q-水位降深 S 之间的相关方程，再根据其相关方程外推未来在设计降深时的开采量。这种做法没有考虑水源地的外围是否存在补给潜力，只适用于抽水量小于补给量的稳定开采状态（因为在非稳定开采状态下，开采量超过了水源地的补给量，也就是超过了水源地的允许开采量）。

根据经验，Q-S 的关系大体呈以下四种情况[1]。

（1）直线型。分两种情况：

1）当 Q 和 S 的关系为通过原点的直线时，表达式为：

$$Q = qS \tag{附 3-3}$$

根据最小二乘法原理，方程中参数 q 由抽水试验资料，利用下式求得[7]：

$$q = \dfrac{\sum\limits_{i=1}^{n} Q_i S_i}{\sum\limits_{i=1}^{n} S_i^2} \tag{附 3-4}$$

2）当 Q 和 S 的关系为不通过原点的直线时，表达式为：

$$S = a + bQ$$

根据最小二乘法原理，方程中系数 a、b 求得[8]：

$$b = \dfrac{n\sum\limits_{i=1}^{n} Q_i S_i - \sum\limits_{i=1}^{n} Q_i \sum\limits_{i=1}^{n} S_i}{n\sum\limits_{i=1}^{n} Q_i^2 - \left(\sum\limits_{i=1}^{n} Q_i\right)^2}; \quad a = \dfrac{1}{n}\left(\sum\limits_{i=1}^{n} S_i - b\sum\limits_{i=1}^{n} Q_i\right) \tag{附 3-5}$$

相关系数为：

$$\gamma = \dfrac{\sum\limits_{i=1}^{n}(Q_i - \bar{Q})(S_i - \bar{S})}{\sqrt{\sum\limits_{i=1}^{n}(Q_i - \bar{Q})^2 \sum\limits_{i=1}^{n}(S_i - \bar{S})^2}} \tag{附 3-6}$$

（2）抛物线型。表达式为：

$$S = aQ + bQ^2$$

根据最小二乘法原理，方程中参数 a、b 由下式求得[7]：

$$b = \dfrac{\sum\limits_{i=1}^{n} S_i - \sum\limits_{i=1}^{n} Q_i \sum\limits_{i=1}^{n} S_{0i}}{n\sum\limits_{i=1}^{n} Q_i^2 - \left(\sum\limits_{i=1}^{n} Q_i\right)^2}; \quad a = \dfrac{\sum\limits_{i=1}^{n} S_{0i} - b\sum\limits_{i=1}^{n} Q_i}{n} \tag{附 3-7}$$

其中

$$S_{0i} = \frac{S_i}{Q_i}$$

（3）幂函数型。表达式为：

$$Q = aS^{1/b}$$

根据最小二乘法原理，方程中参数 a、b 由下式求得[7]：

$$b = \frac{n \sum_{i=1}^{n} (\lg S_i)^2 - \left(\sum_{i=1}^{n} \lg S_i \right)^2}{n \sum_{i=1}^{n} (\lg S_i \lg Q_i) - \sum_{i=1}^{n} \lg S_i \sum_{i=1}^{n} \lg Q_i} \qquad \text{（附 3 - 8）}$$

$$\lg a = \frac{1}{n} \left(\sum_{i=1}^{n} \lg Q_i - \frac{1}{b} \sum_{i=1}^{n} \lg S_i \right) \qquad \text{（附 3 - 9）}$$

（4）对数型。表达式为：

$$Q = a + b \lg S_i$$

根据最小二乘法原理，方程中参数 a、b 由下式求得[7]：

$$a = \frac{1}{n} \left(\sum_{i=1}^{n} Q_i - b \sum_{i=1}^{n} \lg S_i \right); \quad b = \frac{n \sum_{i=1}^{n} (Q_i \lg S_i) - \sum_{i=1}^{n} Q_i \sum_{i=1}^{n} \lg S_i}{n \sum_{i=1}^{n} (\lg S_i)^2 - \left(\sum_{i=1}^{n} \lg S_i \right)^2} \qquad \text{（附 3 - 10）}$$

【实例】 某水源地已有多年的开采资料（附表 3 - 4），现要求外推设计降深为 26m 时的开采量。

解：根据散点图，初步推测 Q - S 的关系为直线或幂函数关系。现进行这两种相关关系的试算[8]。

（1）直线关系计算。表格计算见附表 3 - 4。

附表 3 - 4　　　　　　　　直线相关关系计算表（据 房佩贤，1987）

年份	开采量 Q_i /(10^4m^3/d)	水位降 S_i /m	$Q_i - \bar{Q}$	$S_i - \bar{S}$	$(Q_i - \bar{Q})^2$	$(S_i - \bar{S})^2$	$(Q_i - \bar{Q})(S_i - \bar{S})$	$Q_i S_i$	Q_i^2
1959	60	16.5	−8.3	−2.2	68.89	4.84	18.26	990	3600
1960	67	18.0	−1.3	−0.7	1.69	0.49	0.91	1206	4489
1961	60	16.5	−8.3	−2.2	68.89	4.84	18.26	990	3600
1962	63	17.5	−5.3	−1.2	28.09	1.44	6.36	1102.5	3969
1970	80	21.5	+11.7	+2.8	136.89	7.84	32.76	1720	6400
1971	80	21.9	+11.7	+3.2	136.89	10.24	37.44	1752	6400
总和	410	111.9			441.34	29.69	113.99	7760.5	28458
平均	68.3	18.7							

根据式（附 3 - 6），其相关系数为[8]：

$$\gamma = \frac{\sum_{i=1}^{n}(Q_i - \bar{Q})(S_i - \bar{S})}{\sqrt{\sum_{i=1}^{n}(Q_i - \bar{Q})^2 \sum_{i=1}^{n}(S_i - \bar{S})^2}} = \frac{113.99}{\sqrt{441.34 \times 29.69}}$$

$$= 0.996 > 0.917(\alpha = 0.01)$$

回归方程中的系数 a、b 为：

$$b = \frac{n\sum_{i=1}^{n}Q_iS_i - \sum_{i=1}^{n}Q_i\sum_{i=1}^{n}S_i}{n\sum_{i=1}^{n}Q_i^2 - (\sum_{i=1}^{n}Q_i)^2} = \frac{6 \times 7760.5 - 410 \times 111.9}{6 \times 28458 - 410^2} = 0.2583$$

$$a = \frac{1}{n}(\sum_{i=1}^{n}S_i - b\sum_{i=1}^{n}Q_i) = \frac{1}{6}(111.9 - 0.2583 \times 410) = 0.9995$$

则该回归方程为：　　　　　　　　$S = a + bQ = 0.9995 + 0.2583Q$

或：　　　　　　　　　　　　　　$Q = 3.87S - 3.87$

（2）幂函数关系计算。表格计算见附表 3-5。

附表 3-5　　　　　　　　　幂函数关系计算表（据 房佩贤，1987）

年份	$\lg Q_i$	$\lg S_i$	$\lg Q_i \lg S_i$	$(\lg S_i)^2$	$\lg Q_i - \frac{1}{n}\sum \lg Q_i$	$\lg S_i - \frac{1}{n}\sum \lg S_i$
1959	1.778	1.218	2.1656	1.4835	-0.053	-0.050
1960	1.826	1.255	2.2916	1.5750	-0.005	-0.013
1961	1.778	1.218	2.1656	1.4835	-0.053	-0.050
1962	1.799	1.243	2.2362	1.5450	-0.032	-0.025
1970	1.903	1.332	2.5348	1.7742	$+0.072$	$+0.064$
1971	1.903	1.340	2.5500	1.7956	$+0.072$	$+0.072$
总和	10.987	7.606	13.9438	9.6568	$+0.001$	-0.002
平均	1.831	1.268				

据式（附3-8）、式（附3-9），方程中的系数为：

$$b = \frac{n\sum_{i=1}^{n}(\lg S_i)^2 - (\sum_{i=1}^{n}\lg S_i)^2}{n\sum_{i=1}^{n}(\lg S_i \lg Q_i) - \sum_{i=1}^{n}\lg S_i \sum_{i=1}^{n}\lg Q_i}$$

$$= \frac{6 \times 9.6568 - 7.606^2}{6 \times 13.9438 - 10.987 \times 7.606} = 0.936$$

$$\lg a = \frac{1}{n}(\sum_{i=1}^{n}\lg Q_i - \frac{1}{b}\sum_{i=1}^{n}\lg S_i) = \frac{1}{6}(10.987 - \frac{1}{0.936} \times 7.606) = 0.4768$$

相关系数为[8]：

$$\gamma = \frac{\sum_{i=1}^{n}(\lg Q_i - \frac{1}{n}\sum_{i=1}^{n}\lg Q_i)(\lg S_i - \frac{1}{n}\sum_{i=1}^{n}\lg S_i)}{\sqrt{\sum_{i=1}^{n}(\lg Q_i - \frac{1}{n}\sum_{i=1}^{n}\lg Q_i)^2 \sum_{i=1}^{n}(\lg S_i - \frac{1}{n}\sum_{i=1}^{n}\lg S_i)^2}}$$

$$= \frac{0.01596}{\sqrt{0.01703 \times 0.0151}} = 0.995 > 0.917(\alpha = 0.01)$$

则该相关方程为：
$$Q = aS^{1/b} = 2.998S^{1.0684}$$

（3）外推进行预测。这两个方程的相关系数都很大，均超过了显著水平的最小值，因此均可用来预报地下水的未来开采量。利用这两个方程外推预测设计降深（26m）时的开采量如下：

直线相关法：$Q = 3.87S - 3.87 = 96.75 \times 10^4 (\text{m}^3/\text{d})$

幂函数相关法：$Q = 2.998S^{1.0684} = 2.998 \times 26^{1.0684} = 97.41 \times 10^4 (\text{m}^3/\text{d})$

这两种方法预测的结果十分接近。不过，由于直线方程的相关系数较大些，它的预测结果应与实际更接近，实践也证明了这一点。

最后需要提醒的是，利用 $Q-S$ 关系外推法求地下水的允许开采量没有考虑到扩大开采时的补给因素是否增加，若扩大开采补给不足时，仅根据相关关系预测是有问题的，所以在预测时还应进一步验证相应的补给量。

练习题

1. 在某岩溶水水源地 30m×15m 范围内集中建井 8 口，单井出水量可达 300～500m³/h。该水源地自 1979 年投产以来，每天坚持观测主井的水位和水量，同时利用周围矿井观测记录水位变化情况。前四年的观测结果（见附表3-6）表明，在水源地影响范围内，主井和观测井的水位随抽水量和降水季节呈周期性的同步等幅变化。试根据 1980 年 11 月—1981 年 7 月和 1981 年 12 月—1982 年 7 月的开采资料确定水源地的 μF 值，然后确定该水源地的允许开采量 $Q_\text{允}$，并利用水位恢复法（数据见附表3-7）对计算的结果（$Q_\text{允}$）予以验证。

附表 3-6　　**抽水引起的水位下降观测资料（据 余正元，2001）**

抽水时段/(年.月)	1979.11—1980.6	1980.11—1981.7	1981.12—1982.7	1982.11—1983.4
开采量/(m³/d)	21072	21672	19584	27720
开采天数/d	242	273	243	181
水位下降/m	2.97	3.41	1.29	4.71

附表 3-7　　**水位恢复观测资料（据 余正元，2001）**

时段/(年.月)	1980.7—1980.10	1981.8—1981.11	1982.8—1982.10	1983.5—1983.11
开采量/(m³/d)	15168	20568	21168	23832
开采天数/d	123	122	92	214
水位上升/m	2.30	2.10	3.86	9.42

2. 某水源地开采过程中曾进行数次观测工作，其中 5 次的资料列于附表3-8。请建立水位降与开采量的相关方程，并利用外推法预测设计水位降深分别为 20m、25m 时的开采量。

年　份	1958	1959	1960	1964	1965
开采量/(m³/d)	680000	650000	630000	610000	625000
水位降/m	19.10	17.86	17.33	16.70	17.00

附表 3-8　　　　　　　观测数据（据 房佩贤，1987）

附录4　利用流网图对堤坝地基进行渗流分析

附图 4-1 表示坝下透水地基渗流的流网图，图中标有号码①，②，③，…的线表示流线。在稳定渗流场中，流线表示水质点的运动路线。图中标有号码 1，2，3，…的线代表等势线，等势线是渗流场中测管水头的等值线。由流线和等势线所组成的网格称为流网。

1. 绘制流网的基本要求

绘制流网时必须满足下列几个条件：

（1）含水介质为各向同性，此时流线与等势线正交。

（2）含水介质为均质，此时流线与等势线构成的各个网格的长宽比为常数，即 $\Delta l/\Delta s=C$。当取 $\Delta l=\Delta s$ 时，网格呈曲线正方形，这是绘制流网时最方便和最常见的一种流网图形。附图 4-1 中的流网即属于这种图形。

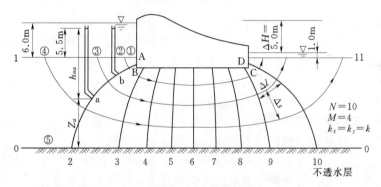

附图 4-1　混凝土坝下的流网图（据 陈仲颐等，1994）

（3）必须满足流场的边界条件，以保证解的唯一性。

2. 流网的绘制方法[10]

现以附图 4-1 所示透水地基上混凝土坝下的流网为例，说明绘制流网的步骤。

（1）首先根据渗流场的边界条件，确定流线边界和等势线边界。本例中的渗流是有压的渗流，因而坝基轮廓线 A-B-C-D 是第一条流线；其次，不透水层面 0-0 也是一条流线边界。上下游透水地基表面 1-A 和 D-11 则是两条等势线边界。

（2）根据绘制流网的前两个要求来初步绘制流网。按边界（ABCD 及 0-0 线）的趋势先大致画出几条流线如②、③、④，彼此不能相交，且每条流线都要和上下游透水地基表面（即等势线1—A和D—11）正交，然后再自中央向两边画等势线。附图 4-1 中应先绘中线 6，再绘线 5 和线 7，如是向两侧推进。注意使每根等势线均与流线正交，并弯曲成曲线正方形。

（3）一般初绘的流网总不能完全符合要求，必须反复修改，直至大部分网格满足曲线正方形为止。但应指出，由于边界形状不规则，在边界突变处很难画成正方形，而可能是三角形或五边形，这是由于流网图中流线和等势线的根数有限所造成的。只要网格的平均长度和宽度大致相等，就不会影响整个流网的精度。由于流网是用图解法来求解拉普拉斯方程的，因此流网形状与边界条件有关。一个精度较高的流网，往往都要经过多次反复修改，才能最后完成。

3. 利用流网图对堤坝地基进行渗流分析

流网绘出后，即可利用流网图来求得渗流场中各点的测管水头、水力坡降、渗透流速和渗流量。现仍以附图 4-1 所示的流网为例。

（1）测管水头。根据流网特征可知，任意两相邻等势线的势能差相等，即水头损失相等，从而算出相邻两条等势线之间的水头损失 Δh，即[10]

$$\Delta h = \frac{\Delta H}{N} = \frac{\Delta H}{n-1} \qquad (\text{附} 4-1)$$

式中：ΔH 为上、下游水位差，也就是地下水从上游渗到下游的总水头损失；N 为等势线间隔数；n 为等势线数。

本例中，$n=11$，$N=10$，$\Delta H=5.0\text{m}$，故每一个等势线间隔所消耗的水头为[10]：

$$\Delta h = \frac{5}{10} = 0.5(\text{m})$$

有了 Δh 就可求出任意点的测管水头。例如求 a 点的测管水头 h_a：

若以 1-11 为基准面时，由于 a 点位于第 2 条等势线上，所以其测管水位应在上游水位基础上再降低一个 Δh，故其测管水位为：$h_a=6.0-0.5=5.5\text{m}$。

若以 0-0 为基准面时，其测管水位为：$h_a=5.5+z_{1-11}$。其中 z_{1-11} 为 1-11 面相对于 0-0 基准面的高度（相当于库底的高程）。

由于 a 点的测管水头还可用下式表示：$h_a=h_{ua}+z_a$；其中 z_a 为 a 点相对于 0-0 面的位置高度，可从图中按比例直接量出。则 a 点的压强水头 h_{ua} 为：

$$h_{ua} = 5.5 + z_{1-11} - z_a$$

（2）孔隙水压力。渗流场中各点的孔隙水压力，等于该点以上测压管中的水柱高度 h_{ua} 乘以水的容重 γ_w，故 a 点的孔隙水压力为[10]：

$$u_a = h_{ua}\gamma_w \qquad (\text{附} 4-2)$$

应当注意，图中所示 a、b 两点位于同一根等势线上，故其测管水头虽然相同，即 $h_a=h_b$ 但 $h_{ua}\neq h_{ub}$，所以其孔隙水压力也不同，$u_a\neq u_b$。

（3）水力坡降。流网中任意网格水力坡降为：$i=\dfrac{\Delta h}{\Delta l}$，$\Delta l$ 为该网格处流线的平均长度，可自图中量出，Δh 恒定，本例为 0.5m。由此可知，流网中网格越密处，其水力坡降越大。故附图 4-1 中，下游坝趾水流渗出地面处（图中 CD 段）的水力坡降最大，该处的坡降称为逸出坡降，常是坝址地基渗透稳定的控制坡降。

（4）渗透流速。在各点的水力坡降已知后，渗透流速的大小可根据达西定律求出，即 $v=ki$，其方向为流线的切线方向。

（5）渗透流量。流网中任意两相邻流线间的单宽流量 Δq 是相等的，因为[10]：

$$\Delta q = v\Delta A = ki\Delta s \times 1.0 = k\frac{\Delta h}{\Delta l}\Delta s \qquad\qquad (附4-3)$$

当介质为均质各向同性，$\Delta l = \Delta s$，则有：

$$\Delta q = k\Delta h \qquad\qquad (附4-4)$$

由于 Δh 是常数，故 Δq 也是常数。则通过堤坝下渗流区的总单宽流量为：

$$q = \sum \Delta q = M\Delta q = Mk\Delta h \qquad\qquad (附4-5)$$

式中：M 为流网中的流槽数，数值上等于流线数减 1，本例中 $M=4$。

则通过坝底的总渗流量为： $\qquad Q = qL \qquad\qquad (附4-6)$

式中：L 为坝基长度。

还可通过流网上的等势线求解作用于坝底上的渗透压力。

【例题】 附图 4-2 为一板桩打入透水土层后形成的流网。已知透水土层深 18.0m，渗透系数 $k=5\times10^{-7}$ m/s，板桩打入土层表面以下 9.0m，板桩前后水深如图中所示。试求：（1）图中所示 a、b、c、d、e 各点的孔隙水压力；（2）地基的单宽渗流量。

解：（1）根据附图 4-2 的流网可知，每一等势线间隔的水头降落据式（附 4-1）为[10]：

$$\Delta h = \frac{9-1}{8} = 1.0(m)$$

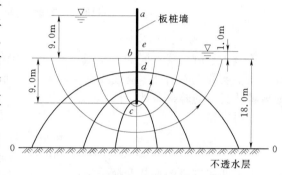

附图 4-2　中板桩墙下的流网图
（据　陈仲颐，1994）

列表计算 a、b、c、d、e 点的孔隙水压力（$\gamma_w = 9.8$kN/m³）见附表 4-1。

附表 4-1　各标志点孔隙水压力值的计算表

位置	位置水头 z/m	测管水头 h/m	压力水头 h_u/m	孔隙水压力 u/(kN/m²)
a	27.0	27.0	0	0
b	18.0	27.0	9.0	88.2
c	9.0	23.0	14.0	137.2
d	18.0	19.0	1.0	9.8
e	19.0	19.0	0	0

（2）地基的单宽渗流量。根据式（附 4-5)[10]：

$$q = \sum \Delta q = M\Delta q = Mk\Delta h$$

现 $M=4$，$\Delta h = 1.0$m，$k = 5\times10^{-7}$ m/s 代入得：$q = 4\times1\times5\times10^{-7} = 2.0\times10^{-6}$(m²/s)

4. 各向异性地基土中的流网

前面所叙述的流网绘制方法只适用于均质各向同性土，而自然界中的土以及土坝中的土通常都在不同程度上呈各向异性，即 $k_x \neq k_z$，此时只需要把横坐标 x 乘以比例尺 $\sqrt{k_z/k_x}$，保持纵坐标的比例尺 z 不变，就仍可按各向同性介质来绘正交流网图，这样的流网称为变态流网。如附图 4-3 表示 $k_x = 4k_z$ 的各向异性土的实际流网与变态流网图。

利用变态正交流网求渗流量时，可仍用式（附 4-4）和式（附 4-5)，但式中的渗透系数应改用等效渗透系数 k_e，则式（附 4-4）和式（附 4-5）变为[10]：

$$\Delta q = k_e \Delta h \qquad\qquad (附4-7)$$

$$q = Mk_e \Delta h \qquad\qquad (附4-8)$$

其中
$$k_e = \sqrt{k_x k_z} \qquad\qquad (\text{附} 4-9)$$

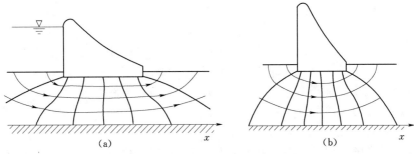

附图 4-3　（据 陈仲颐等，1994）

(a) $k_x = 4k_z$ 时的实际流网图；(b) 转化的变态流网图

5. 多层土地基中的流网

若地基是由几层不同的土组成，也可以绘流网。只是由于各层土的渗透系数不同，在土层的交界面处，流线要发生转折，因而不同土层的流网形状各不相同。绘制时要遵从具体的转换条件，即

折射定律[1,10]：
$$\frac{\tan\alpha_1}{\tan\alpha_2} = \frac{k_1}{k_2} \qquad\qquad (\text{附} 4-10)$$

上下两层网格的形状变换关系：
$$k_1 \frac{\Delta s_1}{\Delta l_1} = k_2 \frac{\Delta s_2}{\Delta l_2} \qquad\qquad (\text{附} 4-11)$$

练习题

附图 4-4 所示为一不透水堤坝及其有限深度的透水地基，堤坝底宽为 25.6m。含水层为均质各向同性，厚度为 8m，渗透系数为 $k = 2 \times 10^{-4}$ m/s。请用流网图进行坝基渗流分析，计算出：

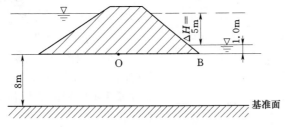

附图 4-4

（1）坝底中点 O 和下游坝址处 B 点的测管水头、水力比降、孔隙水压力。

（2）坝基的单宽渗流量。

（3）在地基含水层中随机标注一点 D，求 D 点的水头、孔隙水压力、水力比降，并利用式（10-40）、式（10-42）与式（10-43）判断 D 点是否会发生流土或管涌？

附录 5　《生活饮用水卫生标准》（GB 5749—2006）

（摘选）

本标准由中华人民共和国卫生部、中国国家标准化管理委员会于 2006 年 12 月 29 日发布，于 2007 年 7 月 1 日起实施。

1. 前言

本标准的全部技术内容为强制性。本标准自实施之日代替 GB 5749—1985《生活饮用水卫生标准》。

本标准规定了生活饮用水水质卫生要求、生活饮用水水源水质卫生要求、集中式供水单位卫生要求、二次供水卫生要求、涉及生活饮用水卫生安全产品卫生要求、水质监测和水质检验方法。

本标准适用于城乡各类集中式供水的生活饮用水，也适用于分散式供水的生活饮用水。

2. 生活饮用水水质卫生要求

生活饮用水水质应符合下列基本要求，保证用户饮用安全。

（1）生活饮用水中不得含有病原微生物。

（2）生活饮用水中化学物质不得危害人体健康。

（3）生活饮用水中放射性物质不得危害人体健康。

（4）生活饮用水的感官性状良好。

（5）生活饮用水应经消毒处理。

（6）生活饮用水水质应符合附表 5-1 和附表 5-3 卫生要求。集中式供水出厂水中消毒剂限值、出厂水和管网末梢水中消毒剂余量均应符合附表 5-2 的要求。

（7）农村小型集中式供水和分散式供水的水质因条件限制，部分指标可暂按照附表 5-4 执行，其余指标仍按附表 5-1、附表 5-2 和附表 5-3 执行。

（8）当发生影响水质的突发性公共事件时，经市级以上人民政府批准，感官性状和一般化学指标可适当放宽。

附表 5-1　　　　水质常规指标及限值

指　　标	限　　值
1. 微生物指标[①]	
总大肠菌群/(MPN/100mL 或 CFU/100mL)	不得检出
耐热大肠菌群/(MPN/100mL 或 CFU/100mL)	不得检出
大肠埃希氏菌/(MPN/100mL 或 CFU/100mL)	不得检出
菌落总数 (CFU/mL)	100
2. 毒理指标	
砷/(mg/L)	0.01
镉/(mg/L)	0.005

续表

指　　标	限　　值
汞/（mg/L）	0.001
铬（六价）/（mg/L）	0.05
铅/（mg/L）	0.01
硒/（mg/L）	0.01
氰化物/（mg/L）	0.05
氟化物/（mg/L）	1.0
硝酸盐（以 N 计）/（mg/L）	10（地下水源限制时为 20）
三氯甲烷/（mg/L）	0.06
四氯化碳/（mg/L）	0.002
溴酸盐（使用臭氧时）/（mg/L）	0.01
甲醛（使用臭氧时）/（mg/L）	0.9
亚氯酸盐（使用二氧化氯消毒时）/（mg/L）	0.7
氯酸盐（使用复合二氧化氯消毒时）/（mg/L）	0.7
3. 感官性状和一般化学指标	
色度（铂钴色度单位）	15
浑浊度（NTU—散射浊度单位）	1（水源与净水技术条件限制时为 3）
臭和味	无异臭、异味
肉眼可见物	无
pH 值	不小于 6.5 且不大于 8.5
铝/（mg/L）	0.2
铁/（mg/L）	0.3
锰/（mg/L）	0.1
铜/（mg/L）	1.0
锌/（mg/L）	1.0
氯化物/（mg/L）	250
硫酸盐/（mg/L）	250
溶解性总固体/（mg/L）	1000
总硬度（以 $CaCO_3$ 计）/（mg/L）	450
耗氧量（COD_{Mn} 法，以 O_2 计，mg/L）	3 水源限制，原水耗氧量大于 6mg/L 时为 5
挥发酚类（以苯酚计）/（mg/L）	0.002
阴离子合成洗涤剂/（mg/L）	0.3
4. 放射性指标[②]	指导值
总 α 放射性/（Bq/L）	0.5
总 β 放射性/（Bq/L）	1

①　MPN 表示最可能数；CFU 表示菌落形成单位。当水样检出总大肠菌群时，应进一步检验大肠埃希氏菌或耐热大肠菌群；水样未检出总大肠菌群，不必检验大肠埃希氏菌或耐热大肠菌群。

②　放射性指标超过指导值，应进行核素分析和评价，判定能否饮用。

附表 5-2 饮用水中消毒剂常规指标及要求

消毒剂名称	与水接触时间/min	出厂水中限值/(mg/L)	出厂水中余量/(mg/L)	管网末梢水中余量/(mg/L)
氯气及游离氯制剂（游离氯）	≥30	4	≥0.3	≥0.05
一氯胺（总氯）	≥120	3	≥0.5	≥0.05
臭氧（O₃）	≥12	0.3	—	0.02 如加氯，总氯≥0.05
二氧化氯（ClO₂）	≥30	0.8	≥0.1	≥0.02

附表 5-3 水质非常规指标及限值

指　标	限　值
1. 微生物指标	
贾第鞭毛虫/(个/10L)	<1
隐孢子虫/(个/10L)	<1
2. 毒理指标	
锑/(mg/L)	0.005
钡/(mg/L)	0.7
铍/(mg/L)	0.002
硼/(mg/L)	0.5
钼/(mg/L)	0.07
镍/(mg/L)	0.02
银/(mg/L)	0.05
铊/(mg/L)	0.0001
氯化氰（以 CN⁻ 计）/(mg/L)	0.07
一氯二溴甲烷/(mg/L)	0.1
二氯一溴甲烷/(mg/L)	0.06
二氯乙酸/(mg/L)	0.05
1,2-二氯乙烷/(mg/L)	0.03
二氯甲烷/(mg/L)	0.02
三卤甲烷（三氯甲烷、一氯二溴甲烷、二氯一溴甲烷、三溴甲烷的总和）	该类化合物中各种化合物的实测浓度与其各自限值的比值之和不超过 1
1,1,1-三氯乙烷/(mg/L)	2
三氯乙酸/(mg/L)	0.1
三氯乙醛/(mg/L)	0.01
2,4,6-三氯酚/(mg/L)	0.2
三溴甲烷/(mg/L)	0.1
七氯/(mg/L)	0.0004

续表

指　　标	限　　值
马拉硫磷/(mg/L)	0.25
五氯酚/(mg/L)	0.009
六六六（总量）/(mg/L)	0.005
六氯苯/(mg/L)	0.001
乐果/(mg/L)	0.08
对硫磷/(mg/L)	0.003
灭草松/(mg/L)	0.3
甲基对硫磷/(mg/L)	0.02
百菌清/(mg/L)	0.01
呋喃丹/(mg/L)	0.007
林丹/(mg/L)	0.002
毒死蜱/(mg/L)	0.03
草甘膦/(mg/L)	0.7
敌敌畏/(mg/L)	0.001
莠去津/(mg/L)	0.002
溴氰菊酯/(mg/L)	0.02
2,4-滴/(mg/L)	0.03
DDT/(mg/L)	0.001
乙苯/(mg/L)	0.3
二甲苯（总量）/(mg/L)	0.5
1,1-二氯乙烯/(mg/L)	0.03
1,2-二氯乙烯/(mg/L)	0.05
1,2-二氯苯/(mg/L)	1
1,4-二氯苯/(mg/L)	0.3
三氯乙烯/(mg/L)	0.07
三氯苯（总量）/(mg/L)	0.02
六氯丁二烯/(mg/L)	0.0006
丙烯酰胺/(mg/L)	0.0005
四氯乙烯/(mg/L)	0.04
甲苯/(mg/L)	0.7
邻苯二甲酸二（2-乙基己基）酯/(mg/L)	0.008
环氧氯丙烷/(mg/L)	0.0004
苯/(mg/L)	0.01

续表

指　　标	限　　值
苯乙烯/(mg/L)	0.02
苯并（a）芘/(mg/L)	0.00001
氯乙烯/(mg/L)	0.005
氯苯/(mg/L)	0.3
微囊藻毒素-LR/(mg/L)	0.001
3. 感官性状和一般化学指标	
氨氮（以 N 计）/(mg/L)	0.5
硫化物/(mg/L)	0.02
钠/(mg/L)	200

附表 5－4　　　　小型集中式供水和分散式供水部分水质指标及限值

指　　标	限　　值
1. 微生物指标	
菌落总数/(CFU/mL)	500
2. 毒理指标	
砷/(mg/L)	0.05
氟化物/(mg/L)	1.2
硝酸盐（以 N 计）/(mg/L)	20
3. 感官性状和一般化学指标	
色度（铂钴色度单位）/(mg/L)	20
浑浊度（散射浑浊度单位）NTU	3 水源与净水条件限制时为 5
pH 值	不小于 6.5 且不大于 9.5
溶解性总固体/(mg/L)	1500
总硬度（以 CaCO₃ 计）/(mg/L)	550
耗氧量（COD_{Mn}法，以 O₂ 计）/(mg/L)	5
铁/(mg/L)	0.5
锰/(mg/L)	0.3
氯化物/(mg/L)	300
硫酸盐/(mg/L)	300

（9）当饮用水中含有附表 5－5 所列指标时，可参考该表限值评价。

3. 生活饮用水水源水质卫生要求

（1）采用地表水为生活饮用水水源时应符合 GB 3838 要求。

（2）采用地下水为生活饮用水水源时应符合 GB/T 14848 要求。

4．水质检验方法

生活饮用水水质检验方法应按照 GB/T 5750（所有部分进行）。

资料性附录

附表 5-5　　　　　　　生活饮用水水质参考指标及限值

指　标	限　值
肠球菌/(CFU/100 mL)	0
产气荚膜梭状芽孢杆菌/(CFU/100mL)	0
二（2-乙基己基）己二酸酯/(mg/L)	0.4
二溴乙烯/(mg/L)	0.00005
二噁英（2,3,7,8-TCDD）/(mg/L)	0.00000003
土臭素（二甲基萘烷醇）/(mg/L)	0.00001
五氯丙烷/(mg/L)	0.03
双酚 A/(mg/L)	0.01
丙烯腈/(mg/L)	0.1
丙烯酸/(mg/L)	0.5
丙烯醛/(mg/L)	0.1
四乙基铅/(mg/L)	0.0001
戊二醛/(mg/L)	0.07
甲基异莰醇-2/(mg/L)	0.00001
石油类（总量）/(mg/L)	0.3
石棉（>10μm，万/L)	700
亚硝酸盐/(mg/L)	1
多环芳烃（总量，mg/L）	0.002
多氯联苯（总量，mg/L）	0.0005
邻苯二甲酸二乙酯（mg/L）	0.3
邻苯二甲酸二丁酯（mg/L）	0.003
环烷酸/(mg/L)	1.0
苯甲醚/(mg/L)	0.05
总有机碳（TOC）/(mg/L)	5
β-萘酚/(mg/L)	0.4
丁基黄原酸/(mg/L)	0.001
氯化乙基汞/(mg/L)	0.0001
硝基苯/(mg/L)	0.017

本标准与 GB 5749—85 相比主要变化如下：

（1）水质指标由 GB 5749—85 的 35 项增加至 106 项，增加了 71 项；修订了 8 项；其中，微生物指标由 2 项增至 6 项，增加了大肠埃希氏菌、耐热大肠菌群、贾第鞭毛虫和隐孢子虫；修订了总大肠菌群。

（2）饮用水消毒剂由 1 项增至 4 项，增加了一氯胺、臭氧、二氧化氯。

（3）毒理指标中无机化合物由 10 项增至 21 项，增加了溴酸盐、亚氯酸盐、氯酸盐、锑、钡、铍、硼、钼、镍、铊、氯化氰；并修订了砷、镉、铅、硝酸盐。

（4）毒理指标中有机化合物由 5 项增至 53 项，增加了甲醛、三卤甲烷、二氯甲烷、1,2-二氯乙烷、1,1,1-三氯乙烷、三溴甲烷、一氯二溴甲烷、二氯一溴甲烷、环氧氯丙烷、氯乙烯、1,1-二氯乙烯、1,2-二氯乙烯、三氯乙烯、四氯乙烯、六氯丁二烯、二氯乙酸、三氯乙酸、三氯乙醛、苯、甲苯、二甲苯、乙苯、苯乙烯、2,4,6-三氯酚、氯苯、1,2-二氯苯、1,4-二氯苯、三氯苯、邻苯二甲酸二（2-乙基己基）酯、丙烯酰胺、微囊藻毒素-LR、灭草松、百菌清、溴氰菊酯、乐果、2,4-滴、七氯、六氯苯、林丹、马拉硫磷、对硫磷、甲基对硫磷、五氯酚、莠去津、呋喃丹、毒死蜱、敌敌畏、草甘膦；修订了四氯化碳。

（5）感官性状和一般理化指标由 15 项增至 20 项，增加了耗氧量、氨氮、硫化物、钠、铝；修订了浑浊度。

（6）放射性指标中修订了总 α 放射性。

（7）删除了水源选择和水源卫生防护两部分内容。

（8）简化了供水部门的水质检测规定，部分内容列入《生活饮用水集中式供水单位卫生规范》。

（9）增加了附录 A 和参考文献。

附录6　《地下水质量标准》（GB/T 14848—93）

（摘选）

附表 6-1　　　　　　　　　地下水质量分类指标

序号	项目	I 类	II 类	III 类	IV 类	V 类
1	色/度	≤5	≤5	≤15	≤25	>25
2	嗅和味	无	无	无	无	有
3	混浊度/度	≤3	≤3	≤3	≤10	>10
4	肉眼可见物	无	无	无	无	有
5	pH 值	6.5~8.5	5.5~6.5	<5.5	8.5~9	>9
6	总硬度（以 $CaCO_3$ 计）/(mg/L)	≤150	≤300	≤450	≤550	>550
7	溶解性总固体/(mg/L)	≤300	≤500	≤1000	≤2000	>2000
8	硫酸盐/(mg/L)	≤50	≤150	≤250	≤350	>350
9	氯化物/(mg/L)	≤50	≤150	≤250	≤350	>350
10	铁（Fe）/(mg/L)	≤0.1	≤0.2	≤0.3	≤1.5	>1.5
11	锰（Mn）/(mg/L)	≤0.05	≤0.05	≤0.1	≤1.0	>1.0

序号	类别　　　　　　　　项目	Ⅰ类	Ⅱ类	Ⅲ类	Ⅳ类	Ⅴ类
12	铜（Cu）/(mg/L)	≤0.01	≤0.05	≤1.0	≤1.5	>1.5
13	锌（Zn）/(mg/L)	≤0.05	≤0.5	≤1.0	≤5.0	>5.0
14	钼（Mo）/(mg/L)	≤0.001	≤0.01	≤0.1	≤0.5	>0.5
15	钴（Co）/(mg/L)	≤0.005	≤0.05	≤0.05	≤1.0	>1.0
16	挥发性酚类（以苯酚计）/(mg/L)	≤0.001	≤0.001	≤0.002	≤0.01	>0.01
17	阴离子合成洗涤剂/(mg/L)	不得检出	≤0.1	≤0.3	≤0.3	>0.3
18	高锰酸盐指数/(mg/L)	≤1.0	≤2.0	≤3.0	≤10	>10
19	硝酸盐（以N计）/(mg/L)	≤2.0	≤5.0	≤20	≤30	>30
20	亚硝酸盐（以N计）/(mg/L)	≤0.001	≤0.01	≤0.02	≤0.1	>0.1
21	氨氮（NH_4）/(mg/L)	≤0.02	≤0.02	≤0.2	≤0.5	>0.5
22	氟化物/(mg/L)	≤1.0	≤1.0	≤1.0	≤2.0	>2.0
23	碘化物/(mg/L)	≤0.1	≤0.1	≤0.2	≤1.0	>1.0
24	氰化物/(mg/L)	≤0.001	≤0.001	≤0.05	≤0.1	>0.1
25	汞（Hg）/(mg/L)	≤0.00005	≤0.00005	≤0.001	≤0.001	>0.001
26	砷（As）/(mg/L)	≤0.005	≤0.01	≤0.05	≤0.05	>0.05
27	硒（Se）/(mg/L)	≤0.01	≤0.01	≤0.01	≤0.1	>0.1
28	镉（Cd）/(mg/L)	≤0.0001	≤0.001	≤0.01	≤0.01	>0.01
29	铬（Cr^{6+}）/(mg/L)	≤0.005	≤0.01	≤0.01	≤0.1	>0.1
30	铅（Pb）/(mg/L)	≤0.005	≤0.01	≤0.05	≤0.1	>0.1
31	铍（Be）/(mg/L)	≤0.00002	≤0.0001	≤0.0002	≤0.001	>0.001
32	钡（Ba）/(mg/L)	≤0.01	≤0.1	≤1.0	≤4.0	>4.0
33	镍（Ni）/(mg/L)	≤0.005	≤0.05	≤0.05	≤0.1	>0.1
34	滴滴涕/(μg/L)	不得检出	≤0.005	≤1.0	≤1.0	>1.0
35	六六六/(μg/L)	≤0.005	≤0.05	≤5.0	≤5.0	>5.0
36	总大肠菌群/(个/L)	≤3.0	≤3.0	≤3.0	≤100	>100
37	细菌总数/(个/L)	≤100	≤100	≤100	≤1000	>1000
38	总α放射性/(Bq/L)	≤0.1	≤0.1	≤0.1	>1.0	>1.0
39	总β放射性/(Bq/L)	≤0.1	≤1.0	≤1.0	>1.0	>1.0

附录7 《地表水环境质量标准》（GB 3838—2002）

（摘选）

依据地表水水域环境功能和保护目标，按功能高低依次划分为五类：

Ⅰ类主要适用于源头水、国家自然保护区。

Ⅱ类主要适用于集中式生活饮用水地表水源地一级保护区、珍稀水生生物栖息地、鱼虾类产场、仔稚幼鱼的索饵场等。

Ⅲ类主要适用于集中式生活饮用水地表水源地二级保护区、鱼虾类越冬场、洄游通道、水产养殖区等渔业水域及游泳区。

Ⅳ类主要适用于一般工业用水区及人体非直接接触的娱乐用水区。

Ⅴ类主要适用于农业用水区及一般景观要求水域。

对应地表水上述五类水域功能，将地表水环境质量标准基本项目标准值分为五类，不同功能类别分别执行相应类别的标准值。水域功能类别高的标准值严于水域功能类别低的标准值。同一水域兼有多类使用功能的，执行最高功能类别对应的标准值。实现水域功能与达到功能类别标准为同一含义。

附表 7-1　　　　　　　　地表水环境质量标准基本项目标准限值　　　　　单位：mg/L

序号	项目	范围	标 准 值				
			Ⅰ类	Ⅱ类	Ⅲ类	Ⅳ类	Ⅴ类
1	水温/℃		人为造成的环境水温变化应限制在： 周平均最大温升≤1 周平均最大温降≤2				
2	pH值（无量纲）		6～9				
3	溶解氧（DO）	≥	饱和率90% （或7.5）	6	5	3	2
4	高锰酸盐指数（COD）	≤	2	4	6	10	15
5	化学需氧量（COD）	≤	15	15	20	30	40
6	五日生化需氧量（BOD$_5$）	≤	3	3	4	6	10
7	氨氮（NH$_3$-N）	≤	0.15	0.5	1.0	1.5	2.0
8	总磷（以P计）	≤	0.02 （湖、库0.01）	0.1 （湖、库0.025）	0.2 （湖、库0.05）	0.3 （湖、库0.1）	0.4 （湖、库0.2）
9	总氮（湖、库，以N计）	≤	0.2	0.5	1.0	1.5	2.0
10	铜	≤	0.01	1.0	1.0	1.0	1.0
11	锌	≤	0.05	1.0	1.0	2.0	2.0
12	氟化物（以F$^-$计）	≤	1.0	1.0	1.0	1.5	1.5
13	硒	≤	0.01	0.01	0.01	0.02	0.02
14	砷	≤	0.05	0.05	0.05	0.1	0.1
15	汞	≤	0.00005	0.00005	0.0001	0.001	0.001
16	镉	≤	0.001	0.005	0.005	0.005	0.01
17	铬（六价）	≤	0.01	0.05	0.05	0.05	0.1
18	铅	≤	0.01	0.01	0.05	0.05	0.1
19	氰化物	≤	0.005	0.05	0.02	0.2	0.2
20	挥发酚	≤	0.002	0.002	0.005	0.01	0.1
21	石油类	≤	0.05	0.05	0.05	0.5	1.0
22	阴离子表面活性剂	≤	0.2	0.2	0.2	0.3	0.3
23	硫化物	≤	0.05	0.1	0.2	0.5	1.0
24	粪大肠菌群（个/L）	≤	200	2000	10000	20000	40000

附表 7 - 2　　　　　集中式生活饮用水地表水源地补充项目标准限值　　　　单位：mg/L

序　　号	项　　目	标　准　值
1	硫酸盐（以 SO₄ 计）	250
2	氯化物（以 Cl 计）	250
3	硝酸盐（以 N 计）	10
4	铁	0.3
5	锰	0.1

附表 7 - 3　　　　　集中式生活饮用水地表水源地特定项目标准限值　　　　单位：mg/L

序号	项　目	标准值	序号	项　目	标准值
1	三氯甲烷	0.06	27	三氯苯②	0.02
2	四氯化碳	0.002	28	四氯苯③	0.02
3	三溴甲烷	0.1	29	六氯苯	0.05
4	二氯甲烷	0.02	30	硝基苯	0.017
5	1,2 -二氯乙烷	0.03	31	二硝基苯④	0.5
6	环氧氯丙烷	0.02	32	2,4 -二硝基甲苯	0.0003
7	氯乙烯	0.005	33	2,4,6 -三硝基甲苯	0.5
8	1,1 -二氯乙烯	0.03	34	硝基氯苯⑤	0.05
9	1,2 -二氯乙烯	0.05	35	2,4 -二硝基氯苯	0.5
10	三氯乙烯	0.07	36	2,4 -二氯苯酚	0.093
11	四氯乙烯	0.04	37	2,4,6 -三氯苯酚	0.2
12	氯丁二烯	0.002	38	五氯酚	0.009
13	六氯丁二烯	0.0006	39	苯胺	0.1
14	苯乙烯	0.02	40	联苯胺	0.0002
15	甲醛	0.9	41	丙烯酰胺	0.0005
16	乙醛	0.05	42	丙烯腈	0.1
17	丙烯醛	0.1	43	邻苯二甲酸二丁酯	0.003
18	三氯乙醛	0.01	44	邻苯二甲酸二（2 -乙基己基）酯	0.008
19	苯	0.01	45	水合肼	0.01
20	甲苯	0.7	46	四乙基铅	0.0001
21	乙苯	0.3	47	吡啶	0.2
22	二甲苯①	0.5	48	松节油	0.2
23	异丙苯	0.25	49	苦味酸	0.5
24	氯苯	0.3	50	丁基黄原酸	0.005
25	1,2 -二氯苯	1.0	51	活性氯	0.01
26	1,4 -二氯苯	0.3	52	滴滴涕	0.001

序号	项　目	标准值	序号	项　目	标准值
53	林丹	0.002	67	甲基汞	1.0×10^{-6}
54	环氧七氯	0.0002	68	多氯联苯⑥	2.0×10^{-5}
55	对硫磷	0.003	69	微囊藻毒素-LR	0.001
56	甲基对硫磷	0.002	70	黄磷	0.003
57	马拉硫磷	0.05	71	钼	0.07
58	乐果	0.08	72	钴	1.0
59	敌敌畏	0.05	73	铍	0.002
60	敌百虫	0.05	74	硼	0.5
61	内吸磷	0.03	75	锑	0.005
62	百菌清	0.01	76	镍	0.02
63	甲萘威	0.05	77	钡	0.7
64	溴氰菊酯	0.02	78	钒	0.05
65	阿特拉津	0.003	79	钛	0.1
66	苯并（a）芘	2.8×10^{-6}	80	铊	0.0001

① 二甲苯：指对-二甲苯、间-二甲苯、邻-二甲苯。

② 三氯苯：指1,2,3-三氯苯、1,2,4-三氯苯、1,3,5-三氯苯。

③ 四氯苯：指1,2,3,4-四氯苯、1,2,3,5-四氯苯、1,2,4,5-四氯苯。

④ 二硝基苯：指对-二硝基苯、间-二硝基苯、邻-二硝基苯。

⑤ 硝基氯苯：指对-硝基氯苯、间-硝基氯苯、邻-硝基氯苯。

⑥ 多氯联苯：指PCB-1016、PCB-1221、PCB-1232、PCB-1242、PCB-1248、PCB-1254、PCB-1260。

附录8　水质的模糊数学综合评价

模糊综合评价的步骤详见第9章9.6.2.2节，下面举例说明该方法的详细计算步骤。

【实例】　某河水水样中，DO为2.69mg/L，BOD为2.50mg/L，COD为7.73mg/L，酚为0.0076mg/L，氰为0.0040mg/L。试对其进行模糊数学综合评价。

解：1. 先确定隶属函数

根据附录7的GB 3838—2002《地面水环境质量标准》，各项指标的水质分级标准见附表8-1。

附表8-1　　　　　　　　　　　地面水水质分级标准

指　标	Ⅰ类水标准	Ⅱ类水标准	Ⅲ类水标准	Ⅳ类水标准	Ⅴ类水标准
DO/(mg/L)	7.5	6.0	5.0	3.0	2.0
BOD/(mg/L)	3.0	3.0	4.0	6.0	10.0
COD/(mg/L)	2.0	4.0	6.0	10.0	15.0
酚/(mg/L)	0.002	0.002	0.005	0.01	0.10
氰/(mg/L)	0.005	0.05	0.02	0.20	0.20

以 DO 为例，其Ⅰ级水标准为 7.5mg/L，Ⅱ级水标准为 6.0mg/L，故 DO 对于Ⅰ级水的隶属度可根据第 9 章式（9-39）得：

$$y_{\mathrm{I}} = \begin{cases} 0 & x \leqslant 6 \\ \dfrac{x-6}{7.5-6} & 6 < x < 7.5 \\ 1 & x \geqslant 7.5 \end{cases} \qquad （附8-1）$$

DO 的Ⅱ级水的隶属函数为：

$$y_{\mathrm{II}} = \begin{cases} \dfrac{x-5}{6-5} & 5 < x < 6 \\ \dfrac{x-7.5}{6-7.5} & 6 < x < 7.5 \\ 0 & x \leqslant 5, x \geqslant 7.5 \end{cases} \qquad （附8-2）$$

DO 的Ⅲ级水的隶属函数为：

$$y_{\mathrm{III}} = \begin{cases} \dfrac{x-3}{5-3} & 3 < x < 5 \\ \dfrac{6-x}{6-5} & 5 < x < 6 \\ 0 & x \geqslant 6, x \leqslant 3 \end{cases} \qquad （附8-3）$$

DO 的Ⅳ级水的隶属函数为：

$$y_{\mathrm{IV}} = \begin{cases} \dfrac{x-2}{3-2} & 2 < x < 3 \\ \dfrac{5-x}{5-3} & 3 < x < 5 \\ 0 & x \geqslant 5, x \leqslant 2 \end{cases} \qquad （附8-4）$$

DO 的Ⅴ级水的隶属函数为：

$$y_{\mathrm{V}} = \begin{cases} 1 & x \leqslant 2 \\ \dfrac{3-x}{3-2} & 2 < x < 3 \\ 0 & x \geqslant 3 \end{cases} \qquad （附8-5）$$

同理，可求出其余各项指标的隶属函数。

2. 根据隶属函数构造一个由各项水质指标组成的模糊矩阵

DO 实测值为 2.69mg/L，则按照式（附8-1）~式（附8-5）可算出其对于各级水的隶属度，计算结果见附表 8-2。

　　　　　　　　　　　　　DO 对各级水的隶属度计算结果

	y_{I}	y_{II}	y_{III}	y_{IV}	y_{V}
DO：$x=2.69$	0	0	0	0.69	0.31

仿此，对于 BOD 为 2.50mg/L，COD 为 7.73mg/L，酚为 0.0076mg/L，氰为 0.0040mg/L，均可算出其对于各级水的隶属度。于是，便可得到一个 5×5 的模糊矩阵，用 $\underset{\sim}{R}$ 记之：

$$\underset{\sim}{R}=\begin{bmatrix} 0 & 0 & 0 & 0.69 & 0.31 \\ 1 & 0 & 0 & 0 & 0 \\ 0 & 0 & 0.57 & 0.43 & 0 \\ 0 & 0 & 0.48 & 0.52 & 0 \\ 1 & 0 & 0 & 0 & 0 \end{bmatrix} \qquad （附 8 - 6）$$

矩阵 $\underset{\sim}{R}$ 从第 1 行～第 5 行分别表示 DO、BOD、COD、酚、氰分别对各级水的隶属度。

3. 确定各项水质指标的权重

可根据水质指标的超标情况确定权值。超标越多，对污染的影响越大，其权重也越大，具体计算式为第 9 章式（9 - 41），即：

$$W_i = C_i / \overline{C_{0i}} \qquad （附 8 - 7）$$

式中　C_i——为第 i 种污染物在水中的实测浓度；

$\overline{C_{0i}}$——为第 i 种污染物的标准浓度（极限允许浓度）平均值。

因为单项指标在总体上的权重与某种用途水的单项分级标准无关，所以对于 $\overline{C_{0i}}$，如果某单项指标分为 5 个级别，则取它们的平均值：

$$\overline{C_{0i}} = \frac{1}{5}（\text{I}_i + \text{II}_i + \text{III}_i + \text{IV}_i + \text{V}_i） \qquad （附 8 - 8）$$

由于 DO 的情况与其他指标恰好相反，其值越大，水质越好，故计算其权重 W 时取其倒数：

$$\frac{1}{\dfrac{C_{\text{DO}}}{C_{0\text{DO}}}} = \frac{C_{0\text{DO}}}{C_{\text{DO}}} \qquad （附 8 - 9）$$

式中，分母 C_{DO} 为实测值，分子 $C_{0\text{DO}}$ 为 5 个级别的标准值的平均值，按式（附 8 - 20）求得。

用以上权重公式计算所得的各指标权重是一种相对权重，为了便于比较，还须将它们归一化，即要使各指标权重之和等于 1。计算权重可用第 9 章式（9 - 42），即：

$$W_i = \frac{W_i}{\sum\limits_{i=1}^{n} W_i} \quad （i = 1,2,\cdots,n） \qquad （附 8 - 10）$$

在本例中，U 的集合由五项指标组成，故需要构成一个 1×5 阶权重矩阵。它也是一个模糊矩阵，记为 $\underset{\sim}{A}$。下面以 DO 为例，说明权重的计算过程。

由附表 8-1 可知：

$$C_{0DO} = \frac{1}{5}(7.5+6+5+3+2) = 4.7$$

于是，可算得其相对权重：

$$W_{DO} = \frac{1}{\dfrac{2.69}{4.7}} = \frac{4.7}{2.69} = 1.75$$

仿此，可求出其他指标的权重。计算结果列于附表 8-3。

附表 8-3　　　　　　　　　　　权 重 计 算 过 程

	DO	BOD	COD	酚	氰
C_i（实测值）	2.69	2.50	7.73	0.0076	0.004
C_{0i}	4.70	5.20	7.40	0.0238	0.095
W_i（权重）	1.75	0.48	1.04	0.32	0.042
$W_i = W_i/\sum W_i$	0.482	0.132	0.287	0.088	0.012

附表 8-3 中，$\sum W_i = 1.75+0.48+1.04+0.32+0.042 = 3.63$。

由附表 8-3 可知，权重模糊矩阵 $\underset{\sim}{A}$ 为：

$$\underset{\sim}{A} = (0.482, 0.132, 0.287, 0.088, 0.012)$$

4. 模糊矩阵复合运算

模糊矩阵复合运算类似于普通矩阵乘法，所不同的是将"＋"号改为"∨"号，将"×"号改为"∧"号。"∨"表示两数中取大，"∧"号表示两数中取小。根据第 9 章式（9-45）。对本例有：

$$\underset{\sim}{A} \circ \underset{\sim}{R} = (0.482, 0.132, 0.287, 0.088, 0.012)\begin{bmatrix} 0 & 0 & 0 & 0.69 & 0.31 \\ 1 & 0 & 0 & 0 & 0 \\ 0 & 0 & 0.57 & 0.43 & 0 \\ 0 & 0 & 0.48 & 0.52 & 0 \\ 1 & 0 & 0 & 0 & 0 \end{bmatrix}$$

$= \{(0.482 \wedge 0) \vee (0.132 \wedge 1) \vee (0.287 \wedge 0) \vee (0.088 \wedge 0) \vee (0.012 \wedge 1),$
$(0.0482 \wedge 0) \vee (0.132 \wedge 0) \vee (0.287 \wedge 0) \vee (0.088 \wedge 0) \vee (0.012 \wedge 0),$
$(0.0482 \wedge 0) \vee (0.132 \wedge 0) \vee (0.287 \wedge 0.57) \vee (0.088 \wedge 0.48) \vee (0.012 \wedge 0), (0.482 \wedge 0.69) \vee (0.132 \wedge 0) \vee (0.287 \wedge 0.43) \vee (0.088 \wedge 0.52) \vee (0.012 \wedge 0), (0.482 \wedge 0.31) \vee (0.132 \wedge 0) \vee (0.287 \wedge 0) \vee (0.088 \wedge 0) \vee (0.012 \wedge 0)\}$

$= \{(0 \vee 0.132 \vee 0 \vee 0 \vee 0.012), (0 \vee 0 \vee 0 \vee 0 \vee 0), (0 \vee 0 \vee 0.287 \vee 0.088 \vee 0), (0.482 \vee 0 \vee 0.287 \vee 0.088 \vee 0), (0.31 \vee 0 \vee 0 \vee 0 \vee 0)\}$

$= \{0.132, 0, 0.287, 0.482, 0.31\}$

该结论显示，松花江的江水对于各级水的隶属度分别是 0.132、0、0.287、0.482 和 0.31。由于对Ⅳ级水的隶属度大，故最终将该水样综合判为Ⅳ级水。

练习题

某区域地下水水质监测结果如附表 8-4，请利用综合指标评价法、模糊数学综合评价法分别对各水样的水质级别进行评判。各指标的分类标准按 GB/T 14848—93《地下水质量标准》作修正，但对于 Pb、Cd、As 的 Ⅲ 类的水质标准则依据 GB 5749—2006《生活饮用水卫生标准》作修正。

附表 8-4　　　　　　　　　　　某调查区地下水水质监测结果

项目 ＼ 监测点	1	2	3	4	5	6
pH 值	7.40	6.39	6.53	6.26	6.20	6.66
总硬度（以 $CaCO_3$ 计）/(mg/L)	20.4	121	82.0	15.0	26.0	25.4
溶解性固体/(mg/L)	60.0	205	135	54.4	96.4	81.6
硫酸盐（SO_4^{2-}）/(mg/L)	0.99	36.2	18.3	1.12	3.18	1.02
氯化物（Cl^-）/(mg/L)	0.37	9.00	1.78	0.48	3.31	0.32
铁（Fe）/(mg/L)	0.279	0.0090	0.0801	0.123	0.0160	1.49
锰（Mn）/(mg/L)	0.0015	0.0008	0.0040	0.0136	0.0037	0.0090
铜（Cu）/(mg/L)	<0.009	<0.009	<0.009	<0.009	<0.009	<0.009
锌（Zn）/(mg/L)	<0.001	<0.001	<0.001	<0.001	<0.001	0.003
高锰酸盐指数/(mg/L)	1.38	0.93	1.01	0.97	0.79	1.15
硝酸盐（NO_3^-）/(mg/L)	0.58	26.7	18.7	2.22	18.8	0.53
亚硝酸（NO_2^-）/(mg/L)	<0.0033	<0.0033	<0.0033	<0.0033	<0.0033	<0.0033
氨氮（NH_3-N）/(mg/L)	0.027	0.09	0.032	0.049	0.026	0.033
氟化物（F^-）/(mg/L)	0.09	0.19	0.33	0.20	0.16	0.76
汞（Hg）/(mg/L)	<0.00007	<0.00007	<0.00007	<0.00007	<0.00007	<0.00007
砷（As）/(mg/L)	0.00207	0.00085	0.00041	0.00105	0.00016	0.00206
镉（Cd）/(mg/L)	<0.00006	<0.00006	<0.00006	<0.00006	<0.00006	<0.00006
六价铬（Cr^{6+}）/(mg/L)	<0.004	<0.004	<0.004	<0.004	<0.004	<0.004
铅（Pb）/(mg/L)	<0.00007	<0.00007	<0.00007	<0.00401	<0.00020	0.00378